LIANGYOU SHIPIN
JIAGONG JISHU

高职高专"十一五"规划教材

★食品类系列

粮油食品加工技术

孟宏昌　李慧东　华景清　主编

U0359760

化学工业出版社
·北京·

本书作为食品类专业的一门专业课教材，是根据高等职业教育食品类专业的职业能力要求编写的。全书共分九章，在介绍小麦粉、大米和油脂等粮油食品原辅料的基础上，主要阐述了挂面、方便面、焙烤食品、速冻水饺、馒头等面粉制品，方便米饭、米粉、速冻汤圆、膨化米饼等大米制品，大豆蛋白及传统大豆制品，淀粉、淀粉糖浆及淀粉制品，玉米、薯类及花生等休闲食品，以及功能性粮油食品的工艺原理及加工技术。为方便师生参考或学习，各章均设置有“学习目标”和“复习题”，同时，每章节后附有主要实训项目。

本书可作为高职高专食品类专业教材，也可作为从事食品加工的工程技术人员的参考书籍或食品加工企业的培训教材。

图书在版编目（CIP）数据

粮油食品加工技术/孟宏昌，李慧东，华景清主编．—北京：化学工业出版社，2008.6（2023.1 重印）

高职高专“十一五”规划教材★食品类系列

ISBN 978-7-122-02571-5

Ⅰ．粮… Ⅱ．①孟…②李…③华… Ⅲ．①食品加工-高等学校：技术学院-教材 ②粮油加工-高等学校：技术学院-教材 Ⅳ．TS2

中国版本图书馆 CIP 数据核字（2008）第 086147 号

责任编辑：梁静丽　李植峰　郎红旗　　　文字编辑：张春娥

责任校对：周梦华　　　装帧设计：風行書裝

出版发行：化学工业出版社（北京市东城区青年湖南街 13 号　邮政编码 100011）

印　　装：涿州市般润文化传播有限公司

787mm×1092mm　1/16　印张 15¾　字数 391 千字　　2023 年 1 月北京第 1 版第 11 次印刷

购书咨询：010-64518888　　　售后服务：010-64518899

网　　址：http://www.cip.com.cn

凡购买本书，如有缺损质量问题，本社销售中心负责调换。

定　　价：38.00 元

高职高专食品类“十一五”规划教材
建设委员会成员名单

高职高专食品类“十一五”规划教材
编审委员会成员名单

高职高专食品类“十一五”规划教材
建设单位

（按汉语拼音排列）

宝鸡职业技术学院
北京电子科技职业学院
北京农业职业学院
滨州市技术学院
滨州职业学院
长春职业技术学院
常熟理工学院
重庆工贸职业技术学院
重庆三峡职业学院
东营职业学院
福建华南女子职业学院
广东农工商职业技术学院
广东轻工职业技术学院
广西农业职业技术学院
广西职业技术学院
广州城市职业学院
海南职业技术学院
河北交通职业技术学院
河南工业贸易职业学院
河南农业职业学院
河南商业高等专科学校
河南质量工程职业学院
黑龙江农业职业技术学院
黑龙江畜牧兽医职业学院
呼和浩特职业学院
湖北大学知行学院
湖北轻工职业技术学院
湖州职业技术学院
黄河水利职业技术学院
济宁职业技术学院
嘉兴职业技术学院
江苏财经职业技术学院
江苏农林职业技术学院
江苏食品职业技术学院
江苏畜牧兽医职业技术学院
江西工业贸易职业技术学院
焦作大学
荆楚理工学院
景德镇高等专科学校
开封大学
漯河医学高等专科学校
漯河职业技术学院
南阳理工学院
内江职业技术学院
内蒙古大学
内蒙古化工职业学院
内蒙古农业大学职业技术学院
内蒙古商贸职业学院
宁德职业技术学院
平顶山工业职业技术学院
濮阳职业技术学院
日照职业技术学院
山东商务职业学院
商丘职业技术学院
深圳职业技术学院
沈阳师范大学
双汇实业集团有限责任公司
苏州农业职业技术学院
天津职业大学
武汉生物工程学院
襄樊职业技术学院
信阳农业高等专科学校
杨凌职业技术学院
永城职业学院
漳州职业技术学院
浙江经贸职业技术学院
郑州牧业工程高等专科学校
郑州轻工职业学院
中国神马集团
中州大学

《粮油食品加工技术》编审人员名单

主　　编　孟宏昌　漯河职业技术学院

　　　　　李慧东　滨州职业学院

　　　　　华景清　苏州农业职业技术学院

编写人员名单（按姓名汉语拼音排列）

　　　　　华景清　苏州农业职业技术学院

　　　　　李春胜　鹤壁职业技术学院

　　　　　李慧东　滨州职业学院

　　　　　孟宏昌　漯河职业技术学院

　　　　　孙向阳　郑州牧业工程高等专科学院

　　　　　卫瑞兰　内蒙古大学

　　　　　张庆霞　河南工业贸易职业学院

主　　审　郝育忠　江西工业贸易职业技术学院

序

作为高等教育发展中的一个类型，近年来我国的高职高专教育蓬勃发展，“十五”期间是其跨越式发展阶段，高职高专教育的规模空前壮大，专业建设、改革和发展思路进一步明晰，教育研究和教学实践都取得了丰硕成果。各级教育主管部门、高职高专院校以及各类出版社对高职高专教材建设给予了较大的支持和投入，出版了一些特色教材，但由于整个高职高专教育改革尚处于探索阶段，故而“十五”期间出版的一些教材难免存在一定程度的不足。课程改革和教材建设的相对滞后也导致目前的人才培养效果与市场需求之间还存在着一定的偏差。为适应高职高专教学的发展，在总结“十五”期间高职高专教学改革成果的基础上，组织编写一批突出高职高专教育特色，以培养适应行业需要的高级技能型人才为目标的高质量的教材不仅十分必要，而且十分迫切。

教育部《关于全面提高高等职业教育教学质量的若干意见》（教高［2006］16号）中提出将重点建设好3000种左右国家规划教材，号召教师与行业企业共同开发紧密结合生产实际的实训教材。“十一五”期间，教育部将深化教学内容和课程体系改革、全面提高高等职业教育教学质量作为工作重点，从培养目标、专业改革与建设、人才培养模式、实训基地建设、教学团队建设、教学质量保障体系、领导管理规范化等多方面对高等职业教育提出新的要求。这对于教材建设既是机遇，又是挑战，每一个与高职高专教育相关的部门和个人都有责任、有义务为高职高专教材建设做出贡献。

化学工业出版社为中央级综合科技出版社，是国家规划教材的重要出版基地，为我国高等教育的发展做出了积极贡献，被新闻出版总署领导评价为“导向正确、管理规范、特色鲜明、效益良好的模范出版社”，最近荣获中国出版政府奖——先进出版单位奖。依照教育部的部署和要求，2006年化学工业出版社在“教育部高等学校高职高专食品类专业教学指导委员会”的指导下，邀请开设食品类专业的60余家高职高专骨干院校和食品相关行业企业作为教材建设单位，共同研讨开发食品类高职高专“十一五”规划教材，成立了“高职高专食品类‘十一五’规划教材建设委员会”和“高职高专食品类‘十一五’规划教材编审委员会”，拟在“十一五”期间组织相关院校的一线教师和相关企业的技术人员，在深入调研、整体规划的基础上，编写出版一套食品类相关专业基础课、专业课及专业相关外延课程教材——“高职高专‘十一五’规划教材★食品类系列”。该批教材将涵盖各类高职高专院校的食品加工、食品营养与检测和食品生物技术等专业开设的课程，从而形成优化配套的高职高专教材体系。目前，该套教材的首批编写计划已顺利实施，首批60余本教材将于2008年陆续出版。

该套教材的建设贯彻了以应用性职业岗位需求为中心，以素质教育、创新教育为基础，以学生能力培养为本位的教育理念；教材编写中突出了理论知识“必需”、“够用”、“管用”的原则；体现了以职业需求为导向的原则；坚持了以职业能力培养为主线的原则；体现了以常规技术为基础、关键技术为重点、先进技术为导向的与时俱进的原则。整套教材具有较好的系统性和规划性。此套教材汇集众多食品类高职高专院校教师的教学经验和教改成果，又得到了相关行业企业专家的指导和积极参与，相信它的出版不仅能较好地满足高职高专食品类专业的教学需求，而且对促进高职高专课程建设与改革、提高教学质量也将起到积极的推动作用。

希望每一位与高职高专食品类专业教育相关的教师和行业技术人员，都能关注、参与此套教材的建设，并提出宝贵的意见和建议。毕竟，为高职高专食品类专业教育服务，共同开发、建设出一套优质教材是我们应尽的责任和义务。

贡汉坤

前　言

《粮油食品加工技术》根据我国高等职业教育食品类专业的培养目标和要求而编写，以适应我国高等职业教育的学生现状和实际水平为目标，适当降低理论深度，以“够用”为准；重视学生上岗就业所需的基础知识和培养其实际操作能力，力求使学生能够比较系统地掌握粮油食品加工技术。

本教材的主要特点：

(1) 其涵盖了粮油食品基础原料的加工以及粮油方便食品的加工，内容丰富、全面，符合我国粮油食品加工的现状和发展方向。

(2) 编写理念上注重理论阐述与粮油食品加工实例相结合，理论知识的介绍言简意赅，以“必需”为度，充分体现了职业教育以技能培养为重点的特点。

(3) 编写过程中联系行业实际，注重现代企业常用的加工方法及技能的应用；同时编入实验实训教学内容，在注重使学生掌握基本理论和方法的同时，又兼顾技能的培养，体现系统、创新、实用的特色。

(4) 各章前设有“学习目标”，章节后附有复习题，有助于提高学生的自学能力以及综合运用理论知识的能力。

全书由孟宏昌、李慧东、华景清主编。编写分工为：绪论、第四章由孟宏昌编写；第一章、第二章的第一节由张庆霞编写；第三章由卫瑞兰编写；第五章由华景清编写。第六章由孙向阳编写；第七章以及第二章的第二、三节由李慧东编写；第八章和第九章由李春胜编写；实训部分由编写相应理论内容的老师组织编写。全书由孟宏昌整理并统稿，由郝育忠主审。

在本教材编写中，参考了相关图书和其他参考文献，在此谨向有关作者表示诚挚的感谢！

由于编者水平和经验所限，教材中难免存在不妥之处，敬请同行专家和广大读者批评指正。

编者

2008 年 7 月

目　录

绪　论

学习目标

掌握粮油食品的概念和分类，了解粮油食品加工的主要学习内容及其发展趋势等。

粮油是人类的主要食物，也是食品工业的基础原料。我国人民的食物构成以粮油为主，80%的食物能量、70%的食物蛋白质均来自粮油原料。因此粮油食品加工业在农业和食品工业中居于重要位置。随着我国经济持续增长，人民生活水平不断提高，生活节奏加快，消费者对于主食方便化的需求、食品的营养平衡及安全的重视将有力促进粮油加工，特别是粮油方便食品加工的发展，粮油食品加工业的兴盛将是必然趋势。

一、粮油食品的分类

粮油食品是以粮食、油料作物或粮油加工副产品为原料，经加工或精深加工而成的食品。

粮油食品现在已发展成为种类繁多、丰富多彩的食品。其分类非常复杂，且分类标准也不统一。为了便于学习掌握，这里将其主要品种划分为以下几个类别。

1. 按加工程度

(1) 初加工产品　初加工产品是指加工程度浅、层次少，产品与原料相比，其理化性质、营养成分变化小的食品或半成品。

(2) 深加工产品　深加工产品是指加工程度深、层次多，经过若干道加工工序，原料的理化特性发生较大变化，营养成分分割很细，并按需要进行重新搭配的食品。

2. 按原料的类别

(1) 粮食制品　以粮食为主要原料加工制成的食品。

① 小麦粉及其制品：如挂面、方便面、焙烤食品、速冻水饺等。

② 大米及其制品：如速冻汤圆、营养米饭等。

③ 玉米制品：如膨化玉米、玉米炸片等。

④ 其他：如麦片、小米锅巴等。

(2) 淀粉制品　以淀粉或淀粉质为原料，经过机械、化学或生化工艺加工制成的制品，如淀粉糖、粉丝等。

(3) 植物蛋白制品　以富含蛋白质的可食性植物为原料加工制成的各种制品。如分离大豆蛋白、腐竹、豆腐、腐乳等。

(4) 植物油脂　以富含油脂的油料植物为原料，经过加工制成的各种制品。如调和油、起酥油、人造奶油、氢化油等。

粮油食品的分类，除可按原料类别和加工程度分类外，还可以按加工工艺分类。按照加工工艺分类，有焙烤食品（如饼干、面包、糕点）、蒸煮食品（如馒头、米饭）、酿造食品（如酱油、食醋）、油炸食品（如油条、油炸面筋）、膨化食品（如组织蛋白、小食品）、速冻食品（如速冻汤圆、速冻水饺）等。

二、粮油食品加工的主要内容

粮油食品加工是将粮食、油料或其副产品经过物理、化学处理和其他科学的加工方法加工制成的各种食用产品或轻工业原料的过程。

粮油食品加工技术是涉及现代生物学、物理学、化学、营养学、卫生学等基础理论，运用机械加工、食品加工工艺、食品微生物、食品包装、食品保藏及运输等多项技术的一门应用性学科。它的主要任务是运用多学科的理论知识和研究成果，系统地研究粮油食品的成分、理化性质、生化变化、加工工艺与技术路线等，并通过科学合理的加工工艺技术，生产出符合国家质量标准的合格产品与半成品，为社会提供优质的粮油食品。

根据粮油食品加工原料的不同可以分为粮食作物加工、食用油脂加工、植物蛋白及其制品加工、淀粉及其制品加工等。

1. 粮食作物加工

(1) 小麦加工　小麦是我国主要的粮食作物之一。小麦面粉营养丰富、品质优良，用以制成人们所喜爱的面食。小麦加工主要是制粉和利用面粉继续加工成各种成品或半成品食品。

① 小麦制粉：小麦制粉是将净麦中的胚乳磨制成面粉的生产过程。它的任务是破碎麦粒，刮尽麦皮里的胚乳，将胚乳研磨到一定的粗细度，再按不同的质量标准，混合搭配成一种或几种等级的面粉。

② 面制方便食品加工：面制方便食品是以面粉为主要原料加工成的方便食品，可大致分为方便面、半成品的挂面及面包、饼干、糕点、馒头等。

(2) 稻谷加工　我国稻谷产量居世界第一位，全国约有2/3的人以稻米为主要食粮。稻谷加工主要是制米和利用大米进行深加工。

① 稻谷制米：稻谷制米是将稻谷加工成大米的整个过程。它的任务是通过一定的生产技术和加工工艺，保留大米自身的营养成分或强化一定的营养素，加工出成品米或特种米。

② 米制方便食品加工：米制方便食品是以大米为主要原料加工成的方便食品，可大致分为速食米饭、米粉、速冻汤圆、速冻粽子、膨化米饼等。

此外，还有杂粮的加工，它主要包括膨化玉米、玉米片等玉米加工食品；马铃薯片、红薯条等薯类加工食品；以及虎皮花生、花生蓉、花生酱等花生加工小食品等。

2. 食用油脂加工

油脂含量丰富的作物种类很多，主要有大豆、花生、油菜籽和棉籽，平均含油量分别为22%、32%、42%和20%。其他还有芝麻、向日葵、蓖麻子等。

(1) 制油　我国现有制油方法有机械压榨法、溶剂浸出法和水剂法，其中浸出法较为常用。

(2) 油脂精炼　由压榨法、浸出法和水剂法制取的植物油脂称为毛油。毛油中含有多种杂质，只有通过精炼后才能达到食用或工业用途的需要。油脂精炼包括去杂、脱胶（脱磷）、脱酸、脱色、脱臭、脱蜡、冬化等过程。

(3) 油脂深加工　深加工的目的是生产专用油脂，如氢化油、人造奶油、起酥油等。

3. 植物蛋白及其制品加工

植物蛋白来源广泛，种类很多，其中以大豆中蛋白质含量较为丰富，可达40%左右，而且营养价值高，按近完全蛋白质，是植物蛋白质的最佳原料。植物蛋白加工主要是大豆蛋白的加工，以及利用大豆蛋白继续加工成各种成品或半成品。

(1) 大豆蛋白的加工　大豆蛋白的加工是将大豆蛋白提取出来或进一步加工的过程。目前大豆蛋白加工的产品有大豆浓缩液蛋白、大豆分离蛋白、组织状大豆蛋白、水解大豆蛋白等。

（2）大豆蛋白食品加工　大豆蛋白食品是以大豆蛋白为主要原料加工成的方便食品。可大致分为豆腐、腐竹、腐乳、豆乳等。

4. 淀粉及其制品加工

粮食作物主要成分是淀粉，其中以玉米和薯类淀粉含量较为丰富，且应用广泛，是淀粉生产的最佳原料。淀粉及其制品加工主要是玉米和薯类淀粉的加工，以及利用淀粉继续加工成各种成品或半成品。

（1）淀粉的加工　淀粉的加工是从富含淀粉的粮食作物中将淀粉提取出来的过程。主要包括玉米淀粉的加工和薯类淀粉的加工等。

（2）淀粉食品加工　淀粉食品是以淀粉为主要原料加工成的方便食品。可大致分为淀粉糖、粉丝等。

三、粮油食品加工现状与发展方向

1. 粮油食品加工现状

我国粮油食品加工业近年来有了较快发展，极大地改善了我国食品市场的供应现状。随着新技术、新工艺以及高度机械化、自动化的生产线不断地引入粮油食品加工领域，极大地促进了粮油食品加工的飞速发展。主要体现在以下几个方面。

① 以粮油为原料、工业化生产方便食品，如方便面、方便米粉、八宝粥、馒头制品、速冻水饺、烘焙食品、膨化食品等的加工技术与设备得到推广，大大促进了粮油主食品的工业化进程，已成为粮食工业改革与发展的新的经济增长点。

② 随着农业产业化发展，粮油食品加工的规模化、经营管理的科学化及新技术的应用推广，一批现代化企业脱颖而出，正在改变粮油工业的布局和行业生产的面貌。

③ 粮油的精深加工及资源综合利用有了长足发展，开发出一系列高附加值的产品。例如免淘米、营养强化米以及利用米的加工副产物生产谷维素、维生素 E、肌醇、膳食纤维；利用小麦生产各种专用粉、谷朊粉；利用玉米淀粉生产高果糖、酒精、味精、胚芽油以及各种变性淀粉等；利用大豆制油的副产物生产功能性蛋白、活性肽、大豆磷脂、维生素 E、低聚糖、各种脂肪酸等，提高了企业的综合经济效益。

但是，由于粮油食品工业创新体系不太健全，企业新技术开发和应用推广缺乏相应的资金投入，粮油食品机械的研制开发相对滞后，市场产品中缺乏高附加值的高新技术产品，效益低，致使粮油及其加工业发展后劲不足。同时由于粮油食品市场的监控力量薄弱，还存在着粮油食品卫生与安全等方面的问题。

2. 粮油食品加工的发展方向

随着工业技术的发展和人们生活质量的提高，粮油食品只有尽快解决好以下几个方面的问题，才能满足人们由于膳食结构的变化，对“营养、安全、方便”粮油食品消费的要求。

（1）依靠科技创新，推进主食品工业化、方便化，改善产品质量　以粮油为主要原料的工业化、方便化食品将在食品消费中占主导地位。谷物通过工业化加工，使其成为主食品进入家庭，是 21 世纪我国粮油食品加工业的重点和方向。因此，随着现代生物技术、速冻保鲜技术、挤压技术、超高压技术、膜分离技术、超临界萃取技术等高新技术和高质量装备愈来愈多地向粮油食品领域的渗透，焙烤食品、蒸煮食品、煎炸食品、速冻食品、膨化食品等粮油方便食品将会得到快速发展。

（2）开发功能性粮油食品，提高大众健康水平　食品营养与安全已经成为 21 世纪生命科学与食品科学共同关注的课题。目前已经发现粮油资源中的活性物质有膳食纤维、活性多糖、功能性甜味剂、功能性低聚糖、微量活性元素、黄酮类化合物、肽和氨基酸等，从投放市场的情况看，前景广阔。随着高新技术的进一步推广应用，功能性粮油食品将提高到一个新的水平。

(3) 依靠农业的进步，保障食品加工的优质原料供应　原料学作为一个重要领域，已成为提高加工品品质、减少变质损失、降低加工和销售成本的基础领域。只有选育、引进一批具有良好加工特性的粮油原料品种，才能制造出高质量的粮油食品。21 世纪基因工程育种将成为农业育种的主要方式。通过生物技术培育的优良农作物将获得大面积推广，从而大幅度提高粮油方便食品原料的质量。

(4) 实现规模效益　继续调整优化产业结构，提高产品档次和整体质量水平，提高粮油生产加工的规模化和集约化程度，改变当前存在的小而散的状况，实现规模效益。

(5) 提供科学理论根据　发展粮油食品生产全过程的质量检测技术，建立粮油食品标准和法规，为食品质量控制提供科学理论根据。

【复习题】

1. 概念：粮油食品、粮油食品加工。
2. 粮油食品有哪些分类方法？
3. 试述粮油食品加工的主要学习内容。

第一章　粮油食品基础原料

学习目标

了解粮油食品生产所用基础原料的分类、籽粒结构、化学构成等，掌握小麦、稻谷的基本加工方法和加工工艺。

第一节　小麦加工

小麦加工是将小麦转化成面制食品的原料——小麦粉的过程。小麦加工主要由小麦预处理、小麦制粉、面粉后处理三大部分组成。

一、小麦的分类、籽粒结构和化学构成

1. 小麦的分类

通常对小麦按以下三种方式进行分类。

(1) 冬小麦和春小麦　小麦按播种季节分为冬小麦和春小麦两种。冬小麦秋末冬初播种，第二年夏初收获，生长期较长，品质较好；春小麦春季播种，当年秋季收获。

(2) 白麦和红麦　小麦按麦粒的皮色分为白皮小麦和红皮小麦两种，简称为白麦和红麦。白麦的皮层呈白色、乳白色或黄白色，红麦的皮层呈深红色或红褐色。

(3) 硬麦和软麦　小麦按麦粒胚乳结构分为硬质小麦和软质小麦两种，简称为硬麦和软麦。麦粒的胚乳结构呈角质（玻璃质）和粉质两种状态。角质胚乳的结构紧密，呈半透明状；而粉质胚乳的结构疏松，呈石膏状。角质占麦粒横截面1/2以上的籽粒为角质粒；而角质不足麦粒横截面1/2（包括1/2）的籽粒为粉质粒。我国规定：一批小麦中含角质粒70%以上为硬质小麦；而含粉质粒70%以上为软质小麦。

2. 小麦的籽粒结构

小麦籽粒为一裸粒，麦粒顶端生有茸毛（称麦毛），下端为麦胚。在有胚的一面称为麦粒的背面，与之相对的一面称为麦粒的腹面。麦粒的背面隆起呈半圆形，腹面凹陷，有一沟槽称为腹沟。腹沟的两侧部分称为颊，两颊不对称。

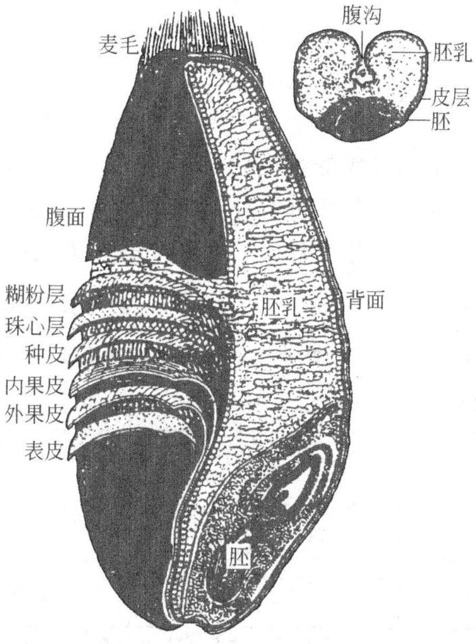

图1-1　小麦的籽粒结构

小麦籽粒在解剖学上分为三个主要部分，即皮层、胚乳和胚，如图1-1所示。

(1) 皮层　皮层亦称为麦皮，其重量占整粒的13.5%左右，按其组织结构分为6层，由外向内依次是表皮、外果皮、内果皮、种皮、珠心层、糊粉层。外5层统称为外皮层，因其含粗纤

维较多，口感粗糙，人体难以消化吸收，应尽量避免将其磨入面粉中。

糊粉层亦称内皮层或外胚乳，其重量约占皮层的40%～50%。糊粉层具有较为丰富的营养，粗纤维含量较外皮层少，因此在生产低等级面粉时，可将糊粉层磨入面粉中，以提高出粉率；但由于糊粉层中含有不易消化的纤维素、五聚糖且灰分很高，混入面粉后对产品的精度有影响，因此在生产高等级面粉时，不宜将糊粉层磨入面粉中。

磨制面粉时，难免有少量皮层被破碎而混入面粉中，这些粒度与面粉相同的皮层称为麸星，麸星的颜色对面粉的精度有影响，精度越高的面粉，麸星的含量越低。另外，白麦皮色浅，产品色泽好，精度高，出粉率较同等红麦高。

(2) 胚乳　胚乳被皮层包裹，其重量占整粒的84%左右，含有大量的淀粉和一定量的蛋白质，易于人体消化吸收，是制粉过程中重要的提取部分。小麦的胚乳含量越高，其出粉率就越高。胚乳中蛋白质的数量和质量是影响面粉品质的决定性因素。

胚乳有角质胚乳和粉质胚乳之分。二者具有不同的加工品质、食用品质和营养品质。

① 硬麦胚乳较易从皮层上刮净，在其他条件相同的情况下，出粉率较高；软麦胚乳不易与皮层分开，胚乳刮净较难，麸皮中含粉较多。

② 硬麦中间产品流动性好，筛理效率高；软麦中间产品流动性差，不易筛理，尤其原料水分较高时易堵塞筛面。

③ 硬麦入磨时要求水分稍高，着水后润麦时间较长；软麦结构疏松，不需加太多的水来软化胚乳，入磨原料的水分相对较低，润麦时间较短。

④ 硬麦制成的面粉其蛋白质量多质好，面粉呈乳黄色，色泽较深，适宜加工高筋面粉；软麦面粉中蛋白质含量较低，面筋筋力弱，适宜加工低筋面粉。

⑤ 硬麦胚乳硬度较大，不易磨碎，研磨时电耗较高；软麦胚乳硬度较低，易磨碎，研磨时耗能较少。

(3) 胚　胚的含量约占麦粒重量的2.5%左右。胚是麦粒中生命活动最强的部分，完整的胚有利于小麦的水分调节。胚中含有大量的蛋白质、脂肪及酶类。但胚混入面粉后，会影响面粉的色泽，储藏时容易变质，因此，在生产高等级面粉时不宜将胚磨入粉中。麦胚具有极高的营养价值，可在生产过程中将其提取加以综合利用。

3. 小麦的化学构成

麦粒的化学成分主要有水分、蛋白质、糖类、脂类、维生素、矿物质等，其中对小麦粉品质影响最大的是蛋白质。

麦粒各组成部分化学成分的含量相差很大，分布不平衡。研究这些特性有助于小麦的合理加工、利用和储藏。表1-1所列为麦粒各组成部分的化学成分分布情况。

表1-1　麦粒各组成部分的化学成分

麦粒部分	质量分数/%	蛋白质/%		淀粉/%		糖/%		纤维素/%		五聚糖/%		脂肪/%		灰分/%	
整粒	100.00	16.06	100	63.07	100	4.32	100	2.76	100	8.10	100	2.24	100	1.91	100
胚乳	81.60	12.91	65	78.92	100	3.54	65	0.15	5	2.72	27	0.68	25	0.45	19
胚	3.24	37.63	8	0	0	25.12	20	2.46	5	9.74	4	15.04	20	6.32	11
糊粉层	6.54	53.16	22	0	0	6.82	10	6.41	15	15.44	12	8.16	25	13.93	48
外皮层	8.93	10.56	5	0	0	2.59	5	23.73	75	51.43	57	7.46	30	4.78	22

注：表中每种化学成分的左列数据为该成分在该行麦粒组成部分的百分含量；右列数据是在将整粒小麦中的每种化学成分作为一个整体（100%）的情况下，麦粒各组成部分中该成分的百分含量。

（1）水分　按水分存在的状态，小麦中的水分可分为游离水和结合水。

小麦加工前未进行水分调节时，水分在麦粒各部分中的分布是不均匀的，一般皮层的水分低于胚乳，通过水分调节可使皮层的水分增加。

从小麦加工的角度来讲，小麦含水量过高或过低都不利于加工。水分过高，小麦及其在制品不易流动，筛理时易堵塞筛孔；胚乳与皮层不易分离，导致出粉率降低，动力消耗增加，生产能力下降；生产的面粉水分过高，不易储藏保管。水分过低，小麦皮层韧性变小，在研磨时易被磨碎混入面粉中，影响面粉质量；胚乳硬度大，不易破碎，使动力消耗增加或生产出的面粉粒度较粗。

因此，小麦入磨前必须进行水分调节，以保证小麦的最佳含水量。这是保证面粉质量、提高出粉率、降低动力消耗的关键。

（2）淀粉　淀粉是小麦的主要化学成分，是面制食品中能量的主要来源。淀粉全部集中在胚乳中，也是面粉的主要成分。

按质量计小麦胚乳中有3/4是淀粉，其状态与性质对面粉有较大的影响。近年来发现，小麦淀粉对面制食品特别是对面条等东方传统食品的品质影响极大，面条的口感、柔软度和光滑度都与淀粉有很大的关系。

在研磨过程中，小麦淀粉颗粒会受到一定程度的损伤，这就是破损淀粉。面粉越细，破损淀粉越多。损伤后的淀粉粒，其物理化学性质都发生了变化，其吸水量比未损伤前大2倍左右，所以破损淀粉含量高的面粉可以得到更多的面团、制造出更多的产品。但淀粉破损对面粉的烘焙和蒸煮品质有一定的影响，如：面团的持气能力减弱，导致面包体积减小；蒸馒头时出现塌架、收缩等现象。

（3）蛋白质与面筋　蛋白质是小麦的第二大组成成分。而蛋白质是人类和动物的重要营养成分，并且小麦蛋白质的质和量在小麦的功能用途中起重要作用。

小麦中的蛋白质主要有清蛋白、球蛋白、麦胶蛋白和麦谷蛋白四种，其中清蛋白和球蛋白主要集中在糊粉层和胚中，胚乳中含量较低，麦胶蛋白和麦谷蛋白基本上只存在于小麦的胚乳中。

在小麦粉中加入适量的水后可揉成面团，将面团在水中搓洗时，淀粉和水溶性物质渐渐离开面团，最后只剩下一块具有黏合性、延伸性的胶皮状物质，这就是所谓的湿面筋。湿面筋低温干燥后可得到干面筋（又称活性谷朊粉）。一般将面筋质量占试样小麦粉质量的百分率称为面筋的含量。

面筋的主要成分为麦胶蛋白和麦谷蛋白，所以面筋基本上仅存在于小麦胚乳中，其分布不均匀。在胚乳中心部分的面筋量少质高，在胚乳外缘部分的面筋量多而质差，这是在线选择粉流进行配混生产专用粉技术的理论依据。

小麦的面筋含量主要取决于小麦的品种，一般硬麦面筋含量高而且品质好。小麦在发芽、发热、冻伤、虫蚀、霉变后，其面筋的数量与质量都将明显降低。

在生产专用小麦粉时，主要根据蛋白质的含量和质量来选择原料。小麦蛋白质的数量和质量可通过小麦粉面团的性质来评定。利用粉质仪可测定面粉的吸水量、稳定时间等参数，运用这些参数可对面团特性进行定量分析，是检测专用小麦粉质量的重要依据。

（4）纤维素　纤维素不能被人体消化吸收，混入面粉中将影响其食用品质和色泽，它主要分布在小麦外皮层中。因此面粉中的纤维素含量越低，面粉的精度就越高。

（5）脂肪　小麦中的脂肪多为不饱和脂肪酸，主要存在于胚和糊粉层中，胚中脂肪含量最高，约占14%左右，易被氧化而酸败。

(6) 灰分　灰分在小麦皮层中含量最高，胚乳中含量最低。灰分是衡量面粉加工精度的重要指标，面粉的精度越高，其灰分就越低。

生产高精度、低灰分的面粉是目前小麦加工工艺和设备研究的重点。

二、小麦预处理

1. 小麦预处理工艺流程

毛麦 → 原料接收 → 毛麦清理 → 水分调节 → 光麦清理 → 净麦

调入面粉厂的原料小麦称为毛麦。毛麦在原料接收过程中经初步处理后送入储存仓。为使接收的毛麦符合制粉生产的要求，应首先通过毛麦清理工序将其所含杂质清除，再通过水分调节工序对其进行调质。水分调节后的小麦称为光麦，为确保产品质量，还需通过光麦清理工序对其进行进一步的清理。通过光麦清理后的小麦称为净麦，净麦即可送入制粉工艺流程进行研磨。在原料接收、毛麦清理、光麦清理的过程中，可采用流量控制设备进行流量控制和小麦的搭配加工。

2. 小麦预处理过程与要求

小麦预处理是指在小麦入磨之前对小麦进行的处理，主要包括小麦的清理、水分调节以及搭配等工序。

(1) 小麦的清理　为了保证生产的正常进行和成品的纯度与质量，小麦在入磨之前应将混入其中的杂质清除干净。经过清理后的净麦，要求尘芥杂质（无机杂质及不可食用的有机杂质）不超过 0.3%，其中砂石不得超过 0.015%，粮谷杂质（异种粮粒及无食用价值的小麦）不超过 0.5%。

除杂的基本方法有筛选、风选、去石、磁选、精选等。

① 筛选：筛选是利用粒度的差别清除原料中大、小杂质的主要工艺手段，筛选设备是清理流程中最常用的设备。

筛选主要是由均匀布置的一定形状、尺寸筛孔的筛面完成的。当物料流过筛面时，相对筛孔粒度较小的物料可穿过筛孔成为筛下物；相对粒度较大的物料沿筛面流下成为筛上物。筛上物和筛下物的比例与筛孔的大小、筛选对象的粒度和粒形及筛面的运动形式有关。

在实际生产中，为使筛选设备结构紧凑并充分地利用设备，节约占地面积，通常将除大杂筛面与除小杂筛面组合在一起，如图 1-2 所示。物料通过设备时可同时清除大杂与小杂。

② 风选：风选是利用小麦与杂质的悬浮速度差别，借助气流的作用来分选杂质的方法。面粉厂常利用风选来清除原料中的轻杂。

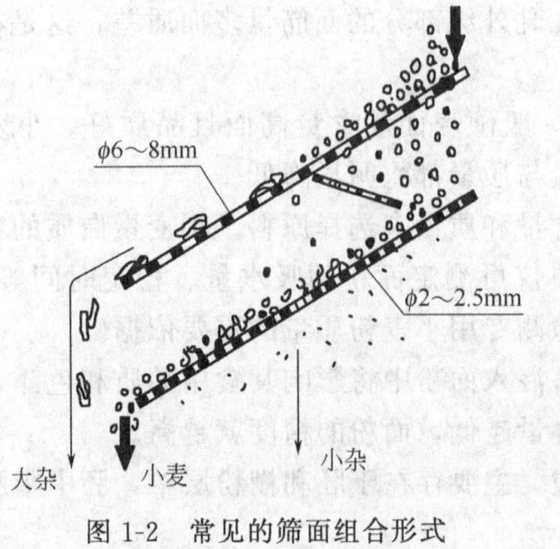

图 1-2　常见的筛面组合形式

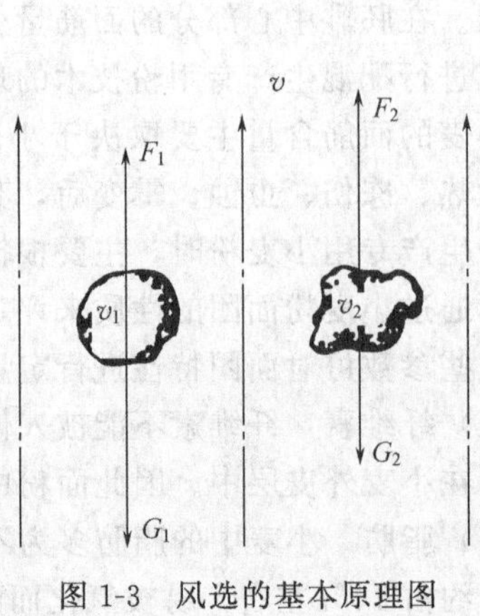

图 1-3　风选的基本原理图

风选的基本原理如图 1-3 所示。

设小麦自重为 G_1，固有的悬浮速度为 v_1，轻杂自重为 G_2，悬浮速度为 v_2，由定义：$v_1>v_2$。当两者进入具有一定速度 v 的上升气流环境中时，流过物料的气流将分别使其得到升力 F_1、F_2。当 $v_2<v<v_1$ 时，轻杂得到的升力 $F_2>G_2$，使其随气流上升并被带走，小麦得到的升力 $F_1<G_1$，将逆气流方向落下，从而实现轻杂与小麦的分离。

风选器是风选常用设备，其工作原理与基本结构如图 1-4 所示。

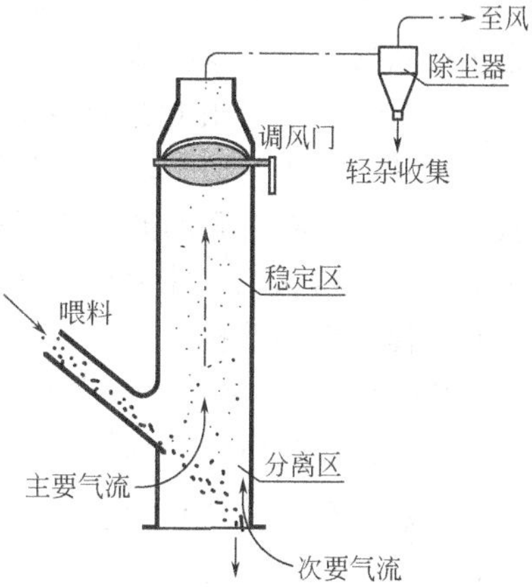

图 1-4 风选器的工作原理和基本结构

吸风道是风选器的主要组成部分，它由分离区与稳定区两部分组成。在分离区，由穿透料层的上升气流实现轻杂与小麦的分选，将轻杂带至稳定区。由于在分离区中连续流过的物料将占据一定的空间，穿透气流的速度较穿透料层前、后的速度大，且物料的流动也使穿透气流较难稳定、均衡，这就可能使一些小麦也被带出料层，因此需设置一段形状较规则、气流较稳定的稳定区，以对气流带上来的物料再进行分选，较重的麦粒可掉下，较轻的杂质被气流带入风网中，由除尘器收集。为使轻粒尽快脱离料层，主要的吸风气流应从有利穿透料层的方向进入分离区。调节风门用以调节风选器的风量，以控制上升气流速度大于轻杂的悬浮速度且小于小麦的悬浮速度。

③ 去石：清除原料中石子的工艺方法称为去石。由于用较简单的筛选方法可以清除粒度异于小麦的大、小石子，因此去石设备的除杂对象特指去除并肩石。

去石机主要是利用小麦与并肩石在空气中悬浮速度的不同，采用纵向倾斜并沿特定方向振动与引入上升穿透气流的去石筛面进行除杂的，具体如图 1-5 所示。

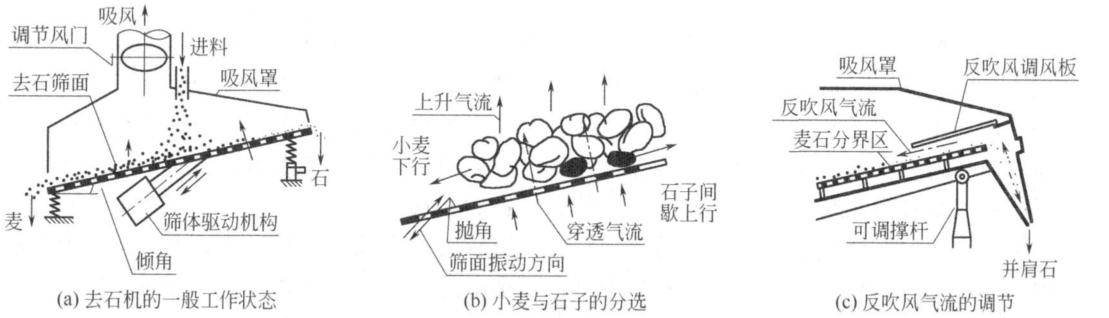

图 1-5 去石机的工作原理

工作过程中，物料连续进入去石筛面后，由于并肩石和小麦悬浮速度的不同，在适当的振动和上升气流的联合作用下，悬浮速度较小的小麦便浮在上层，悬浮速度较大的并肩石沉入底层紧贴筛面，形成自动分级现象，同时由于气流的作用，物料之间的空隙度增大，料层之间的正压力和摩擦力减小，这更加促使了自动分级的形成，悬浮速度较小的上层物料在重力、惯性力、气流和连续进料的推动下，以下层物料为滑动面，相对于去石筛面下滑至小麦出口排出，在上层物料下滑的过程中，悬浮速度较大的并肩石等杂物逐渐从物料层中分离出来进入下层，下层的石子及未悬浮的小麦在振动的作用下沿筛面上滑，其中小麦不断呈半悬浮状态进入上层，在达到去石筛面上端时，下层物料所含小麦已经很少了，这些小麦在反吹风气流的作用下被向后吹回麦流中，并肩石则继续上爬由出石口排出。

④ 精选：精选是利用长度或粒形的不同，将原料中与小麦差别不大的杂质分选出来的工艺手段。此类杂质通常有大麦、燕麦、荞子等，这些杂质虽可食用，但其灰分、色泽、口味对产品均有不利影响，因此当产品为较高等级的面粉时，须在清理流程中设置精选。

常用的精选设备有袋孔精选机与螺旋精选机。

a. 袋孔精选机：袋孔精选机主要是按长度的差别分选物料的精选设备，在其工作面上均布一定形状、大小的凹孔，这些孔就称为袋孔。物料与工作面接触后，指定的短粒嵌入孔内并被带离，较长籽粒则不能，从而将长粒与短粒分开。

常见的袋孔精选机有碟片精选机、滚筒精选机、碟片滚筒组合精选机。目前，较常采用的是碟片滚筒组合精选机。

Ⅰ. 碟片精选机的特点与工作原理。碟片精选机的特点是产量较大，调节较方便，但物料对碟片的磨损较严重，分选精度不高，较适合用来分级。碟片精选机的主要工作部件是两侧均布袋孔的圆环形碟片，其工作原理如图 1-6 所示。

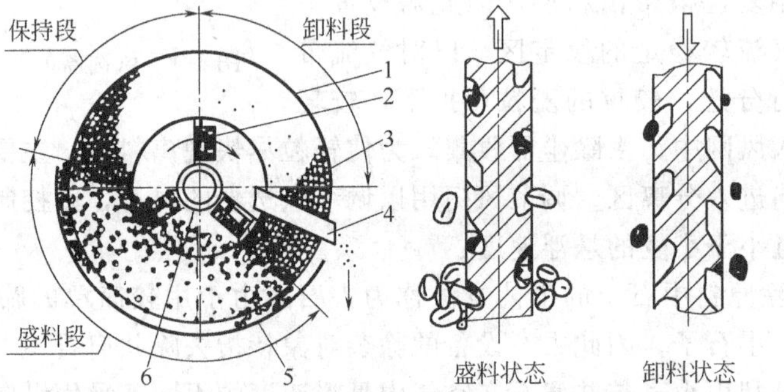

图 1-6 碟片精选机的工作原理

1—碟片；2—推进叶片；3—袋孔；4—收集槽；5—机壳；6—主轴

工作过程中，碟片在物料中转动，碟片与物料接触的部分称为盛料段，在接触过程中，宽度、厚度小于袋孔的物料均可嵌入袋孔；随着碟片的转动，嵌入孔内的物料被带离料层，因袋孔的深度一定，较长的颗粒因重心在外，一旦失去承托马上掉出，较短的颗粒则可稳定地留在斜口向上的袋孔中，随碟片转过保持段，直至通过最高点进入卸料段后，因袋孔斜口朝下，孔内短粒滑出落入收集槽而实现长粒、短粒的分选。

被选出短粒的种类取决于袋孔的大小，当选用较大的袋孔时，被碟片选出的短粒为小麦及更短小的物料，留下的长粒是大麦类杂质。选小麦的袋孔一般深 3.5～4.5mm，长、宽为 7～9mm；当选用较小的袋孔时，被碟片选出的短粒是荞子，留下的长粒是小麦及更长的物料，选荞子的袋孔一般深 2～3.15mm，长、宽为 4～5.75mm。

碟片辐条上装置有与碟片平面具有一定夹角的导向推进叶片，可沿轴向推进碟片间的物料，以实现连续分选及长粒的排出。

Ⅱ. 滚筒精选机的特点与工作原理。滚筒精选机的特点是分选精度高，下脚含粮少，但产量较小，设备占地面积较大。

滚筒精选机的主要工作部件为内表面均布半球形袋孔的滚筒，其工作原理如图 1-7 所示。

工作过程中，滚筒恒速转动，物料进入筒内后，与筒底接触并被带至一定的高度，在筒

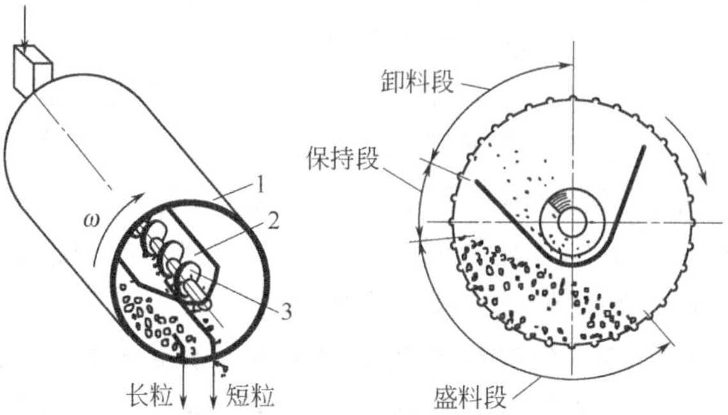

图 1-7　滚筒精选机的工作原理

1—滚筒；2—收集槽；3—短粒输送绞龙

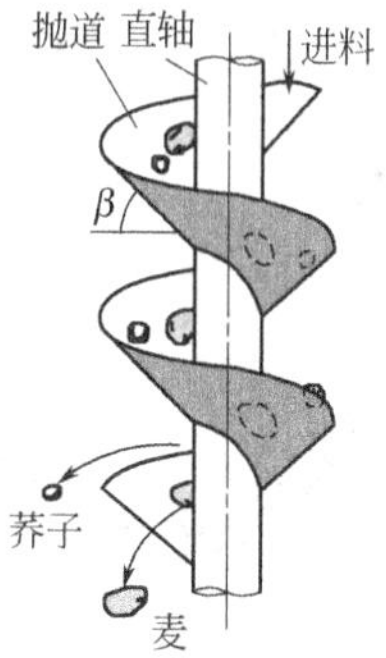

图 1-8　螺旋精选机的工作原理

底形成倾斜的盛料段。为保证选出短粒的纯度，盛料段的上沿不得超过主轴所在的水平面。滚筒将进入孔内的物料带出盛料段后，长粒落下，短粒留在孔内随筒转过保持段，进入卸料段，由自身重力克服离心力的影响而落入收集槽中，被收集槽中的绞龙推出；长粒在滚筒的带动下，一边在筒底翻滚一边流向筒口排出。为利于筒内物料的流动，滚筒的轴线向出口端倾斜。

选出的短粒为小麦时，袋孔直径一般为 8～10mm；短粒为荞子时，袋孔直径一般为 3～5mm。

Ⅲ. 碟片滚筒组合精选机的特点与工作原理。碟片滚筒组合精选机是在总结碟片精选机和滚筒精选机各自特点的基础上，设计制造的组合精选设备。它综合了两者的优点，能够缩短工艺流程，充分发挥设备效能，提高了设备产量及除杂效率，且下脚含粮少，占地面积小，是目前大中型面粉厂应用较普遍的精选设备。

b. 螺旋精选机：螺旋精选机又称为抛车，是利用小麦与杂质粒形的差别进行除杂的设备，除杂对象是荞子、豌豆类球形杂质。螺旋精选机的主要工作机构是与水平面具有一定倾角的螺旋面抛道，如图 1-8 所示。

螺旋精选机不需动力，物料依靠自身的重力沿抛道向下运动，在运动过程中实现分选。原料由抛道上端进入后，沿倾斜的螺旋面流下，因抛道面具有一定的倾角（β）与螺旋角，使得沿抛道作不规则滚滑动的麦粒运动的线速率较低，只可沿螺旋面内侧稳定地滑下；而进入抛道的荞子由于外形为球形，可在抛道上良好地滚动并逐渐加速，由此获得较大的离心惯性力而被甩出抛道，收集甩出的荞子，从而实现麦、荞的分选。

⑤ 磁选：利用导磁性的不同分离混入小麦中的磁性金属杂质的方法，称为磁选。磁选的主要对象是混杂在原料中的磁性金属杂质，常见有铁钉、螺帽、铁屑、铁块等。

在清理过程中进行磁选的主要目的是为了保护各类工艺设备（如打麦机、磨粉机等），因此在原料进入清理流程或进入需保护的设备之前都应进行磁选。

磁选设备采用具有一定磁感应强度的永磁体作为主要工作机构，在其有效的范围内，可将原料中的铁杂吸住而实现铁杂与小麦的分离。该设备一般较简单，大部分不需动力，体积较小，除铁杂效率可达 95%以上。但磁选不能清除有色金属杂质。

⑥ 表面清理：在小麦入磨之前，将黏附在麦皮上、麦沟中的泥砂、尘土、有害微生物等污染物较彻底地清除掉的工艺过程称为小麦的表面清理。

小麦的表面清理有干法表面清理和湿法表面清理两种方法。干法表面清理主要采用打击、摩擦的方法，常用设备为各种类型的打麦机、擦麦机、撞击机等；湿法表面清理采用水

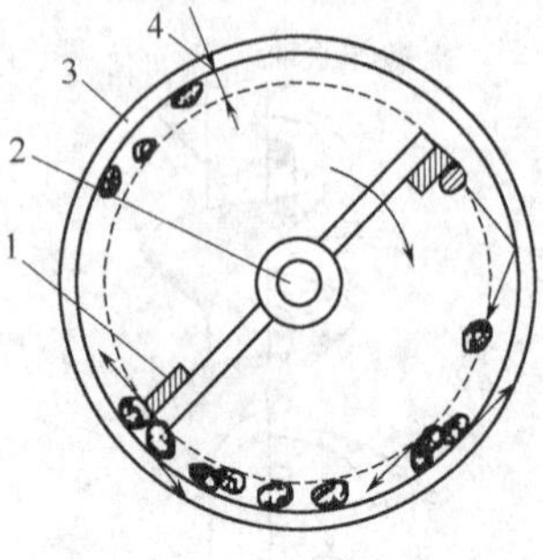

图 1-9　打麦机的工作原理
1—打板；2—主轴；3—工作圆筒；4—工作间隙

洗涤的方法，所用设备为洗麦机。由于采用湿法表面清理时需耗费大量的清水，且洗涤后的污水又将污染环境，故目前面粉厂中一般都使用干法清理。采用干法清理小麦表面时还具有其他作用：打击、摩擦可除去部分麦毛和麦皮以降低入磨小麦的灰分；打碎强度较低的并肩杂以利于除杂。

打麦设备的工作原理如图 1-9 所示，主要由高速旋转的打击机构与静止装置的工作圆筒组成。

具有一定工作直径的打击结构通常为各种形状的打板或销柱。为形成稳定的打击工作区，在打击结构外围须设置工作圆筒，圆筒一般由内表面具有一定粗糙度的筒或筛板构成。在打板与圆筒之间形成环形的工作区，打板与圆筒之间的间距即工作间隙。

物料进入工作区，受到打击装置的直接打击，受打击后的麦粒沿切向飞出后又与工作圆筒内表面产生碰撞，可震落黏附在其表面的杂质，而设备工作面对麦粒的挤擦作用及麦粒之间的相互摩擦可直接擦落一部分杂质，从而在打击、碰撞及挤擦的综合作用下得到表面清理。工作区内的物料在打板的推动下，沿筛筒内表面作螺旋状运动，形成一定长度的运动轨迹，可得到多次清理机会。

打板线速率越高，打板与麦粒之间的相对速率越大，打击、碰撞作用就越强烈；工作转速越高，除打板线速率相应增高外，物料平均的圆周速率也将提高，在一定的工作区范围内，相对运动轨迹增长，打击效果增强；工作间隙越小，麦粒受打击的机会增多，受到的挤擦作用增强；工作圆筒内表面较粗糙也有利于提高表面清理效果。打板线速率是衡量打击力度的主要条件，当打板线速率达到一定的数值以后，才能对物料产生有效的打击、碰撞及挤擦作用，以实现对小麦的表面清理。

在工艺过程中，通常应根据小麦的承受能力及小麦表面污染的程度来选择合适的打击强度。一般称打击作用较轻的打麦手段为轻打，反之为重打。在小麦清理流程中，若采用两道打麦，一般在小麦着水之前轻打，着水后重打。这是因为小麦着水前干而硬，质地较脆，重打容易产生过多碎麦、打掉麦胚，影响后续的清理效果和水分调节。而小麦着水后皮层韧性增强，采用重打，有利于表面清理。

(2) 小麦的水分调节　为改善小麦的工艺性质，将适量的水加入原料小麦中并通过一定的时间使其在麦粒内充分渗透的工艺方法称为小麦的水分调节。水分调节是制粉工作中必不可少的一个重要环节。

① 水分调节的作用：小麦通过水分调节后，发生了如下变化。

a. 皮层吸水后，韧性增强，脆性降低，不易破碎。在研磨过程中利于保持麸片完整，从而有利于提高面粉质量。

b. 胚乳强度降低，容易破碎；胚乳主要由蛋白质和淀粉组成，着水过程中，蛋白质吸水能力强，但吸水慢；淀粉粒吸水能力弱，但吸水快。由于二者吸水能力和快慢不同，吸水后膨胀的先后及程度不同，因此在蛋白质和淀粉颗粒之间产生位移，使胚乳结构疏松，强度降低，易研磨成粉，有利于降低电耗。

c. 皮层与胚乳之间的黏附力被削弱，使二者易于分离。水分调节过程中，皮层首先吸水膨胀，然后糊粉层和胚乳相继吸水膨胀。由于三者吸水先后顺序、吸水量及膨胀系数不同，在三者之间会产生微量位移，从而使三者之间的结合力受到削弱，使胚乳和皮层易于分离，利于把胚乳从皮层上剥刮下来，有利于降低电耗。

② 水分调节的方法：小麦水分调节的方法主要有室温水分调节与加温水分调节两类。

a. 室温水分调节：在室温条件下进行水分调节的工艺方法称为室温水分调节，由着水与润麦两个环节组成。着水是利用着水机向小麦中加入适量的水，并使水分在原料中基本分布均匀。润麦是将着水后的小麦在润麦仓中密闭静置一定的时间，使小麦皮层上附着的水分在麦粒内部渗透均匀，并使所有麦粒水分均衡。

根据原料及着水量的要求，室温水分调节又可分为一次着水工艺与二次着水工艺。

一次着水工艺为：毛麦清理→着水→润麦→光麦清理→净麦仓→制粉

二次着水工艺为：毛麦清理→第一次着水→第一次润麦→第二次着水→第二次润麦→光麦清理→净麦仓→制粉

因小麦颗粒每次承载加入水分的能力有限，当原料为高角质的硬麦及水分偏低时，着水量较大，需采用二次着水工艺。二次着水的工艺较一次着水复杂，但其适应能力强，故一般大型面粉厂都采用这种形式。

在小麦入磨前，还可采用喷雾着水的工艺方法，进一步提高入磨净麦皮层的水分，使其韧性增强，在研磨过程中更不易破碎，从而提高面粉的质量。喷雾着水的工艺过程为：

光麦清理→喷雾着水机→净麦仓→制粉

b. 加温水分调节：在水分调节过程中，将水温与原料温度提高至室温以上的方法称为加温水分调节。加温水分调节不但可以加快水分调节的速度，并可在一定程度上改善面粉的食用品质。

因加温水分调节耗能较高，我国除少数高寒地区在冬季采用外，绝大多数地区常年均采用室温水分调节方法。

(3) 小麦搭配　根据需要，将不同类型的小麦按一定比例配合在一起进行处理的工艺方法称为小麦搭配。小麦搭配的目的是合理利用原料，保持生产过程及产品质量的相对稳定，生产合格的产品，提高原料的使用价值与经济价值。配麦器是常用的小麦搭配设备。

小麦搭配的方法一般有毛麦搭配与光麦搭配，相应配麦器设在毛麦仓或润麦仓下。

① 毛麦搭配：制粉车间设置有毛麦仓的面粉厂，可在毛麦仓下搭配混合。即先将准备进行搭配的小麦分别送到不同的毛麦仓中，搭配时按设定的搭配比例调整好仓下配麦器的工作流量，然后同时开启配麦器，使出仓后的各种小麦按一定的比例通过配麦器送入螺旋输送机混合后进行毛麦清理。

② 光麦搭配：在润麦仓下进行光麦搭配的方法与毛麦搭配基本相同，其特点是不同原料分别进行毛麦清理与水分调节，保证清理与水分调节的效果。但对润麦仓的设置要求较高，管理也较复杂，因而应用较少。

(4) 小麦的清理流程　将各个工序合理地组合起来，按净麦质量要求，对原料进行连续处理的生产工艺过程称为小麦的清理流程，简称麦路。

小麦清理依次按原料接收、毛麦清理、水分调节、光麦清理的先后顺序组成，各阶段均由承担相应任务的工艺设备按照一定的规律组合。

① 原料接收：接收运输工具送入的原料，经初步处理后送入储存仓，这个过程称为原料的接收。原料接收时应按品种分类入仓。原料接收的一般流程为：

接收的小麦→初清→中间仓→自动秤→(第二道初清)→原料储存仓

原料接收时，一般首先采用综合除杂能力较强的高效振动筛（也可采用圆筒初清筛）进行初清，并配以较大的吸风量，以除去大部分的大杂、小杂及轻杂，特别是危害性较大的麻绳、大粒无机杂质等，以保证后续设备的安全可靠运转；称重放在初清的后面，优点是可以保证称重设备的安全正常使用，缺点是不能准确反映接收的毛麦总重量；因原料接收的流量不稳定，且自动秤又是间歇式工作设备，故在秤前应设一个中间仓；有条件时可设置两道初清，第二道采用振动筛以提高初清的效率。

② 毛麦清理：从毛麦仓至着水设备之间的工艺过程称为毛麦清理。毛麦清理是麦路中工作环节最多的工序，通过毛麦清理，应使小麦的纯度接近入磨标准，因此毛麦清理的效果对整个麦路工艺的影响较大。毛麦清理的一般流程为：

毛麦仓→（配麦器）→（中间仓→自动秤）→筛选→去石→精选→磁选→打麦→筛选

毛麦仓由原料储存仓提供原料，仓下可设置配麦器，以满足搭配与流量控制的需要。

毛麦清理的第一道设备通常为带风选的筛选设备，除去大部分大、小、轻杂质以利后续设备的运行，这一道设备的作用是初清筛不能取代的。

第一道去石机放在第一道筛的后面和精选机与打麦机的前面。目的是在保证去石效果的前提下，提高精选机的使用效果与使用寿命，保证打麦机的使用安全。

精选机一般放在去石机的后面、打麦机的前面。因为砂石对精选机的袋孔磨损较大，经打麦机打碎的小麦和细小杂质，不仅影响精选机的去荞效果，还会使精选出的小粒中含有大量的碎麦。

毛麦清理工序中必设一道打麦，且应采取轻打；通常打麦机的后面常配以筛选设备，即打筛结合，以便及时去除打下的杂质。打麦后的筛选设备宜采用去除中小杂能力较强的平面回转振动筛。在打麦之前至少应设置一道磁选，且宜采用具有自排杂能力的磁选设备。在第一道筛选设备之前可设置自动秤，对毛麦流量进行检测计量，并便于计算毛麦出粉率。

③ 水分调节：水分调节是小麦清理流程中不可缺少的工序。其组合形式及工艺见前述。

④ 光麦清理：从润麦仓出来的小麦叫光麦。从润麦仓到1皮磨粉机之间的清理过程称为光麦清理。

光麦清理的任务是彻底清除小麦中的各类杂质及部分麦毛、麦皮，以确保入磨小麦的质量，提高产品纯度。光麦清理的一般流程为：

润麦仓→（配麦器）→去石→磁选→打麦→筛选→（喷雾着水）→净麦仓→自动秤→磁选→1皮磨粉机

针对光麦的打麦应为重打，打麦后仍应设置筛选。在入磨前设置自动秤，可较精确地了解入磨流量，有利于生产的管理，由于有净麦仓，故秤前不必再设中间仓。

三、小麦制粉

1. 小麦制粉概述

（1）制粉的基本原理与过程　小麦制粉主要是利用胚乳与皮层的强度差别，采用研磨、筛理、清粉等设备，将净麦的皮层、胚与胚乳分离，并将胚乳磨成具有一定细度的面粉，同时分离出副产品。

由于小麦籽粒的特殊组成结构，麦皮在生产过程中不可避免地会或多或少混入胚乳中，为了将胚乳与麦皮、麦胚尽可能地完全分离，目前的制粉技术主要采取分系统逐道研磨的方法制粉。净麦首先经过1皮磨粉机研磨，再采用筛理设备对研磨后的物料进行筛分，从中可筛出一部分面粉，但其中大部分物料还是一些粒度比较大的中间产品，将这些中间产品再进一步地逐道研磨、筛理，才可将面粉完全提出。但是，要使提取的面粉品质较好，还需将在制品按粒度大小和品质不同分开、分别研磨，以提高研磨效果和面粉质量，因此在制品需分系统逐道进行研磨、筛分，直至达到粉路的终端，将皮层上的胚乳基本刮下，剩下的物料即为粉路的副产品，副产品一般称为麸皮或次粉。各部位提出的面粉质量不同，一般是前路好于后路，心磨好于皮磨，因此可将各部位提出的面粉按质量不同汇成不同的产品，以满足不同的市场需求。

（2）磨粉机的系统设置　在制粉过程中，为了取得更好的研磨效果，保证面粉的质量，将磨粉机分成了不同的系统，每个系统中设置多道磨粉机研磨同类物料。

① 皮磨系统：皮磨系统研磨的物料是麦粒及麸片，一般设 4～5 道，称 1 皮、2 皮等。在各道皮磨中，除 1 皮研磨的是小麦外，其他都是麸片。皮磨系统的任务是剥开小麦，逐道从麸片上刮下胚乳，在保证麸片不过度破碎的前提下，使胚乳与皮层最大限度地分开。

② 渣磨系统：渣磨系统研磨的是连有皮层的大胚乳颗粒（即麦渣），一般设 1～3 道，称 1 渣、2 渣等。渣磨系统的任务是经过磨辊轻微地剥刮，将颗粒上的麦皮分开，以便得到较为纯净、质量较好的胚乳颗粒（麦心和粗粉），送入心磨系统磨制成粉。它提供了第二次使麦皮与胚乳分离的机会，从而提高了胚乳的纯度。

③ 心磨系统：心磨系统研磨的是较为纯净的胚乳颗粒，一般设 5～9 道，称 1 心、2 心等。心磨系统的任务是将胚乳颗粒逐道研磨成具有一定细度的面粉，同时应尽量减少麸屑的破碎并将其提出。心磨系统是粉路中主要的出粉部位。

④ 尾磨系统：尾磨系统研磨的是带有胚乳的麸屑（小麸片），尾磨一般设 1～2 道，称 1 尾、2 尾等。尾磨系统的任务是从麸屑上刮净所残存的粉粒，提出面粉。

在皮磨、渣磨、心磨、尾磨四大系统中，皮磨和心磨是两个基本的系统。

（3）筛网及在制品分类　在制品是制粉过程中所有中间产品的统称，其分类主要是由筛理设备利用不同筛孔的筛网来完成的。

① 筛网：按编织材料的不同，筛网分为金属丝筛网、非金属丝筛网，它们的特点和应用各不相同。

a. 金属丝筛网的筛孔较大，强度较高，常用来筛理较粗大的物料，如平筛中的粗筛和分级筛筛面。金属丝筛网的规格常用“数字＋字母 W”来表示，如 32W，表示每英寸[1]筛网长度上有 32 个筛孔的金属丝筛网。

b. 非金属丝筛网是指由非金属丝材料制成的筛网，目前小麦粉厂使用的非金属丝筛网主要有尼龙筛网、蚕丝筛网和锦纶筛网等。其型号规格的表示方法较为复杂，旧的表示方法为 GG、XX，新的表示方法有 CQ、CB、JMG、JM 等。其中 GG、CQ、JMG 筛网的筛孔较大，常用于平筛中的分级筛和细筛筛面；XX、CB、JM 筛网的筛孔较小，常用于平筛中的粉筛筛面。

② 在制品的分类：在制品按粒度和品质的不同通常分为以下几种。

a. 麸片：连有胚乳的片状皮层，粒度较大，且随着逐道研磨筛分，其胚乳含量逐道降低。

b. 麸屑：连有少量胚乳呈碎屑状的皮层，此类物料常混杂在麦渣、麦心之中。

c. 麦渣：连有皮层的大胚乳颗粒。

d. 粗麦心：混有皮层的较大胚乳颗粒。

---

[1] 1 英寸（in）＝0.0254 米（m）。

e. 细麦心：混有少量皮层的较小胚乳颗粒。

f. 粗粉：较纯净的细小胚乳颗粒。

在制品分类的多少随制粉工艺流程的不同而不同，一般来讲，流程较简单时分选出的在制品种类较少；较完善时在制品的种类较多，物料分得较细，其制粉效果也较好。

③ 平筛中提取在制品的常用筛面

a. 粗筛：皮磨系统中筛孔较大，从皮磨磨下物料中分出麸片的筛面，一般使用金属丝筛网。

b. 分级筛：将麦渣、麦心按颗粒大小分级的筛面，一般使用细金属丝筛网或 GG、CQ、JMG 类型的非金属丝筛网。

c. 细筛：筛粉前对略大于面粉的细小物料进行分级的筛面，筛孔较小，一般使用 GG、CQ、JMG 类型的非金属丝筛网。

d. 粉筛：筛出面粉的筛面，一般采用 XX、CB、JM 类型的非金属丝筛网。

平筛中各类筛面的应用与所提取在制品的状态是对应的，如 1 皮磨筛处理物料的过程及提取的在制品状态如图 1-10 所示。

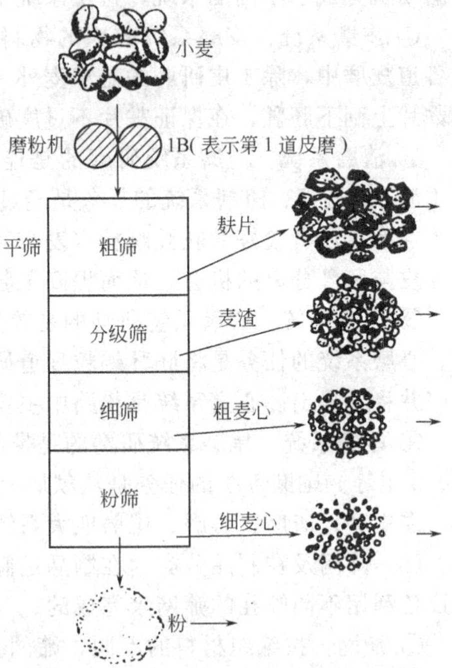

图 1-10 1 皮磨筛处理物料的过程及提取的在制品状态

2. 研磨

小麦及在制品的研磨是制粉工艺中最重要的环节，直接影响着整个制粉流程的工艺效果。常用的研磨设备是辊式磨粉机，辅助研磨设备是松粉机。

(1) 磨粉机

① 研磨的任务和要求：研磨的任务是将麦粒碾开，从麸片上刮下胚乳，并将胚乳磨成具有一定细度的面粉。这就要求每道磨粉机需选择合理的研磨力度，在破碎胚乳的同时，尽量保持皮层的完整，以尽可能多地提取品质较好的面粉；同时，研磨作用的强弱还将影响各种中间产品的分类状态和后续设备的工作流量，因此，每一道磨粉机的研磨效果都应达到相应的要求。

② 研磨的工作原理：磨粉机的主要工作部件是磨辊。磨辊都是成对使用的，每对磨辊有快、慢辊之分，工作时两个等径的圆柱形磨辊相向差速转动，其中转速较高的磨辊称为快辊，另一只转速较低的磨辊称为慢辊，快慢辊之间的转速之比称为速比，当两辊之间的距离小于被研磨物料的粒度时，两辊夹住物料并开始对物料进行研磨。按照磨粉机的作用，磨辊分“齿辊”和“光辊”两种。

a. 齿辊是根据不同的要求在磨辊圆柱面上用拉丝刀切削成不同形状的磨齿，磨齿齿数、齿角和斜度决定了磨齿的形状。齿辊的特点是对物料的剥刮破碎能力强，处理流量大，动力消耗低，磨下物料温度低，水分损耗少，磨后物料松散易筛理。

b. 光辊是经磨光后再经喷砂处理，得到微粗糙表面。光辊对物料研磨时以挤压为主，在粉碎胚乳的同时不易使麸皮过度破碎，所以使用光辊有利于提高面粉的质量。因此，目前多数面粉厂为降低面粉灰分、提高面粉质量，在心磨、渣磨和尾磨系统使用光辊，仅在皮磨系统使用齿辊，并且各道皮磨的磨齿形状不尽相同。

（2）松粉机的作用和工作位置 由于光辊研磨是以挤压作用为主，很容易将物料挤压成片状，若直接送往平筛筛理，则影响筛理效率和实际取粉率。因此，光辊的磨下物在筛理之前，应采用松粉机进行处理，击碎粉片，以提高平筛的筛理效率和实际取粉率。

松粉机分为打板松粉机、撞击松粉机和强力撞击松粉机。其中强力撞击松粉机的撞击作用十分强烈，一般用在前路心磨系统。打板松粉机的作用缓和、体积小且动力消耗低，对麸皮的破碎力较弱，可用来处理渣磨和中/后路心磨研磨后的物料。撞击松粉机一般用在中路心磨系统。使用撞击松粉机和强力撞击松粉机时，还能对磨粉机起辅助研磨作用，这有利于提高出粉率。

3. 筛理

筛理是制粉工艺的重要组成部分，常用的筛理设备为高方平筛，简称平筛，辅助筛理设备主要为打麸机。

（1）平筛筛理的目的 磨粉机研磨后的磨下物为颗粒大小不同及质量不一的混合物料，根据制粉流程，这些混合物料需到平筛进行筛理。平筛筛理的目的有两个：一是从磨下物中筛出面粉；二是将在制品按粒度大小进行分级，然后分别送往不同的系统进行处理。

筛理工作是制粉过程中极为重要的工序。若筛理效果不好，就不能把已磨制成的面粉及时提出，不能把在制品分离开，增加物料在整个粉路中的重复研磨，使得制粉车间各种设备的负荷增大，产量降低，动力消耗增加。

（2）打麸机的作用和工作原理 在制粉中，打麸机专门用于处理3皮及后续皮磨平筛提取的麸片。因为麸片经多次研磨后，其表面会较粗糙、发黏，因此中后路皮磨平筛提取的麸片易黏附粉料，而平筛筛理物料时是靠物料自身的重力穿过筛孔的，故采用平筛无法有效地清除麸片上黏附的粉料，而麸片上黏粉料较多时将会增加后续皮磨的负荷并影响其工艺效果，或使副产品麸皮上含粉过多，所以常需用打麸机对其进行处理。

打麸机是利用高速旋转的打板的打击作用，将黏附在麸片上的粉粒分离下来并使其穿过筛孔成为筛出物料（常称为打麸粉），麸片则穿不过筛孔而成为筛内物料。

4. 清粉

在制粉工艺中，将经过平筛筛理得到的粒度相近、品质不同的物料进行精选的工序称为清粉，所用设备为清粉机。这些物料通常是来自前中路皮磨、渣磨平筛和重筛的麦渣和麦心，清粉一般设1～4道。

（1）清粉的目的 由前中路皮磨、渣磨平筛和重筛提取的麦渣和麦心等物料是粉路制取面粉的主要对象。正常状态下，其中大部分是品质较好的纯胚乳颗粒，但也混有一些与其粒度相近但品质较差的细麸片和连皮胚乳即麦渣等物料，这些物料若直接送入心磨系统研磨，其中品质差的物料被研碎后将混入面粉影响产品质量。

用清粉的手段对这部分物料进行处理后，可将纯胚乳颗粒提取出来送到心磨系统研磨成高质量的面粉，其他物料可送往不同的研磨系统分别进行研磨。在制粉过程中，清粉机提纯出的纯胚乳颗粒的数量越多、质量越好，提取的高质量面粉的数量就越多、质量也就越好，因此，清粉是生产高等级面粉的必备手段。

（2）清粉的原理 清粉是利用筛选和风选的联合作用，对物料按品质与粒度进行精选提纯，其工作原理及提纯效果如图1-11所示。

清粉机的主要工作机构是一组小倾角振动筛面，筛面一般为三层，每层分为四段。筛面上方设有吸风道，气流自下而上穿过筛面及筛上物料。物料落入筛面后，筛面的振动以及上升气流的作用使筛上物料按悬浮速度差别形成自动分级，悬浮速度较大的胚乳颗粒处在下

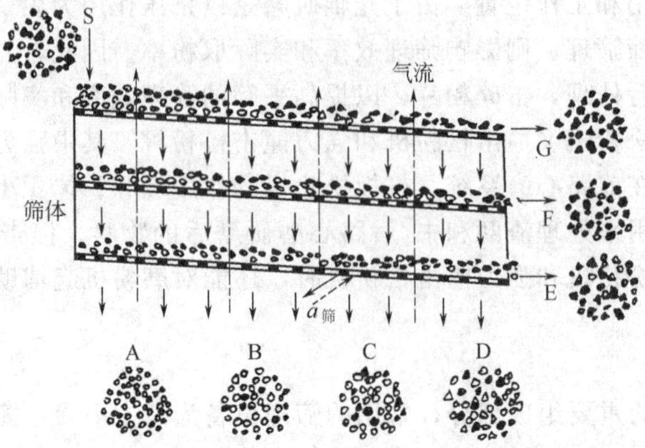

图 1-11 清粉机的工作原理及提纯效果
S——进入清粉机的物料；$a_{筛}$——清粉机筛体的振动方向

层，上层则是悬浮速度较小的连皮胚乳颗粒。

物料经清粉后，可分成 4 种筛下物——A、B、C、D和三种筛上物——E、F、G，由于筛网的配置规律是同层前密后稀，同段上层稀下层密，因此 A、B、C、D、E、F、G 这七种物料的品质依次变差，粒度依次变大，可分别送往不同的研磨系统进行研磨，其中 A、B 物料通常是送往前路心磨系统磨制高质量的面粉。

5. 制粉工艺流程

在制粉生产过程中，根据一定的方法和原则将研磨、筛理、清粉等工序组合在一起的工艺流程称为制粉工艺流程，简称粉路。粉路是整个制粉工艺过程的核心，其工艺组合的合理性以及操作和维护管理的水平对面粉生产有举足轻重的影响。

四、面粉后处理

面粉后处理是小麦加工的最后阶段，这个阶段包括面粉的收集、配粉、称量、微量元素的添加以及面粉的修饰与营养强化等。在现代化的面粉加工厂，面粉的后处理是必不可少的环节，因为它是实现面粉品种的定位以及保证和弥补面粉质量的必要过程。

1. 面粉的收集

在制粉工艺流程中，对各道平筛筛出的面粉进行收集、组合与检查的工艺环节称为面粉的收集。

(1) 面粉收集的目的　在制粉过程中，各道平筛的出粉口共有近 20 个左右，因此需设置相应的设备收集各出粉口排出的面粉；由于各出粉口提取的面粉品质不同，因此可根据具体的生产要求对各出粉口的面粉进行分配、组合，以形成符合要求的产品；由于平筛的串漏等原因，其筛出的面粉中可能混有少量较粗的物料，因此对收集后的面粉应采用面粉检查筛进行检查，以将其中的粗粒筛出。

(2) 面粉收集的方法　一般在平筛的下一层楼面，沿车间纵向平行地设置 2～4 台粉绞龙对面粉进行收集。各台粉绞龙分别收集档次不同的面粉，并分别与对应的检查筛相连。

在此过程中，还可利用微量给料器向粉绞龙中加入少量的粉末状添加剂来改善面粉的品质，如增白剂等，这是无配粉手段的制粉工艺中常用的方法。

根据具体的生产需要，检查筛筛后的面粉可能作为成品面粉打包出厂，也可能作为基础粉送往配粉工段的配粉仓供配粉使用。

2. 配粉

将不同品质的面粉（称为基础粉）按一定的比例进行搭配并混合均匀的工艺过程，称为配粉。在配粉过程中，还可根据需要在粉中加入适量的添加剂对面粉进行修饰与强化。

（1）配粉的目的　配粉可以使面粉产品满足面制食品制作的需要，且营养更适合不同人群的要求，同时也可使得产品的质量稳定。配粉是生产食品专用粉和稳定产品质量最完善、最有效的手段。

（2）配粉的基本方法　配粉的基本方法是：先将制粉车间生产的不同品质、不同等级的面粉，通过输送设备送入不同的储存仓内分别存放，这些面粉称为基础粉。需要配粉时，将各种基础粉从仓内放出，按照一定的比例搭配在一起，并根据需要加入各种添加剂，经过充分搅拌混合后即成为成品面粉。常用的配粉方法有容积式配粉与重量式配粉两类。

① 容积式配粉：又称粗配粉，其工艺流程通常为：

面粉检查筛 → 配粉仓 → 调速螺旋式给料器 → 面粉输送绞龙 → 产品计量包装

在此方法中，面粉的比例是通过调节螺旋式给料器的转速来控制的，搭配后面粉的混合是通过面粉输送绞龙边输送边混合，所以此方法工艺简单，配粉精度较低，适合较简单的面粉搭配及少量添加剂的添加。

② 重量式配粉：又称精配粉，其工艺流程通常为：

面粉检查筛 → 储存仓 → 螺旋给料器 → 配粉仓 → 螺旋给料器 → 配粉秤 → 混合机 → 面粉检查 → 缓冲斗 → 产品计量包装

在此方法中，面粉的比例是通过专用的配粉秤来控制的，搭配后面粉的混合通过专用混合机进行，所以此方法工艺完善，配粉精度较高，适合配制等级较高的专用面粉、营养强化粉及预混合粉。

3. 面粉的修饰与营养强化

随着生活水平的提高，人们对面制食品的要求越来越高，除了吃好以外，还关注面制食品的营养、造型、外观、色泽以及食品制作的难易程度等，为了满足这些需求，面粉的修饰与强化逐渐受到面粉加工企业的重视。

（1）面粉的修饰　面粉的修饰是指根据面粉的用途，通过一定的物理或化学方法对面粉进行处理，以弥补面粉在某些方面的缺陷或不足。面粉修饰最常用的方法是漂白、氧化、氯化、酶处理等。

新加工的面粉呈浅黄色，存放一段时间后，可自然氧化而改善色泽。为了加速面粉氧化的速度，目前常利用过氧化苯甲酰作为漂白剂将面粉进行漂白，但由于过氧化苯甲酰过量地添加会破坏面粉中的营养成分，同时也会对人体产生不良影响，目前正在征求意见的新小麦粉国家标准中将有望禁止其添加。

对面粉的氧化处理可以增加面粉的筋力，改善面筋的结构性能。此外，氧化剂还具有抑制蛋白酶的活性以及增白的作用。

对于糕点用粉，可用适量的氯气处理，以增加蛋白质的分散性和面筋的可溶性，增加面团的吸水量和膨胀力，从而增加蛋糕的体积，同时氯气还具有漂白作用。

面粉中的淀粉酶对发酵食品如面包、馒头等有一定的作用，一定数量的淀粉酶可以将面粉中的淀粉分解成低聚糖，为酵母提供充足的营养，保证其发酵能力。当面粉中的淀粉酶活性不足时，可以添加富含淀粉酶的物质如大麦芽、发芽小麦粉等以增加淀粉酶的活性。

（2）面粉的营养强化　根据我国城乡居民微营养素摄入量普遍缺乏的情况，经各方专家研究讨论，2002 年在国家公众营养项目办公室的主持下，拟定了小麦粉营养强化的配方，即“7+1”的添加方案。配方中的“7”是准备强制添加的微营养素，7种微营养素及其在每千克面粉中的添加量为：硫胺素（维生素 B_1）3.5mg，核黄素（维生素 B_2）3.5mg，烟酸（维生素 B_3）35.0mg，叶酸2.0mg，铁20mg，锌25mg，钙1000mg。“1”则是建议添加的维生素A。

4. 通用小麦粉与专用粉

（1）通用小麦粉　通用小麦粉适合制作一般食品，根据GB 1355—86的规定，通用小麦粉按其加工精度的不同，从高到低可分为特制一等粉、特制二等粉、标准粉和普通粉4个等级，质量指标有加工精度、灰分、粗细度、面筋质、含砂量、磁性金属物、水分、脂肪酸值、气味和口味等，不同等级的小麦粉主要在加工精度、灰分、粗细度的要求上有所不同。但目前我国小麦粉的国家标准已远远落后于市场标准，新的小麦粉国家标准的颁布已势在必行。

（2）专用小麦粉及其分类　所谓专用小麦粉，就是专门用于制作某种食品的小麦粉，简称专用粉。目前市场上的专用小麦粉较多，如面包粉、面条粉、馒头粉、饺子粉、饼干粉、糕点粉、自发粉、营养保健类小麦粉、预混合小麦粉等，这里仅对应用较多的几类专用小麦粉进行简单介绍。

① 面包类小麦粉：面包粉应采用筋力强的小麦加工，制成的面团有弹性，能生产出体积大、结构细密而均匀的面包。面包质量和面包体积与面粉的蛋白质含量成正比，并与蛋白质的质量有关。为此，制作面包用的面粉，必须具有数量多而质量好的蛋白质。

② 面条类小麦粉：面条粉包括各类湿面、挂面和方便面用小麦粉。一般应选择中等偏上的蛋白质和筋力。面粉蛋白质含量过高，面条煮熟后口感较硬，弹性差，适口性低，加工比较困难，在压片和切条后会收缩、变厚，且表面会变粗。若蛋白质含量过低，面条易流变，韧性和咬劲差，生产过程中会拉长、变薄，容易断裂，耐煮性差，容易糊汤和断条。

③ 馒头类小麦粉：馒头的质量不仅与面筋的数量有关，更与面筋的质量、淀粉的含量、淀粉的类型和灰分等因素有关。馒头对面粉的要求一般为中筋粉，馒头粉对白度要求较高，灰分一般应低于0.6%。

④ 饺子类小麦粉：饺子、馄饨类水煮食品，一般和面时加水量较多，要求面团光滑有弹性，延伸性好、易擀制、不回缩，制成的饺子表皮光滑有光泽，晶莹透亮，耐煮，口感筋道，咬劲足。因此，饺子粉应具有较高的吸水率，面筋质含量在25%～32%，稳定时间大于3min，与馒头专用粉类似。太强的筋力，会使得揉制很费力，展开后很容易收缩，并且煮熟后口感较硬。而筋力较弱时，水煮过程中容易破皮、混汤，口感比较黏。

⑤ 饼干、糕点类小麦粉

a. 饼干粉：饼干的种类很多，不同种类的饼干要配合不同品质的面粉，才能体现出各种饼干的特点。饼干粉要求面筋的弹性、韧性、延伸性都较低，但可塑性必须良好，故而制作饼干必须采用低筋和中筋的面粉，面粉粒度要细。

b. 糕点粉：糕点种类很多，中式糕点配方中小麦粉占约40%～60%，西式糕点中小麦粉用量变化较大。大多数糕点要求小麦粉具有较低的蛋白质含量、较少的灰分和较低的筋力。因此，糕点粉一般采用低筋小麦加工。

第二节　稻谷加工

稻谷加工是我国粮油工业的一个重要组成部分。稻谷加工得到的大米，既是我国2/3人口的主要食粮，又是食品工业主要基础原料之一。根据稻谷籽粒的结构，稻谷加工主要由稻谷清理、砻谷及砻下物分离、碾米及成品整理三大部分组成。

一、稻谷的分类、籽粒结构和化学构成

1. 稻谷的分类

普通栽培稻谷可分为籼稻谷和粳稻谷两个亚种。籼稻谷粒形细长而稍扁平，颖毛短而稀，一般无芒，即使有芒也很短，籽粒强度小，耐压性能差，加工时容易产生碎米，出米率较低。用籼稻米制成的米饭胀性较大而黏性较小。粳稻谷籽粒短而阔，较厚，呈椭圆形或卵圆形，颖毛长而密，芒较长，籽粒强度大，耐压性能好，加工时不易产生碎米，出米率较高。用粳稻米制成的米饭胀性较小而黏性较大。

在籼稻谷和粳稻谷中，根据其生长期的长短和收获季节的不同，又可分为早稻谷和晚稻谷两类。就同一类型的稻谷而言，一般情况下，早稻谷米粒腹白较大，硬质粒少，品质比晚稻谷差。早稻谷米质疏松，耐压性差，加工时易产生碎米，出米率较低。而晚稻谷米质坚实，耐压性强，加工时碎米较少，出米率较高。就米饭的食味而言，也是晚稻谷优于早稻谷。

无论是籼稻谷还是粳稻谷，根据其淀粉性质的不同又可分为糯性稻谷和非糯性稻谷两类。糯性稻谷米质黏性较大而胀性较小，非糯性稻谷黏性较小而胀性较大。

此外，根据栽培地区土壤水分的不同，稻谷又可分为水稻和陆稻（旱稻）两类。两者的主要区别在于品种的耐旱性，水稻种植于水田中，陆稻种植于旱地。由于陆稻品质、食味均较差，在我国栽培面积甚少。

2. 稻谷籽粒的形态结构

稻谷籽粒的外形结构主要由颖（稻壳）和颖果（糙米）两部分组成。

（1）颖　稻谷的颖由内颖、外颖、护颖和颖尖四部分组成。内颖、外颖各一瓣，外颖比内颖略长而大；内颖、外颖沿边缘卷起成钩状，外颖朝里，内颖朝外，二者互相钩合包住颖果，起保护颖果作用。稻谷经砻谷机脱壳后，内颖、外颖即脱落，脱下来的颖通称稻壳。内颖、外颖基部的外侧各生有护颖一枚，托住稻谷籽粒，起保护内颖、外颖的作用。护颖长度约为外颖的1/5～1/4。

外颖顶端尖锐，称为颖尖，颖尖伸长则为芒。芒的有无及长短随品种不同而异。目前通过品种培育，有芒品种已逐渐被淘汰。

（2）颖果　稻谷脱去内颖、外颖后便是颖果（即糙米）。内颖所包裹的一侧称为颖果的背部，外颖所包裹的一侧称为腹部。未成熟的颖果呈绿色，成熟后的颜色随品种不同而异，一般为淡黄色、灰白色、红色、紫色等。颖果表面平滑而有光泽，并有纵向沟纹5条，沟纹的深浅随稻谷品种不同而异，它对出米率有一定的影响。

一般情况下颖与颖果之间的结合很松，尤其是当稻谷的水分较低时，几乎没有结合力，稻谷的两端颖与颖果之间也有一定的间隙，这些都是利于稻谷脱壳的内在条件。

颖果由皮层、胚乳和胚三部分组成，如图1-12所示。

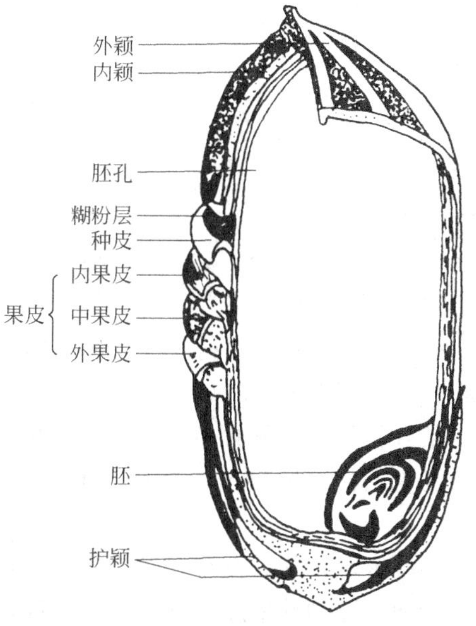

图1-12　稻谷的籽粒结构

① 皮层：颖果的皮层包括果皮、种皮、珠心层和糊粉层。

果皮厚度约为10μm，占整个谷粒重的1%～2%。果皮又可分为外果皮、中果皮和内果皮。颖果在未成熟时呈绿色是因为此层细胞中含有叶绿素，成熟后叶绿素即消失。果皮中含有较多的纤维素。

种皮在果皮的内侧，由较小的细胞组成，故而极薄，只有2μm左右。有些稻谷的种皮内常含有色素，使糙米呈现不同的颜色。

珠心层位于种皮和糊粉层之间，与种皮和糊粉层紧密结合不易分开，极薄，为1～2μm，无明显的细胞结构。

糊粉层有1～5层细胞，与胚乳结合紧密，主要由含氮化合物组成，富含蛋白质、脂肪和维生素等。糊粉层中磷、镁、钾的含量也较高。稻谷中糊粉层的厚薄与稻谷品种及种植环境等因素有关。糊粉层厚度为20～40μm，而且糙米中背部糊粉层比腹部厚，其质量约占糙米的4%～6%。

② 胚乳：胚乳被皮层紧密地包裹着。碾去皮层的颖果称为大米，大米主要由胚乳构成，胚乳则主要由淀粉细胞构成，淀粉细胞的间隙中填充有部分的蛋白质。若填充的蛋白质较多，则胚乳的结构紧密而坚硬，米粒呈透明状，截面光滑平整，这种结构称为角质胚乳。若填充的蛋白质较少，则胚乳的结构疏松，米粒呈半透明状或不透明状，断面粗糙呈粉状，这种结构称为粉质胚乳。米粒中心不透明部分称为心白，而腹部不透明部分称为腹白。

③ 胚：胚位于颖果的下腹部，富含脂肪、蛋白质及维生素等。由于胚中含有大量易氧化酸败的脂肪，所以带胚的米粒不易储藏。胚与胚乳联结不紧密，在碾制过程中胚容易脱落。

3. 稻谷的化学成分

稻谷的主要化学成分有水、蛋白质、脂肪、淀粉、纤维素、矿物质等，此外还含有一定量的维生素。稻谷籽粒及其各组成部分的主要化学成分含量见表1-2。

表1-2　稻谷籽粒及其各组成部分的主要化学成分含量　　单位：%

种　类	水分	蛋白质	脂肪	碳水化合物	纤维素	灰分
稻谷	11.7	8.1	1.8	64.5	8.9	5.0
糙米	12.2	9.1	2.0	74.5	1.1	1.1
胚乳	12.4	7.6	0.3	78.8	0.4	0.5
胚	12.4	21.6	20.7	29.1	7.5	8.7
皮层	13.5	14.8	18.2	35.1	9.0	9.4
稻壳	8.5	3.6	0.9	29.4	39.0	18.6

注：1. 上列数值为平均值；
2. 胚乳中的碳水化合物主要是淀粉，胚和皮层中一般不含淀粉；
3. 稻壳中的碳水化合物主要是多缩戊糖。

(1) 水分　稻谷中的水分与稻谷加工的关系很密切。水分在稻谷籽粒中也有两种不同的存在状态，即游离水和结合水。

稻谷籽粒各部分的含水量是不同的。一般稻壳的含水量最低，脆性大，这对稻谷脱壳很有利。皮层含水量较高，故韧性较大，易于碾剥。胚乳含水量较低，籽粒强度大，不易碾碎。

稻谷含水量的高低对稻谷加工的影响很大。水分过高，会造成筛理困难，影响清理的效果；会使稻壳韧性增加，造成脱壳困难；还会使籽粒强度降低，导致加工过程中产生较多的碎米，降低出米率；使米糠黏度大，易堵塞碾米机米筛筛孔，造成排糠不畅，使碾米机负荷增大，动力消耗增加。但水分含量过低，会使稻谷籽粒变脆，也容易产生碎米，而且米粒皮层与胚乳的结合紧密，不易碾除。

（2）蛋白质　蛋白质是稻米营养品质的主要指标。不同品种、不同类型的稻米其蛋白质含量不同。同一籽粒内，蛋白质的分布也不均匀，胚内含量最高，且胚内其他营养成分含量也较高，因此将胚保留在大米中的留胚米比普通大米营养价值高。值得注意的是，糙米皮层的蛋白质也比胚乳的高，因此，从营养的角度看，糙米或低精度的大米显然优于高精度大米。

虽然大米胚乳中的蛋白质含量较少，但它是谷物蛋白质中生理价值最高的一种，其氨基酸组成比较平衡，赖氨酸含量约占总蛋白的3.5%。大米蛋白质以米谷蛋白为主要成分，约占总蛋白的80%；其他3种为清蛋白、球蛋白和醇溶蛋白，其中以醇溶蛋白含量最低，仅占总蛋白的3%～5%。

（3）淀粉　淀粉是稻谷中的重要化学成分，含量一般在70%左右。淀粉主要存在于胚乳中，稻壳、胚和糠层中几乎不含淀粉。稻谷中直链淀粉和支链淀粉的含量和比率影响稻米的品质，糯米淀粉几乎都是由支链淀粉组成，不含直链淀粉；粳米中直链淀粉要多一些，而籼米胚乳中的直链淀粉则更多。含直链淀粉多，则米质松散、食用品质低，因此人们一般不喜欢吃籼米，但它特别适合用来加工米粉。而粳米和糯米所含的直链淀粉少或没有，米质较黏稠，食用品质好，除供直接食用外，还可用来加工年糕等食品。

（4）脂类　稻谷中脂肪含量约为2%左右，而且分布很不均匀，胚中含量最高，其次是种皮和糊粉层，胚乳中含量极少。米糠主要由糊粉层和胚芽组成，含丰富的脂类物质。一般加工精度较高的大米，其脂肪含量较低，所以也可用大米脂肪含量评定其加工精度。

稻米脂类含量是影响米饭可口性的主要因素，而且油脂含量越高，米饭光泽越好。据有关文献报道：米饭香味与米粒所含不饱和脂肪酸有关。但是，油脂的水解和氧化所产生的酸败是引起稻谷陈化和劣变的重要原因。

（5）矿物质和维生素　稻谷的矿物质有铝、钙、铁、钾、镁、锰、硅等。灰分间接表示稻谷的矿物质含量。稻谷的矿物质含量因生长土壤及品种的不同而不同。稻谷的矿物质主要存在于稻壳、胚及皮层中，胚乳中含量极少。

稻谷的维生素主要分布于胚和糊粉层中，多属于水溶性B族维生素，几乎不含维生素A和维生素D。

由此可见，大米中维生素和矿物质的含量比稻谷籽粒中的含量低，导致其营养价值的下降，蒸谷米和强化米正是为了弥补这方面的不足而出现的。

二、稻谷清理

1. 概述

稻谷在生长、收割、储藏和运输过程中，都有可能混入各种杂质。在加工过程中，如不先将这些杂质清除，不仅降低产品纯度、影响大米质量，而且还会影响设备的工作效率，损坏机器，污染车间的环境卫生，严重的甚至有酿成设备事故和火灾的危险。因此，稻谷在加工前应首先进行清理。

稻谷所含的杂质中，除稗这种杂质外，其他与小麦相近，因此除杂原理及除杂设备均相同或相近，在此不再赘述。仅就与小麦不同的除杂设备——高速除稗筛（高速振动筛）做一简单介绍。

高速振动筛主要用于除稗，也可用于清除小杂。它的主要特点是筛体振动频率高，振幅较小。振动形式是垂直面内的圆或椭圆运动，物料在筛面上做小幅跳跃运动，既增加了物料接触筛面的机会，有利于小粒物料穿孔，又能防止筛孔堵塞，具有较高的筛选效率。

2. 工艺流程

稻谷清理工段的主要任务是：以最经济最合理的工艺流程，清除稻谷中的各种杂质，以达到砻谷前净谷要求的质量。同时，被清除的各种杂质中，含粮不允许超过有关的规定指标。清理工段工艺流程如下所示。

原粮 → 初清 → 计量 → 除稗 → 去石 → 磁选 → 净谷

(1) 初清　初清的目的是清除原粮中易于清理的大、小、轻杂，并加强风选以清除大部分灰尘。需要指出的是，我国稻谷中所含大杂常具有长而软、呈纤维状的特点，这类杂质如不首先清除，将会堵塞溜管与加工设备、称重设备的进口或出口，或缠绕在设备主要工作部件上，严重影响生产的正常进行。初清不仅有利于充分发挥以后各道工序的工艺效果，而且有利于改善卫生条件。初清使用的设备常为振动筛、圆筒初清筛等。

(2) 计量　计量最好设置在初清之后，因为原粮如未经初清即直接进入计量设备，将会影响计量的准确性，严重时将使称重设备无法正常工作。

(3) 除稗　除稗的目的是清除原粮中所含的稗籽。如果历年加工的原粮中含稗数量很少(200 粒/kg 以下)，而且通过调查确认今后的原粮中含稗数量也不会再增加，少数稗籽可在其他清理工序或砻谷工段中解决时，可以不必设置除稗工序，否则应予考虑。高速振动筛是除稗的高效设备。

(4) 去石　去石的目的是清除稻谷中所含的并肩石。去石工序一般设在清理流程的后路，这样可通过前面几个工序将稻谷中所含的大小杂、稗籽等杂质清除，避免去石工作面的鱼鳞孔堵塞，保证良好的工艺效果。有时，去石工序也可设在初清工序之后、除稗工序之前，好处是可以借助吸风等作用清除部分张壳的稗籽及轻杂，这样既不会影响去石效果，又对后道除稗工序有利。去石设备常采用吸式比重去石机。

(5) 磁选　磁选的目的是清除稻谷中的磁性杂质。磁选安排在初清之后、摩擦或打击作用较强的设备之前，一方面，可使比稻谷大的或小的磁性杂质先通过筛选除去，以减轻磁选设备的负担；另一方面，可避免损坏摩擦作用较强的设备，也可避免因打击起火而引起火灾。磁选设备主要是永磁滚筒，此外也可使用永磁筒、永久磁铁等。

除了上述工序以外，为了保证生产时的流量稳定，在清理流程的开始，应设置毛谷仓，将进入车间的原粮先存入毛谷仓内。毛谷仓可起调节物料流量的作用，来料多时储存，来料少时添补。另外，还起到一定的存料作用，为进料工人提供适当的休息时间，这对间歇进料的碾米厂尤为重要。此外，为了使清理工段与砻谷工段、碾米工段之间生产协调，在清理工段之后还需设置净谷仓。

三、砻谷及砻下物分离

1. 概述

用稻谷直接进行碾米，不仅能量消耗大、产量低、碎米多、出米率低，而且成品色泽差、含谷多，纯度和质量都低。因此，碾米厂通常都是将经过清理除杂后的稻谷先脱去颖壳制成纯净的糙米，再进行碾米。

在稻谷加工过程中，脱去稻谷颖壳（俗称脱壳）的工序称为砻谷。脱去稻谷颖壳的机械称为砻谷机。砻谷后的产品称为砻下物。由于砻谷机本身机械性能及稻谷籽粒强度的限制，稻谷经砻谷机一次脱壳不可能全部成为糙米，因此，砻下物是由尚未脱壳的稻谷、糙米及稻壳组成的混合物。

砻下物分离的目的，就是将脱壳后的糙米提取出来进行碾米，将未脱壳的稻谷（常称为回砻谷）送回砻谷机继续脱壳，一些副产品可根据其性质和用途不同进行分离，并加以合理利用。

砻下物分离主要是指稻壳分离和谷糙分离。砻下物经稻壳分离后，是稻谷与糙米的混合物，简称谷糙混合物。根据碾米工艺的要求，谷糙混合物也必须进行分离。

2. 工艺流程

砻谷工段的主要任务是：脱去稻谷的颖壳，获得纯净的糙米，并使分离出的稻壳中尽量不含完整粮粒。砻谷工段的工艺流程如下：

净谷 → 砻谷 → 稻壳分离 → 谷糙分离 → 糙米精选与调质 → 净糙

稻壳分离 ↓ 稻壳整理

(1) 砻谷　净谷脱壳的流程一般较为简单，但对回砻谷的脱壳需认真考虑。这是因为回砻谷的数量较少，并经过一次脱壳，颖壳已经松动，另外也有一部分谷粒虽然没有脱壳，但已爆腰，不能承受较大的压力。所以，回砻谷再次进行脱壳时，所需的工艺参数和工艺要求应与净谷有所不同，最好单独设置回砻谷仓柜，利用原砻谷机定时分段进行加工。如条件不许可，也应做到回砻谷与净谷充分混合后再进入砻谷机脱壳，严防回砻谷在砻谷机走单边的现象。

(2) 稻壳分离　稻壳分离的目的是从砻下物中分离出稻壳。稻壳体积大、密度小、散落性差，如不首先从砻下物中将其分出，将会影响后续工序的工艺效果，如：谷糙分离过程中，如混有大量稻壳，将妨碍谷糙混合物的流动性，降低分离效果；回砻谷中如混有较多稻壳，将使砻谷机产量下降，动力及胶耗增加。所以，稻壳分离工序必须紧接砻谷工序之后。

在稻壳分离工序中，分离出的稻壳需进行收集，这同样是稻谷加工中不可忽视的工序之一。稻壳收集，不仅要求将全部稻壳收集起来，以便储存、运输、综合利用，而且还要使排出的空气达到规定的含尘浓度，以免污染大气，影响环境卫生。稻壳收集可采用离心沉降和重力沉降两种方法。离心沉降是使带有稻壳的气流进入离心分离器内，利用离心力和重力的综合作用使稻壳沉降的方法。该方法具有结构简单、使用费用低、效果好，收集的稻壳便于整理等优点，但由于分离设备阻力大，故耗用动力较多，此外由于稻壳粗糙，离心分离器需用玻璃制作。重力沉降是利用沉降室，使稻壳在随气流进入沉降室后突然减速的情况下，依靠自身的重力而沉降的方法。在实际使用中，沉降室通常做成房式结构，俗称砻糠房。该法耗用动力少，但占地面积大，效果较差，易造成灰尘外扬，影响环境卫生。

(3) 谷糙分离　谷糙分离的目的是从谷糙混合物中分别选出净糙与稻谷，净糙送入碾白工段碾白，稻谷送回砻谷机再次进行脱壳。如果不进行谷糙分离，将稻谷与糙米一同进入砻谷机脱壳，则不仅糙碎米增多，而且影响砻谷机产量；如一同进入碾米机碾制，则大大影响成品米质量，使成品米含谷量增加。

经过谷糙分离所分离出的糙米，要求基本不含稻谷。糙米如含稻谷过多，则会影响碾米的工艺效果，降低成品大米的质量。经谷糙分离后所分出的稻谷，要求尽量少含糙米，否则不仅影响砻谷机的产量、胶耗和动力消耗，而且将使糙米受到损伤，增加碎米和爆腰，影响出米率，同时还会使糙米表面沾胶发黑，降低成品大米的质量。由此可见，谷糙分离是稻谷加工中必不可少的工序，而且也有很高的工艺要求，具体要求是：糙米中含稻谷不超过40粒/kg，回砻谷中含糙米不超过10%。目前碾米厂广泛使用的谷糙分离设备是谷糙分离平转筛和重力谷糙分离机等，为了进一步提高谷糙分离工艺效果，可将谷糙分离平转筛与重力谷糙分离机串联使用。

（4）精选与调质　稻谷经砻谷后，不可避免地会产生碎米，这便是糙碎。糙米的胚乳碎粒称为糙粞。糙碎与糙粞的化学成分接近糙米，但结构力学性质相差很大。如在同一操作条件下，糙碎、糙粞与糙米一同碾制，将使它们碾得更碎，甚至碾成粉状。这不仅影响出米率和副产品的利用，而且混入米糠后还会引起米糠出油率的降低。此外，糙米中往往还含有少量杂质（稗子、石子、稻壳等）。因此，需对糙米进行精选，即利用筛选、风选等方法去除小杂、糙碎、糙粞及石子等，这对于生产高质量大米尤为重要。

糙米调质就是通过对糙米加湿（水或水蒸气），使得皮层软化，皮层与胚乳结合力降低，糙米表面摩擦系数增加，从而达到减少碎米、提高出米率、改善食味等目的。

（5）稻壳整理　稻壳分离工序中分出的稻壳常带粮，特别是带出未熟粒、糙碎和糙粞的现象几乎是不可避免的。在可能的条件下，应设置稻壳整理工序，把混入稻壳中的粮粒、未熟粒、大碎分选出来重新回机，充分利用粮食资源；同时也应将瘪稻、糙粞、小碎分出，用作酿酒、制糖的原料。

除了上述工序以外，为了保证生产中流量稳定和安全生产，在砻谷工段的最后还需设置净糙仓，以暂存一定数量的糙米。

四、碾米及成品整理

1. 概述

碾米是应用物理（机械）或化学的方法，将糙米表面的皮层部分或全部剥除的工序。碾米的基本方法可分为物理方法和化学方法两种。目前世界各国普遍采用物理方法碾米（亦称机械碾米）。碾米所使用的机械称为碾米机，简称米机。机械碾米可分为擦离碾白、碾削碾白和混合碾白三种。

（1）擦离碾白　擦离碾白是依靠米机碾白室内的米粒与米粒之间、米粒与碾白室构件之间的强烈摩擦作用，使糙米皮层沿着胚乳表面产生相对滑动，并被拉伸、断裂，从而去除糙米皮层。一般来说，这种碾白方式由于米粒在碾白室内受到较大的压力，碾米过程中容易产生碎米，故不宜用来碾制皮层干硬、籽粒松脆、强度较差的籼米。擦离碾白碾制的成品，表面光洁、色泽明亮。

（2）碾削碾白　碾削碾白是借助高速转动的金刚砂碾辊表面无数坚硬、微小、锋利的砂粒，对米粒皮层进行不断碾削，使米粒皮层破裂、剥落，从而将糙米碾白。这种碾白方式所需压力较小，产生的碎米较少，适宜碾制强度较差的粉质米粒。但是，碾削碾白会使米粒表面留下洼痕，因此成品表面光洁度和色泽都较差。此外，碾下的米糠往往含有细小的淀粉粒，如用于榨油会降低出油率。

（3）混合碾白　混合碾白是以碾削为主、擦离为辅的碾白方法，它综合了以上两种碾白方法的优点。我国目前普遍使用的碾米机大都属于混合碾白。

经碾米机碾制成的白米，其中混有米糠和碎米，而且白米的温度较高，这些都会影响成品的质量，同时也不利于大米的储藏。因此，出机白米在成品包装前必须经过整理，使成品大米的含糠、含碎率符合标准要求，使米温降到利于储存的范围。此外，随着人民生活水平的提高，高质量、高品位的大米日趋受到消费者的青睐。为此可将大米进行表面处理，使其晶莹光洁；也可将大米中所含异色米粒（主要是黄粒米）去除，以提高其商品价值。

2. 工艺流程

碾米工段的主要任务是：碾去糙米表面的大部分或全部皮层，制成符合规定质量标准的成品米。碾米工段主要分碾米与成品整理两大部分，其工艺流程如下：

净糙→碾米→擦米→凉米→白米分级→抛光→色选→包装→成品米

碾米、擦米→糠粞分离

(1) 碾米　碾米是稻谷加工中最主要的一道工序，因为碾米是对米粒直接进行碾削，所以它直接影响到成品米的质量和出率。如碾削过度，将产生大量碎米，影响出米率和产量；碾削不足时，又会造成糙白不匀的现象，从而影响成品质量。因此，碾米工艺效果的好坏直接影响整个碾米厂的经济效益。碾米时应做到：在保证成品精度等级的前提下，提高产品纯度，提高出米率和产量，降低成本，保证安全生产。

糙米经过多台串联的米机碾制成一定精度白米的工艺过程称为多机碾白。多机碾白因为碾白道数多，故各道碾米机的碾白作用比较缓和，加工精度均匀，米温低，米粒容易保持完整，碎米少，出米率较高；在产量相同的情况下，电耗并不增加。目前，许多碾米厂采用三机出白或四机出白。

碾米这一工序的关键在于选好米机，并应根据常年加工成品米的等级与种类，合理地确定碾米的道数。

(2) 擦米　擦米的目的是擦除黏附在米粒表面上的糠粉，使米粒表面光洁，提高成品米的外观色泽，同时也利于成品米的储藏与米糠的回收利用，还可使后续白米分级设备的工作面不易堵塞，保证分级效果。为此，擦米工序应紧接碾米工序之后。随着碾米技术和设备的不断进步和更新，现今绝大多数碾米厂已不单独配置擦米设备，往往是利用双辊碾米机下方的辊筒进行擦米。

(3) 凉米　凉米的目的是降低米温。经碾米、擦米以后的白米，温度较高，且米中还含有少量的米糠、糠片，一般用室温空气吸风处理，以利长期储存。目前使用较多的凉米专用设备是流化床，流化床不仅可以降低米温，而且还兼有去湿、吸除米粒中的糠粉等作用。

(4) 白米分级　白米分级的目的是从白米中分出超过质量标准规定的碎米。成品米含碎多少是各国对大米论等定价的重要依据，精度相同的大米，往往由于含碎不同而价格相差几倍。白米分级工序必须设置在擦米、凉米之后，这样才可以避免堵孔。白米分级使用的设备有白米分级平转筛和滚筒精选机等。

(5) 抛光　所谓抛光实质上是湿法擦米，它是将符合一定精度的白米，经着水、润湿以后，送入专用设备（白米抛光机）内，在一定温度下，米粒表面的淀粉胶质化，使得米粒晶莹光洁、不黏附糠粉、不脱落米粉，从而改善其储存性能，提高其商品价值。

(6) 色选　色选是利用光电原理，从大量散装产品中将颜色不正常的或感染病虫害的个体（球、块或颗粒）以及外来夹杂物检出并分离的工序。色选所使用的设备为色选机。我国于 1994 年 5 月开始研发色选机，继而在国内碾米行业推广应用。

(7) 包装　包装的目的是保持成品米品质，便于运输和保管，提高成品米的商品价值。成品米包装方法主要有含气包装、真空包装、充气包装三种。

(8) 糠粞分离　从碾米及成品整理过程中所得到的副产品是糠粞混合物，里面不仅含有米糠、米粞，而且由于米筛筛孔破裂或因操作不当等原因，往往也会含有一些完整米粒。米糠具有较高的经济价值，不仅可制取米糠油，而且还可从中提取谷维素、植酸钙等产品，也可用来作饲料等。米粞的化学成分与整米基本相同，因此可作为制糖、酿酒的原料。整米需返回米机碾制，以保证较高的出米率。碎米可用于生产高蛋白米粉、制取饮料、酿酒、制作方便粥等。为此，需将米糠、米粞、碎米和整米逐一分出，做到物尽其用，此即为副产品整理，工艺上称为糠粞分离。

为了保证连续性生产，在碾米过程及成品米包装前应设置仓柜，但由于涉及的仓柜较多（如每台碾米机前、抛光机前、色选机前、打包机前），且有一定的灵活性，不便一概而论。同时还应设置磁选设备，以利于安全生产和保证成品米质量。

五、特种米加工

特种米是以稻谷或糙米或普通大米为原料，经过特殊加工工艺而制成的米，它是相对普通大米而言的。特种米的种类很多，大致可分为营养型（蒸谷米、强化米、留胚米）、方便型（免淘米、易熟米）、功能型（低变应米、低蛋白质米）、混合型（配米）、原料型（酿酒用米）等。下面仅对生产技术较为成熟、销售量较大的几种特种米加以简单介绍。

1. 蒸谷米

清理后的稻谷经过水热处理后，再进行砻谷、碾米所得到的成品米称为蒸谷米，也称为半煮米。蒸谷米与普通大米相比，具有如下优点。

① 营养价值高，胀性好，出饭率高，蒸煮时残留在水中的固形物少，且容易被人体消化吸收。

② 加工时碎米率明显降低，出米率提高，且米粒表面有光泽。副产品米糠的出油率也较高。

③ 不易生虫，不易霉变，易于储存。

但是其加工成本较高，米色较深，米饭黏性较差，这就是蒸谷米在国内始终未能被广大消费者普遍接受的原因。

蒸谷米的生产，除稻谷清理后需经水热处理（浸泡、汽蒸、干燥与冷却）以外，其他工序与普通大米相同。蒸谷米的生产工艺流程如下：

稻谷 → 清理 → 浸泡 → 汽蒸 → 干燥与冷却 → 砻谷 → 碾米 → 蒸谷米

浸泡是使稻谷吸水并使其自身体积膨胀的过程。现今广泛使用的浸泡方法是高温浸泡法，预先将水加热到80～90℃，然后放入稻谷进行浸泡，浸泡过程中水温保持在70℃左右，浸泡3～4h。

稻谷经浸泡后，胚乳内部吸收了相当数量的水分，此时可将稻谷加热，使淀粉糊化。通常情况下，利用蒸汽进行加热，即为汽蒸。汽蒸的目的在于提高出米率，改善储存特性和食用品质。

经过浸泡和汽蒸后，稻谷的水分含量一般为34%～36%，温度约为100℃，这种高水分、高温度的稻谷既不能储存也不能进行加工，必须经过干燥与冷却，使其水分含量降到14%左右（安全水分含量），以便储存和加工，且碾米时得到最大限度的整米率。

2. 免淘米

所谓免淘米（也称清洁米、不淘洗米）是指符合卫生标准、不必淘洗就可直接炊煮食用的大米。

免淘米与普通大米相比，具有可以节约用水，避免营养成分和固形物的流失，细菌含量少，卫生标准高等优点。生产免淘米的方法主要有渗水法、膜化法和瞬间水洗法三种。

（1）渗水法　渗水法加工免淘米是将糙米碾制后，于擦米时渗水碾磨以去净米粒表面附着的糠粉的方法，其工艺流程如下。

糙米 → 碾白 → 擦米 → 渗水碾磨 → 冷却 → 分级 → 免淘米

利用渗水法生产的免淘米具有含糠粉少、米质纯净、米色洁白、光泽度好等优点，素有

“水晶米”之称，是我国大米出口的主要产品。

（2）膜化法　将大米表面的淀粉粒通过预糊化作用转变成包裹米粒的胶质化淀粉膜，从而生产出免淘米的方法称为膜化法。生产免淘米的膜化法工艺流程如下：

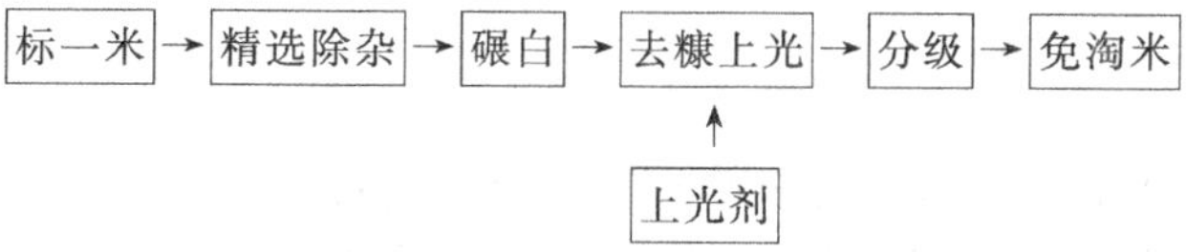

该方法的关键工序是去糠上光。上光的实质就是使白米表层的淀粉粒在抛光机内产生预糊化作用，使米粒表面形成一层极薄的胶质化淀粉膜。目前所使用的上光剂主要有糖类、蛋白质类、脂类三种。

（3）瞬间水洗法　瞬间水洗法是日本近几年研制的一种生产免淘米的方法。该装置主要由一次洗米机、二次洗米机及干燥机三部分组成。白米经供料装置进入一次洗米机，边搅拌边水洗。然后进入二次洗米机，将米粒表面的糠粉及残留的糊粉层洗去，同时进行离心分离、脱水。干燥机对料粒进行吹干，最终得到免淘米产品。

3. 强化米

强化米是在普通大米中添加某些原来缺少的营养素或特需的营养素而制成的成品米。强化米是为了解决大米精度越高，其营养成分损失越多这一矛盾而生产的。目前，常用于大米营养强化的强化剂有维生素、氨基酸及矿物盐等。

生产强化米的方法很多，归纳起来可分为内持法与外加法。内持法是借助保存大米自身的某一部分营养素而达到强化的目的。蒸谷米就是以内持法生产的一种营养强化米。外加法是将各种营养强化剂配成溶液后，由米粒吸收或涂覆在米粒表面，具体又有浸吸法、涂膜法、强烈型强化法等。其中强烈型强化法是我国研制的一种大米强化工艺，比浸吸法和涂膜法工艺简单、所需设备少、投资省，便于大多数碾米厂推广应用。强烈型强化法的工艺流程如下：

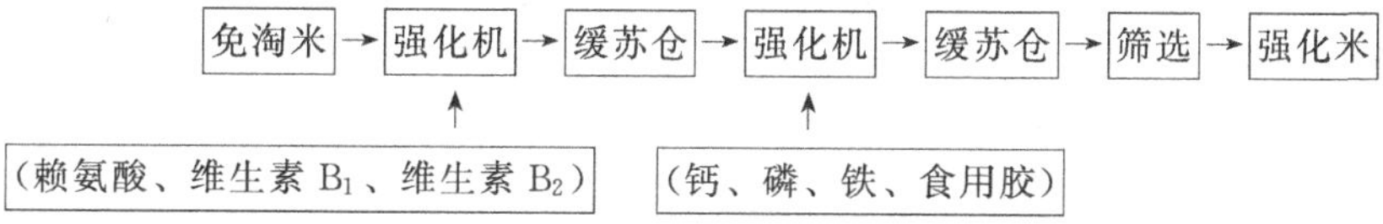

生产时，免淘米进入强化机后，先以赖氨酸、维生素 B_1、维生素 B_2 进行第一次强化，然后入缓苏仓静置适当时间，使营养素向米粒内部渗透并使水分挥发。第二次强化钙、磷、铁，并在米粒表面喷涂一层食用胶，形成抗水保护膜，起防腐、防虫、防止营养损失的作用。第二次缓苏后经过筛理，去除碎米，经小包装后即为强化米产品。

4. 留胚米

留胚米（又称胚芽米）是指留胚率在 80%以上、每 100 克大米胚芽质量在 2%（2g）以上的大米。

留胚米与普通大米相比较，含有丰富的维生素 B_1、维生素 B_2、维生素 E 及膳食纤维，长期食用留胚米，可以促进人体发育，维持皮肤营养，促进人体内胆固醇皂化，调节肝脏积蓄的脂肪。

留胚米生产方法与普通大米基本相同，需经过清理、砻谷、碾米三个阶段。但为了使留胚率在 80%以上，碾米时必须采用轻机多碾，即碾白道数要多、碾米机内压力要低、碾米机转速不宜过高。碾米机一般应采用砂辊碾米机，且其砂粒应较细，以使碾白时米粒两端不易被碾掉，胚芽容易保留。

留胚米因保留胚芽较多，在温度、水分含量适宜的条件下，微生物容易繁殖。因此，留胚米常采用真空包装或充气（二氧化碳）包装。蒸煮食用留胚米时，加水量为普通大米的 1.2 倍，且预先浸泡 1h（也可用温水浸泡 30min）。蒸煮时间长一些，做出的米饭食味良好。

5. 配米

将品种、食用品质、营养品质各异的大米按一定比例混合而成的成品米即为配米。

我国配米生产历史较短，与发达国家相比还存在一定的差距，尤其是搭配仅限于新陈、含碎、品种等方面，对食味及营养还缺乏系统的研究。

生产配米有两种方法。一种是先将稻谷或糙米进行搭配，然后进行加工。此法的优点是不需要一定数量的配米仓与混合设备，投资较少；不足之处是粒度、水分差异较大的原料混合在一起加工时对工艺效果有不良影响。另一种方法是将普通大米按一定配方搭配、混合而成，目前国内多采用此法。此法简便易行，但需配置 4 个左右的储存原料米的散装仓，投资略大。

【复习题】

1. 小麦是如何进行分类的？小麦粉主要是由麦粒的哪一部分制成的？
2. 小麦胚乳的主要化学成分有哪些？
3. 小麦除杂的基本原理和方法有哪些？
4. 小麦在入磨前为什么必须进行水分调节？
5. 小麦搭配的目的是什么？方法有哪些？
6. 为什么说筛理是制粉过程中极为重要的工序？
7. 在制粉过程中，磨粉机分哪些系统？为什么要分系统进行研磨？
8. 清粉的目的和原理是什么？
9. 什么是配粉？配粉的目的和方法是什么？
10. 稻谷是如何进行分类的？稻谷籽粒主要由哪几部分组成？大米主要是由哪一部分制成的？
11. 砻下物为什么必须进行分离？
12. 稻谷经砻谷后为什么应进行精选与调质？
13. 砻谷工段的工艺流程一般应如何设置？

【实验实训一】 小麦粉面筋含量的测定

课前预习

1. 小麦粉面筋含量与食用品质的关系。

2. 小麦粉面筋含量的测定方法与操作步骤。

3. 按要求撰写出实验报告提纲。

一、能力要求

1. 熟悉小麦粉湿面筋、干面筋含量的表示方法：

湿面筋含量是以含水量为 14%的小麦粉含有湿面筋的百分数表示；干面筋含量是以每 100 克含水量为 14%的小麦粉含有干面筋的质量（g）表示。

2. 学会清水洗涤法测定小麦粉湿面筋含量的基本操作技能。

3. 学会电烘箱法测定小麦粉干面筋含量的基本操作技能。

二、仪器和用具

1. 天平（感量0.01g）；

2. 小搪瓷碗；

3. 玻璃板：9cm×16cm，厚3～5cm，周围贴0.3～0.4mm的胶布纸，共两块（面筋排水用）；或离心排水机；

4. 直径1.0mm的圆孔筛或CQ20筛绢；

5. 电烘箱；

6. 脸盆或大玻璃缸；

7. 玻璃棒、烧杯等。

三、试剂

碘-碘化钾溶液：称取0.1g碘和1.0g碘化钾，用水溶解后再加水至250mL。

四、操作方法

1. 湿面筋的测定（清水洗涤法）

（1）称样　从平均样品中称取定量试样：特制一等粉10.00g，特制二等粉15.00g，标准粉20.00g，普通粉25.00g。

（2）和面　将试样放入洁净的搪瓷碗中，加入试样质量一半的室温水（20～25℃），用玻璃棒搅和，再用手和成面团，直到不黏手、不黏碗为止。然后放入盛有水的烧杯中，在室温下静止20min，便于形成面筋。

（3）洗涤　将面团放在手掌上，在放有筛绢的脸盆的水中轻轻揉捏，洗去面团内的水溶性物质及麸皮。在揉洗过程中需注意更换脸盆中清水数次，反复揉洗至面筋挤出的水遇碘溶液无蓝色反应为止。

（4）排水　将洗好的面筋放在洁净的玻璃板上，用另一块玻璃板压挤面筋，排出面筋中的游离水，每压一次后取下并擦干玻璃板，这样反复挤压直到稍感面筋黏手或黏板时为止（约压挤15次）。如有条件采用离心装置排水时，可控制离心机转速在3000r/min，离心2min。

（5）称量　用镊子取出经离心排水或挤压排水后的湿面筋，称量湿面筋质量。

2. 干面筋的测定

将湿面筋放在已烘干称量（准确至0.01g）过的滤纸上，摊成薄片状，然后放在130℃电烘箱内30min，取出置于干燥器内冷却至室温，称量干面筋和纸的总量，精确至0.01g，总量减去纸的质量即为干面筋的质量。

五、结果计算

（1）湿面筋的含量

$$\text{湿面筋含量}(\%)=\frac{m_1}{m}\times\frac{86}{100-M}\times100$$

式中　m_1——湿面筋质量，g；

m——试样质量，g；

M——试样水分，%；

86——换算为14%基准水分试样的系数。

双试验结果允许差不超过1.0%，求其平均数，即为测定结果，测定结果取小数点后一位。

（2）干面筋的含量

$$干面筋含量(\%)=\frac{m_2}{m}\times\frac{86}{100-M}\times100$$

式中 m_2——干面筋质量，g；

m——试样质量，g；

M——每100克试样含水质量，g；

86——换算为14%基准水分试样的系数。

双试验结果允许差不超过0.2%，求其平均数，即为测定结果，测定结果取小数点后一位。

六、注意事项

洗涤面筋换水时需注意筛上是否有面筋散失。

第二章　粮油食品辅料

学习目标

掌握植物油脂的基本加工方法和加工工艺，熟悉粮油食品加工中常用辅助材料的性质、作用与使用方法。

第一节　植物油脂及其加工

油脂是人类的生活必需品，是食品工业的重要原料。植物油脂是从植物油料中提取出来的一种高分子天然有机化合物，它的化学成分主要为含脂肪酸的甘油酯。植物油料是指那些含油率较高，可用来制油，并具有一定经济价值的植物种子或果实。

按存在状态的不同，植物油脂可分为油和脂两类。通常把在常温下呈液态的称为油，呈固态和半固态的称为脂，但由于油脂的存在状态可能会随温度的变化而发生可逆性变化，因此“油”和“脂”的概念通常是不明确区分的。

本节重点讲述植物油脂的基本加工方法和加工工艺。

一、植物油脂的提取

植物油的提取方法主要有压榨法、浸出法和水代法三种，无论采取哪种方法取油，在提取之前都应对植物油料进行预处理。

1. 油料的预处理

油料的预处理是在油料取油之前对油料进行清理除杂，并将其制成具有一定结构性能的物料，以符合不同取油工艺的要求。油料的预处理包括油料的清理、剥壳、干燥、破碎、软化、轧坯、挤压膨化和蒸炒等工序。

(1) 油料的清理　油料清理就是利用各种设备分离油料中所含杂质的工艺过程。油料经清理后，可提高出油率和油脂、饼粕的质量，减少设备磨损、增大设备的处理量，避免生产事故的发生，还可改善车间的环境卫生等。

(2) 油料的剥壳　剥壳是带壳油料在取油之前的一道重要工序，对花生、棉籽、葵花籽等一些带壳油料必须经过剥壳才能用于制油。剥壳的目的是为了提高出油率，提高毛油和饼粕的质量，减轻对设备的磨损，增加设备的有效生产量，利于轧坯等后序工序的进行及皮壳的综合利用等。

(3) 油料的干燥　油料的干燥分为储藏干燥和生产干燥。为了降低油料或粕中的水分含量，保证其安全储藏进行的干燥称为储藏干燥。为了调整油料或料坯的水分含量，保证油料加工过程的工艺效果进行的干燥称为生产干燥。不同工序对油料干燥的要求有所不同，要求干燥后油料含水达到最适宜量，干燥后油料无焦煳和夹生现象，干燥过程中的温度不能影响油料品质，干燥时不能粉碎料坯。

(4) 油料生坯的制备　在提取油脂前，油料必须先被制成适合于取油的料坯。料坯的制备通常包括油料的破碎、软化和轧坯等工序。

破碎的目的首先是使油料具有一定的粒度以符合轧坯条件；其次是油料破碎后表面积增大，利于软化时温度和水分的传递，软化效果好。另外，对于颗粒较大的压榨饼块，也必须将其破碎成为较小的饼块，才更利于浸出取油。

软化是通过对水分和温度的调节，使油料塑性增加的工序，主要应用于含油量低和含水分低的油料。软化的目的是使油料具有适宜的弹塑性，减少轧坯时的粉末度和粘辊现象，以保证坯片的质量。软化还可以减少轧坯时由于轧辊磨损造成的机器振动，以利于轧坯操作的正常进行。

轧坯是利用机械的作用，将油料由粒状轧成片状的过程。轧坯的主要目的是破坏油料的细胞结构，以提高浸出或压榨时的出油速度和出油率。另外，通过轧坯可使油料由粒状变成片状，表面积增加，以保证料坯蒸炒的效果。

(5) 油料生坯的挤压膨化　油料生坯的挤压膨化是利用挤压膨化设备将生坯制成膨化状颗粒物料的过程。生坯经挤压膨化后可直接进行浸出取油。油料生坯的膨化浸出是一种先进的油脂制取工艺，近几年，我国对油料生坯挤压膨化浸出工艺和设备的研究及应用也有了较大的进展。

油料生坯经挤压膨化后，其容重增大，多孔性增加，油料细胞组织被彻底破坏，酶类被钝化。这使得膨化物料浸出时，溶剂对料层的渗透性和排泄性都大为改善，浸出溶剂比减小，浸出速率提高，混合油浓度增大，湿粕中溶剂含量降低，浸出设备和湿粕脱溶设备的产量增加，浸出毛油的品质提高，并能明显降低浸出生产的溶剂损耗以及蒸汽消耗。

(6) 蒸炒　油料生坯经过湿润、加热、蒸坯、炒坯等处理转变为熟坯的过程称为蒸炒。蒸炒的目的是使料坯的结构在破碎和轧坯工序受到初次破坏的基础上，继续发生一系列的物理化学变化，以提高压榨出油率和改善油脂和饼粕的质量。

2. 植物油脂的提取方法

(1) 压榨法取油　借助于机械外力的作用，将油脂从油料中挤压出来的取油方法称为压榨法取油。压榨时，受榨料坯的粒子受到强大的压力作用，油脂从榨料空隙中被挤压出来，榨料粒子经弹性变形形成坚硬的油饼。

按压榨取油的深度以及压榨时榨料所受压力的大小，压榨法取油可分为一次压榨和与浸出取油配合的预榨。由于一次压榨还存在一些局限性，尤其是得到的榨饼残油率较高，一般可达5%～8%，因此压榨法取油一般是与浸出法配合使用，特别是对于一些含油量较高的油料。

压榨法取油与其他取油方法相比具有如下特点：工艺简单，配套设备少，对油料品种适应性强，生产灵活，油品质量好，色泽浅，风味纯正。但压榨后的饼粕残油量较高，出油效率较低，动力消耗较大。

压榨法取油的工艺效果除与压榨本身有关外，还与入榨物料的水分和温度、施于榨料上的压力大小、压榨时间和受压油脂的黏度等有关。该方法目前在一些中小型油脂企业中仍占有相当的比例。

(2) 浸出法取油　浸出法取油是应用固-液萃取的原理，选用某种能够溶解油脂的有机溶剂，经过对油料的喷淋和浸泡作用，使油料中的油脂被萃取出来的一种取油方法。

浸出法取油具有粕中残油率低（出油率高）、劳动强度低、工作环境佳、粕的质量好等优点，是一种先进的制油方法，目前已普遍使用。

① 浸出法取油的基本过程：把油料料坯、预榨饼或膨化颗粒浸于选定的溶剂中，使油脂溶解在溶剂中形成混合液即混合油，然后将混合油与浸出后的固体残渣（粕）分离。利用

溶剂与油脂的沸点不同对混合油进行蒸发、汽提，可使溶剂汽化与油脂分离，从而获得浸出毛油。浸出后的固体粕含有一定量的溶剂，经脱溶烘干处理后即得成品粕。从湿粕蒸脱、混合油蒸发及其他设备排出的溶剂蒸气和混合蒸气经过冷凝、冷却以及溶剂与水的分离，分离出的溶剂循环使用，分出的废水经蒸煮处理进一步回收溶剂后排放。为了排除系统中积存的空气以保持正常的工作压力，还需不断地将冷凝气体集中并经回收溶剂后排空。

② 浸出法取油工艺分类

a. 按生产操作方式，可分成间歇式和连续式。

间歇式是指油料投入设备至粕的卸出，以及溶剂注入至混合油排出都是分批进行的，呈一种间歇操作方式。

连续式是指油料投入至粕的卸出，以及溶剂注入至混合油排出都是连续不断进行的，是一种连续操作方式。

b. 按溶剂对油料的接触方式，可分成浸泡式浸出、喷淋式浸出和混合式浸出。

浸泡式浸出又叫浸没式浸出，是指在浸出过程中油料完全浸没于溶剂之中。

喷淋式浸出是指在浸出过程中，溶剂经泵由喷头不断地喷洒在料坯的表面，再渗透穿过整个料层而滤出，形成混合油。

混合式浸出是指浸泡与喷淋相结合的浸出方式，既对油料不断进行喷洒溶剂，又保持油料被浸没于混合油中。

c. 按生产工艺，可分为直接浸出和预榨浸出。

直接浸出又称一次浸出，它是将油料经预处理后直接进行浸出制油的一种工艺方法。此工艺适合于加工含油量较低的油料，如大豆、米糠等。

预榨浸出是指油料经预处理后，用榨油机先榨出一部分油脂，然后再用浸出法制得榨饼中剩余部分油脂的一种工艺方法。此工艺适用于含油量较高的油料，如油菜籽、花生、葵花籽等。

预榨浸出工艺具有许多优点，已在国内普遍推广应用。该法是一种多出油、出好油的技术措施。

(3) 水代法取油　水代法是“以水代油法”的简称。该法是利用油料中非油物质对油和水的亲和力不同，以及油水之间的相对密度不同，在准备好的油料中加入适量的水，经过一系列的工艺程序，将油脂和亲水物质（如部分蛋白质、碳水化合物等）分开。该种方法一般适应于高油料，如芝麻、花生等，典型产品为小磨香油。此法的优点在于设备简单，操作简便，油的风味保持得好；缺点是生产效率低，劳动强度大，渣粕的残油率高，生产成本也较高。虽然该法还存在诸多弊端，但它却具有独特的取油机理和优点，有待于进一步从理论和实践上进行研究提高。

二、植物油脂的精炼

经压榨、浸出或水代法制取得到的未经精炼的植物油脂称为粗油，俗称毛油。毛油的主要成分是混合脂肪酸——甘油三酯，俗称中性油，此外，毛油中还含有数量不等的各类非甘油三酯成分，这些成分统称为杂质。油脂中的杂质主要有以下 5 类。

① 悬浮杂质：以悬浮状态存在于油脂中的杂质称为悬浮杂质。如料坯粉末、饼渣、纤维、草屑及其他固体杂质。

② 水分：油脂中的水分影响油脂的透明度，促使油脂酸败，不易储存。

③ 胶溶性杂质：这类杂质以极小的微粒状态分散于油中，与油一起形成胶体溶液，主要包括磷脂、蛋白质、糖类、树脂和黏液物等，其中主要是磷脂。

④ 脂溶性杂质：这类杂质完全溶解于油中，与油形成真溶液状态，主要包括游离脂肪酸、醇、维生素、蜡、色素及油脂分解的产物，如烃、酮等。

⑤ 微量杂质：这类杂质主要包括微量金属、农药、黄曲霉素等。

油脂中的杂质并非对人体都有害，有些杂质反而有很高的利用价值。采用一系列手段将有害杂质分离，以提高油脂品质、使用价值及保证储藏稳定性的精制过程称为精炼。

1. 油脂精炼的目的

毛油中某些杂质的存在，不仅影响油脂的食用价值和安全储藏，而且给深加工带来困难，但精炼的目的又不是将油中所有的杂质都除去，而是将其中对食用、储藏、工业生产等有害无益的杂质除去，如棉酚、蛋白质、磷脂、黏液物、水分等除去，而有益的“杂质”，如生育酚等要保留。因此，油脂精炼的目的是根据不同的要求和用途，将不需要的和有害的杂质从油脂中除去，并尽量减少中性油和有益成分的损失，以得到符合一定质量标准的成品油。

2. 油脂精炼的主要工序

(1) 毛油中悬浮杂质的脱除　毛油中悬浮杂质的存在，对毛油的输送、暂存及油脂精炼效果均将产生不良影响，因此，必须在制油工艺之后及时将其从毛油中除去。

目前，工业上常用的分离悬浮杂质的方法有自然沉降、过滤、离心分离、分子膜分离法等，其中过滤法使用得较为普遍。过滤分离法是借助于压滤机、输油泵、过滤介质，在重力或机械动力作用下使液体穿过滤布，杂质被截留成滤饼，从而达到清除悬浮杂质的目的。

(2) 脱胶　脱除油中胶溶性杂质的工艺过程称为脱胶。

油脂中的胶溶性杂质不仅影响油脂的稳定性，而且影响油脂精炼和深度加工的工艺效果，因此，毛油精炼必须首先脱除胶溶性杂质，而毛油中的胶溶性杂质以磷脂为主，故油厂常将脱胶称为脱磷。

脱胶的方法有水化法、加热法、加酸法以及吸附法等，其中水化法脱胶在食用油脂工业上应用最为广泛。水化法脱胶是利用磷脂等胶溶性杂质的亲水性，将一定量的热水或稀碱、盐及其他电解质水溶液，在搅拌下加入热的毛油中，使其中的胶溶性杂质吸水膨胀并凝聚沉淀，从油中析出而与油脂分离的一种精炼方法。

(3) 脱酸　脱除毛油中游离脂肪酸的过程称为脱酸。

毛油中的游离脂肪酸一是来源于油料内部，二是甘油三酯在制油过程中分解游离出来的。不同种类的油脂，组成其甘油三酯的脂肪酸不同，则所含游离脂肪酸的种类也不同。油脂中游离脂肪酸含量过高，会产生刺激性气味影响油脂的风味，进一步加速中性油的水解酸败。游离脂肪酸存在于油脂中，还会使磷脂、糖脂、蛋白质等胶溶性杂质和脂溶性杂质在油中的溶解度增加，它本身还是油脂、磷脂水解的催化剂。水在油脂中的溶解度亦会随游离脂肪酸含量的增加而增加。总之，游离脂肪酸存在于油脂中会导致油脂的物理化学稳定性削弱，必须尽力除去。

脱酸的方法有碱炼、蒸馏、溶剂萃取及酯化等，其中应用最广泛的为碱炼脱酸和蒸馏法脱酸。碱炼脱酸又称化学脱酸，而蒸馏脱酸又称物理精炼法脱酸。碱炼法是用碱中和油脂中的游离脂肪酸，所生成的皂化物吸附部分其他杂质，而从油中沉降分离的精炼方法。

(4) 脱色　纯净的甘油三酯呈液态时无色，呈固态时为白色，但常见的各种油脂都带有不同的颜色，这是因为油脂中含有数量和品种各不相同的色素所致，这些色素有些是天然色素，主要有叶绿素、类胡萝卜素等，有些是油料在储藏、加工过程中新生成的色素。油脂中的色素影响油脂的外观和稳定性，要生产较高品质的油脂就必须进行脱色处理。油脂脱色的方法很多，工业生产中应用最广泛的是吸附法，此外还有加热脱色、氧化脱色、化学试剂脱色法等。

吸附脱色就是将某些对色素具有较强选择性吸附作用的物质（如活性白土、活性炭等）加入油中，在一定的工艺条件下，它们能吸附油脂中的色素，因而降低了油色的过程。但从毛油到成品油，油中色素的去除并不完全靠脱色工段，事实上碱炼、酸炼、氢化、脱臭工段都有明显的脱色作用。

（5）脱臭　纯粹的甘油三酯是没有气味的，但用不同方法制得的天然油脂都具有程度不等的各种气味，人们把这些气味统称为臭味。除去油脂中臭味的工艺过程称为油脂的“脱臭”。随着人们生活水平的提高，食用优质、多品种的油脂的需要越来越迫切。例如：用于制取人造奶油、代可可脂的植物油，就不允许有任何气味。因此，脱臭在油脂加工中的地位日趋重要。

浸出油的脱臭（工艺参数达不到脱臭要求时称为“脱溶”）十分重要，在脱臭之前，必须先行水化、碱炼和脱色，创造良好的脱臭条件，有利于油脂中残留溶剂及其他气味的除去。脱臭的方法很多，有真空蒸汽脱臭法、气体吹入法、加氢法和聚合法等。目前国内外应用最广、效果最好的是真空蒸汽脱臭法。

真空蒸汽脱臭法是在真空条件下，用过热蒸汽将油内呈味物质除去的工艺过程。真空蒸汽脱臭的原理是水蒸气通过含有臭味组分的油脂，汽-液接触，水蒸气被挥发出来的臭味组分所饱和，并按其分压的比率逸出而除去。

（6）脱蜡　植物油脂中大多含有一些蜡。蜡的主要成分是高级脂肪酸和高级脂肪醇形成的酯，通常称作蜡质。蜡主要来自于油料种子的皮壳。料坯中皮壳含量高，制得的毛油含蜡量就高。蜡在40℃以上溶解于油脂，因此，无论压榨法还是浸出法制得的毛油中，一般都含有一定量的蜡质。各种毛油的含蜡量有很大的差异，大多数含量极微，制油和加工过程中可不必考虑，有些则较高，如米糠油、葵花籽油。蜡可使油呈浑浊状，使油透明度和消化吸收率降低，并使油的滋味和适口性变差，从而降低了食用油的营养价值。为了提高食用油脂的质量并充分利用植物油蜡源，应对油脂进行脱蜡。

脱除油脂中蜡质的工艺过程称为油脂的脱蜡。脱蜡的方法有多种，如常规法、表面活性剂法、凝聚剂法、脲包含法、静电法及脱胶、脱酸结合在一起的方法等。虽然各种方法采用的辅助手段不同，但其基本原理均属冷冻结晶、分离的范畴。即根据蜡与油脂的熔点差及蜡在油脂中的溶解度随温度降低而变小的性质，首先通过冷却析出晶体蜡（或蜡和助晶剂混合体），然后再经过过滤或离心分离而达到蜡油分离的目的。脱蜡诸法的温度都要求在25℃以下，才能取得较好的脱蜡效果。

三、油脂的改性

各种油脂具有不同的理化性质、用途和经济价值，例如：天然奶油和猪油在常温下为固体，具有可塑性，用于食品工业中能显著提高食品品质，因而受到欢迎。但奶油、猪油等动物油脂与植物油相比产量较低，并且含有胆固醇，有一部分人不愿意多吃。大豆油经过较好的精炼能成为色浅、味淡、无臭的油脂，但储存一段时间后，易回味。天然可可脂在常温下为固体，入口即化，是制作巧克力的高级食用油脂，但因生长条件的限制，其产量有限，价格也较贵。

油脂的改性，就是通过对动植物油的加工，使之成为某些价格昂贵和产量较低的油脂（如可可脂、奶油等）的代用品，或改进油脂的品质（如克服大豆油回味的缺点）。实际上，现在应用改性技术不仅能制取某些天然油脂的代用品，而且产品的有些性能还优于相应的天然油脂。

油脂改性的目的是通过改变甘油三酯的组成和结构，使油脂的物理性质和化学性质发生改变，使之适应某种用途。改性可以充分利用当地盛产的或廉价的油脂制取特制的油脂制品。这里指的特制的油脂是天然不存在的，但又不纯粹是合成的油脂。这样使得油脂有了高度的互换性，因此，油脂的改性是一种开发和高度利用油脂的手段。

油脂改性的方法主要有油脂分提、氢化和酯交换三种，这三种方法是生产食品专用油脂的三大主要工艺，各有所长。在工业生产中，往往将其中两个工艺结合在一起应用。

① 油脂分提是利用构成油脂的各种甘油三酯的熔点差异或在不同温度下互溶度的不同、或是一定温度下在某种溶剂中溶解度的不同，把油脂中性质不同的甘油三酯进行分离的过程。但目前的工业生产过程尚未实现甘油三酯中所有组分的分提，仅限于熔点差别较大的固态脂和液态脂的分离。

② 油脂氢化是指在金属催化剂的作用下，将氢加到甘油三酯的不饱和脂肪酸的双键上，而产生相应化学转变的过程。氢化反应后的油脂，熔点升高（硬度加大），由于在上述反应中添加了氢，而且使油脂出现了“硬化”，所以经过这样处理而获得的油脂被称为“氢化油”或“硬化油”。目前在工业生产上油脂的氢化主要用于将液体油转化为固体油脂或半固体油脂。

③ 酯交换有时也被称作交酯化，是指油脂或由脂肪酸所构成的酯类物质与脂肪酸、醇或其他酯发生化学作用并伴随着脂肪酸基团的交换而产生新酯的一类反应。酯交换与氢化反应一样，均是化学反应过程，但酯交换反应是通过改变甘油三酯中脂肪酸（或称酰基）的分布而使油脂的物理化学性质发生变化的，而氢化反应只能改变甘油三酯酰基上的不饱和程度，不能改变各自的甘油三酯分子内酰基连接在甘油上的位置。由于近几年来，人们认为氢化反应所产生的反式脂肪酸对人体健康有不利的影响，使氢化技术在油脂工业的应用与发展受到一定的限制，而酯交换技术被广泛地应用于特殊用途油脂（如人造奶油、起酥油、可可脂代用品等）的生产中。

四、常见植物油脂制品的加工

食用油脂产品分为普通食用油、高级食用油及食用油脂制品。我国的普通食用油为二级油和一级油，这是目前国内食用量最大的油脂产品。高级食用油主要是高级烹调油和色拉油。食用油脂制品是以全精炼油为主要原料，再经过进一步加工制成的产品，所以也称“二次产品”，如调和油、人造奶油、起酥油、调味油等。

1. 调和油

调和油是用两种或两种以上的优质食用油脂，按科学的比例调配成的具有某些功能特性的高级食用油。

（1）调和油的分类

① 按使用功能分类

a. 风味调和油：根据人们爱吃花生油、芝麻油的习惯，可以把菜籽油、米糠油和棉籽油等经全精炼，然后与香味浓郁的花生油或芝麻油按一定比例调和，制成“轻味花生油”或“轻味芝麻油”。

b. 营养调和油：利用玉米胚芽油、葵花籽油、红花籽油、米糠油和大豆油可配制富含亚油酸和维生素 E，而且比例合理的营养保健油，供高血压、冠心病以及某些必需脂肪酸缺乏症患者食用。

c. 煎炸调和油：用氢化油和经全精炼的棉籽油、菜籽油、猪油或其他油脂可调配成脂肪酸组成平衡、起酥性能好和烟点高的煎炸用油脂。

② 按品质分类

a. 调和色拉油：两种以上食用油在精炼前或精炼后经科学调配而成的色拉油。

b. 调和高级烹调油：两种以上食用油在精炼前或精炼后经科学调配而成的高级烹调油。

c. 调和一级油：选用高级烹调油（或色拉油）与另一种精制一级食用油（玉米胚芽油、红花籽油、浓香花生油、芝麻油）经科学调配而成的高级食用油脂。

（2）调和油的加工　调和油的加工较简便，在一般全精炼车间均可调制，不需添置特殊设备。调和油的原料油脂可于精炼前科学调配后再精制，也可将各原料油脂精制后科学调配。对没有全精炼能力的小企业，也只需配置一定容量的调和罐（普通炼油锅）即可。调制风味调和油时，将各原料油脂按比例输入调和罐，在35～40℃下搅拌混合30min即可。如要调制高亚油酸营养油，则需在常温下进行，并加入一定量的维生素E；如要调制饱和程度较高的煎炸调和油，则调和时温度要高些，一般为50～60℃，最好再按规定加入一定量的抗氧化剂。

所有调和油在包装前最好经过安全过滤机，以除去调和过程中偶然混入的不溶性杂质。

2. 人造奶油

各国对人造奶油的定义和标准存在一些差别，我国专业标准对其定义是：人造奶油系精制食用油添加水及其他辅料，经乳化、急冷捏合成的具有天然奶油特色的可塑性制品。

（1）人造奶油的种类　人造奶油可分成两大类，即家庭用人造奶油和食品工业用人造奶油。家庭用人造奶油主要在饭店或家庭就餐时直接涂抹在面包上食用，少量用于烹调。市场上销售的多为小包装。食品工业用人造奶油是以乳化液型出现的起酥油，它除具备起酥油所具有的加工性能外，还能够利用水溶性的食盐、乳制品和其他水溶性增香剂改善食品的风味，还能使制品带上具有魅力的橙黄色。

（2）加工人造奶油的原料与辅料

① 原料油脂：人造奶油的原料油脂比较广，包括动物油、植物油以及它们的氢化或酯交换改性油。但是，随着人们保健意识的加强，以植物油为主体原料已成为当今人造奶油的发展趋势。

② 辅料

a. 水：水必须是纯净水或经过严格处理符合卫生标准的直接饮用水。

b. 蛋白质（乳成分）：一般多使用牛奶和脱脂乳。

c. 乳化剂：乳化剂是为了形成乳化液和防止油水分离。

d. 调味料：调味剂是使制品具有天然奶油风味的添加剂，主要是食盐。家庭用人造奶油几乎都加食盐，加工糕点用人造奶油多不添加食盐。

e. 防腐剂：防腐剂是为了阻止微生物的繁殖。

f. 抗氧化剂：抗氧化剂是为了防止原料油脂的酸败和变质。

g. 香料：为了使人造奶油的香味具有天然奶油的风味，通常加入少量具有奶油味和香草味的合成香料。

h. 着色剂：人造奶油一般无需着色，但为仿效天然奶油的微黄色，有时需加入少量着色剂。

i. 维生素：天然奶油含有丰富的维生素A和少量的维生素D，为提高人造奶油的营养价值，需加入维生素A。强化人造奶油制品维生素A的添加量要求不低于4500IU/100g油，维生素D一般不规定，添加任选。维生素E通常作为抗氧化剂加入。

此外，在有的小包装人造奶油中加入一些糖，以满足甜食者的要求。

（3）人造奶油的加工 人造奶油的加工工艺包括原辅料的调和、乳化、急冷捏合、包装、熟成5个阶段。

① 原辅料的调和：按制品要求将定量原料油脂和油溶性辅料（乳化剂、着色剂、抗氧剂、香味剂、油溶性维生素等）混合调匀待用，称为油相；水溶性辅料（食盐、防腐剂、乳成分等）用水溶解成均匀的溶液后备用，称为水相；若有些辅料较难溶于油脂和水，可加一些互溶性好的丙二醇，可帮助它们很好地分散。

② 油相、水相混合乳化：将油相加热到60℃左右，然后加入计量好的相同温度的水相，迅速搅拌，形成乳状液。该混合过程必须充分搅拌，以使所有组分充分分散，形成液滴粒度适宜、结构稳定的乳状液。待乳状液冷却到30～40℃即可送往下一工序。

③ 急冷捏合：将预冷至30～40℃的乳状液输入急冷机进行急速冷却。物料通过急冷机时，温度降到10℃左右，此时料液已降至油脂熔点以下，析出晶核，由于其受到强有力的搅拌，成为过冷液。过冷液的稠度可通过冷却速度和搅拌强度进行调整。过冷液显然已有晶核形成，但还需要经过一段时间的结晶成长。

工业用软质人造奶油一般需通过捏合机对物料进行剧烈搅拌，打碎已形成的网状结构使它重新结晶，降低稠度，增加可塑性。由于结晶产生的结晶热和搅拌产生的摩擦热，捏合均质过程中物料温度略有回升。

④ 包装、熟成：经捏合的人造奶油，要立即送往包装机。有些需成型的制品则先经过成型机后再包装。包装好的人造奶油，置于比熔点低10℃的仓库中保存2～5d，使结晶完成，这项工序称为熟成。

3. 起酥油

起酥油是19世纪末在美国作为猪油代用品而出现的。我国的起酥油生产起始于20世纪80年代。

起酥油是指精炼的动植物油脂、氢化油或上述油脂的混合物，经急冷捏合制造的固态油脂或不经急冷捏合加工出来的固态或流动态的油脂产品。起酥油一般不宜直接食用，而是用来加工糕点、面包或煎炸食品，所以必须具有良好的加工性能，如可塑性、起酥性、乳化性、吸水性、氧化稳定性和煎炸性，对这些加工特性的要求因起酥油的用途不同而重点各异，其中，可塑性是其最基本的特性。

（1）起酥油的种类 起酥油的种类很多，可以从以下多种角度对其进行分类。

① 从原料种类分，可分为植物性起酥油、动物性起酥油和动植物混合型起酥油。

② 从制造方法分，可分为全氢化型起酥油、混合型起酥油或酯交换型起酥油。全氢化型起酥油的原料油全部用经不同程度氢化的油脂所组成；混合型起酥油是在氢化油（或饱和程度高的动物脂）中添加一定比例的液体油作为原料油；酯交换型起酥油是用经酯交换的油脂作为原料制成的。

③ 从使用添加剂的不同分，可分为非乳化型起酥油和乳化型起酥油。非乳化型起酥油中不添加乳化剂；乳化型起酥油中添加乳化剂。

④ 从性能分，可分为通用型起酥油、乳化型起酥油和高稳定型起酥油。

⑤ 从性状分，可分为可塑性起酥油、液体起酥油和粉末起酥油。

（2）加工起酥油的原料与辅料

① 原料油脂：植物油脂或动物油脂以及它们的氢化或酯交换产品，都可用作起酥油的原料。这些油脂都必须经过严格精炼，使其符合高级烹调油的品质。

② 辅料：生产起酥油的添加剂有乳化剂、抗氧化剂、消泡剂、氮气等，有时还要加入

一些香料和着色剂。

食品炸制过程中为安全起见，煎炸用起酥油中要添加消泡剂，加工面包和糕点用起酥油不需要使用消泡剂。

氮气呈微小的气泡分散在油脂中，使起酥油呈乳白色不透明状。氮气还有助于提高起酥油的氧化稳定性。

(3) 起酥油的加工　起酥油的性状不同，生产工艺也有所不同。

① 可塑性起酥油的生产工艺：可塑性起酥油的生产工艺包括原辅料的调和、急冷捏合、包装、熟成 4 个阶段。具体过程是原料油（按一定比例）经计量后进入调和罐，添加物在事先用油溶解后倒入调和罐（若有些添加物较难溶于油脂，可加一些互溶性好的丙二醇，帮助它们很好分散）。然后在调和罐内预先冷却到 49℃，再送到急冷机。在急冷机中将油脂迅速冷却到过冷状态（25℃），部分油脂开始结晶。然后通过捏合机连续混合并在此结晶，出口时油脂温度为 30℃。急冷机和捏合机都要在 2.1～2.8MPa 压力下操作。当起酥油通过最后的减压阀时压力突然降到常压而使充入的氮气膨胀，因而使得起酥油获得光滑的奶油状组织和白色的外观。刚生产出来的起酥油是液状的，当充填到容器中后不久即呈半固体状。

该工艺所用主要设备与人造奶油相同。

② 液体起酥油的生产：液体起酥油的品种很多，制法不完全一样，大致有以下几种。

a. 最普通的方法是把原料油脂及辅料掺和后用急冷机进行急冷，然后在储存罐中存放 16h 以上，搅拌使之流动化，然后装入容器。

b. 将配好的原料加热到 65℃使之熔化，慢慢搅拌，徐徐冷却使形成结晶，直到温度下降到装罐温度（约 26℃）。

③ 粉末起酥油的生产：生产粉末起酥油的方法有多种，目前大部分用喷雾干燥法生产。其制取过程是：先将油脂、被覆物质、乳化剂和水一起乳化，然后干燥，使成粉末状。使用的油脂通常是熔点为 30～35℃的植物氢化油，也有的使用部分猪油等动物油脂和液体油脂。使用的被覆物质包括蛋白质和碳水化合物；蛋白质有酪蛋白、动物胶、乳清、卵白等；碳水化合物是玉米、马铃薯等鲜淀粉，也有使用胶状淀粉、淀粉糖化物及乳糖等；乳化剂使用卵磷脂、丙二醇酯和蔗糖酯等。

第二节　水

水是粮油食品加工中不可缺少的原料，不同的粮油食品制作中加水量差别很大。用水的数量和质量既影响食品的加工工艺，又影响成品质量。正确认识和使用水是保证粮油食品质量的关键。

一、水在粮油食品中的作用

水作为粮油食品加工中必不可少的原料之一，在粮油食品加工过程中起着非常重要的作用。

1. 调节面团的胀润度

在调制面团时，面团的胀润度主要靠面团的加水量来调节。加水量少，面团发硬，制成的发酵制品有嚼劲；加水量多，则面团软，制品松软，这是因为面团中水量的多少影响面筋蛋白质的水化作用。加水量少时，面筋蛋白质得不到充分的水分，水化程度低，胀润度较小，面筋形成不好，扩展不够，因而面团的弹性和延伸性均不好。

2. 水可以使淀粉糊化

水能调节面团的稀稠，能使淀粉膨胀和糊化。常温下，淀粉吸水率较低，30℃大约可吸收30%（依淀粉质量计）的水分。加热后，使淀粉粒膨大，其体积可增大到近百倍，颗粒破裂而与其他颗粒相结合产生黏性，黏性再增强，从而完成淀粉的糊化作用。

3. 帮助酵母生长及繁殖

酵母的生长和繁殖要有适宜的温度和充足的水分。水可以调节面团的温度，便于酵母迅速生长和繁殖。发酵面团含水量的多少也是影响面团发酵的因素之一。加水量多的面团，在发酵过程中，容易被酵母发酵时产生的二氧化碳气体所膨胀，从而加快面团的发酵速度。含水量少的面团，对气体的抵抗能力较强，从而限制了面团的发酵速度。

4. 促进酶对蛋白质和淀粉的水解

小麦粉中有多种酶，如蛋白酶可以分解蛋白质，降低面筋强度，减少面团的硬韧性，增加面团的延伸性。有些面团还要另外加入所需的酶，以达到一定的工艺目的。如面包生产中常加入一定量的淀粉酶以提高面包的成品品质，要使这些酶发挥作用，都必须有一定的水分，因为酶需要一定的水作反应介质。一般在水分较大的条件下，酶的活性高，可使反应加快。

5. 溶剂作用

溶解各种干性物料（如糖、盐、发酵粉、奶粉等），使各种原辅料充分混合、均匀一体。

6. 调节和控制面团温度

通过调节加入面团内的水温，可以控制调粉后面团的温度，使其符合工艺操作要求。

二、水的分类及硬度

1. 水的分类

水可分为下列五类。

① 软水：指矿物质溶解量较少的水，如雨水、蒸馏水等是软水。

② 硬水：指矿物质溶解量较多的水，尤其是含钙盐、镁盐等盐类物质。

③ 碱性水：pH大于7的水。

④ 酸性水：pH小于7的水。

⑤ 咸水：含有较多NaCl的水。

2. 水的硬度表示方法

水质按其含有矿物质的多少分为软水和硬水。我国规定水的硬度是以每升水中含有10mg氧化钙为1°。根据硬度将水分为6种，见表2-1。

表2-1 水的硬度分类

度数	0°～4°	4°～8°	8°～12°	12°～18°	18°～30°	30°以上
分类	极软水	软水	中硬水	较硬水	硬水	极硬水

三、水质对粮油食品的影响及处理方法

对于粮油食品来说，只有发酵类制品对水质的要求比较严格，其他制品受水质的影响一般较小。水质对粮油食品的影响主要在于水的硬度和酸碱度。

在发酵制品中，酵母营养需要一定量的矿物质。因此，水中含有适量的矿物质，一方面可提供酵母营养，另一方面可增强面筋韧性，但矿物质过量的硬水，导致面筋韧性太强，反而会抑制发酵。

1. 硬水的影响

水质硬度太高，易使面筋硬化，过度增强面筋的韧性，抑制面团发酵，面包体积小，口

感粗糙，易掉渣，品质不好。

遇到硬水，可采用煮沸的方法降低其硬度。在工艺上可采用增加酵母用量，减少面团改良剂用量，提高发酵温度，延长发酵时间等措施。

2. 软水的影响

软水易使面筋过度软化，面团黏度大，吸水率下降。虽然面团内的产气量正常，但面团的持气性能却下降，面团不易起发，易塌陷，体积小，出品率下降，影响效益。

国外改良软水的方法主要是添加酵母食物，这种添加剂中含有一定量的各种矿物质，如碳酸钙、硫酸钙等钙盐，使水质达到一定的硬度。

3. 酸性水的影响

水呈酸性，有助于酵母的发酵作用。但若酸性过大，则会使发酵速度太快，并软化面筋，导致面团的持气性差，面包酸味重，口感不佳，品质差。酸性水可用碱来中和。

4. 碱性水的影响

水中的碱性物质会中和面团中的酸度，得不到需要的面团 pH 值，抑制酶的活性，影响面筋成熟，延缓发酵，使面团变软。如果碱性过大，还会溶解部分面筋，使面筋变软，面团缺乏弹性，降低面团的持气性，导致面团制品颜色发黄，内部组织不均匀，并有不愉快的异味。碱性水可通过加入少量食用醋酸、乳酸等有机酸来中和碱性物质。

第三节 常用食品添加剂

一、食盐

食盐是制作粮油食品的基本配料之一，虽然用量不大，但对改良制品品质作用明显。

1. 食盐的作用

（1）增进制品风味 食盐是一种调味物质，被称为百味之王。它可以突出原料风味，衬托发酵后的酯香味，并与其他风味物质相互协调，使产品的风味更加鲜美、柔和。

（2）增强面筋筋力 食盐易溶于水，并形成水化离子，使溶液的渗透压增加，在面团中加入适量食盐，可以抑制蛋白酶的活性，减少其对面筋蛋白的破坏。食盐可使面筋质地细密，增强面筋的立体网状结构，易于扩展延伸。同时，能使面筋产生相互吸附作用，从而增加面筋弹性。因此，低筋粉可使用较多的食盐，高筋粉则少用盐，以调节面粉筋力。

（3）调节和控制发酵速度 食盐对面团发酵速度的影响表现在正反两个方面：一方面，食盐是酵母的必需养分之一，因此在面团中添加适量食盐，有利于酵母的生长繁殖；另一方面，盐的用量超过面粉的 1%时，就能产生明显的渗透压，对酵母发酵有抑制作用，降低发酵速度。因此，可以通过增加或减少配方中食盐的用量来调节和控制面团的发酵速度。

（4）改善制品的内部颜色 食盐虽然不能直接漂白制品的内部组织，但由于食盐改善了面筋的立体网状结构，使面团有足够的能力保持 CO_2。同时，食盐能够控制发酵速度，使产气均匀，面团均匀膨胀、扩展，使制品内部组织细密、均匀，气孔壁薄呈半透明，阴影少，光线易于透过气孔壁，故制品内部组织色泽变白。

（5）增加面团搅拌时间 如果搅拌开始时即加入食盐，由于食盐的渗透压作用，会减缓面团的吸水，使面团搅拌时间增加 50%～100%。因此食盐使用时都采用后加盐法。

2. 食盐的质量要求及使用

（1）质量要求 粮油食品用食盐要求色泽洁白，结晶小，疏松，不结块，咸味纯正，无苦涩味，无可见杂质，氯化钠含量不低于 97%。

（2）使用方法　食品无论采用何种制作方法，一般采用后加盐法，即在面团的面筋扩展阶段后期，即面团不再黏附搅拌机缸壁时，食盐作为最后加入的原料加入，然后适当搅拌即可。

二、化学疏松剂

化学疏松剂是指可以使面团在适当的温度和湿度条件下产生气体而使制品疏松的化合物。

化学疏松剂根据其所含的材料成分可分为碱性疏松剂和复合型疏松剂两大类。前者只含有一种化学物质，通常是碱性物质，后者则包含两种以上的化学物质，通常有碱性材料、酸性材料及填充物。目前我国常用的碱性疏松剂有碳酸氢钠和碳酸氢铵等品种。复合型疏松剂种类很多，如泡打粉、发酵粉等。

1. 碱性化学疏松剂

（1）小苏打　小苏打学名碳酸氢钠，又称重碳酸钠，俗称食粉，呈白色结晶性粉末，无臭、味咸，受热分解温度为60～150℃，产生气体量约133cm^3/g，受热分解产生二氧化碳、水和碳酸钠。

由于反应中的生成物是碳酸钠，使产品呈碱性，影响口味，多量使用时，产品的口味变劣，还会使产品表面呈黄色斑点。为了防止出现黄色斑点，使用时应先溶于冷水中再添加，这样便于分散均匀。

（2）碳酸氢铵　碳酸氢铵俗称食臭粉、臭碱，为白色结晶，对热不稳定，分解温度为30～60℃。产生气体量约为700cm^3/g，在常温下易分解产生氨气、二氧化碳和水。

碳酸氢铵分解后产生气体的量比碳酸氢钠多，起发能力大，但容易造成产品过松，使产品内部或表面出现大的孔洞；此外，加热时产生带强烈刺激性的氨气，虽然很容易挥发，但成品中还会残留一些，从而带来不良气味，所以，使用时要适当控制用量。

在饼干烘烤过程中，碳酸氢铵几乎全部分解，其膨松能力要比小苏打大2～3倍。但由于其分解温度过低，在烘烤初期即产生极大的气压而分解完毕，不能持续有效地在制品凝固定型之前连续膨松，因而不能单独使用。一般将小苏打与碳酸氢铵混合使用，这样可以减弱各自的缺陷，获得良好的效果。

2. 复合型化学疏松剂

复合型化学疏松剂是指由碳酸盐与酸性物质等成分按配方配制而成的一类化学疏松剂，亦即通常所说的发酵粉、发粉或泡打粉。复合型化学疏松剂一般由三种成分组成，即碳酸盐、酸性物质和填充物质。常用的碳酸盐是碳酸氢钠，用量占20%～40%。常用的酸性物质是有机酸或酸性盐类，酸性物质的用量占35%～50%，酸性物质与碳酸盐发生中和或复分解反应而产生气体。填充剂则有淀粉、脂肪酸等，用量占10%～40%，其作用在于增加疏松剂的保存性，防止吸潮结块，也有调节气体产生速度或使气泡均匀产生等作用。

复合型化学疏松剂根据气体发生速度的不同可分为快速型发粉、慢速型发粉和快慢混合型发粉三类。

（1）快速型发粉　快速型发粉由碳酸氢钠与有机酸混合而成。常用的有机酸有柠檬酸、酒石酸、乳酸和琥珀酸等。使用这种疏松剂，气体放出的速度极快，常使面团在调粉、成型过程中就损失了部分二氧化碳，碳酸钠残留少，可使制品的碱度降低，达到口味良好的目的。

（2）慢速型发粉　慢速型发粉由碳酸氢钠和明矾类混合而成。明矾类包括钾明矾、烧明矾、铵明矾、烧铵明矾等。明矾类反应速度较慢，是迟效性的。使用这种疏松剂，成品的内部组织美观，但口感较硬、口味较差，烧明矾由于分子内除去了大量结晶水，所以有一定的除湿作用，在储存中如稍有受潮，也不降低其膨松效果。

（3）快慢混合型发粉 快慢混合型发粉是由碳酸氢钠与酸性盐混合而成，又称双重发粉。快慢混合型发酵粉在常温下可放出部分气体，在炉内高温时则完全释放出全部气体。常用的酸性盐有酒石酸氢钾、磷酸二氢钙、焦磷酸二氢钠、磷酸氢钙、磷酸氢钠等。

由上述可知，不同的酸剂具有不同的化学性质和不同的反应速度。因此，选用不同的酸剂，就能配制出功能不同的发粉。至于具体选择、使用何种发粉，则应按生产实际来确定。如蛋糕类常用发粉为小苏打。

三、面团改良剂

在制造面包、饼干等食品时，为了改善面团的性质、加工性能和产品质量，需要添加一些化学物质，此类化学物质称为面团改良剂。其主要包括氧化剂和还原剂。

1. 氧化剂

氧化剂是指能够增强面团筋力，提高面团弹性、韧性和持气性，增大产品体积的一类化学合成物质。常用的氧化剂有抗坏血酸、偶氮甲酰胺等。

（1）氧化剂在面团中的作用机理

① 氧化巯基形成二硫键：面筋蛋白质中含有两种基团，即巯基（—SH）和二硫键（—S—S—）。—S—S—基团越多，蛋白质分子越大，因为—S—S—基团可使许多蛋白质分子结合起来形成大分子网络结构，增强面团的持气性、弹性和韧性。加入氧化剂后巯基被氧化脱氢形成二硫键。

② 抑制蛋白酶活性：面粉蛋白质组成中的半胱氨酸和胱氨酸中含有—SH 基团，它是蛋白酶的激活剂。在面团调制过程中被—SH 基团激活的蛋白酶强烈分解面粉中的蛋白质，使面团筋力下降。加入氧化剂后，—SH 基团被氧化失去活性，丧失了激活蛋白酶的能力，从而保护了面团的筋力和工艺性能。

③ 面粉漂白：面粉中含有胡萝卜素、叶黄素等植物色素，使面粉颜色灰暗，无光泽。加入氧化剂后，这些色素被氧化褪色而使面粉增白。

④ 提高蛋白质的黏结作用：氧化剂与蛋白质结合在一起，使整个面团体系变得更牢固，更有持气性及良好的弹性和韧性。

（2）氧化剂的使用方法 氧化剂一般很少单独添加使用，因为用量极少无法与面粉混合均匀，因此都是配成复合型的添加剂来使用。氧化剂的添加量可根据不同情况调整，高筋面粉需要较少的氧化剂，低筋面粉需要较多的氧化剂。保管不好的酵母或死酵母细胞中含有谷胱甘肽，未经高温处理的乳制品中含有巯基基团，它们都具有还原性，所以需要较多的氧化剂来消除。

2. 还原剂

还原剂是指能够降低面团筋力，使面团具有良好可塑性和延伸性的一类化学合成物质。它的作用机理主要是使蛋白质分子中的二硫键断裂，转变为巯基，蛋白质由大分子变为小分子，降低了面团筋力、弹性和韧性。生产中常用的面团还原剂有 L-半胱氨酸、抗坏血酸、焦亚硫酸钠、亚硫酸氢钠、亚硫酸氢钙等。

抗坏血酸既是氧化剂又是还原剂。它本身是一种还原剂，当其被添加到面粉中以后，在搅拌期间被空气中的氧气氧化及在抗坏血酸氧化酶和金属离子钙、铁等的催化下，转化成脱氢抗坏血酸，脱氢抗坏血酸起氧化剂的作用，它作用于面粉中的巯基使之氧化转化成二硫基团，而巯基被氧化脱掉的氢原子与脱氢抗坏血酸结合，使脱氢抗坏血酸还原成抗坏血酸。这个过程是由脱氢抗坏血酸还原酶催化完成的。由此可见，抗坏血酸在有氧条件下使用，例如在敞口的搅拌机内调制面团，起氧化剂作用；在无氧条件下，例如在封闭系统的高速搅拌机内调制面团，起还原剂作用。

3. 小麦活性面筋

小麦活性面筋亦称活性面筋、谷朊粉。它是从小麦中提取出来的天然面筋蛋白，含75%～80%的蛋白质。面筋蛋白中麦谷蛋白具有良好的弹性和韧性，但延伸性较差；而麦胶蛋白具有良好的延伸性，但弹性和韧性较差。这两种蛋白质共同形成面筋，弥补了各自的缺陷。

活性面筋是一种优良的面团改良剂，广泛用于面包、面条的生产中。其主要用于筋力较弱的面粉中，以提高面筋含量和面团结构强度，改善面团的加工性能，增强面团持气性和增大面包体积，改善面包的组织状态，使之均匀、洁白、富有弹性。在面包中通常添加量为0.5%～1.5%。

四、抗氧化剂

抗氧化剂是阻止或延迟食品氧化，提高食品稳定性和延长其储存期的物质。抗氧化剂的种类很多，粮油食品中常用的有油溶性和水溶性的抗氧化剂。油溶性的抗氧化剂能均匀地分布于油脂中，对油脂或含油脂的食品可以很好地发挥作用。水溶性的抗氧化剂是能够溶解于水的一些抗氧化物质。抗氧化剂多用于食品的护色（防止氧化变色）以及防止因氧化而降低食品的风味和质量等方面。

1. 粮油食品中常用的抗氧化剂

(1) 丁基羟基茴香醚　丁基羟基茴香醚（BHA）是油溶性抗氧化剂，适合用于油脂、油炸食品、焙烤食品、方便面等食品中。我国食品卫生标准规定其最大使用量不得超过200mg/kg，常与BHT、PG及柠檬酸混合使用，以增强抗氧化的效果。其中柠檬酸是作为增效剂使用，其用量为10～100mg/kg。

(2) 二丁基羟基甲苯　二丁基羟基甲苯（BHT）是一种油溶性抗氧化剂。常用于长期保存的食品及焙烤食品。使用时应先用少量的油脂使BHT溶解后再加入。一般多与BHA并用，以柠檬酸作增效剂。我国规定，BHT对油脂、油炸食品、饼干、速煮面等食品的最大使用量为200mg/kg。BHT与BHA混合使用时，总量不得超过200mg/kg。以柠檬酸为增效剂与BHA复配使用时，复配比例BHT/BHA/柠檬酸为2∶2∶1。

(3) 没食子酸丙酯　没食子酸丙酯（PG）无臭，稍有苦味，因易与铜离子、铁离子反应呈紫色或暗绿色，所以一般不单独使用。与柠檬酸混用，不仅有增效作用而且还可以防止由金属离子引起的呈色作用。我国规定，PG对油脂、油炸食品、速煮面、速煮米等食品的最大使用量为100mg/kg，PG与BHA、BHT合用时，BHA、BHT总量不得超过100mg/kg，PG不得超过50mg/kg。

2. 抗氧化剂使用注意事项

各种抗氧化剂均有其特殊的化学结构和理化性质，不同的食品也具有不同的性质，所以在使用时必须综合进行分析和考虑。

(1) 正确掌握抗氧化剂的添加时机　抗氧化剂只能阻碍氧化作用，延缓食品开始氧化败坏的时间，并不能改变已经败坏的后果，因此，在使用抗氧化剂时，应当在食品处于新鲜状态和未发生氧化变质之前使用，才能充分发挥其作用。这一点对于油脂尤其重要。

(2) 抗氧化剂及增效剂的复配使用　在油溶性抗氧化剂使用时，往往是两种或两种以上的抗氧化剂复配使用，或与柠檬酸、抗坏血酸等增效剂复配使用，这样会大大增加抗氧化效果。

(3) 控制影响抗氧化剂作用效果的因素　要使抗氧化剂充分发挥作用，就要控制影响抗氧化剂作用效果的因素。影响抗氧化剂作用效果的因素主要有光、热、氧、金属离子及抗氧化剂在食品中的分散性等。

此外，用于粮油食品中的食品添加剂还有营养强化剂等。

【复习题】

1. 油料的预处理主要由哪些工序组成？各工序的作用主要有哪些？
2. 对植物油脂进行精炼的目的是什么？
3. 植物油脂的提取方法有哪些？各有什么特点？
4. 植物油脂精炼的工序主要有哪些？各工序的主要作用是什么？
5. 什么是油脂的改性？常用的油脂改性方法有哪些？
6. 加工人造奶油的原料与辅料主要有哪些？
7. 水在粮油食品中有什么作用？
8. 不同水质如何处理？
9. 食盐在粮油食品中有什么作用？
10. 常用的化学疏松剂有哪些种类？各用于哪些制品？
11. 氧化剂、还原剂的作用机理是什么？
12. 粮油食品中常用哪些抗氧化剂？如何使用？

【实验实训二】　植物油脂酸价的测定（滴定法）

课前预习

1. 了解我国主要植物油脂的国家标准和质量指标。

2. 按要求撰写出实验报告提纲。

一、能力要求

1. 熟悉植物油脂酸价的测定意义和测定原理

(1) 测定意义　油脂酸价是检验油脂中游离脂肪酸含量多少的一项指标，以中和1g油脂中的游离脂肪酸所需氢氧化钾的量（mg）来表示。

通过油脂酸价的测定，可以评定油脂品质的优劣，为油脂精炼提供所需的加碱量，以及判断油脂储藏期间的品质变化情况。

(2) 测定原理　用中性乙醇-乙醚混合溶剂溶解油样，再用碱标准溶液滴定其中的游离脂肪酸，根据油样质量和消耗碱液的量计算油脂酸价。

2. 学会滴定法（GB 5530—85）测定植物油脂酸价的基本操作技能

二、仪器和用具

25mL 滴定管；250mL 锥形瓶；天平（感量 0.001g)；容量瓶；移液管；试剂瓶；量筒；烧杯等。

三、试剂

1. 0.1mol/L 氢氧化钾（或氢氧化钠）标准溶液。

2. 中性乙醚-乙醇（2∶1）混合溶剂：临用前用 0.1mol/L 碱液滴定至中性。

3. 1g/100mL 酚酞乙醇溶液指示剂：1.0g 酚酞溶于乙醇 100mL。

四、操作方法

称取混匀试样3～5g（准确至0.001g）注入锥形瓶中，加入混合溶剂50mL，摇动使试样溶解，再加三滴酚酞指示剂，用0.1mol/L碱液滴定至出现微红色，在30s内不消失，记下消耗的碱液体积（mL）。

五、结果计算

$$酸价(mgKOH/g\ 油)=\frac{56.1Vc}{m}$$

式中 V——滴定消耗的氢氧化钾标准溶液体积，mL；

c——氢氧化钾标准溶液浓度，mol/L；

m——试样质量，g；

56.1——氢氧化钾的摩尔质量，g/mol。

双试验结果允许差不超过每克油0.2mg KOH，求其平均数，即为测定结果，测定结果取小数点后一位。

六、注意事项

① 测定深色油的酸价，可减少试样用量，或适当增加混合溶剂的用量，以酚酞为指示剂，终点变色明显。

② 蓖麻油不溶于乙醚，因此测定蓖麻油的酸价时，只用中性乙醇作溶剂即可。

③ 滴定过程中如出现浑浊或分层，表明由碱液带进的水量过多（水/乙醇超过1∶4），使生成的皂化物水解所致。此时应补加混合溶剂以消除浑浊，或改用碱乙醇溶液进行滴定。

第三章　面制方便主食品加工

学习目标

了解挂面、方便面、速冻水饺、馒头加工的原辅料要求与选择；掌握挂面、方便面、速冻水饺、馒头加工工艺流程、原理和技术要点；熟悉影响产品质量的因素和控制方法。

第一节　挂面加工

挂面是我国传统的面食产品，由湿面条经过悬挂干燥得名。它以物美价廉、食用方便、保质期长等优点深受人们喜爱。挂面生产量大、销售广泛。

挂面的种类很多，目前行业内以及商业上根据面条宽度不同将挂面分为龙须面或银丝面（1.0mm）、细面（1.5mm）、小阔面（2.0mm）、大阔面（3.0mm）及特阔面（6.0mm）5个基本品种；根据制作挂面的小麦粉等级将挂面分为富强粉挂面（特一粉为原料）、上白粉挂面（特二粉为原料）、标准粉挂面（标准粉为原料）；根据添加物的种类将挂面分为鸡蛋挂面、番茄汁挂面、绿豆挂面等。

近年来，挂面产业得到了快速发展，挂面规模化生产已开始形成。改革开放以来，我国从引进日本较为先进的挂面生产线及计量包装设备开始，发展到国产成套的挂面生产线可满足国内需求，再到部分出口国外，这标志着我国挂面生产设备制造技术水平达到了一定的高度，我国挂面生产工艺和设备已经基本成熟。随着人们对挂面品种的需求不断加大、对挂面质量的要求不断提高，进一步完善加工设备、加工工艺，提高生产、管理水平就显得尤为重要。

一、挂面加工的原辅料

挂面生产的主要原辅料有面粉、水、食盐、食用碱及其他食品添加剂。

1. 原料

(1) 面粉　面粉通常是指小麦粉，它是生产挂面的基础原料。小麦粉质量的优劣（特别是其中面筋的含量和质量）直接影响着挂面的生产过程以及成品的质量。小麦面粉有通用粉和专用粉之分。挂面生产最好采用面条专用粉。我国面条用小麦粉行业标准（SB/T 10137—93）中规定普通级专用粉和精制级专用粉湿面筋含量分别为26%和28%。一般生产挂面，湿面筋含量应不低于26%，推荐值为28%～32%，同时还应注意面筋的质量。

(2) 水　水是挂面生产的第二大原料，加入量仅次于面粉。水在制面中具有重要作用，水质的好坏对挂面生产工艺和产品质量均有影响，特别是水的硬度。因此在选择挂面加工用水时，除了要符合一般饮用水标准外，其硬度一般应小于10°。目前国内挂面生产厂家一般使用未经软化的自来水，其硬度通常在25°以上，影响制面效果。因此，为了提高挂面质量，生产厂家应增加水处理设备，降低加工用水的硬度。

2. 辅料

(1) 食盐　食盐是挂面生产的必需辅料，对制面工艺及成品质量均有重要影响。食盐可以强化面筋，增强面团弹性，使用食盐可减少挂面的湿断条，提高正品率；同时，食盐较强的吸湿性还可防止挂面烘干时由于水分蒸发过快而引起的酥断；食盐还具有一定的抑制杂菌生长和抑制酶活性的作用，能防止面团在热天很快酸败；并具有一定的调味作用。挂面生产的加盐量要根据面粉的质量、生产的季节以及面条的品种等具体情况而定，加盐过多会使面团的弹性和延伸性降低。加盐的一般原则是蛋白质含量高时加盐量高，加水率高时加盐量高，夏季气温高时加盐量高。通常加盐量为小麦面粉重量的1%～3%。

(2) 食碱　添加食碱（碳酸钠）能使面团弹性更大，使制出的面条表面光滑呈淡黄色，并产生特有的风味，吃起来更加爽口，煮面时不浑汤，同时使湿切面不易酸败变质，便于流通销售。一般加碱量为小麦面粉重量的0.15%～0.2%。

(3) 其他辅料　在挂面生产中可使用羧甲基纤维素钠、海藻酸钠、瓜耳胶、羧甲基淀粉钠等增稠剂来增强面团的黏弹性，减少面条酥断；也可添加单甘酯、改性大豆磷脂等乳化剂以防止淀粉老化；还可根据需要添加鸡蛋、牛奶、豆粉、骨粉、赖氨酸、肉松、辣椒粉、番茄酱以及维生素、氨基酸等以增加营养，改善风味。

二、挂面加工技术

1. 挂面加工原理及工艺流程

(1) 挂面加工基本原理　原辅料经过混合、搅拌、静置熟化成为具有一定弹性、塑性、延伸性的面团，将该面团用多道轧辊压成一定厚度且薄厚均匀的面片，再通过切割狭槽进行切条成型，随后悬挂在面杆上经脱水干燥至安全水分后切断、包装即为成品。

(2) 挂面加工工艺流程

原辅料 → 面团调制 → 熟化 → 压片 → 切条 → 湿切面 → 干燥 → 切断 → 计量 → 包装 → 检验 → 成品

2. 挂面加工工艺

(1) 面团调制　面团调制又称和面、调粉、打粉。它是挂面加工的第一道工序。面团调制效果的好坏直接影响产品质量，同时与后几道工序的操作关系很大。

① 面团调制的基本原理：通过调粉机的搅拌作用将各种原辅料均匀混合，使小麦面粉中的麦胶蛋白和麦谷蛋白逐渐吸水膨胀，互相黏结交叉，形成具有一定弹性、延伸性、黏性和可塑性的面筋网络结构，使小麦面粉中常温下不溶解的淀粉颗粒也吸水膨胀并被面筋网络包围，最终形成具有延伸性、黏弹性和可塑性的面团。

面团调制的过程可概括为四个阶段，即原料混合阶段、面筋形成阶段、成熟阶段、塑性强化阶段。

a. 原料混合阶段：此阶段包括各种固态原料混合及随后的面粉与水有限的表面接触和黏合，其结果是形成结构松散的粉状或小颗粒状混合物料，大约需时5min左右。

b. 面筋形成阶段：水分从已经湿润的面粉颗粒表面渗透到内部，面团中有部分面筋形成，进而出现网络结构松散、表面粗糙的胶状团状物。此阶段约需5～6min。

c. 成熟阶段：团块状面团内聚力不断增强，物料因摩擦而升温，面筋弹性逐渐增大。由于水分不断向蛋白质分子内部渗透，游离水减少，使团块硬度增加。同时，由于物料间不断相互撞击、摩擦，使团块表面逐步变得光润。此阶段约需6～7min。

d. 塑性强化阶段：成熟阶段的面团有一定的黏弹性，但延伸性和可塑性不够，通常需要在成熟阶段后继续低速调制1～2min，才能使面团既具有一定的黏弹性又具有较好的延伸性和可塑性，从而完成面团调制过程。

面团调制时若过度搅拌，超出面筋搅拌耐度，会破坏面筋网络，使面团弹性下降，黏性增强，降低面团的加工性能，造成面团压片困难。

② 面团调制设备：目前，生产上普遍使用的调粉机有卧式和立式两种。

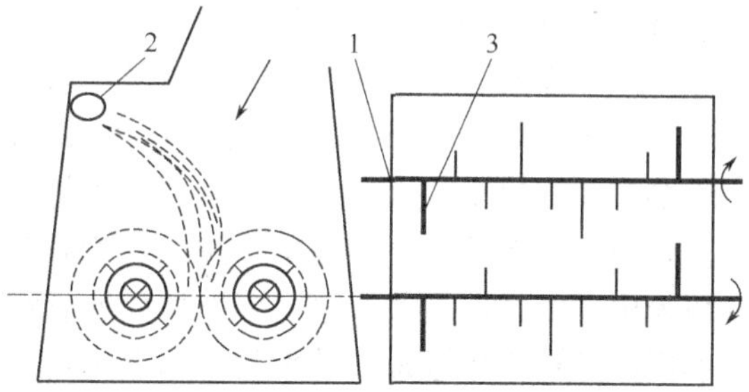

图 3-1　卧式双轴调粉机原理示意图

1—搅拌轴；2—进水管；3—刮齿

卧式调粉机在我国应用较为广泛，按搅拌轴分为单轴和双轴两种。双轴调粉机面团调制效果较好，它是由搅拌桶、搅拌轴、卸料部件、传动装置、进水管等组成。

挂面生产中常使用双轴调粉机，其工作原理是：两条平行且上有搅拌叶片的搅拌轴由外向内相向旋转，连续搅拌，同时，通过轴两端的螺旋叶片不断翻滚物料，使面粉不断沿轴向循环流动。面粉与水在搅拌桶内翻滚混合，初步形成面团。其工作原理如图 3-1 所示。常用的卧式双轴调粉机主要技术参数见表 3-1。

表 3-1　卧式双轴调粉机主要技术参数

转子直径(ϕ)/mm	450	450	450	450
转子长度/mm	1200	1500	1800	2000
动力配置/kW	5.5	7.5	11	15
调粉量/(kg/次)	125～150	175～200	225～250	275～300
产量/(kg/h)	500～600	700～800	900～1000	1100～1200

立式连续调粉机是将小麦粉和水按比例投入调粉机，在 1200r/min 的高速旋转下产生气流，小麦粉和水在雾化状态下接触，面粉快速而均匀地吸水，形成具有良好加工性能的面团。此种机型面团调制效果较好，并可实现连续生产。

③ 面团调制的工艺要求：调制好的面团呈松散的小颗粒状，色泽均匀一致，不含生粉，手握可成团，轻轻揉搓后仍能松散复原。

④ 面团调制的技术要求

a. 确定原辅料用量，并进行预处理。要固定每次加入调粉机的面粉量，一般要求面粉在面团调制前要过筛，以去除杂质同时使面粉疏松。同一批面粉每次面团调制的加水量要基本相同，而且要一次加好，不可边调制边加水，否则由于加水时间先后不同，造成小麦面粉吸水不均，影响面筋的形成。食盐、食碱及其他食品添加剂要根据工艺要求定量，在碱水罐中按要求加入食盐及其他添加剂并充分溶解备用。

b. 检查调粉机电源情况以及底部卸料闸门关闭是否正常，同时查看调粉机内有无异物。

c. 检查碱水定量罐，启动盐水泵，在定量罐中加入盐水。

d. 正式调粉前要先试车，启动搅拌轴空转 3～5min，确保设备完好后停车加入面粉。

e. 加面粉开始搅拌，然后加水，加水时间为 1～2min。搅拌时间控制在 15～20min，中途一般不停车。要控制好面团调制温度，通过调整水温来保证面团调制温度在 25～30℃左右。

f. 搅拌完成后，打开卸料开关，将面团放入熟化喂料机中。待面团全部放出后再停止调粉机轴转动，关闭卸料阀门。

⑤ 面团调制中注意的问题

a. 原辅料的使用与添加：首先是面粉应符合要求，特别是湿面筋含量应不低于26%，一般为26%～32%；另外是水的质量和加水量，加水过多，面团过软，造成压片困难且湿断条增多，加水过少，面团过硬，不利于压片，断条增多，且面筋形成不良，使面团工艺性能下降，影响面条质量。实际生产中，挂面面团调制的加水量一般控制在25%～32%。可根据面粉中面筋情况增减水量，一般按面筋量增减1%，加水量相应增减1%～1.5%。还要根据不同品种挂面中添加的其他物质的含水情况来调整加水量，科学地配制盐水，根据投料量、加水量、加盐率计算加盐量，在盐水罐中准确配制。

b. 面头加入量：挂面生产中产生的干、湿面头回机量也会影响面团调制效果。湿面头虽然可以直接加入调粉机中，但一次不可添加太多，否则易引起调粉机负荷太重，同时面筋弱化也会较为严重。干面头虽然经过一定的处理，但其品质与面粉相差较大，因而回机量一般不超过15%。

c. 面团调制时间：面团调制时间的长短对面团调制效果有明显的影响。面团调制时间短影响面团的加工性能；面团调制时间过长面团温度升高，使蛋白质部分变性，降低湿面筋的数量和质量，同时使面筋扩展过度，出现面团过熟现象。比较理想的调粉时间为15min左右，最少不低于10min。

d. 面团温度：温度对湿面筋的形成和吸水速度均有影响，面团温度是由水温、面温、散热、机械吸热共同决定的，实际生产中调整面团温度主要靠变化水温。面团的最佳温度为30℃左右，由于环境温度不断变化，面粉温度也随之变化，水温也需要跟着调整。

e. 调粉设备及搅拌强度：面团调制效果与调粉机形式及其搅拌强度有关。在一定范围内，搅拌强度高则面团调制时间短，搅拌强度低则需延长面团调制时间。搅拌强度与调粉机的种类及其搅拌器结构有关。

f. 操作不当：面团调制过程中遇到停机重新启动时，必须先取出部分面团以减轻负载后再行启动。若不减负载强行启动，易使搅拌轴产生内伤，甚至发生断轴事故。另外，在实际操作中，要严格执行操作规程，湿面头要陆续少量均匀加入。

（2）熟化　将调粉机中和好的颗粒状面团静置或在低温条件下低速搅拌一段时间，使面团内部各组分更加均匀分布，面筋结构进一步形成，面团结构进一步稳定，面团更加均质化，面团的黏弹性和柔软性进一步提高，工艺特性得到进一步改善，使面团达到加工面条的最佳状态，这个过程称为熟化。熟化是面团自然成熟的过程，是面团调制过程的延续。

① 熟化设备：熟化设备依其结构分为立式、卧式和输送带式。立式熟化机一般为盘状，也称圆盘式熟化机，主要由机体、搅拌杆、开卸料装置、传动装置等部分组成。该设备的特点是转速低、熟化效果好，同时，结构紧凑、占地面积小、易于清理，但较易结块，喂料有些困难。卧式熟化机结构较为简单，制造、安装、维修均比较方便，但转速稍快，影响熟化效果。输送带式熟化机的主要结构为一条输送带，输送带端部设有旋转拨杆，同时配有面团破碎机。该机熟化效果好，面粉结块现象不会影响熟化操作，但其制造成本较高、价格较贵，通常用于对熟化过程要求较高的产品中。

② 影响面团熟化效果的主要因素：熟化时间、熟化温度及搅拌速度等都能影响面团熟化的效果。

a. 熟化时间：熟化的实质是依靠时间的推移来自动改善面团的工艺性能，因而熟化的时间就成为影响熟化效果的主要因素。在连续化生产中，熟化时间一般控制在20min左右。

b. 熟化温度：温度高低对熟化效果有一定的影响。比较理想的熟化温度是25℃左右。

c. 搅拌速度：搅拌速度以既可以防止静置状态下面团结块，同时又能满足喂料要求为原则。对于盘式熟化机，其搅拌杆的转速一般为 5r/min 左右。

(3) 压片与切条　压片与切条是将松散的面团转变成湿面条的过程。此过程是通过压片机与切条机来完成的。

① 压片：压片对面条产品的内在品质、外观质量及后续的烘干操作都有较大的影响。

a. 压片的基本原理：将熟化好的颗粒状面团送入压面机，用先大后小的多道轧辊对面团碾压，形成厚度为 1～2mm 的面片，在压片过程中进一步促进面筋网络组织细密化及相互黏结，使分散、疏松、分布不均匀的面筋网络变得紧密、牢固、均匀，从而使得面片具有一定的韧性和强度，为下道工序做准备。压片基本过程如图 3-2 所示。面团从熟化喂料机进入复合压片机中，两组轧辊压出的两片面带合二为一，再经过连续压片机组的辊轧逐步成为符合产品要求的面片。

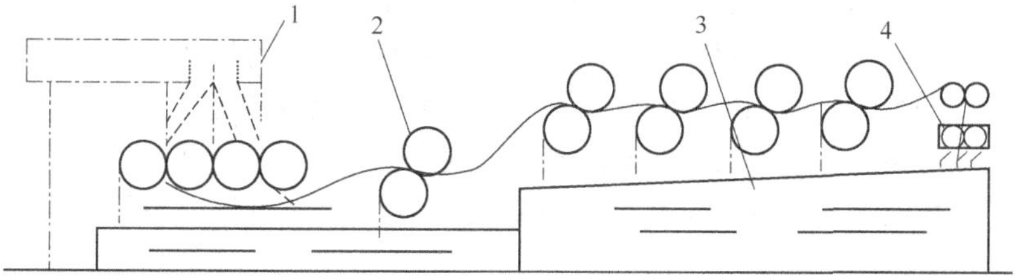

图 3-2　复合压延过程示意图

1—熟化喂料机；2—复合压片机；3—连续压片机；4—成型机

b. 压片设备：压片是通过复合压片机组来完成的。复合压片机组由复合压片设备与连续压片设备组成。

复合压片设备主要由两组初压片装置和一组复合压片装置及面带输送机构等组成。连续压片设备主要由多组压片装置组成，通常是 4～6 组，生产线产量越大则组数越多，且各组轧辊直径由前向后逐渐减小。复合压片设备及连续压片设备的主要技术参数见表 3-2。

表 3-2　复合压片设备及连续压片设备主要技术参数

复合压片设备		连续压片设备	
初轧辊直径/mm	239	轧辊组数	5
复合轧辊直径/mm	299	轧辊直径/mm	240,180,150,150,120
轧辊宽度/mm	320	轧辊宽度/mm	320
压片厚度/mm	3～6	压片厚度/mm	2.8,2.2,1.7,1.3,1.0
动力配置/kW	4	动力配置/kW	5.5

c. 压片的工艺要求：压片后的面片要求薄厚均匀，光滑平整，无破损，色泽一致。

d. 压片的技术要求：保证面带运行正常，无跑偏、无连续积累、无拉断现象。按工艺要求确定压延比，调好轧距，空车运转确认机器正常后再行操作。复合压片装置落料斗内面团高度达 2/3 时，启动复合压片机和连续压片机开始压片。压片过程中要根据具体情况随时对轧距进行微调，以确保面带正常运行，一般最后一组轧辊的轧距是调定不变的。

e. 影响压片效果的因素

ⅰ. 面团的工艺性能：含水量适宜、干湿均匀、面筋网络结构良好的面团其轧成的面片质量好，反之则面片的韧性、弹性差，宜出现断片、破片。

ⅱ. 压延比：压延比也称轧薄率，是指压片前后面片薄厚之差与压片前面片厚度的百分比，即

压延比=(压前面片厚 －压后面片厚)/压前面片厚×100%

要获得内部结构理想的面片需经过多次压片成型。在复合压片过程中，压力的大小与面筋网络细密化程度有密切的关系。在压力达到某极限之前，压力大对面筋网络组织细密化有利，但若超过某一极限，对面片进行急剧过度地压延，会使面片中已经形成的面筋撕裂，使面片的工艺性能下降。生产中通过控制压延比来调节压延程度。第一道压延比一般为50%，以后各道的压延比应逐渐减少，一般依次为40%、30%、25%、15%、10%。初压面片厚度通常为4～5mm，末道面片减薄为1mm。

ⅲ. 压延道数：压延道数是在整个复合压片设备中所配备的轧辊对数。当复合压延前后面片的厚度一定时，压延道数少则压延比大，反之则压延比小。一般认为，比较合理的压延道数为7道，其中复合阶段为2道，连续压片阶段为5道。

ⅳ. 压延速率：是指面团压延过程中面带的线速度。轧辊的转速过高，面片被拉伸速度过快，易破坏已形成的面筋网络，且光洁度差。转速低，面片紧密光滑，但产量低。一般线速度为20～35m/min。各道辊的转速及压延比影响压延速率。

② 切条：将成型的薄面片纵向切成一定长度和宽度的湿面条以备悬挂烘干的过程称为切条。

a. 切条设备：一般由面刀、篦齿（面梳）、切断刀等部件组成。面刀的作用是将面带切成一定宽度的面条。面梳的作用是将面刀切好的面条铲下，并清理面刀齿槽内所黏附的面屑。切断刀的用途是将从面刀切下而下落的湿面条切成所需长度。

b. 切条工艺要求：切成的湿面条表面要光滑、厚度均匀、宽度一致、无毛边、无并条，且落条、断条要少。

c. 切条的技术要求：选择加工精度优良的切条设备，调整好面刀的啮合深度，精度优良的面刀啮合深度为0.1～0.2mm，啮合深度过大会增加磨损，降低面刀使用寿命。面梳压紧度要合理，不可过紧过松。面屑太多时，注意检查面刀表面是否粗糙及面梳和各导板安装是否准确。

d. 影响切条效果的主要因素：面片质量对切条成型效果有重要影响，面片含水量高以及面片有破边破洞均会增加面条断条量。面刀的机械加工精度不高，易出现并条现象。若面梳压紧度不够，则切刀齿槽内的杂质不易清理，造成面条表面不光洁。

③ 压片与切条中需注意的问题：在压片与切条工序中常由于压片及切条设备加工精度与装配精度不够、前期面团调制操作不当、复合机喂料不足等原因，出现面带运行不平衡、面带跑偏、面带破损、面带拉断、湿面条毛刺、并条等问题。

a. 设备调试不精确：在压片过程中，调好轧距是很重要的。若各道轧辊之间的轧距没有调好，会造成面带运行不平衡，即通过前后压辊的面带流量不均，出现面带时松时紧甚至下垂拖地或面带断裂的现象。轧距调整不精确还会使一对轧辊的两条轴线不平行，发生面带跑偏现象。另外，面刀的加工精度和装配精度不够会使湿面条产生毛刺或并条。

b. 喂料不足：复合机喂料不足或短暂断料，会使面带上出现大小不等的孔洞或面带侧边出现不规则破损，使湿断头明显增多，影响生产。

c. 面团水分不稳定：面团水分不稳定会引起面带时紧时松，从而发生断裂或下垂。面团水分过多易结块，造成喂料不畅，使面带破损。

(4) 干燥　干燥是挂面生产工艺中的一道关键工序。通过干燥使湿面条脱水最终达到产

品标准规定的含水量。该工序对产品质量的影响很大。

① 挂面干燥的基本原理：挂面的干燥过程是在温度、相对湿度、通风及排潮四个条件的相互配合下，湿面条的水分逐渐向周围介质蒸发扩散，再通过降温冷却固定挂面的组织和形状的过程。当湿面条进入干燥室内与热空气直接接触时，面条表面首先受热，出现“表面汽化”，使表面水分含量降低，产生面条内外水分差。当热空气的能量逐渐转移到面条内部时，面条内温度上升，并借助内外水分差所产生的推力使内部水分出现由内向外移动的“水分转移”过程。“表面汽化”和“水分转移”协调进行，面条逐步被干燥。

挂面的干燥过程一般分为三个阶段进行，即预备干燥阶段、主干燥阶段及完全干燥阶段。

a. 预备干燥阶段：此阶段亦称冷风定条阶段。刚进入干燥室的湿面条由于水分含量较大，在悬挂移动中很容易因自身重量而拉伸，易造成断条。预备干燥阶段的主要任务是将湿面条表面的自由水除掉，使其逐渐从可塑体转向弹性-塑性体，增加湿面条的强度，提高它在悬挂移动中的拉力，防止在干燥初期出现大量落面的现象，达到初步定型的目的。

b. 主干燥阶段：此阶段是湿面条干燥的主要阶段，也是关键阶段。在此阶段，湿面条失去的水分占总失水量的 80%以上，包括保潮出汗阶段及升温降湿阶段。

ⅰ. 保潮出汗阶段：此阶段是内蒸发阶段，其主要目的是加速水分的内扩散，使外部汽化和内部扩散保持平衡，为下阶段水分的迅速蒸发创造条件。保持干燥房内较高的相对湿度以控制表面水分蒸发速度是实现外部汽化和内部扩散平衡的关键。

ⅱ. 升温降湿阶段：此阶段是全蒸发阶段，面条水分在内外扩散基本平衡的基础上加速扩散和蒸发。升高干燥介质温度、降低其湿度可加速表面水分的去除。

c. 完全干燥阶段：此阶段亦称降温冷却阶段。经过全蒸发阶段的高温低湿干燥，面条水分已大部分去掉，借助主干燥的余温，依靠通风，在面条降温散热的同时，除去部分水分，保持面条内外水分和温度的平衡。

② 挂面干燥设备：主要由供热系统、通风系统、烘道和输送机械等组成。

不同的挂面干燥工艺其相应的设备类型不同。采用静置干燥工艺的设备为固定式烘房，采用移动干燥工艺为移动式烘房。目前生产上普遍采用的是移动干燥工艺，因而移动式烘房较为常见。

移动式烘房是一种连续的烘干装置，分为多行和单行移动两种方式，也称隧道式和索道式。生产上大多采用多行移动隧道式烘房，其特点是挂面多行并列进入烘房，行数为 3～9 行，由总体传动装置通过传动轴带动各行链条在烘房内运动。索道式烘房是我国从日本引进的挂面自动生产线上的烘干设备，挂面在传动钢索或链条的作用下成单行运行，移动距离长，干燥时间较长，约需 8h，挂面品质较好。目前新设计的挂面车间多采用索道式烘房。

③ 挂面干燥的技术要求

a. 预备干燥阶段：湿面条进入干燥室初期，一般不加温，只通风，不排潮或少排潮，以自然蒸发为主。干燥温度为室温或略高于室温，即干燥室的温度控制在 20～30℃左右，相对湿度控制在 85%～90%。此阶段干燥时间占总干燥时间的 15%，湿面条的水分由 33%～35%下降为 27%～28%。

b. 主干燥阶段：前期的保潮出汗阶段干燥温度为 35～45℃，相对湿度为 80%～90%，干燥时间为总干燥时间的 20%～25%，湿面条的水分下降为 25%以下。后期的升温降湿阶段要加大通风，适当升高温度降低湿度，此阶段干燥温度为 45～50℃，相对湿度为 55%～60%，干燥时间为总干燥时间的 25%～30%，湿面条的水分下降为 16%～17%。

c. 完全干燥阶段：此阶段不再加温，而是以每分钟降低 0.5℃的速度将干燥温度降至略高于室温，相对湿度为 65%左右。在面条降温散热的同时，除去部分水分，使挂面的含水量达到 14%左右。降温速度不可太快，否则会因面条被急剧冷却而产生酥断现象。干燥时间占总干燥时间的 30%以上。

④ 挂面干燥中应注意的问题：挂面干燥中最需注意的是出现酥面问题。酥面是挂面表面或内部出现纵裂或龟裂的现象，其外观呈灰白色，毛糙不平直，质地酥脆，无弹性，易断裂，煮熟后为短碎状。挂面干燥过程中，由于面条外部与热空气接触面积较大，升温较快，而热能转移到面条内部的速度较慢，会出现面条表面汽化速度高于其内部水分转移速度。随着速度差的增大，产生的内应力会破坏面筋完整的网络结构，出现酥面现象。

干燥设备和技术不合理也会引起挂面产生酥面，生产中应引起重视。要合理设计烘干工艺，以挂面内部水分向外转移的速度作为控制点，调节挂面表面水分的蒸发速度，达到平衡两者速度的目的。在整个干燥过程中，温度、湿度不可剧烈波动，其变化曲线应平滑，合理选择和控制干燥参数尤为重要。

（5）切断、称量与包装

① 切断：干燥好的挂面要切成一定长度以方便称量、包装、运输、储存、销售流通及食用。挂面的切断对产品的内在质量没什么影响，但对干面头量影响很大。切断工序是整个挂面生产过程中产生面头量最多的环节，因而在保证按要求将长面条切成一定长度挂面的同时，还要尽可能减少挂面断损，把断头量降到最低限度。我国挂面的切断长度大多为 200mm 或 240mm，长度的允许误差为±10mm。切断断头率控制在 6%～7%以下。

常用的切断装置有圆盘式切面机和往复式切面机。目前在我国应用较为广泛的切断设备是圆盘式切面机，该设备是利用圆盘锯片的旋转运动及面条输送带的运动来切断面条，切断过程中产生的碎面头可通过锯片下部的特定装置送出机外。

② 称量、包装：切好的挂面须经过称量、包装方可得到成品。

a. 称量：称量是半成品进行包装前的一道重要工序，有人工称量和自动称量两种。目前我国绝大多数挂面厂仍采用人工称量的方法。称量的一般要求是计量要准确，要求误差在 1%～2%。

b. 包装：目前我国挂面包装多数是借助包装机由手工完成，也有采用塑料热合包装机和全自动挂面包装机来完成包装的。

（6）面头处理　挂面生产中产生的面头包括湿面头、半干面头和干面头三种，面头量一般占投料量的 10%～15%。

① 湿面头：在切条、挂条、上架及烘房入口落下的面头称为湿面头。由于其性质与面机中原料小麦粉性质比较接近，可及时送入调粉机中与小麦粉混合搅拌，然后进入下道工序。

② 半干面头：在烘房保潮出汗至高湿区落下的面头称为半干面头。由于这部分面头是在不同烘干阶段落下的，所以其含水量不同，与面团的性质也不一样，不能直接回入调粉机。对于半干面头常用的处理方法有两种，一种是将其浸泡后加入调粉机与小麦粉混合搅拌，另一种是将其干燥后与干面头掺和在一起再进行处理。

③ 干面头：在烘房后部落下的面头以及在切断、计量、包装过程中产生的面头称为干面头。干面头的性质与原料面粉完全不同，其含水量与成品挂面的水分接近。干面头的处理方法目前主要有湿法处理和干法处理两种。湿法处理是将清理后的干面头浸泡 30～60min，使其充分软化，再按一定比例掺入调粉机中与小麦粉一起搅拌。干法处理是将干面头粉碎过筛加工成干面头粉，再按一定比例掺入调粉机中与小麦粉一起搅拌。由于干面头面筋网络已

受到一定程度的破坏，所以尽管将其处理后仍可加入调粉机中进行利用，但为了保证挂面质量，一般回机率不得超过15%。

三、挂面的质量标准

1. 技术要求

（1）规格 长度为180mm、200mm、220mm、240mm（±8mm）；厚度为0.6～1.4mm；宽度为0.8～10.0mm。

（2）净重偏差 净重偏差≤±2.0%。

（3）感官要求

① 色泽：色泽正常，均匀一致；

② 气味：气味正常，无酸味、霉味及其他异味；

③ 烹饪性：煮熟后口感不黏、不牙碜、柔软爽口。

2. 理化要求

挂面的理化要求见表3-3。

表3-3 挂面的理化标准

项目 等级	水分/%	酸值	不整齐度/%	弯曲折断率/%	熟断条率/%	烹调损失/%
一级	≤14.5	≤4.0	≤8.0	≤5.0	0	≤10.0
二级	≤14.5	≤4.0	<15.0	≤15.0	≤5.0	<15.0

3. 卫生要求

① 无杂质、无虫害、无污染。

② 食品添加剂应符合GB 2760—1996的规定。

四、桑叶营养挂面的加工实例

桑树在我国南北部都有种植，桑叶可药食两用，利用桑叶资源生产桑叶挂面前景广阔。

1. 桑叶营养挂面生产工艺流程

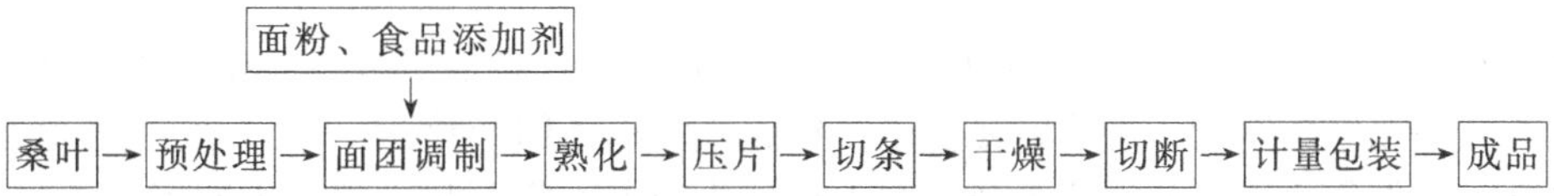

2. 桑叶营养挂面原料选择

（1）面粉 符合普通挂面对面粉的要求，面筋含量要求大于30%。

（2）桑叶 选用新鲜、幼嫩、无虫害、无斑点、色泽正常的桑叶。

（3）食品添加剂 主要有食盐、食碱、羧甲基纤维素钠等。

3. 桑叶营养挂面操作要点

（1）原料预处理 面粉过筛；食盐、食碱溶解并过滤；桑叶洗净，作钝化酶和护色处理。

（2）面团调制 将称好的面粉放入调粉机中，加入煮好的桑叶及预煮液、食盐、食碱、羧甲基纤维素钠，开机搅拌10～15min，总加水量为面粉总量的25%左右，水温20～25℃。

（3）熟化、压片、切条 调制好的面团送入熟化机中熟化20～30min后压片、切条，进入干燥工序。

(4) 干燥　利用低温烘干工艺，使湿面条干燥（水分含量约12%）。

(5) 切断、计量、包装　干燥后的挂面切成19～26cm长，以塑料袋密封包装。

五、我国挂面行业的发展方向

我国作为世界上最大的面制品生产国，挂面有很大的消费市场。尽管我国挂面生产工艺和设备已经基本成熟，但就整体而言我国的挂面生产在技术和产品质量上还滞后于市场的需求。随着生活水平的提高，市场对高质量的挂面品质和营养成分会提出更多的要求。要适应这一发展趋势仅靠单纯扩大生产规模是不够的，要从根本上提升整个行业的工艺、管理和产品质量水平，而产品创新、技术升级是扩大传统产品市场非常重要的手段，对产品内在质量更高的追求是我国挂面企业的发展方向。

① 调整挂面产业结构，增加各种多加水挂面、半干挂面、各种规格的机制手工擀拉挂面是今后挂面发展的必然趋势。

② 扩大市场需求，增加花色品种，生产各种功能性挂面、营养挂面、特性化挂面、调理型挂面、"绿色挂面"和"有机挂面"，以适应不同消费层次、不同区域和饮食习惯、快节奏及崇尚自然的需要。

③ 加强企业技术改造，提高企业的技术装备水平，重视设备开发，创建适应不同季节的多规格的柔性连续生产线、适应不同流通环境多类型的制面组合生产线、适应不同消费层次及饮食习惯的多种柔性转换生产设备。

④ 注重产品创新，利用我国特有的种质资源和饮食习惯，结合挂面的功能性、营养性和口感等要求，创出新品。

⑤ 加强挂面内在质量标准系统的研究，健全评价检测体系，规范行业生产。

此外，应更加重视挂面加工工艺的理论研究，提高生产人员理论与技术水平。

第二节　方便面加工

方便面又称速食面，是在传统面条生产的基础上应用现代科学技术生产的一种主食方便食品，它既可直接食用也可用开水浸泡或速煮，食用、保存、携带均方便，是一种较为理想的方便食品。

我国大批量方便面生产始于20世纪80年代中期，主要是引进日本的油炸方便面生产线。进入20世纪90年代，我国方便面生产线逐步实现了国产化。

方便面的花色品种很多，从生产工艺上可分为油炸方便面和非油炸方便面，按包装方式可分为袋装、杯装和碗装；方便面通常是以所附带的汤料来命名的，如香菇方便面、鲜辣方便面、鸡汁方便面等。

一、方便面加工的原辅料

1. 面粉

小麦面粉是生产方便面的基础原料，小麦粉质量的好坏直接影响方便面的质量。方便面生产对面粉的要求较高，一般以强力粉或准强力粉为主，湿面筋含量约32%～38%，蛋白质含量约11%～13%，且面筋质量要好，酶活性低，粒度细。面粉的选择通常是由产品的品质要求而定的，使用高筋粉可制得弹力度强的面条，成品复水时，膨胀良好且不易折断或软化，但淀粉糊化时间较长且成本较高，生产中，可通过在高筋粉中掺以一定量的中筋粉来进行调整。

2. 水

方便面生产中要求选用软水，否则对水要进行软化处理。水质要求见表 3-4。

表 3-4 方便面水质要求

含铁量	硬 度	有机物	含锰量	碱 度	pH
＜0.1mg/L	＜10°	＜1mg/L	＜0.1mg/L	＜30mg/L	5～6

3. 食盐

食盐主要起强化面粉筋力的作用，兼有增味、防腐作用，一般选用精制食盐，添加量为面粉的1%～3%。

4. 碱

加碱能有效地强化面筋，并使方便面在煮、泡时不糊汤发黏，食用爽口，并能使面中的色素变黄，使产品具有良好的微黄色泽。一般可选用碳酸钾、碳酸钠、磷酸钾或钠盐等，混合使用效果较好，加碱量一般为0.1%～0.2%，视面粉的筋力而定。

5. 油脂

方便面生产中油脂的选择涉及到产品的保质期、风味、色泽及生产成本等。要根据产品的具体情况进行选择，一般要求品质良好且质量稳定。可采用40%的动物油（猪油或牛油）和60%的植物油（棕榈油、豆油等）组成混合油脂作炸油。

6. 其他辅料

在加工方便面时还可根据需要添加其他辅料。

(1) 抗氧化剂　为防止油脂氧化酸败，通常要在炸油中添加抗氧化剂。可用丁基羟基茴香醚（BHA）或二丁基羟基甲苯（BHT），用量为0.2g/kg。同时添加增效剂柠檬酸或酒石酸，用量为0.77g/kg。也可使用更为安全的天然抗氧化剂维生素E。

(2) 复合磷酸盐　使用复合磷酸盐主要是提高面条的复水性，并使复水后的面条具有良好的咀嚼感和光洁度。常用的复合磷酸盐组成见表3-5。

表 3-5 方便面复合磷酸盐组成　　单位：%

成 分	配方Ⅰ	配方Ⅱ	成 分	配方Ⅰ	配方Ⅱ
磷酸二氢钠	—	1.3	聚磷酸钠	25	29
偏磷酸钠	27	55	焦磷酸钠	48	3

(3) 乳化剂　乳化剂可有效延缓面条老化。常用的乳化剂如单甘酯和蔗糖酯。使用量一般为0.2%～0.5%。

(4) 增稠剂　增稠剂可改善面条的口感，降低面条的吸油量。常用的增稠剂如羧甲基纤维素钠和瓜耳胶等，用量一般为前者0.2%～0.5%，后者0.2%～0.3%。

二、方便面加工技术

1. 方便面加工原理与工艺流程

(1) 方便面加工基本原理　以面粉为主要原料，通过面团调制、熟化、复合压延、切条折花后成型，将成型后的面条通过汽蒸，使其中的淀粉高度糊化、蛋白质热变性，然后借助油炸或热风将煮熟的面条进行迅速脱水干燥。

(2) 方便面加工工艺流程

配料（面粉、水、食盐等）→面团调制→熟化→复合压延→切条折花成型→蒸面→定量切断→油炸或热风干燥→冷却→检测、加调味料包装→成品

2. 方便面加工工艺

方便面加工中的面团调制、熟化、复合压延的基本原理、工艺要求、设备和操作均与挂面相似。

(1) 面团调制工艺与技术要点　要求调制好的面团呈散碎状，颗粒松散，水分均匀，色泽一致，不含生粉，具有良好的可塑性和延伸性。

a. 控制好加水量及水温。一般加水量为32%～35%，水温约为20～30℃。b. 面粉用量、回机面头等要定量，干面头回机量不得超过15%。c. 盐、碱等可溶性辅料需溶于水后按比例加入。d. 开机前要在确定机内无异物后先开机试转1～2min，正式面团调制中，要注意观察运行情况，发现异常立即停机检查，取出机内湿粉，重新启动。e. 搅拌混合时间约为15～20min。

(2) 熟化工艺与技术要点　通过熟化进一步改善面团的性质，使面团的黏弹性和柔软性进一步提高，有利于面筋形成和面团均质化，使面团达到加工面条的最佳状态。

a. 和好的面团要在低温条件下低速搅拌，熟化机转速一般不超过10r/min，机体内物料要控制在2/3以上。b. 熟化时间一般要求在10～20min。c. 注意观察喂料器进料情况，避免堵塞。

(3) 复合压延工艺与技术要点　熟化的面团经过复合压延后面带要厚薄一致、平整光滑、色泽均匀且有一定的韧性和强度。

a. 初轧面片厚度一般为4～5mm，经过反复压延后最终厚度为1～2mm。b. 末道压辊线速度一般≤0.6m/s。c. 压延比分别为50%、40%、30%、25%、15%、10%。d. 开机前要检查压辊中是否有异物并试车2～3min。注意调整好轧距，且要随时检查校正。

(4) 切条折花成型　切条折花就是将面带变成具有独特波浪形花纹的面条。该工序是方便面生产的关键技术之一，其目的不仅是使方便面形态美观，更主要的是加大条与条之间的空隙，防止直线形面条蒸煮时黏结，有利于蒸煮糊化和油炸干燥脱水，食用时复水时间短。

① 切条折花成型的基本原理：切条折花成型装置如图3-3所示。面带由面刀纵切成条后垂直落入面刀下方的折花成型器内，面条不断摆动下落堆积成波纹状，然后再经下面短网带的慢速输送，使形成的波纹更加密集，最后由紧贴在短网带下面的长网带将其快速送入蒸煮锅内进行蒸煮，将波纹基本固定下来。面条下落的线速度与短网带线速度的速比大小将影响波纹成型效果，进而影响方便面的定量，速比大则波纹密，速比小则波纹稀，一般以7∶1～10∶1为宜。另外，长网带的运行速度比短网带快得多，由于两条输送带的速差使密集的波纹面带被拉成花纹比较稀疏而又比较平坦的面带，这样更利于蒸熟。长网带与短网带的运行速度比约为4∶1～5∶1。

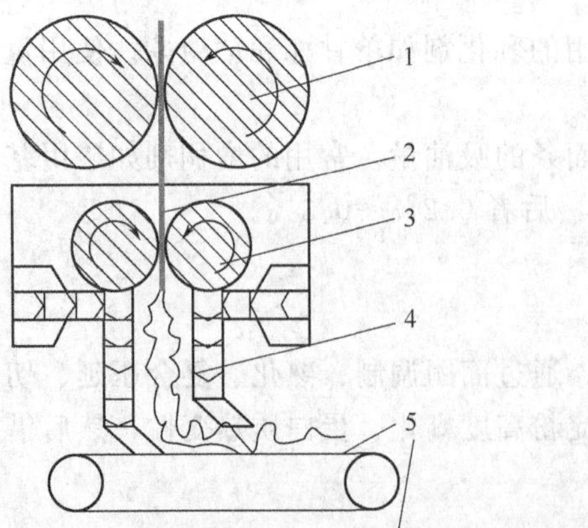

图3-3　切条折花自动成型装置示意图

1—末道压辊；2—面带；3—面刀；4—成型导箱；5—传送带

② 切条折花成型设备：方便面的切条折花成型装置主要由面刀、面梳、成型盒及网带等组成（图3-3）。面刀是一对并列安装、相向旋转的齿辊，面刀和面梳相互配合，将面带切成规定宽度的面条。成型盒与网带共同作用使面条折花成型。

③ 影响切条折花成型的主要因素：面带的质量及切条折花成型装置的精度、参数、安装调试等都会影响方便面的切条折花成型效果。

a. 面带质量：面带水分含量、厚度、有无破损等均会影响切条折花成型。面带水分含量高时，花纹塌陷，反之则花纹稀疏；面带过厚，在切条时易造成面条表面出现皱纹；面带有破损会增加成型后面条的断条率。

b. 设备：面刀的质量、折花成型导箱前壁压力门的压力、面条线速度与成型网带速度等均会影响切条折花成型。面刀两齿辊啮合深度不够，可引起并条，篦齿压紧度不足，使面条光洁度下降；成型导箱前壁门压力过大，花纹过密，压力小则花纹过稀；面条线速度与成型网带线速度比值大则花纹密，比值小则花纹稀。

④ 切条折花成型的工艺要求：面条光滑，波纹整齐，疏密适宜，无并条。

⑤ 切条折花成型的技术要求

a. 做好切条折花成型设备的调试工作。面刀啮合深度要合理，调节时以能切开面带且无并条为准。精度优良的面刀啮合深度为 0.1～0.2mm。要调整好面梳的压紧度，不可过紧或过松。

b. 工作前要对设备进行全面检查，确认正常后方可开机生产。在面刀上滴少许热油，保证面带在面刀入口处不打折可减少“冲刀”现象的发生。

c. 要随时检查花纹的疏密均匀状况及有无并条现象。

d. 工作后要及时清理成型器及面刀上的面屑。

⑥ 切条折花成型应注意的问题

a. 面条花纹不规整：花纹过疏或过密均不符合工艺要求。调整料门配重，必要时重新调整成型器。

b. 出现并条面：面刀啮合深度不足，易出现并条面，调整面刀间隙，必要时更换面刀。

c. 出现锯齿面：面梳严重磨损、弯曲或断齿导致出现锯齿面。

（5）蒸面　蒸面是方便面生产中的一道重要工序，是将切条折花成型后的波纹面层在一定温度下适当加热，由生变熟的过程。

① 蒸面的基本原理：蒸面的基本原理是生淀粉在蒸汽的作用下受热糊化，蛋白质发生热变性。蒸煮工艺要求淀粉的糊化程度要在 80%以上，淀粉的糊化程度越高，面条的复水性能及口感和黏弹性越好。

② 蒸面设备：方便面的蒸面通常是在连续蒸面机上完成的。由于蒸面机的主体是一条方形隧道，内设蒸汽喷管及运送面条的网带，因而连续式蒸面机又称为隧道式蒸面机。常用的蒸面机是倾斜式连续蒸面机。这种蒸面机进口较低，出口较高，其工作原理是利用热气上升的特点，使喷入底槽内的过热蒸汽沿着斜面由低到高在槽中分布，而冷凝水则向低处流，这样使进口一端蒸汽量少而湿度大，进入的面条水分有所增加，有利于淀粉糊化；而出口一端则蒸汽量较大、温度较高、湿度较低，有利于面条吸收热量进一步糊化。同时，机身倾斜使蒸面时间相对延长，提高了蒸汽的利用效率。

③ 蒸面的工艺技术要求

a. 蒸面温度：小麦淀粉完成糊化的温度为 64℃，所以蒸面的温度一定在 64℃以上。方便面生产中采用的连续式蒸箱属常压蒸面设备，最高温度只能在 100℃以下，一般工艺要求蒸箱进口温度为 60～70℃，出口温度为 95～100℃。

b. 蒸面时间：淀粉糊化有一个过程，需要一定时间。通常在常压蒸煮的条件下，蒸面时间为 90～120s。

c. 面条含水量：在蒸面温度和时间不变的情况下，面条含水量与糊化程度成正比，生面条的含水量越高，面条的糊化程度越高。在不影响轧片和成型的前提下，面团调制时尽可能多加水。在蒸箱进口处设置喷水装置、适当降低蒸箱进口温度，可以提高面条的含水量。

d. 蒸汽量：蒸箱内应有合理的蒸汽量，要控制好蒸箱蒸汽阀的开度。蒸汽阀开度过大，蒸箱进口处温度过高，面条表面温度快速上升，由于表面糊化迅速完成，影响水分进入面条内部，致使面条内部糊化过程不能正常进行，面条质量下降。蒸汽用量一般为0.2～0.4t/h。

(6) 定量切断

① 定量切断的基本原理：由蒸面机蒸熟的波纹面带从蒸面机出来后，被定量切断装置按一定的长度切断，然后对折成大小相同的两层面块，再分排输出，送往热风或油炸干燥工序。方便面的定量切断是将质量转换成长度，以长度来衡量质量。每块面块的质量随花纹的疏密而变化，所以成型折花时花纹的疏密应保持一致。

② 定量切断的工艺技术要求：定量切断要求定量准确、折叠整齐，喷淋均匀充分，入盒到位。因此要调整好各传动单元的线速度，特别注意它们的均衡配合，防止出现面带阻塞、面块折叠不齐及“连块”、“掉面”等现象。

(7) 方便面的油炸或热风干燥　油炸或热风干燥是制作方便面普遍使用的干燥方式。通过脱水干燥，降低水分以利于保存，同时固定蒸熟面块的糊化状态并进一步提高其糊化度，改善产品的品质。

① 油炸干燥

a. 油炸干燥的基本原理：油炸是一种快速干燥方法，是将蒸熟的定量切块的面块放入油炸盒中，在130～150℃的棕榈油中脱水。油炸过程中面块体积膨胀充满面盒，当面条含水量降到3%～5%后面块硬化定型。由于油温较高，面块中的水分迅速汽化逸出，并在面条中留下许多微孔，浸泡时，热水很容易进入这些微孔，因而油炸方便面复水性好于热风干燥方便面。

面条在油炸过程中发生了一系列变化，主要表现为：含水量由32%～35%下降为8%以下；面条中渗入油脂；体积增大；蛋白质变性；淀粉糊化度增高；产生香味。

b. 油炸干燥设备：方便面油炸干燥是通过方便面自动油炸机及其附属设备共同完成的。油炸设备主要包括主机、油加热系统、循环用油泵、粗滤器和储油罐等部分。

c. 油炸干燥的工艺技术要求：选用棕榈油，油炸时油温要保持在130～150℃，其中低温区油温为130～135℃，中温区油温为135～140℃，高温区油温为140～150℃。油炸锅的油位为油表面高于油炸盒顶部30～60mm，油炸时间70～90s，面块含水量降为8%以下，一般为3%～5%。

d. 油炸干燥中应注意的问题：首先要控制好各阶段的油温，形成逐步升高的温度区间，防止出现“干炸”现象；其次要掌握好油炸时间，避免由于油炸时间过长或油炸不足而造成面块含油量过大、炸焦或脱水不彻底的现象发生；还要注意油位要适宜，油位太低，面块不能完全浸入油中，影响脱水速度和效果，油位太高，会增加高温油的循环量，加快油的劣化速度，成品过氧化值增高。

为防止油质发生劣变并产生有毒物质，生产中要避免油温过高，减少反复使用次数，不断加入新油，定期除去油脂中的分解物和残渣，可用硅藻土作为过滤剂，按1.5%的比例加入用过的油中，用压滤机压滤后，再循环输入油炸锅中，这样可延长油的使用期。

② 热风干燥

a. 热风干燥的基本原理：热风干燥是生产非油炸方便面的主要干燥方法。热风干燥工艺是使面块表面水蒸气分压大于热空气中的水蒸气分压，使面块的水蒸发量大于吸附量，从而使面块内部的水分向外逸出并被干燥介质带走，达到干燥的目的。

b. 热风干燥设备：热风干燥通常采用往返式链盒干燥机进行干燥，该机主要由机架、链条、面盒、鼓风机、散热器、传动装置等部分组成。链盒式干燥机的主要特点是往返均满载着面块，面块始终在盒内，因而经链盒式干燥机干燥的面块碎面很少，产品形状完整。

c. 热风干燥的工艺技术要求：干燥时热风温度保持在 70～85℃，干燥介质的相对湿度低于 70%，干燥时间一般为 30～60min。

d. 热风干燥应注意的问题：干燥机要先进行预热处理，面块要准确导入面盒，要求入盒整齐；注意调节进气与排潮阀门，确保干燥温度、湿度正常。注意检查面块脱离面盒及面盒复位情况，避免轧坏面盒。

传统热风干燥的主要缺点是干燥时间较长、成品复水性较差。可采用微波-热风干燥法、冷冻-热风干燥法、高温-热风干燥法或添加表面活性物质可改善成品的复水性。

(8) 冷却　干燥后的面块必须要进行冷却处理才能够检测包装。因为经热风干燥或油炸后的面块输送到冷却机时温度仍在 50～100℃左右，如果不冷却直接包装，会使包装内产生水蒸气，易导致产品吸湿发霉，所以，冷却的目的主要是为了便于包装和储存，防止产品变质。

冷却方法有自然冷却和强制冷却。通常是采用强制冷却的方法进行冷却，即从干燥机出来的高温面块进入冷却机隧道，在输送的过程中与鼓风机产生的冷风进行热量交换从而降低面块温度，使其接近室温或稍高于室温。冷却时间一般约 3～5min。

(9) 检测、包装　从冷却机出来的面块由自动检测器进行金属和重量等检查后才能配上合适的调味料包进行包装。一般在面块进包装机之前安装一台重量、金属物检测机，面块连续进入检测机的传送装置，其自动测量系统就可以迅速测量出超过重量标准和含有金属物的面块，并用一股高速气流或机械拨杆把不合格的面块推出传送带，由此来保证面块的质量。

方便面包装包括整理、分配输送及汤料投放、包封等工艺。

整理的目的是将冷却机输送出来的多列面块排列成与包装机数量相适应的列数，目前这一工作基本是手工完成。

分配输送是指通过分配输送机将面块分送到各台包装机去进行包装。目前方便面使用的分配输送机有两种，即带式输送机和可转弯式链板输送机。

汤料投放通常是将每包方便面配备的不同的汤料或调味料投放在每块面块上，与面块一起进行包装。目前国内绝大部分方便面生产厂家都采用人工投放。汤料自动投放机由于存在难以适应多种生产，不能投放两包以上的汤料等问题而没有得到广泛的应用。

方便面的包装形式主要有袋装、碗装和杯装三种。袋式包装方便面在我国方便面生产行业中是产量最多的产品。袋式包装材料一般采用玻璃纸和聚乙烯复合塑料薄膜，或使用聚丙烯和复合塑料薄膜等，通过自动包装机完成包装。

(10) 方便面着味　方便面着味的目的是为了改善面块的风味，特别是为了满足有些消费者喜欢干吃方便面的需求，而改善作为干吃面的效果。可将着味原料溶于水中在面团调制时加入，通常面团调制时加入食盐、味精等。要求在面团调制时所加的着味物质不得对面筋形成产生负面影响，尽量避免一些酸性物质加入，挥发性强的物质也不宜在面团调制时加入。在面团调制时着味均匀性好，特别是加入水溶性物质，因为可以把它们溶解在水中。也可将着味原料配制成着味液在蒸面后定量切断前采用浸泡的方法着味。还可在定量切断后油炸前将着味液喷洒于面块上着味。在定量切断后油炸前喷淋着味的方法比较常用。也可将着味液在油炸后冷却前喷洒于面块上。油炸后在面条表面喷洒着味物质，其着味物质损失最小，着味最有效，但很多物质在此阶段加入是有困难的，因为此阶段不能加入水溶性物质。

三、调味汤料

调味汤料是方便面的重要组成部分，不同的汤料可以形成多种不同的产品。生产调味汤料的原料种类很多，如咸味剂、鲜味剂、甜味剂、香辛料、风味料、香精、油脂、脱水蔬菜、着色剂等，在实际生产中，应根据消费者的喜好及产品的定位来选择原料并合理调配。调味汤料的形态有粉状、颗粒状、膏状和液体状等。

调味汤料配方实例见表 3-6、表 3-7。

表 3-6 牛肉汤料

单位：%

配料	含量	配料	含量	配料	含量
味精	9.00	姜粉	0.05	葡萄糖	11.25
黑胡椒粉	0.15	呈味核苷酸	0.20	牛肉精	9.90
精制食盐	59.20	洋葱粉	0.10	韭菜粉	0.10
琥珀酸钠	0.50	焦糖色素	1.70	合计	100
大蒜粉	0.05	豆芽粉	2.00		
粉状酱油	5.50	柠檬酸	0.30		

表 3-7 辣味汤料

单位：%

配料	含量	配料	含量	配料	含量
精制食盐	60.27	胡椒粉	2.17	芥末粉	1.75
榨菜粉	4.56	砂糖	7.51	咖喱粉	3.12
大蒜粉	2.13	辣椒粉	3.78	姜粉	1.89
味精	10.70	花椒粉	2.12	合计	100

四、方便面质量标准

1. 技术要求

（1）感官要求　色泽正常均匀，气味正常，无霉味、哈喇味及其他异味。

（2）烹饪性　煮（泡）3～5min 后不夹生，不牙碜，无明显断条现象。

2. 理化要求

理化要求见表 3-8。

表 3-8 方便面的理化标准

类型＼项目	水分/%	酸值	α 化/%	复水时间/min	盐分/%	含油/%	过氧化值/%
油炸	≤10.0	1.8	85	3	2	20～22	≤0.25
热风干燥	≤12.5	—	80	3～5	2～3	—	—

3. 卫生要求

① 无杂质，无霉味，无异味，无虫害，无污染。

② 添加剂符合 GB 2760—1996。

③ 细菌指标参照 GB 2726—81。

五、我国方便面行业的发展方向

我国方便面市场需求旺盛，有着很大的发展潜力，其产业前景非常广阔。目前，方便面正朝着下列方向发展。

① 注重品质与营养，根据不同需求，对方便面添加不同的营养成分，并逐步探讨生产杂粮面，如添加玉米面、荞麦面、绿豆面以及其他谷物及豆类的方便面。

② 注重新产品开发，打破方便面原有单一的功能定位，使方便面向着美食、健康、营养、保健、休闲等多方位方向发展，如生产功能食疗型方便面、复合型方便面、干脆面、梨汁面、苹果面、新颖菜肴型方便面等，以满足广大消费者不断变化的需求。

③ 调整产品结构，注意产品细分，高、中、低档产品并存，油炸与非油炸兼顾，产品差异化，口味丰富化，满足不同消费群体的需求。

④ 采用新工艺、新设备，降低油炸方便面含油量且不影响风味和口感；寻找更安全、更营养、更省油、更便宜的棕榈油替代品。

⑤ 对方便面的关注由面体向调味料过渡。不仅注重调味料的口味，同时关注其营养、安全。

⑥ 注重新技术开发及应用，进一步提高方便面生产线的自动化水平，如中央监控、故障显示、成品快速自动检重、调味包的自动投放、产品的活性包装和警示包装等。

第三节 馒头加工

馒头是中国最典型的发酵面团蒸制食品，有“东方面包”的雅称，是我国传统的主食。中国人吃馒头的历史至少可以追溯到战国时期。三国时馒头有了正式的名称。馒头最初是包馅的，经逐步演变出现了实心馒头，后又派生出花卷、蒸饼等。北方人将无馅的称为馒头，有馅的称为包子。馒头由于适合中国人的口味，且具有经济实惠等特点，现在已经成为中国大部分地区尤其是北方地区多数家庭一日三餐的必备食品。

我国馒头的工业化生产已初具规模，但就总体而言仍没有完全脱离现做现卖、现买现吃的传统小作坊生产模式，生产规模小，产品质量因人而异、因地而异、因时而异。随着馒头工业化生产规模不断扩大，商品化程度越来越高，迫切需要规范生产和确保产品质量安全。2007 年底，我国由国家标准委和国家质检总局联合发布了“小麦粉馒头”推荐标准（GB/T 21118—2007），该标准从 2008 年 1 月 1 日起正式实施。此标准是目前为止面制食品（包子、饺子等，不包括焙烤食品）中唯一的国家标准，从感官、检测方法、检测依据、包装等多方面对馒头进行了规范。此标准的实施对我国馒头行业的规范化、标准化、工业化进程将起到一定的推动作用。

一、馒头的加工方法及工艺流程

馒头的生产主要有手工操作、半机械化操作、机械化操作等几种方式，馒头生产方式不同其所用的工艺也不同。常见的馒头加工方法有以下几种。

1. 直接成型法

配料 → 面团调制 → 成型 → 醒发 → 蒸制 → 冷却 → 包装

直接成型法是一次性将原辅料投入调粉机，搅拌调成面团，直接成型醒发，通过蒸制、冷却获得成品。直接成型法的优点：①生产周期短，效率高；②劳动强度低，操作简单；③面团黏性小，有利于成型。不足之处：①酵母用量较大，醒发时间较长；②面筋扩展和延伸不够充分，产品口感较硬实；③占用醒发设备较多，设备投资增大。

2. 一次发酵法

配料（大部分面粉、全部酵母和水）→第一次面团调制→面团发酵→第二次面团调制（加入剩余的原辅料）→成型→醒发→蒸制→冷却→包装

一次发酵法是将大部分面粉和全部的酵母和水调制成软质面团，在较短的时间内完成发酵，加入剩余面粉和其他辅料，面团调制后成型、醒发。一次发酵法的优点：①面团经过发酵其性状达到最佳状态，面筋得到充分扩展和延伸，面团柔软，有利于成型和醒发；②生产出的产品组织性状好、不易老化、柔软细腻且体积较大；③生产条件比较容易控制，原料成本也较低。缺点：①生产周期较长，生产效率有所下降；②劳动强度增加，操作较为繁琐；③增加调粉机数量，投资加大。

3. 二次发酵法

配料→第一次面团调制→面团第一次发酵→第二次面团调制（加入剩余原辅料）→面团第二次发酵→成型→醒发→蒸制→冷却→包装

二次发酵法是将原辅料分两次加入并进行两次发酵。将60%的面粉和全部的酵母及水调成软质面团发酵以扩大酵母菌的数量，再加入剩余的面粉和其他辅料进行第二次面团调制、发酵，使面筋充分扩展，面团充分起发并增加馒头的香味。用此法生产出的馒头品质较好，但生产周期较长，劳动强度加大。

4. 老面发酵法

配料（酵头、部分原料）→面团调制（种子面团调制）→长时发酵→加碱等原辅料调粉（主面团调制）→成型→醒发→蒸制→冷却→包装

老面发酵法是用酵头作为菌种发酵的方法，其优点：①用酵头作为菌种发酵，节省了酵母用量，降低了原料成本；②产品具有传统馒头所具有的独特风味；③设备简单，发酵管理要求不高。缺点：①发酵时间长，成熟面团具有很浓的刺鼻酸味，需要加碱来中和有机酸；②发酵条件不固定，面团 pH 值较难控制。

二、馒头加工技术

1. 原料的选择与处理

原料是制作馒头的基础，原料准备的好坏对面团的调制、发酵、产品性状及卫生指标等均会产生较大的影响。

（1）面粉　面粉是馒头生产的最基本原料，一般认为加工馒头对小麦粉的要求不很严格，其蛋白质含量在10%～13%，筋力中等或偏强。

面粉的处理：一是根据季节变化进行调温处理，使之符合加工要求；二是通过安装了磁铁的筛网去除金属和其他杂质，混入大量空气，利于酵母生长繁殖。

（2）面肥　面肥是馒头加工常用的发酵剂之一。面肥的培养方法很多，如酵母接种法、自然通风培养法等。通常可以取剩下的酵面加水化开，加入一定量的面粉搅拌，在发酵缸内

发酵成熟后即为面肥。面肥的使用量一般为4%～10%。

（3）酵母　酵母是馒头和面包加工中的重要生物疏松剂，酵母的质量及对其的活化处理是影响面团发酵的重要因素，它与产品的质量有着密切联系。通常使用的酵母主要有鲜酵母和活性干酵母两种。活性干酵母有两个品种：一种是低糖酵母，适合于糖与面粉比例低于8%的面团发酵；另一种是高糖酵母，适合于糖与面粉比例高于8%的面团发酵。

酵母使用前需先经处理：即发活性干酵母可直接投入面粉进行发酵，但鲜酵母与活性干酵母在使用前必须经过活化处理。鲜酵母活化时应先将酵母投入26～30℃的温水中，加入少量的糖，将酵母在温水中搅匀，活化20～30min，当表面出现大量气泡时，即可投入生产。活性干酵母的活化处理方法与鲜酵母相似，但活化时间更长些。

（4）水

① 水的硬度：8°～12°为好。过硬降低蛋白质溶解性，面筋硬化延迟发酵，增强韧性，口感粗糙干硬，易掉渣；过软使面筋柔软，面团水分过多，黏性增强，面包塌陷。

② 酸碱度：水的pH在5～6为好。碱性水抑制酶活性，延缓发酵，使面团发软；微酸有利发酵，过大也不适宜。

（5）食用碱　一般加碱量为面粉重量的0.5%。

2. 面团调制的工艺技术要求

（1）面团调制的工艺要求　面团内不含生粉，软硬适宜，有弹性，表面光滑，揉时不粘手。

（2）面团调制的技术要求　调粉机搅拌缸的大小应与生产规模相符合，一般所调面团的体积占搅拌缸体积的30%～60%较为合适。调制馒头面团一般采用低速和中速搅拌，低速为15～30r/min，中速为60～80r/min。根据生产馒头的品种不同，选择不同的搅拌方式和不同的面团调制时间，一般面团调制时间为10～15min。

面团调制时，即发活性干酵母可直接加入面粉中，鲜酵母和普通干酵母要先活化。加水量应根据面粉的筋力大小、面粉本身水分及对馒头品质的要求等来确定，一般加水量为面粉用量的40%～50%，水温25～40℃。

（3）面团调制应注意的问题　原料、面团调制时间及调粉设备等均会影响面团调制效果。

① 原料：小麦面粉要有一定的湿面筋含量，筋力中等或偏强。用水要符合饮用水标准，同时硬度、pH值要满足面团调制要求，水温一般在30℃左右。

② 面团调制时间：面团调制时间根据调粉机的种类而定，采用变速调粉机与非变速调粉机所用的面团调制时间有区别，前者一般需要10～12min，后者需要12～15min。

③ 调粉设备：调粉机的选择要与生产规模相适应，搅拌缸的体积以及搅拌速度等均影响面团的调制效果。

3. 面团发酵的工艺技术要求

发酵通常是在发酵室内控制温度、湿度的条件下完成的。家庭或小作坊生产无专用的发酵室，可将面团放在适宜的容器中，盖上盖子，置于温暖的地方发酵。家庭中大多采用一次发酵法，工业化生产时多采用二次发酵法。发酵时面团温度控制在26～32℃，发酵室的温度一般不超过35℃，相对湿度为70%～80%，发酵时间根据采用的生产方式以及实际情况而定。

发酵成熟面团表现为：用手轻压面团，感觉略有弹性，稍有下陷，面团表面较光滑、质地柔软，用鼻闻略有酸味，用刀切开面团，其断面孔洞分布均匀而紧凑、大小一致，用手拉开面团，内部呈丝瓜瓤状。

4. 加碱中和

面团发酵过程中产生的酸需要加入适量的碱来中和，以使成品符合人们的口味。通常使用纯碱进行中和，使用量因面团发酵程度不同而异，酵面老加碱多，酵面嫩则加碱少。一般加碱量为干面粉重量的0.5%，加碱量过多，成品硬而黄、体积小，有苦涩味。加碱量过少则成品发酸、发硬、体积小且颜色发暗。

5. 成型

馒头成型是指将发酵成熟的面团经过挤压揉搓，定量切割制成一定大小的馒头坯。通常有机械成型和手工成型两种方式。工业化生产大多采用成型机成型，家庭则一般采用手工成型。

(1) 馒头的机械成型设备　目前国内馒头成型机主要是双辊螺旋式馒头成型机和盘式馒头成型机。

① 双辊螺旋式馒头成型机：双辊螺旋式馒头成型机主要由螺旋挤出装置和双辊螺旋成型装置组成（图3-4）。

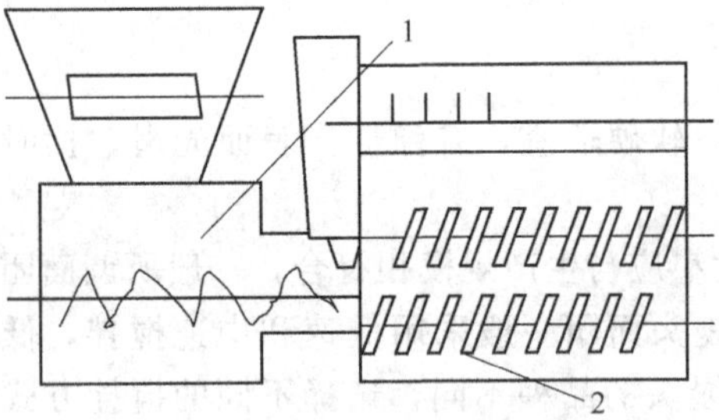

图3-4　双辊螺旋式馒头成型机

1—挤出装置；2—成型装置

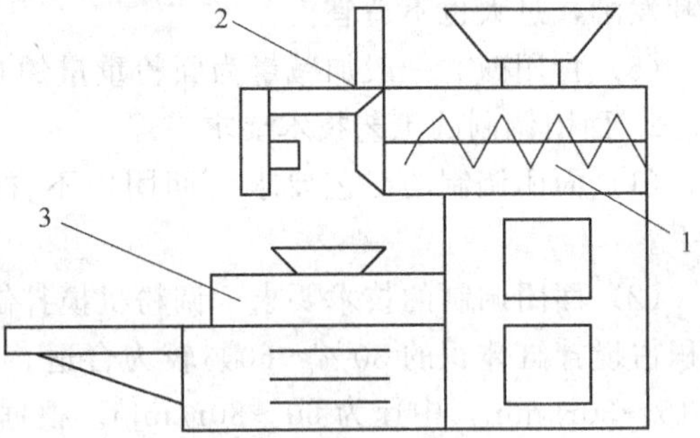

图3-5　盘式馒头成型机

1—挤出装置；2—切断装置；3—圆盘成型装置

a. 工作原理：料斗内的面团被螺旋输送装置轴向推入成型室，通过双辊螺旋等的推、挤、压将面团定量切成一定大小的面坯，并逐个揉成馒头坯。成型主要经过两个过程，即送面与辊压成型。此外，该机还设有撒粉装置，以防止面团与成型辊粘连。

b. 主要技术参数：产量60个/min；馒头坯质量50g/个；电机转速1400r/min；功率1.5kW。

② 盘式馒头成型机：盘式馒头成型机主要由螺旋挤出装置、切断装置、成型机构等组成（图3-5）。

a. 工作原理：料斗中的面团经螺旋绞龙输送挤出面棒，切断刀片转动将其切断为预定大小面团，面团通过转动圆盘漏斗落入圆盘内，在模板及转动圆盘的共同作用下向前滚动及侧向转动，不断受到挤压和揉搓达到成型。

b. 主要技术参数：产量50个/min；馒头坯质量50g/个；电机转速1100r/min；功率1.5kW。

(2) 馒头的手工成型　手工成型是家庭制作馒头的成型方式，馒头手工成型是通过揉、搓、包、捏以及借助必要的工具完成的。

(3) 馒头的整形　为使馒头形状更符合工艺要求，还需对馒头进行整形。馒头整形可通过馒头整形机或手工来完成。

在馒头生产线上，馒头整形机与馒头成型机配合形成连续的生产工序。通过整形使馒头坯表面更加光滑，底部修成平面，整体形状更加挺立。

手工整形在馒头排放前进行，根据馒头品种不同，可将成型的馒头坯放在案板上采用滚搓或双手对搓等方法达到整形目的。

6. 醒发

醒发是面团的最后一次发酵。通过醒发使整形后处于紧张状态的面坯变得柔软，面筋网络进一步扩展，面坯得以继续膨胀，其体积和性状达到最佳。

(1) 醒发的工艺技术要求　醒发的操作是将馒头坯放在蒸盘上随蒸车送入醒发室进行醒发，或在醒发箱中醒发。醒发温度一般为38～40℃，相对湿度一般为80%左右，醒发时间的长短根据具体情况灵活掌握，一般采用直接成型工艺的醒发时间稍长，通常为50～80min，采用一次发酵或二次发酵工艺的醒发时间可以稍短，一般为10～20min。

(2) 醒发程度及判断　通常判断醒发程度是否适宜主要是观察馒头坯醒发前后体积的变化。一般以醒发到原坯体积的2～3倍为宜，北方馒头醒发程度可稍浅些，通常为原坯的1.5～2.5倍；南方馒头醒发程度可深些，一般为原坯的3倍左右。蒸制方式不同，醒发适宜程度的要求也会有所差别，若采用蒸锅蒸制，面坯膨胀较大，醒发程度可稍浅。

另外，醒发适宜程度还可通过面坯的外观特性进行判断。一般醒发适宜的面坯外表光滑平整，且稍透明；手感柔软，有弹性，不粘手。

7. 蒸制

(1) 蒸制的基本原理　蒸制是将醒发好的生馒头坯放在蒸屉或蒸笼内，在常压或高压下经蒸汽加热使其变成熟馒头的过程。

馒头在蒸制过程中发生了一系列物理的、化学的及微生物学的变化。这些变化使馒头在发酵、醒发的基础上蓬松、柔软、易于消化，并具有其特有的风味。

① 温度变化：随着蒸制的进行，馒头的温度由外向内逐步升高，当馒头各部分的温度达到近100℃时，趋于稳定。

② 水分变化：蒸制过程中，水蒸气使馒头水分含量增加的趋势总体大于温度升高使馒头水分下降的趋势，因而在整个蒸制过程中，馒头水分有所增加。

③ 体积变化：蒸制过程中，馒头体积增大，其增大速度随着温度的升高由快到慢，到蒸制后期逐步停止，馒头定型。

④ 酸碱度变化：馒头在蒸制初期，由于酵母菌、乳酸菌、醋酸菌的存在，其pH呈下降趋势。随着温度的升高，酵母菌、乳酸菌和醋酸菌的活性下降以致消失，pH下降的幅度减小。

⑤ 淀粉和蛋白质变化：随着温度的升高，淀粉逐渐吸水膨胀，当温度升至55℃时淀粉颗粒大量吸水至完全糊化。与面包烘烤不同的是淀粉酶水解淀粉为糊精和麦芽糖的反应几乎贯穿了整个蒸制过程，其原因是蒸制温度较烘烤温度低得多，不易使淀粉酶发生钝化。水解使低分子糖的浓度增加，若不加甜味剂，馒头较面包味甜。

蛋白质变性凝固出现在温度为70～80℃左右时，馒头骨架的形成使馒头得到定型。而蛋白质水解产生的低分子肽、氨基酸等是馒头特有风味形成的重要因素。

⑥ 微生物变化：馒头内部的酵母菌及乳酸菌，随着温度的升高其生命活动力呈现上升到下降，直至消失的变化过程。

⑦ 结构变化：在发酵、醒发基础上蒸制使馒头形成气孔结构，随着蛋白质变性凝固，气体膨胀减弱，馒头内部的气孔结构趋于稳定。

⑧ 风味产生：馒头特有的风味主要来源于发酵中产生的醇和酯。醇和酯经蒸制过程挥发出来产生香味与淀粉水解形成的甜味、蛋白质水解产生的芳香味等共同构成了馒头特有的风味。

（2）蒸制设备　在工业化生产中蒸制设备主要有蒸柜与蒸车、自动蒸制机等；小作坊及家庭小规模生产中用蒸笼、蒸锅等。目前多数工厂的蒸制都是通过低压蒸汽在蒸柜内进行的。

① 蒸柜与蒸车：蒸柜又称蒸室、蒸箱，主要是由双层不锈钢箱体构成，双层间为岩棉，起保温作用。柜内的蒸汽由蒸汽管导入，蒸汽管上安装有控制蒸汽量的阀门和显示入柜蒸汽压力的气压表。蒸柜上面设有排气孔，通过阀门控制柜内蒸汽量。蒸柜的下面设有排水孔，用来排出冷凝水，同时压出凉空气。

蒸车将醒发后的馒头载入蒸柜完成蒸制，它与馒头一起在蒸柜内汽蒸，一般是由不锈钢材料制成。蒸车的大小与蒸柜以及托盘相适应，一般以每车可承载140g的馒头500～600个为宜。

② 层叠式自动蒸制机：层叠式自动蒸制机属于馒头连续化生产蒸制设备，采用隧道式输送方式，在其他辅助装置的配合下，将生馒头从蒸制机的一端送入，通过蒸制室内汽蒸，熟馒头从另一端产出，输送至成品库。

（3）蒸制的技术要求　家庭或小作坊制作大多是将醒发好的馒头坯摆放在笼屉内，用蒸锅内沸水产生的蒸汽蒸制。工业化生产则直接用蒸汽蒸制。

① 蒸锅蒸制：锅中加水烧开，水量以六至八成为宜；生馒头坯装笼，摆放时要为馒头蒸制过程中产生的膨胀留有余地，同时，为保证馒头底部的完整性，可在笼片上涂上薄薄一层食用油或加放湿笼布；蒸制时要始终保持一定的火力，做到足气蒸制，使馒头一次熟透，蒸制的时间因馒头大小而异，一般从冒汽开始计算大约蒸15～20min，蒸制时间过长，馒头表面易起泡，颜色发暗；馒头蒸熟后笼屉要及时从蒸锅上取下，在常温下静置几分钟，当馒头表面干爽后将其从笼屉中取出，取出的馒头要摆放整齐，不可堆放，防止脱皮、变形。

② 汽蒸：通常采用的是先通蒸汽后进料的方式。

先进行蒸柜检查准备。打开蒸汽阀门，使管道内的空气和冷凝水排出，检查喷气管通气情况；预热蒸柜并开启蒸柜顶端的排气阀门，排除蒸柜内空气；关闭蒸汽阀门，关小蒸柜顶端排气阀门。

醒发好的馒头坯通过蒸车推入蒸柜，关好柜门，调节阀门使蒸汽压保持在要求的数值，开始蒸制，通常蒸制时间为20～30min，其间要随时检查蒸柜上下排气口排气是否正常。

蒸制完成后关闭汽阀，打开柜门推出蒸车。

（4）蒸制应注意的问题

① 不同种类、大小的馒头不能同笼、同车蒸制，以防出现生熟不一。

② 要按蒸制的技术要求进行操作。

③ 蒸制完成后卸笼时蒸锅内要先加入冷水或关掉蒸柜汽阀，以防烫伤。

8. 冷却包装

冷却的目的是便于短期存放和避免互相粘连。另外，包装前若未经适当的冷却，包装袋和馒头表面由于温度高而附着小水滴，不利于保存。一般冷却至50～60℃时再行包装，此时馒头不烫手但仍有热度并保持柔软。一般小批量生产常用自然冷却的方法，气候不同冷却的时间也不同，通常在20～30min左右。工业化连续性生产馒头多用吸风冷却箱进行冷却。

包装有利于馒头的保鲜，同时可防止污染和破损，美化商品便于流通。目前馒头主要采用简易包装，如塑料薄膜包装、透明纸包装，有单个包装，也有多个包装。

9. 馒头生产中易出现的问题

馒头的风味、口感、色泽及表面光洁度等在馒头生产中若把握不好都会出现问题。

(1) 馒头的风味异常　通常馒头具有纯正的麦香发酵风味，无其他不良风味。面粉变质、水中异味、添加增白剂、面团发酵剂选择不好、面团酸碱度不当等均会使馒头风味异常。

(2) 馒头口感不良　柔软而有筋力，弹性好，不发黏，内部有层次，呈均匀的微孔结构的馒头普遍受到欢迎。生产中由于小麦粉发芽、变质或蒸制不到位出现的馒头发黏无弹性现象以及由于酵母使用不当、加水过少、醒发不够、面团过酸等而导致的馒头过硬均使馒头的口感不良。

(3) 馒头色泽不佳　馒头表面一般为乳白色，无黄斑，无暗点，有光泽且内外颜色一致。馒头色泽发暗、发黄、颜色不均等都会影响馒头品质。面粉等级不高、食用碱用量少、成型时缺少干面、醒发湿度过大等均可造成馒头成品色泽发暗。加碱量过大或加碱不均，会引起馒头发黄、颜色不均，有黄斑。醒发时湿度过大、醒发过度、汽蒸时压力过低等均会导致暗斑产生。

(4) 馒头表面不光滑　优质馒头应表面光滑、无气泡。面团醒发时温度过高、湿度过大、醒发时间过长；加碱量少，面团软；蒸制时汽压过高等均易造成面团表面起泡。

三、小麦粉馒头的质量标准

1. 产品感官质量要求

① 外观形态完整，色泽正常，表面无皱缩、塌陷、黄斑、灰斑、白毛和黏斑等缺陷，无异物。

② 内部质构特征均一，有弹性，呈海绵状，无粗糙大空洞、局部硬块、干面粉痕迹及黄色碱斑等明显缺陷，无异物。

③ 口感要求无生感，不黏牙，不牙碜。

④ 滋味和气味要求具有小麦粉经发酵、蒸制后特有的滋味和气味，无异味。

2. 产品理化要求

见表 3-9。

表 3-9　小麦粉馒头的理化指标

项　目	指　标	项　目	指　标
比容	≥1.7mL/g	pH 值	5.6～7.2
含水量	≤45%		

3. 产品卫生要求

见表 3-10。

表 3-10　小麦粉馒头的卫生要求

项　目	指　标	项　目	指　标
总砷(以 As 计)/(mg/kg)	≤0.5	霉菌计数/(cfu/g)	≤200
铅(以 Pb 计)/(mg/kg)	≤0.5	致病菌	不得检出
大肠菌群/(MPN/100g)	≤30	其他卫生指标	符合国家卫生标准和有关规定

四、主食馒头加工实例

1. 工艺流程和基本配方

(1) 工艺流程

原料准备 → 面团调制 → 发酵 → 中和 → 成型 → 醒发 → 蒸制 → 冷却 → 成品

(2) 基本配方　面粉100%，面种10%，碱0.5%，水45%～50%。

2. 加工过程与要求

(1) 面团调制　取70%左右的面粉放入调粉机中，加入大部分水（气温低时用温水）和预先用少量温水调成糊状的面种，在调粉机中搅拌5～10min，至面团不粘手、表面光滑、有弹性，面团温度要求30℃左右。

(2) 发酵　将面团放入发酵缸中，并盖上湿布，在室温26～28℃、相对湿度75%左右的发酵室内发酵约3h，至面团内部蜂窝组织均匀、有明显酸味。

(3) 中和　将已发酵的面团投入调粉机中，逐渐加入事先已溶解的碱水来中和发酵产生的酸。然后加入剩余的干面粉和水，搅拌10～15min，至面团成熟。

(4) 成型　采用成型机完成面团的定量分割和搓圆，经适当整形后装入蒸屉（蒸笼）内醒发。

(5) 醒发　要求醒发温度40℃，相对湿度80%左右，醒发时间15min即可。若采取自然醒发，冬天约30min，夏天约20min。

(6) 蒸制　传统方法是锅蒸，要求开水上笼，旺火蒸30min左右即熟。工厂化生产用锅炉蒸汽，时间为25min。

(7) 冷却、包装　吹风冷却5min或自然冷却后包装。

五、我国馒头行业的发展方向

传统主食馒头在我国人民日常生活中占有重要的位置，然而长期以来馒头生产一直沿用家庭作坊式生产方式，近年来，虽然出现了一些集约化生产的馒头厂家，部分环节采用了机械化生产，较大程度上改善了馒头的卫生状况，但在产品结构、风味、口感等方面与小作坊没有本质区别。馒头生产发展至今仍存在着工业化程度低、安全卫生难以保障，迫切需要行业振兴和科技支持。实现馒头的产业化是馒头生产的必然趋势。

① 对馒头生产进行标准化、规范化操作管理，实现生产的机械化。在操作、卫生、安全、保鲜性等方面均应有相应的操作标准和指标要求。

② 加速馒头新品种开发，研制出既具有传统地方特色，又具有营养强化作用、保健作用的多品种、多层次的馒头，推动我国馒头向高档化发展。

③ 加大对馒头生产基础理论及加工工艺的研究，解决馒头的储藏保鲜等问题，延长馒头的货架寿命。

④ 注重专用原料的生产加工。

第四节　速冻水饺加工

速冻食品具有卫生、质优、营养合理、食用方便等特点，深受消费者欢迎。速冻食品业的不断发展极大地促进了我国食品业的发展，为人民的生活提供了许多便利。

速冻食品于1928年起源于美国，但在以后很长的时间内，由于人们对速冻食品缺乏必要的认识，没有赢得更多的消费者，其生产发展十分缓慢。直到第二次世界大战后，速冻食品才迅速发展起来，其年增长速度高达20%～30%。

我国的速冻食品起步于20世纪70年代，主要用于出口，并且品种单一，仅有速冻蔬菜。到了20世纪80年代中后期，我国速冻食品才有了较大的发展，速冻米面制品开始出口，同时速冻饺子、馒头、包子、花卷、春卷、多种咸甜汤圆、名目繁多的粽子以及炒饭、八宝饭、马蹄糕、芋头糕等300多种速冻食品陆续出现在大中城市。近十多年来，速冻食品生产是我国食品工业发展最快的领域，销售额每年递增15%左右，目前我国有速冻食品生产骨干企业2000多家，涌现了“龙凤”、“三全”、“思念”、“瑞达”和“科迪”等十多个全国知名品牌，形成亿元销售量的冷冻食品企业约有50家，占到市场40%以上的份额，年产量约1500万吨。据预测，到2010年，我国速冻食品将达到年产3000万吨，品种约1500余种，速冻食品的总产值约3600亿元～4500亿元，将成为食品工业中举足轻重的支柱产业。虽然速冻食品生产在我国发展迅速，但速冻食品销售额仅占食品销售总额的1%左右，故我国速冻食品还有很大的发展空间。

水饺是我国的特色传统食品，其不但营养丰富、适口性好，而且可以当主食使用，因而深受人们的喜爱。随着速冻食品业的兴起和不断发展，速冻水饺已成为国内许多速冻食品生产厂家的主打产品之一，在非发酵型速冻面食产品中，速冻水饺占了较大的份额。目前国内速冻方便食品市场上，水饺约占冷冻调理食品的1/3左右，在人们生活节奏日益加快的今天，速冻水饺以其方便、可口、营养丰富的特性成为消费量最大的冷冻调理食品之一。

速冻水饺的种类以其馅料的组成不同而多样，目前我国市场上常见的主要有白菜猪肉馅水饺、韭菜猪肉馅水饺、芹菜猪肉馅水饺以及胡萝卜羊肉馅、胡萝卜牛肉馅和三鲜馅水饺等。

一、速冻食品的工艺学原理

1. 食品的冻结原理

（1）食品冻结　运用现代冻结技术，在尽可能短的时间内，将食品温度降低到它的冻结点以下预期的冻藏温度，使它所含的全部或大部分水分随着食品内部热量的外散形成冰晶体，以减少微生物生命活动和生化反应所必需的液态水分，抑制微生物活动，高度减缓食品的生化变化，从而保证食品在冷藏过程中的稳定性。

（2）冻结食品　冻结食品就是将食品中心温度快速冷冻到－5～－1℃，通过最大冰晶生成带所需时间不超过30min。面类、鲜鱼和肉类等含水率较高的食品，当品温达到－1℃时，食品中的水分开始冻结，温度降至－5℃时，所含水分的80%冻结，这时整个食品大致成为冻结状态。因此－5～－1℃的温度界限称为最大冰晶生成带。

（3）冻结速度　冻结速度为食品表面至中心点距离除以中心品温自－1℃降低至－5℃所需时间的商值，一般以“cm/h”表示。快速冻结的速度：≥5～20cm/h；中速冻结的速度：1～5cm/h；慢速冻结的速度：0.1～1cm/h。

（4）冻结特征　食品冻结点与食品中所含溶液的冰点有关，而液体的冰点是液相与固相平衡的温度。溶液的蒸气压较纯溶剂（水）低，因此，溶液的冰点比纯溶剂的冰点低，食品的冰点也比纯水的冰点低。各种食品的成分有差异，因此它们的冻结点也不一样，大多数天然食品的冻结点在－2.6～0℃。

在冻结过程中，当温度低于食品的冻结点时，食品开始结冰，但首先是食品的表层结冰，随着温度的不断下降，食品内部开始结冰。

当温度下降到冰点以下时，成核并不显著，在这个温度范围冻结食品品质很差。当温度继续下降时，晶核形成速率和晶体生长速率都可达最大；当温度再下降时，晶核形成速率仍很大，但晶体生长速率下降，这时形成的冰晶体细小而多，冻结食品的品质好。

（5）食品速冻的原理　食品在冰点至冰点以下5℃范围，冰晶体生长速度增加，生成的冰晶体粗大而少，此范围是最大冰晶生长区，此时结冰主要集中在细胞间隙，使细胞内电解质物质向中心浓缩，水分大量外析，解冻后汁液流失，使冻结食品质地、风味、色泽劣变。如果在此时的结冰过程中提供足够的冷量，使冻结食品的品温快速通过最大冰晶生长区，冰晶的成核作用大于晶体生长作用，形成的冰晶体数量多，体积小，分布均匀，产品微组织遭到破坏的程度就小，得到冻结食品的品质较好，这就是食品速冻的原理。

2. 速冻过程中冰晶形成对食品品质的影响

在通常的食品冷冻加工过程中，冻结首先发生在食品的表面。由于水的相变潜热很大，因此食品温度下降较为缓慢，这就导致冰晶成核数目较少，而细小的晶核又有时间得以长大成粗大的冰晶，并向食品中央缓慢推进。这种冰晶首先在细胞间隙产生，而细胞内的过冷水在达0℃时将呈过冷状态而不结冰。过冷状态甚至在温度低至－15℃时仍能维持。此过冷水的蒸汽压比细胞间隙中生成的冰晶的蒸汽压要高，因此细胞内的水分将经细胞壁向外渗透，这将导致在细胞间隙形成更大的冰晶，其体积甚至要比细胞体积大几倍，从而引起细胞脱水，冰晶体积增大产生的局部机械应力使细胞分离，直至细胞壁破裂。当细胞内也形成冰晶时则会引起细胞结构发生变位甚至破坏。食品组织结构严重破坏，品质劣化。食品冻结引起的上述变化，包括结构的破坏、功能的损伤，一般都是不可逆的。

速冻加工技术就是通过提高冷却速率，加强传热速率，使食品的表面和中心都能够迅速地达到指定的过冷状态，在细胞内外的游离水同时迅速冻结成无数直径小于100μm的细小晶粒，并在很短的时间内（30min或更短）通过食品最大冰晶生成带（大多数食品为－5～－1℃）。在整个冻结过程结束时，最终平均温度不高于－18℃。采用这种食品速冻加工技术，生成的冰晶细小而数量多，分布也均匀。在速冻过程中细胞内外不会发生水分的渗透和迁移，对食品组织结构的损伤最小。速冻食品在解冻后，食品组织中水分大部分停留在速冻前食品中的原有位置，故能被食品细胞迅速吸收而不致流失，冷冻前后食品中水分的分布与结合基本没有发生变动，从而最大限度地保持原有天然食品的风味与品质。

二、速冻水饺加工

1. 原辅料选择

（1）面粉　面粉是水饺皮的主要原料，面粉的好坏直接影响着成品水饺的口感和外观。

速冻水饺对面粉面筋要求较高，通常饺子专用面粉的面筋含量属于中筋偏强，要求在28%～32%。湿面筋含量不同，面皮对速冻过程中形成“冰晶”、产生膨胀应力的承受能力也不同。湿面筋含量低的面粉，其制作的饺皮承受“冰晶”应力的能力差，从而导致速冻后饺皮开裂。但面筋量超过一定范围，会由于面粉筋力太高、弹性太大，其面皮加工后回缩成原状的趋势增强，造成工艺上的诸多不便。制作速冻水饺的面粉不仅要求面筋含量合适，而且也要求面筋具有良好的延展性，这样才能在水饺冻结过程中减轻由于水分冻结、体积膨胀造成的对水饺表皮的压力。片面追求面筋数量而忽视面筋质量也是水饺冻裂率高的原因之一。

小麦面粉中淀粉的含量高，因此淀粉对速冻水饺的品质影响较大。一般要求用于制作速冻水饺的面粉中所含淀粉要具有较低的糊化温度、较高的热黏度和较低的冷黏度及良好的低温冻融稳定性和较少的破损淀粉含量。糊化温度较低可以使水饺皮在低温下糊化并吸收较多的水分；热黏度较高可以使水饺在蒸煮时对表面的淀粉有很强的黏附性，这样使表面淀粉流失减少；冷黏度较低可以使水饺煮熟降温后减少饺子间的粘连；良好的低温冻融稳定性使速冻水饺不易冻裂；破损淀粉含量越少，水饺的蒸煮损失越小。

基于以上原因，加工速冻水饺通常选用优质的特制精白粉或特制水饺专用粉。

（2）原料肉　肉是生产速冻水饺馅料的主要原料之一。肉质的好坏直接影响馅料的品质，进而影响速冻水饺的质量。所用原料肉必须经兽医卫生检验合格，并剔骨去皮，除去淋巴结及色泽气味不良和严重充血瘀血等不可食部分，鲜肉及冷冻肉均可。冷冻肉经反复冻融后不得使用，否则，不仅降低肉的营养价值，而且也影响肉的持水性和风味。

（3）蔬菜　蔬菜是水饺生产的重要原料。蔬菜的选择要做到安全、质优、符合配方的要求，并尽量保持其鲜嫩。蔬菜的品种很多，常用的如白菜、芹菜、韭菜、胡萝卜、茴香、香菇等。

（4）辅料　速冻水饺的辅料主要包括盐、味精、酱油、葱、姜、蒜、食用油及部分食品添加剂等。

① 风味酵母精：风味酵母精是在酵母精中添加具有肉味特性的风味物质、香辛料等其他调味料精制而成，可与肉类提取物媲美。风味酵母精不仅作为鲜味剂被广泛使用，而且其具有增香、增加营养等作用。用风味酵母精调制水饺馅，不仅使其风味独特，还可以用来替代肉粉、水解蛋白、味精等，降低生产成本。

② 乳化剂：添加乳化剂可明显降低速冻水饺裂纹概率，改善水饺表面光洁度，减少蒸煮损失。

③ 复合磷酸盐：在馅料中加入磷酸盐可增加瘦肉的保水能力及肉的嫩度和弹性，因而可改善馅料的口味及咬劲，同时可防止水饺解冻过程中汁液流出，减少水饺皮开口和变黑的现象出现。在面粉中加入磷酸盐有增白水饺皮并增加其光泽度、弹性和爽滑感的功能。

④ 变性淀粉：目前，酯化变性淀粉已成功应用于速冻水饺生产中，与天然淀粉相比，它具有较强的吸水性和保水性及一定的乳化作用，同时具有良好的成膜性和低温稳定性。由于酯化变性淀粉具有较低的糊化温度和良好的成膜性，在速冻水饺煮制过程中，变性淀粉较其他淀粉先糊化，加之良好的成膜性阻碍了其他淀粉的溶出，因而可避免发生浑汤现象。另外，由于酯化变性淀粉颜色洁白，成膜性好，可使饺子表面洁白光滑，改善了饺子的外观，提高了饺子的档次。

2. 速冻水饺加工工艺流程

面皮原料准备 → 面团调制 → 制皮 → 成型 → 速冻 → 包装 → 检测 → 成品冷藏

馅料原料预处理 → 制馅 → （成型）

3. 速冻水饺加工技术

（1）馅料加工

① 原料预处理：将生产馅料所用的蔬菜、肉等原料按要求去除不可食用部分，洗净，脱水，加工成颗粒状备用。

a. 菜类处理：原料菜去除不可食用部分后，进入原料清洗车间清洗并用流动水冲洗干净，有些蔬菜洗净后要在沸水中适度浸烫。洗净的菜控去多余水分，用切菜机切成符合馅料所需的细碎状，一般机器水饺适合的菜类颗粒为 3～5mm 左右。含水量较高的蔬菜需要进行脱水处理，各种蔬菜的脱水情况依季节、天气状况及存放时间而有所区别，通常可用挤压法来判断脱水程度，即将脱水后的蔬菜抓在手中用力捏，手指缝中有少许液体流出，说明脱水合适。把不符合工艺要求的大颗粒及杂质拣出，按配方比例准确称量备用。有些原料（如干蘑菇）需先浸泡软化，然后斩切成粒。

b. 肉类处理：将验收合格的原料肉切成小块，或刨成薄片，根据肉质不同用绞肉机绞成一定大小的颗粒，如冷冻精碎、冷冻羊肉、冷冻肥膘等均可用单刀外箅孔为 10mm 的绞肉机绞一遍，而冷冻鸡皮等则用双刀外箅孔为 8mm 的绞肉机绞一遍。馅料内最怕出现肉筋，有肉筋时会使水饺捏合不紧，或出现水饺连串现象，因此，要充分切断肉筋。因冻肉处理时是采用硬刨、硬绞的方式，绞出的肉馅还没有完全解冻，此时若立刻拌馅会因没有充分解冻而无法搅拌出肉的黏性，使制得的馅料在成型中易出水，不利于成型且使馅料失味，所以，必须使其充分解冻，按配方要求准确称量后备用。

c. 冷冻虾仁处理：将合格的冷冻虾仁先放入清水中完全解冻，拣出虾皮及杂质，控去多余水分后斩切，颗粒大小控制在 2mm 左右。

d. 腐皮处理：将检验合格的腐皮放入油温在 180℃左右的色拉油中炸至金黄色捞出沥油，经冷却变脆后捣碎成 6mm 左右大小的颗粒。

e. 大豆组织蛋白处理：将符合要求的原料用水浸泡至完全软化，冬季可用温水，夏季用自来水即可，然后用水冲洗除去异味，在脱水机中脱水并在－18～－5℃的条件下预冷至中心温度降到 0℃以下，用双刀外箅孔为 8mm 的绞肉机绞一遍，按配方要求准确称量后备用。

② 制馅：将经过预处理的各种原料按配方要求称量后再按投料顺序放入搅拌机中搅拌成馅的过程即为制馅。

制馅中投料顺序很重要，同样的配方，不同的投料顺序会得到不同的制馅效果。搅拌的程度、肉料搅拌中加水量的多少等也会对制馅效果产生影响。水饺馅料配方实例见表 3-11。

表 3-11　牛肉水饺馅配方　　单位：kg

原料名称	用量	原料名称	用量	原料名称	用量
牛肉	60.0	香油	5.0	水	15.0
萝卜	130.0	牛肉风味酵母精	1.6	酱油	20.0
葱	40.0	味精	0.6	香辛料	0.6
食盐	8.0	牛油	40.0		

a. 将肉类与食盐、味精、白砂糖、酱油、虾油及其他调味品等先进行充分搅拌，使各种味道能充分被肉吸收，同时，通过搅拌使肉中盐溶性蛋白被盐溶解产生黏性，有利于成型工艺的完成。

b. 在肉类与调味品混合搅拌时，要根据肉的种类、肥瘦比等控制好肉中加水量。通常鲜肉加水量高于冷冻肉，肥肉多时加水量少。加水量对水饺品质会产生一定影响，加水越多，速冻后水饺裂纹出现的可能性越大，但加水太少，会使口感变差。一般饺子馅在不影响口感风味的情况下尽量少加水。肉馅中加水必须是在加入调味品之后，这样调料易渗透入味，且搅拌时水分易吸收，制成的饺馅鲜嫩味浓。

c. 肉的肥瘦比以 1∶(3～4) 左右为宜。

d. 搅拌必须充分才能使馅料均匀、有黏性，生产时才会有连续性，不会出现出馅不均匀，不会在成型过程中脱水，发生水饺包合不严、烂角、裂口、流汁现象。但也不可搅拌过度，否则肉类的颗粒性被破坏，造成食用时口感不良。

e. 菜类需先和花生油或芝麻油等油类拌和后再与拌好的肉馅拌匀。因为菜类若直接与肉料拌和，会使菜类吸收盐分而脱水，造成馅料在成型时易出水。如果先将菜类与油类拌和，油会分散在菜的表面对菜中的水分起保护作用，不仅有利于水饺成型和冻藏，而且当水饺蒸煮时，油珠受热分散，菜中的水分充分逸出，水饺口感更佳。

（2）调粉制皮

① 面团调制：面团调制是制作面皮的最主要工序，面团调制的好坏不仅影响成型效果，而且还影响成品耐煮性和冷冻保藏期间面皮的开裂率。

调制好的面团要求软硬适度，表面光滑，韧性好，拉伸时呈透明薄膜状，不易断裂。面团调制中的加水量、水温、搅拌操作对面团的质量可产生较大影响。

a. 根据生产需要按投入面粉的多少计算加水量和添加剂的量。加水量一般为面粉量的40%左右。水温冬季控制在25～30℃，可加温水进行调节，夏季水温控制在20～25℃，可加冰水进行调节。

为了增加面皮的弹性和韧性，可在面团调制时添加少量的食盐，食盐添加量一般为面粉量的2%，要将食盐溶解于水中后再添加。

酯化变性淀粉可以较好地改善面团性能，使用时，先将其加部分水搅成糊状后再与调粉机中的面粉混合。

b. 搅拌时间与调粉机的转速有关，一般为13～15min左右，静置5～10min后再搅拌1～2min即可。

② 制皮：在速冻水饺生产过程中，若通过手工进行水饺包制，可采用饺子皮成型机制皮。

饺子皮成型机主要由压皮机构、辊切饺子皮装置及输送带组成。工作时压皮机构连续压制出面带，经成型模具辊切成饺子皮，通过输送带输出。

（3）成型

① 速冻水饺成型设备：工厂化生产多采用机械成型，即用水饺成型机来包制水饺。水饺成型机的类型及操作技术不同，制成的成品水饺形状、大小、重量、饺皮薄厚、皮馅比例等会有所不同。

水饺成型机主要由制皮与输皮机构、饺子皮成型机构、供馅填馅机构、饺子捏合成型机构、饺子生坯输送机构等组成。

② 速冻水饺成型的工艺技术要求：包好的水饺要形状整齐、包口严密、大小均匀，避免漏馅、缺角、瘪肚、变形或连体等异常饺子出现。

a. 做好成型前准备工作，检查成型机运转是否正常，保持成型机清洁无异物。

b. 成型时，饺馅要呈均匀无间断流动状态，饺皮大小、薄厚以及水饺重量要符合产品质量要求。

c. 在成型工艺中调节好皮速是至关重要的，皮速慢，水饺易出现缺角现象；皮速快则会使水饺出现裂纹，皮厚。

d. 水饺成型时要在机头上方放适量的干粉，其目的是缓和面皮的黏性。调节好机头的撒粉量也是非常重要的。在确保水饺不粘模的前提下，尽可能减少撒粉量。撒粉量过多，经过速冻包装时，水饺表面的撒粉容易发生潮解，使水饺表面发黏，影响质量。

e. 包好的水饺要轻拿轻放，经手工适当整形、剔出不符合要求的水饺后及时送速冻间速冻。

（4）速冻

① 速冻设备：可利用水饺速冻机完成速冻工艺。

a. 隧道式连续速冻机：隧道式连续速冻机主要由绝热隧道、蒸发器、液压传动、输送轨道、风机5部分组成，有单体和双体两种机型，单体机隧道内有一条轨道，双体机隧道内有两条轨道，载货铝盘在轨道上往复行走，完成冻结过程。

b. 升降式速冻机：升降式速冻机主要由保温壳体、机械部分和制冷系统组成，其中包括传动部件、进出盘推进器、提升装置、下降装置、拨盘器、给盘架、制冷压缩冷冻机组、冷风机等（图 3-6）。通过升降循环，使盛有食品的货盘在－35～－30℃的低温装置内完成速冻工艺。升降式速冻机的主要技术参数见表 3-12。

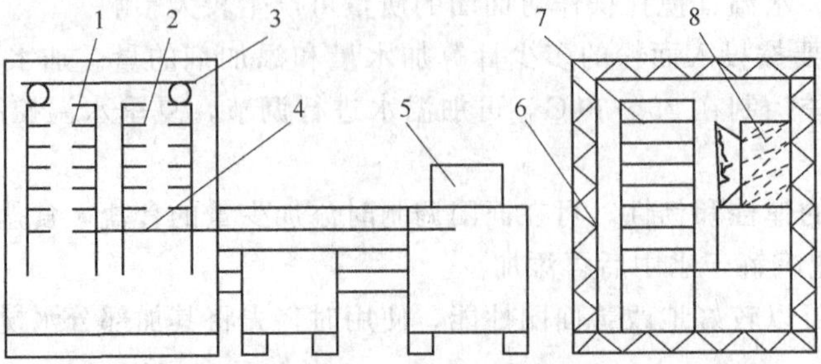

图 3-6 升降式速冻机局部示意图

1—下降装置；2—提升装置；3—拨盘器；4—进出盘推进器；
5—给盘架；6—保温壳体；7—货盘；8—冷风机

表 3-12 升降式速冻机主要技术参数

速冻装置平均温度	－35～－30℃	冻结时间(水饺)	30～35min
冻品平均温度	≤18℃	耗冷量	7.20×10⁴kJ/h
冻结能力(水饺)	120kg/h	融霜方式/周期	电热融霜/24h

② 速冻的工艺技术要求：水饺速冻原则上要求低温短时快速。一般在－35～－30℃条件下速冻 20min 左右，冻结后的水饺中心温度必须达到－18℃以下。水饺初入速冻机隧道时，隧道内温度必须在－34℃以下，冻结过程中隧道温度保持在－30℃以下。

③ 速冻中应注意的问题

a. 成型的水饺要及时送入速冻机速冻；

b. 水饺放入速冻机速冻时，冻结温度必须达到要求的温度；

c. 整个冻结过程都要在要求的温度下完成。

(5) 计量包装 剔除不合格水饺，准确称重并按要求排气封口包装。称重时注意扣除包装袋的分量，另外要考虑冻品在冻藏过程中的重量损失，可根据冻藏时间长短适当增加分量。封口要严实牢固、平整美观，日期打印准确清晰。

(6) 检测、装箱入库 包装好的成袋水饺要通过金属检测器进行金属检测，检测合格的产品根据不同品种规格装箱，并及时转入冷藏库。为保证产品质量，要注意确保产品品温在－18℃以下时才能进入冷藏库，因而转入要力求快速及时，一般要求在 10min 内完成。冷藏库库温及其是否稳定是保证速冻水饺品质的重要因素。冷库库温要在－18℃以下，且要保持稳定，温度波动不超过±1℃。若库温出现较大波动，水饺表面易出现冰霜，库温反复波动，会使整袋水饺出现冰渣，水饺表面产生裂纹，甚至发生部分解冻使水饺出现互相粘连现象。

4. 速冻水饺生产中常见的问题

(1) 水饺颜色发暗 生产中常出现水饺白度较差或水饺存放一段时间后色泽变暗的现象，其原因有原料面粉方面的，也有加工储藏方面的。

① 原料面粉色泽较差：生产速冻水饺的面粉白度一般在 82°以上。要选择符合要求的面

粉。添加变性淀粉（其白度>90°）可提高面粉的白度。

② 速冻工序控制不良：冻结温度不符合要求，即水饺速冻时，冻结温度还没有达到−20℃以下时就将水饺放入速冻，由于不能在短时间内通过最大冰晶生成带，导致速冻成为缓冻或冻结整个过程温度达不到−18℃；成型的水饺没有及时放入速冻间，馅料中的盐分、水分已经渗透到饺皮中，水饺速冻后最易变黑。

③ 储存温度波动：由于无法保证速冻水饺成品储存和物流过程中的稳定的温度，使水饺由于温度波动而色泽变暗。

（2）水饺破损率高　面粉质量欠佳、水饺皮或水饺馅中加水量不合理、速冻工序控制不当而出现制冷量不足或过大、储存温度波动等都会使得速冻水饺破损率提高。可通过选择符合速冻水饺生产的优质面粉、适量添加改善面质的食品添加剂、完善制作工艺，合理控制速冻程序，减少冷藏、物流时的温度波动等方法降低速冻水饺破损率。

（3）熟后特性差　水饺煮时由于内部淀粉不能接触更多的水分而造成糊化不完全，导致夹生。为了使水饺皮完全糊化，只有延长蒸煮时间，但长时间蒸煮易造成水饺皮表面淀粉流失而导致水饺口感差、浑汤。添加变性淀粉可以明显改善水饺的熟后特性，使水饺入口爽滑细腻、有弹性、不黏牙，表皮光亮有一定透明度，煮后汤清。

三、速冻水饺的质量标准

1. 产品外观和感官质量要求

（1）组织形态　外形完整，具有该品种应有的形态，不变形，不破损，不偏芯，表面不结霜，组织结构均匀。

（2）色泽　具有该品种应有的色泽，且均匀。

（3）滋味　具有该品种应有的滋味和香气，不得有异味。

（4）杂质　外表及内部均无杂质。

2. 理化指标

速冻水饺的理化指标应符合表3-13的规定。

3. 卫生指标

速冻水饺的卫生指标应符合表3-14、表3-15的规定。

表3-13　速冻水饺的理化指标

项　目	肉　类	含肉类	无肉类
馅料含量占净含量比例/%	由企业自定，应标明在销售包装上		
蛋白质/%	≥6.0	≥2.5	—
水分/%	≤65	≤70	≤60
脂肪/%	≤14	≤14	—

表3-14　速冻水饺的有害物质限量

项　目	肉　类	含肉类	无肉类
铅（以Pb计）/（mg/kg）	≤0.4		
砷（以As计）/（mg/kg）	≤0.5		
酸价（以脂肪计）/（mgKOH/g）	≤3.0		
过氧化值（以脂肪计）/%	≤0.20		
挥发性盐基氮/（mg/100g）	≤10	≤10	—
添加剂	按GB 2760—1996有关规定执行		

表 3-15 速冻水饺的微生物限量

菌落总数/(cfu/g)	≤3000000
致病菌(肠道致病菌、致病性球菌)	不得检出

四、我国速冻水饺行业的发展方向

随着人们生活节奏及生活质量的提高，对速冻水饺的需求和要求越来越高，速冻水饺行业必须从产品自身出发，加快发展步伐，这样才能满足市场的需求。

① 树立健康的品牌形象，严格控制产品质量，以适应消费者选择速冻水饺时由首选价格到首选品牌的变化。

② 调整产品结构，不断开发新产品，打破产品单一的格局，如生产时令口味、高档海鲜及区域化等多种口味的产品，满足不同消费群体的需求。

③ 在注重产品风味、口感的基础上更加注重配料的营养搭配。

④ 提高产品的自动化程度，克服手工操作导致产品不稳定和加工过程损耗过大的弊端，降低产品制造成本。

⑤ 建立健全产品质量评价监测体系，完善生产卫生管理，严格食品安全保障制度。

【复习题】

1. 挂面加工的基本原理是什么？
2. 挂面加工的工艺流程及各工序的工艺技术要求是什么？
3. 影响压片效果的主要因素有哪些？
4. 挂面加工中面头如何处理？
5. 方便面加工的工艺流程及各工序的工艺技术要求是什么？
6. 方便面切条折花成型的基本原理是什么？
7. 如何防止方便面油炸过程中油质劣变以延长油的使用期？
8. 馒头加工的工艺流程及各工序的工艺技术要求是什么？
9. 面团发酵产生的有机酸如何处理？
10. 为什么要进行醒发？如何判断醒发是否适宜？
11. 馒头生产中易出现的问题有哪些？
12. 食品速冻的基本原理是什么？
13. 速冻水饺加工的工艺流程及各工序的工艺技术要求是什么？
14. 速冻水饺生产中易出现的问题有哪些？

【实验实训三】 挂面加工

课前预习

1. 挂面加工的原理、工艺流程、操作步骤与方法。
2. 按要求撰写出实验实训报告提纲。

一、能力要求

1. 熟悉挂面加工的工艺流程与工艺条件要求。
2. 掌握挂面加工中面团调制、压片与切条以及干燥的基本操作技能。
3. 能够进行产品感官质量分析，正确评价，发现问题，分析原因并找出解决办法。

二、原辅材料及设备用具

1. 原辅材料及参考配方

小麦特一粉（或面条专用粉）100%，精制加碘食盐 2%，食用纯碱 0.2%，海藻酸钠 0.4%，水适量。

2. 设备用具

调粉机，熟化机（或大面盆），压面机，切条机，烘房及面架，操作台及面板，切面机，电子秤，包装材料等。

三、工艺流程及操作要点

1. 工艺流程

原料分别称重 → 面团调制 → 熟化 → 压片 → 切条 → 干燥 → 切断 → 计量包装

2. 操作要点

（1）面团调制　将面粉计量准确后，放入调粉机，将食盐、纯碱、海藻酸钠溶解后一并加入调粉机，加水至最终量达 30%左右，水温 20～25℃。启动调粉机，将面团调制15～20min。

（2）熟化　将调粉机中流出的面料置于熟化机中熟化，熟化机转速 5～10r/min，熟化时间 20～30min。也可将调粉机中流出的面料置于大面盆中，每 5～10min 翻动一次，约 30min，其间要用湿布将面盖上，防止上层干皮。

（3）压片　将熟化后的面团经压辊压成厚约 1mm 的面带。

（4）切条　用切条机将面带切成宽度为 2～3mm 左右的面条。

（5）干燥　利用低温干燥工艺将切条后的面条干燥至含水量为 13%～14%。

（6）切断、计量、包装　经干燥后的挂面下架，用切面机将其切成 240mm 的长度，计量、包装即为成品。

四、产品感官质量标准

参照本章第一节挂面质量标准。

五、注意事项

① 面粉选择要符合要求，质量要有保障，必要时加工前面粉要过筛。

② 面团调制时注意控制好加水量，最好一次加好。

③ 压面时喂料不足或短暂断料，会使面带出现破损，影响下道工序、增加断面头量。

④ 低温烘干时适当增加冷风定型的通风量，减少面条密度，使面条尽快失去表面水分，以减少落杆现象。在整个干燥过程中，温度、湿度不可剧烈波动，防止升温过快而出现酥面现象。

⑤ 切断称量的一般要求是计量要准确，要求误差在 1%～2%。

六、学生实训程序

1. 课前预习，写出实训报告提纲。

2. 原料、用具与设备准备。

3. 指导教师讲解演示，学生分组操作练习。

4. 进行产品评价与分析。

5. 写出实训报告。

【实验实训四】 速冻水饺加工

课前预习

1. 速冻水饺加工的原理、工艺流程、操作步骤与方法。

2. 按要求撰写出实验实训报告提纲。

一、能力要求

1. 熟悉速冻水饺加工的工艺流程与工艺条件要求。

2. 掌握速冻水饺加工中的馅料加工、和面制皮、成型、速冻等基本操作技能。

3. 能够进行产品感官质量分析，正确评价，发现问题，分析原因并找出解决办法。

二、原辅材料及设备用具

1. 原辅材料及参考配方

高筋粉1000g，五花肉600g，芹菜1000g，酱油20g，猪油100g，香油100g，味精15g，料酒、五香粉、葱、姜、盐适量。

2. 设备用具

切菜机，脱水机，调粉机，制皮机，速冻机，封口机，不锈钢盘，不锈钢盆，切刀，操作台及面板，电子秤，馅料拨（或小勺），塑料薄膜，包装材料等。

三、加工过程与要求

1. 馅料原料预处理

(1) 菜处理　按要求选取质地鲜嫩、叶柄宽厚、颜色青绿的实心芹菜，摘除其腐叶、黄叶，去根，清洗干净，用切菜机切碎，在脱水机中脱水；去除葱、姜不可食部分并将其清洗切碎。

(2) 肉处理　将五花肉洗净后用绞肉机绞碎。

2. 制馅

先将切碎的五花肉及各种调味料加入搅拌机中搅拌至肉发黏，再加入芹菜（可先用少许油拌好）搅拌均匀，取出。

3. 调粉制皮

将面粉倒入调粉机，加水搅拌，加水量为面粉量的38%～40%，水温25℃左右，搅拌13～15min，静置5～10min，再搅拌1～2min即可。

将和好的面团投入制皮机制皮，将面皮放在不锈钢盘中备用。

4. 成型

手工成型（也可用饺子自动成型机成型）后，将成品摆放在垫有塑料膜的不锈钢盘上。

5. 速冻

将水饺均匀整齐地摆放在速冻机隧道的传输网带上，在－35～－30℃温度下冻结约10～20min，使其中心温度达到－18℃以下。

6. 包装、冻藏

将成品装入包装袋中，称重，封口，转入－18℃冻藏。

四、产品感官质量标准

参照本章第四节速冻水饺质量标准。

五、注意事项

① 洗菜时要认真细致，最好用流动水冲洗干净。

② 和面时注意控制好加水量、水温及搅拌时间，面团搅拌要充分，但不可过度搅拌，否则降低筋度。

③ 手工成型时，要求水饺表面无漏馅及开口现象。

④ 水饺速冻时其入机初期温度要低于－34℃。

⑤ 转入冻藏要迅速。

六、学生实训程序

1. 课前预习，写出实训报告提纲。
2. 原料、用具与设备准备。
3. 指导教师讲解演示，学生分组操作练习。
4. 进行产品评价与分析。
5. 写出实训报告。

第四章　焙烤食品

学习目标

了解面包、饼干、糕点等焙烤食品加工的原辅料要求与选择，掌握面包、饼干、糕点加工工艺流程、原理、技术要点，熟悉影响产品质量的因素和控制方法。

焙烤食品是以小麦粉为主要原料，通过焙烤手段成熟和定型的一类方便食品。主要包括面包、饼干和各类糕点。

我国焙烤食品的加工，近年来无论是在加工工艺，还是生产品种、规模等方面都有了长足进步，特别是面包、饼干和蛋糕的加工。但是，与国外相比还存在着一定的差距。要使焙烤食品加工技术在我国有较大发展，就应进一步学习国外先进的生产经验和技术，研究适合我国国情的焙烤食品发展之路。

第一节　面包加工

面包是以小麦粉、酵母、盐和水为基本原料，再添加其他辅料，经调粉、发酵、整形、醒发、烘烤等工序生产的一类方便食品。

面包制作技术最早出现在公元前3000年前后的古埃及。古埃及人偶然发现和好的面团在温暖处放久后，会导致面团发酵、膨胀、变酸。再经烤制可以得到远比“烤饼”松软的一种新面食，这就是世界上最早的面包。大约在公元前3世纪面包制作技术传出了埃及。公元2世纪末罗马的面包师行会统一了制作面包的技术。17世纪人类发现酵母菌后，面包发酵技术得到改善和发展。直到19世纪，小麦品种的改良、面粉加工的发展使面包加工技术日趋成熟。

面包的品种繁多。按用途分为主食面包和点心面包；按口味分为甜面包和咸面包；按柔软度分为硬式面包和软式面包；按成型方法分为普通面包和花色面包；按配料不同分为水果面包、椰蓉面包、巧克力面包、全麦面包、奶油面包、鸡蛋面包等。

一、面包的加工方法与工艺流程

1. 一次发酵法

原辅材料处理 → 面团调制 → 发酵 → 整形 → 醒发 → 饰面(刷蛋液) → 烘烤 → 冷却 → 包装 → 成品

2. 二次发酵法

全部余料 ↓（加入第二次面团调制）

部分配料 → 第一次面团调制 → 第一次发酵 → 第二次面团调制 → 第二次发酵 → 撒粉 → 整形 → 醒发 → 饰面(刷蛋液) → 烘烤 → 冷却 → 包装 → 成品

3. 快速发酵法

原辅材料处理→面团调制→静置→分割→中间醒发→成型→最终发酵→饰面(刷蛋液)→烘烤→冷却→包装→成品

4. 冷冻面团法

原辅材料处理→面团调制→发酵→整形→冷冻→解冻→醒发→饰面(刷蛋液)→烘烤→冷却→包装→成品

对以上方法进行比较：一次发酵法加工面包生产周期短、风味好、口感优良，但成品瓤膜厚、易硬化；二次发酵法加工面包的瓤膜薄、质地柔软，老化慢，但生产周期长、劳动强度大；快速发酵法加工面包生产周期短、出品率高，但成品发酵香味不足、瓤膜厚、易老化；冷冻面团法是面包加工的一种新的工艺方法，有利于实现面包生产的规模化和现代化。

二、面包加工技术

1. 原料的选择与处理

原材料的选择与处理是面包加工的重要工序之一。选择符合加工工艺要求、经过合理处理后的原料，对于提高面包质量具有十分重要的意义。

(1) 面粉　面粉是面包加工的基础原料，一般要求面粉中蛋白质含量为12%±1%，油脂1.5%，水分14%，灰分0.5%，碳水化合物73%，粉质洁白，能过100目筛，不含砂尘、无霉味、不结块，捏团后能散开。湿面筋率在26%以上。弹性和延伸性好。糖化力(面粉中的淀粉转化为糖的能力)和产气能力(面粉在发酵过程中产气的能力)高。α-淀粉酶含量低。

小麦粉的处理与馒头加工相同。

(2) 酵母和水　面包加工用水以及酵母的选用与处理与馒头加工基本相同。

(3) 辅料与食品添加剂

① 白砂糖：白砂糖除了起到营养调味、为酵母生命活动提供碳源等作用外，还可以通过在烘烤时高温下的美拉德反应，赋予面包一定的风味和色泽。在使用前应首先用温水溶解，然后过滤除去杂质。

② 油脂：在面包加工中加入适量的起酥油，能够保持面包水分，延长其货架期，同时可以增加面包体积，使面包内部的蜂窝均匀而细密、表皮光亮而美观。在使用时应根据季节和温度的变化，选用不同熔点的油脂，冬季或气温较低时，宜选用熔点较低的油脂；夏季或气温较高时，则相反。

③ 食盐：面包中加入食盐一方面可以增加产品风味，另一方面可以增强面团筋力。在使用前应首先用温水溶解，然后过滤除去杂质。

④ 改良剂：面包改良剂由两部分组成。一部分是高活性、高浓度、高效力的氧化剂、乳化剂、酶、酵母营养物质等；另一部分是起稀释作用的淀粉或脱脂豆粉等填充料。面包改良剂的主要作用是为酵母提供所需营养，促进面团发酵和成熟，保证产品在烘烤过程中持续膨胀，以及增加产品色泽等。

2. 面团调制

面团调制是面包加工关键工序之一，面团调制原理与面条类基本相似，主要区别在于技术要求不同。

(1) 面团调制的技术要求　一次发酵法和快速发酵法是先将水、糖、蛋、面包改良剂置于调粉机中充分搅拌，使面包改良剂均匀地分散在水中，糖全部溶解；然后，将已均匀混入即发酵母和奶粉的面粉倒入调粉机中搅拌成面团；当面团已经形成而面筋还未充分扩展时加入油脂；最后加盐，继续搅拌直至面团不粘手、均匀而有弹性时为止。

二次发酵法面团调制时分两次投料，第一次面团调制是先将30%～70%的面粉、适量的水和全部酵母在调粉机中搅拌10min，调成软硬适当的面团，而后进行第一次发酵，制成种子面团。第二次面团调制是将发酵成熟的种子面团和剩下的原辅料（不包括油脂）在调粉机中一起搅拌，快成熟时放入油脂继续搅拌，直至面团不粘手、均匀而有弹性时为止。

（2）面团调制中应注意的问题

① 小麦蛋白质的含量：一般情况下，小麦粉中的蛋白质所吸收的水分约占小麦粉总吸水量的60%～80%，小麦粉的吸水率与其蛋白质的含量成正比，一般加水量为小麦粉总量的50%～60%（包括液体原料的水分）。

② 加水量：加水量过高，会使面团过软，面团发黏，导致操作困难，发酵时易酸败，成品形态不端正，成为次品；加水量过低，会使面团太硬，影响发酵，造成制品粗糙，质量低劣。

③ 水的温度：调制面团时，水温除影响糖、盐等辅料的溶解外，主要是用来调整面团温度，适应酵母繁殖生长。调制好的面团温度，冬季一般应控制在25～27℃，夏季28～30℃。因此，夏季可以用凉水调粉，冬季用温水调粉，但水温最高不得超过50℃，否则会造成酵母死亡。

④ 搅拌：搅拌要均匀，防止面团发生粉粒现象；注意搅拌终点（即面筋完全扩展）的判断，搅拌时间一般在15～20min左右，它取决于小麦粉及辅料加入的量与质，也与搅拌的方式和水温关系密切。小麦粉筋力强，搅拌时间较长，反之则短。

⑤ 油脂的添加：当油脂和小麦粉混合时，油脂会吸附在小麦粉颗粒表面形成一层油膜，阻碍水分子向蛋白质胶粒内渗透，面筋不能充分吸水、胀润，使得面团较软、弹性降低，黏性减弱，故面团中油脂用量增加，加水量要相应地减少。为防止油阻隔水与蛋白质结合，一般采用后加油法。

⑥ 其他因素：一是奶制品能使面团的吸水性发生变化，添加小麦粉量1%的奶粉，使面团吸水率增加1%；二是蛋品对面粉和糖的颗粒黏结作用很强，可使油、水、糖乳化均匀且分散到面团中去，但鸡蛋的含水量应算入总水量中，否则面团会因加水量过多而变软；三是食盐的适量加入能增加面筋的弹性，但若在面团中加入2%的食盐，与不加食盐的面团相比，其吸水率减少3%，导致面团生成迟延，因此食盐含量多的面团，需要搅拌时间较长。

3. 面团的发酵

面团发酵是在适宜条件下，面团中的酵母利用营养物质进行繁殖和代谢，产生二氧化碳和风味物质，使面团膨松，形成大量蜂窝，并使面团营养物质分解为人体易于吸收的物质的过程。它是面包加工过程中的关键工序。

（1）面团发酵的技术要求　面团发酵一般在发酵室进行，发酵室需要控制适宜的温度和湿度，理想温度大致为27～28℃，相对湿度为75%～80%。温度过高虽有利于发酵的进行，但易引起杂菌生长；温度过低会降低发酵速度。

面包发酵通常采用一次发酵法和二次发酵法。一次发酵法温度一般控制在25～27℃，相对湿度为75%～80%。由于一次发酵法在面团调制的同时加入了所有原料，其中奶粉、盐等对酵母发酵有抑制作用，所以发酵时间稍长，约为4～5h。一次发酵法发酵到总时间的60%～75%时需要翻面，即将四周的面拉向中间，使一部分二氧化碳放出，减少面团体积。面粉筋力强、蛋白质含量高的面团可适当增加翻面次数。

二次发酵法的第一次发酵是第一次调制完毕的面团在温度23～26℃、相对湿度70%～75%下发酵3～4h，使酵母扩大培养；第二次发酵是将第一次发酵成熟的面团加入剩余的原材料，调制成面团后，在温度28～31℃、相对湿度75%～80%下经过2～3h发酵即可成熟。

(2) 面团发酵的基本原理　酵母菌在生命活动中会产生大量的二氧化碳气体，促进面团体积膨胀，得到柔软、疏松多孔似海绵的组织结构。发酵中产生酒精等多种风味物质，使成品具有特有的口感和风味。发酵中的水解作用使大分子营养物变小，有利于消化吸收。

(3) 面团发酵中应注意的问题　要生产出优质的面包，发酵面团必须具备两个条件：一是旺盛的产生二氧化碳的能力，二是保持气体不逸散的能力。

① 面团的温度：温度是影响酵母生命活动的重要因素。面包酵母最适温度是25～28℃。温度低于25℃，发酵速度慢，生产周期长；相反，温度过高，会为杂菌生长提供有利条件，影响产品质量。如乳酸菌最适温度37℃，醋酸菌最适温度35℃。因此，发酵温度一般控制在28℃左右，不可超过35℃。

② 酵母的质量和数量：酵母发酵力是反映酵母质量的重要指标。在酵母用量相同的前提下，酵母发酵力高就代表发酵速度快，反之发酵速度就慢。活性干酵母的发酵力应在600mL以上。

在发酵力相同的前提下，发酵速度的快慢取决于酵母的用量，增加酵母的用量可以加快发酵速度。但酵母使用量过高，酵母的繁殖能力不升反降，因此酵母用量一般为面粉使用量的1%～2%。

③ 面团的含水量：在面团发酵过程中，如面团含水量少则较硬，而较硬的面团对气体抵抗力较强，从而会抑制面团的发酵速度。而含水量高的发酵面团中面筋网络比较容易形成，容易被二氧化碳气体所膨胀，同时具有较好的持气能力，可加快面团的发酵速度。但加水量过多时，由于面团会变得过于柔软，气体保持力反而下降。因此面团含水量适当高一些，对发酵是有利的。

④ 面团的酸度：在面团发酵过程中，也伴随着乳酸发酵、醋酸发酵、酪酸发酵、丁酸发酵等，这些均会导致面团酸度增高。当面团pH为5.5时其持气能力最合适，随着发酵的进行，pH低于5.0时，面团的气体保持能力急剧下降。因此，为了保持面团适宜的酸度，一方面应保证酵母的纯度；另一方面在发酵过程中必须通过控制温度，防止产酸菌的生长和繁殖。

⑤ 揿粉：面团发酵到一定程度时，将发酵面团四周的面向上面翻压，放出部分二氧化碳气体的同时，也混入部分空气，并达到面团各部分的均匀混合。这一过程叫做揿粉。在揿粉过程中，不仅促进了面团面筋的结合和扩展，增加了面筋对气体的保持力，而且由于放出部分二氧化碳气体，混入部分空气，防止了二氧化碳浓度过高对发酵的抑制。

除此之外，影响发酵的因素还有原辅材料的质量、面团调制的程度以及酶类等。

(4) 面团发酵程度对面包品质的影响

① 发酵成熟面团：发酵成熟面团指调制好的面团经过适当时间的发酵，蛋白质及淀粉粒充分吸水，使面团具有薄膜状的伸展性，从而成为具有最大气体保持力和适宜风味的面团。由成熟适度的面团制成的面包具有皮质脆薄，色泽明亮，内瓤蜂窝均匀且有白色光泽及芳香、柔软的特点。

② 嫩面团：嫩面团是指发酵不足的面团。嫩面团制成的面包皮色太深，瓤心蜂窝不匀，且呈白色，膜厚，香味淡薄。

③ 老面团：老面团是指成熟过度的面团。老面团制成的面包皮色太浅，没有光泽却有

皱纹，瓤心蜂窝壁薄，气孔不均匀且有大气泡，有酸味和不正常异味。

(5) 发酵成熟面团的判断

① 肉眼观察方法：操作者用肉眼观察，发现面团的表面已出现略向下塌陷的现象，则表示面团已发酵成熟。

② 手按法：操作者检查面团时将手指轻轻插入面团表面顶部，待手指拔出后，观察面团的变化情况。

a. 成熟面团：用手指轻轻按下面团，手指离开后面团凹处既不弹回也不下落，仅在面团的凹处四周略微向下落，则为发酵成熟面团。

b. 嫩面团：用手指轻轻按下面团，手指离开后面团凹处很快恢复原状，则表示面团发酵不足，需要延长发酵时间。

c. 老面团：用手指轻轻按下面团，手指离开后面团的凹处很快就向下陷落，即表示面团发酵过度。

4. 整形

面团整形是将发酵好的面团做成一定形状的面包坯。其包括切块、称量、搓圆、中间醒发、成型、装盘（模）等工序。

面团整形通常在整形室进行，由于整形处于基本发酵和后发酵的过程之间，面团发酵并没有停止，温度和湿度的较大波动对面包品质将有较大影响，因此整形室一般要求温度保持在25～28℃、相对湿度保持在65%～70%。

(1) 切块、称量　切块、称量是将发酵成熟的面团按成品的质量要求，切成一定质量的面块，并进行称量，切块称量时必须计入10%～12%的烘烤质量损失，以避免超重和不足。操作时由于面团发酵仍然在进行中，因此最好在15～25min内将面团分割完毕。分割与称量有手工操作和机械操作两种。

(2) 搓圆与中间醒发　搓圆是将分割后的不规则小块面团搓成圆球状，以利于做型。经过搓圆之后，使面团内部组织结实、表面形成一层光滑的薄膜，具有良好的保持气体能力。搓圆分为手工操作与机械操作两种。

中间醒发是面块的静置过程，在70%～75%相对湿度和28～29℃条件下醒发10～20min，面坯轻微发酵，使分块切割时损失的二氧化碳得到补充，同时使经过搓圆而紧张的面团得到舒张，有利于面包的成型。

(3) 成型　成型是将静置后的圆形面团按照面包品种要求，用手工或机械方法将面团压片、卷成面卷、压紧然后做成各种形状。手工适于制作花色面包，机械适于制作主食面包。

(4) 装盘（模）　装盘（模）是将面团整形后装入特制的面包盘（模）中，进行醒发。花色面包用手工装入烤盘，主食面包可从整形机直接落入烤听。要注意面坯结口向下，盘（模）应预先刷油或用硅树脂处理。

5. 面团的醒发

醒发也称后发酵，它是把整形好的面包坯再经最后一次发酵，以使其达到应有的体积和形状，符合烘烤要求。

(1) 醒发的技术要求　醒发通常在醒发室（箱）内完成，理想的温度为38～40℃，因为温度高醒发速度快；反之，醒发速度就慢；相对湿度85%～90%，湿度低，面坯容易结皮干裂；湿度过高，面坯的表面容易凝结水滴，产生斑点。时间一般应控制在50～65min，醒发程度为原来体积的2～3倍，手感柔软、表面半透明。

(2) 醒发成熟度判断　面团醒发是否成熟关系到面包品质的优劣，要凭操作者的经验来进行判断。判断办法如下所述。

① 按醒发前后面包体积变化量来判断，一般以醒发成熟后的面团体积比搓圆后的体积增加2～3倍为宜，否则面包会出现体积较小或品质变劣。

② 按面团体积大小来判断，一般以醒发成熟的面团约为其烤成的面包大小的80%为宜，剩余20%的体积让其在烤炉内膨胀。

③ 按照面坯的透明度、触感等来判断，成熟的面包坯接近于半透明；用手轻轻接触，面团破裂塌陷，则说明面包坯已醒发过度，反之，如果有硬感，则说明面包坯醒发不成熟。

6. 面包的烘烤

面包的烘烤是醒发后的生面包坯在烤炉内成熟、定型、上色，并产生面包特有的膨松组织的过程。

(1) 面包烘烤的技术要求　面包的烘烤温度通常在180～220℃，时间在12～35min之间。但烘烤温度和时间与生坯重量、体积、高度和面团配方等因素有关，很难作统一规定，应根据面包体积的大小灵活掌握，面包体积小，应提高温度，缩短烘烤时间；面包体积大，应适当降低温度，增加烘烤时间。

工业化生产一般采用三段温区控制。

① 体积膨胀阶段：面包坯入炉初期，烘烤应在温度较低和相对湿度较高（60%～70%）的条件下进行，面火不超过120℃，底火为180～185℃。底火高于面火，利于水分的蒸发和面包体积的膨胀。当面包内部温度达到50～60℃时，淀粉糊化和酵母活性丧失，面包体积基本达到要求，其经历时间约占总烘烤时间的25%～30%。

② 面包定型阶段：底火、面火可同时提高，面火达210℃，底火不高于210℃，时间占总烘烤时间的35%～40%。

③ 上色阶段：面火高于底火，面火为220～230℃，底火为140～160℃，使面包产生褐色表皮，同时增加面包香味。时间占总烘烤时间的30%～40%。

(2) 面包烘烤的原理　目前面包烘烤主要采用远红外线加热。加热方式有传导、辐射、对流3种方式，其中，辐射加热最为主要，传导次之，对流加热最少。

① 面包坯的体积和微生物变化：面包坯入炉后，由于烘烤而引起微生物的变化，酵母菌在35℃时生命活动最强，发酵产气能力最强，促使面包的体积很快地增大，当温度加热到45℃以上时，发酵能力逐渐减慢，当温度到50℃以上时，酵母菌开始死亡。同时，面包内部积累的二氧化碳、发酵产生的酒精因受热而变成气体，以及水的汽化作用又进一步促使面包的体积增大。

面包发酵过程中的产酸菌随着面包温度的升高其生命活动出现了一个由弱增强，而后减弱，最后逐渐死亡的过程。

② 面包坯的水分和重量变化：当面包坯入炉烘烤后，因炉内绝对湿度和温度很高，则蒸汽在面包表皮凝结成水，面包坯的重量不降反升，随着面包坯温度的升高，面包坯中蒸发出大量水分，面包会出现7%～10%的重量损耗。

③ 面包坯中的生物化学变化：随着温度的升高，面包坯中的淀粉开始糊化，蛋白质由于变性而逐步释放出水分，并开始软化、液化，失去骨架作用。糊化的淀粉从面筋中夺取水分，膨胀到原来的几倍并固定在面筋的网状结构内，成为面包的骨架，同时蛋白质在蛋白酶的作用下分解成多肽和氨基酸等。在烘烤温度达到150℃以上时，多肽和氨基酸等与还原糖发生美拉德反应，使面包上色和产生特殊风味。随着温度升高，面包表面的糖类发生焦糖化

反应。

(3) 面包烘烤应注意的问题

① 炉内湿度：湿度过低，面包皮会过早形成并增厚，产生硬壳，可选择有加湿装置的烤炉。湿度过高，易使面包表皮坚韧、起泡。

② 炉温：炉温不足，面包的体积就会变得过大，但皮色成为灰白而带韧性。反之，炉温过高，面包的体积会过小，同时产生黑色焦斑和坚厚的面包皮。

③ 烘烤时间：烘烤时间因品种、形态、大小的不同而有差异，应随烤炉温度和面包体积而定。

④ 烘烤均匀度：如果烤炉的面火过大底火不足，就会使面包的顶部产生深褐色，以及灰白的四边或者灰白的底面，反之，如果面火不足，底火过旺，也会造成面包底部发生焦化或出现边部色泽较深的现象。

7. 面包的冷却

刚出炉面包由于温度高，水分分布不均匀，表现为表皮含水低、内部高，即皮脆瓤软，无弹性，这时进行包装或切片，易造成面包的破碎和变形；还会在包装内出现水珠，给霉菌生长创造条件。所以出炉后的面包应先经过冷却，然后再进行切片或包装。

面包冷却可采用自然冷却或通风的方法。冷却车间一般温度在22～26℃，相对湿度85%，空气流速在30～240m/min，冷却后面包中心温度降至35℃左右。

8. 面包的包装

冷却后的面包长时间暴露在空气中，其中的水分损失会越来越多，引起面包重量和体积下降、干硬掉屑、口味变劣、失去面包风味，导致面包老化；同时还会受到细菌和杂质污染而发霉变质，影响产品的卫生，所以对其要进行包装。此外，面包的包装可防止运输途中的破损变形，及增加产品美观等。因此面包在出售前一般要进行包装。

面包的包装材料要选择无毒、无异味，允许与食品接触的包装材料。现在采用塑料制品和纸制品包装较多。包装间一般温度在22～26℃，相对湿度在75%～80%，要求空气洁净。

三、面包的质量标准

1. 面包的感官质量标准

(1) 外观质量标准　面包的外观检查内容包括重量、体积、形态、色泽、杂质和包装6个方面。

① 重量：用1000g托盘天平称量，10个面包的总重量不应高于或低于规定重量的10%。

② 体积：以cm^3为单位，听子面包以长×高×宽计算其体积。圆形面包以高与直径计算其体积。其体积应符合标准中的规定。

③ 形态：听子面包两头应同样大小，圆形面包的外形应圆整，形态端正，不摊架成饼状。

④ 色泽：按照标准色样比较，有光泽，不焦不生，不发白，无斑点。

⑤ 杂质：表面清洁，四周和底部无油污和杂质。

(2) 内部质量标准　面包的内部质量感官检查主要包括检查内部组织及口味，具体方法与要求如下所述。

① 内部组织：用刀横断切开，面包的蜂窝细密均匀，无大孔洞，蜂窝壁薄而透明度好。富有弹性，瓤色洁白，撕开成片。带有果料的面包，果料分布要均匀。

② 口味：面包口感柔软，有酵母特有的酒醇香味，无酸味或其他异味。

2. 面包卫生质量标准

(1) 理化指标

见表 4-1。

(2) 微生物指标

见表 4-2。

表 4-1 面包理化指标

项 目	指 标
酸价(以脂肪计)/(mgKOH/g)	≤5
过氧化值(以脂肪计)/(g/100g)	≤0.25
总砷(以 As 计)/(mg/kg)	≤0.5
铅(以 Pb 计)/(mg/kg)	≤0.5
黄曲霉毒素 B_1/(μg/kg)	≤5

表 4-2 微生物指标

项 目	指 标	
	热加工	冷加工
菌落总数/(cfu/g)	≤1500	≤10000
大肠菌群/(MPN/100g)	≤30	≤300
霉菌计数/(cfu/g)	≤100	≤150
致病菌	不得检出	

四、二次发酵法加工面包实例

1. 基本配方

(1) 中种面团基本配方(单位:g) 面包专用粉 700;水 360;活性干酵母 10;面包改良剂 4。

(2) 主面团基本配方(单位:g) 面包专用粉 300;水 240;奶油 20;白砂糖 20;奶粉 20;精盐 20。

2. 加工过程与方法

(1) 中种面团的调制 先将适量水、面包改良剂置于调粉机中搅拌均匀,然后将全部酵母和面粉混合均匀后倒入调粉机中搅拌,先慢速搅拌 2min,后中速搅拌至面团表面粗糙但均匀、稍有面筋形成为止。

(2) 中种面团的发酵 将调制好的面团放入发酵室在 23~26℃、相对湿度 70%~75% 发酵 3~4h,当面团体积膨胀到原来体积的 4~5 倍,面团顶部稍微塌陷,用手指向上拉起面团,很容易断裂,表示已经发酵完成。

(3) 主面团的调制 将剩余的水、白砂糖和奶粉置于调粉机中搅拌均匀,然后加入发酵好的中种面团搅拌均匀,接着把剩余的面粉加入搅拌,当面团已经形成而面筋还未充分扩展时加入油脂;最后加盐,直至面团不粘手、均匀而有弹性时为止。

(4) 主面团的发酵 将调制好的面团放入发酵室,在温度 28~31℃、相对湿度 75%~80%条件下,发酵 2~3h。

(5) 面团整形

① 定量、切块、搓圆:利用分割搓圆机或手工按烤模体积的 1/4~1/3 或按要求分割面团,然后搓圆,使面团外表有一层薄薄的表皮,注意搓圆后应向下放置。

② 中间醒发:将面团放于温度 27~28℃、相对湿度 70%~75%的发酵箱内静置 15min,使面团发酵产气,恢复其柔软性。

③ 成型、装盘:将静置后的圆形面团按照面包品种要求,用手工或机械方式将面团压片、卷成面卷、压紧后做成各种形状,然后装入烤盘。装盘时要注意面坯结口向下;面坯摆放均匀,之间留有空隙,过度紧密会使面包粘连或成品周边颜色浅。

(6) 醒发 将烤盘放入 35~38℃、相对湿度为 80%~85%的醒发箱中,醒发约 60min,

使经成型后呈紧张状态的面团得以恢复，增强面筋的延伸性，同时完成最后一次发酵，使面团的体积膨胀到一定要求，内部疏松多孔。

(7) 烘烤　将醒发好的面包坯表面均匀刷上少许蛋液，放入提前预热至190～230℃的远红外烤箱中烘烤12～35min，使表皮金黄，内部成熟。

(8) 冷却与包装　一般要求面包瓤心温度冷却到32℃，面包表层温度达到室温时为宜。夏季室温35～40℃时需排风冷却，春、秋、冬季室温30℃，可自然冷却。

冷却后的面包应及时使用安全、卫生、美观的包装材料进行包装。

五、面包的老化与延缓

1. 面包的老化

面包在储存过程中发生的显著变化叫面包的老化，也称陈化。面包老化是指面包在储藏过程中质量降低的现象，表现为表皮失去光泽、芳香消失、水分减少、瓤中淀粉硬化掉渣、可溶性淀粉减少、口感粗糙、消化吸收率减低等。面包老化缩短了其货架期，从而造成较大的经济损失。

2. 面包老化的机理与延缓方法

关于面包的老化机理，到目前为止，学术界仍有不同的见解，并且各有支持理论。但比较统一的观点是认为面包的老化主要是由淀粉引起的，其他因素为次要因素。

(1) 淀粉的变化　α化的淀粉重结晶是面包老化过程中的一个非常明显的现象。在面包中，直链淀粉和支链淀粉均能引起老化，这两种淀粉均是面包老化的主要因素，仅仅是速度不同而已。直链淀粉结晶速度快，支链淀粉结晶速度慢，因此，面包出炉后，储存初期的老化主要是由直链淀粉引起，但由于直链淀粉和支链淀粉在小麦粉中所占的比例分别约为24%和76%，所以，储存后期的老化则主要是由支链淀粉而引起。

(2) 水分含量　面包的老化速率与其水分含量密切相关。烘烤后的面包在储藏过程中，由于水分含量的降低，老化速率呈线性增加。实验表明，水分少时（22%～26%），老化速率快；水分多时（35%～37%），老化速率慢。因此，控制面包中水分的扩散可以起到抑制面包老化的作用。生产中通过适当添加乳化剂，提高面包瓤的持水能力，保持其中水分含量，延长储存时间。

(3) 面筋蛋白质质和量的影响　蛋白质含量高，会减弱淀粉颗粒的重结晶作用，延缓面包的老化。由于面筋质量差的面粉比面筋质量好的面粉有更强的亲水性能，质量差的面筋在面团中与淀粉颗粒之间的相互作用较强，因此，用质量差的面粉制作的面包老化速率更快。通常选育优良的小麦品种以提高面粉质量，尤其是面筋蛋白的质量。

(4) 改进加工工艺　面团的软硬程度对面包的保存性有很大的影响。在调粉中适当多加水的软面团比硬面团抗老化性强，但是面团过软也会影响制品的质量，容易发生烤不熟现象；高速搅拌的制品比低速搅拌的制品保存性好。用高速搅拌的面团烤出的面包柔软，且老化速率慢；适当的发酵时间对保存性也有显著效果。发酵时间太短，面团未成熟，面包老化速率快，但发酵时间过长，面团成熟过度，烤出的面包干燥快，也容易发生老化；酵母用量过多，面包易老化。

(5) 调整储存温度　面包老化与温度有直接关系。储藏环境温度在30℃以上时，老化进行得缓慢，－7～20℃是面包老化速率最快的温度区间。因此，面包出炉后应尽量避免通过此温度区间。若要使面包长时间保持新鲜状态，需进行冷冻。在－20～－18℃时，面包中80%水分已冻结，面包长时间储藏不发生老化，但该方法耗能大，储藏的面包食用前还需加热解冻，操作繁琐。为延缓面包老化，延长储存时间，一般对面包进行加热处理，使其储藏在较高的温度环境中，如 40～60℃或稍低。在冬天气温低的情况下，此法尤为实用。

(6) 使用具有一定气密性的包装材料　包装可以保持面包卫生、防止水分散失、保持面包的柔软性和香味，延缓面包老化，但不能制止淀粉 β 化。

(7) 添加酶制剂和乳化剂　淀粉酶的添加使淀粉粒中的支链淀粉在糊化过程中侧链变短。面包在储藏过程中，其中支链淀粉的分支部分相互并合重新构成结晶结构的机会就会降低，从而延缓面包的老化。

在面包烘焙中，乳化剂一般与脂类物质配合使用，这可降低油和水之间的界面张力，使它们均匀地分散于面团中，防止油相与水相分离。同时乳化剂还具有抗老化作用，也就是使缠绕在乳化剂分子上的直链淀粉分子不易恢复成晶体结构。

六、我国面包行业的发展方向

改革开放以来，虽然我国面包工业有了长足进步，但与欧美等发达国家相比差距还很大，为此，我们还应借鉴国外发展面包工业的经验，开展多方面的科学研究和技术开发，实现面包工业跨越式发展。

1. 培育优质小麦原料

目前，利用有些国产小麦生产的面粉不能生产出优质面包，这与小麦中面筋蛋白质的数量和质量有关。改善国产小麦粉加工面包品质通常采用添加谷朊粉的方法，这会导致面包的成本大幅度上升，但谷朊粉的品质却不是十分的理想。因此，培育出适合加工面包的小麦品种十分迫切。

2. 生产的机械化、标准化、工业化

家庭作坊式的生产方式生产效率低、劳动强度高且难以保证制品的质量和卫生，要实现产业化生产，必须走机械化、标准化、工业化生产的道路。随着我国面制机械开发制造水平的不断提高，面包生产自动化水平将不断提高。

3. 新工艺、新产品研究与推广

冷冻面团法生产面包是利用大工厂进行面包配料、发酵、整形等工艺，然后对整形后的面包坯进行快速冷冻，再把冷冻的面团运到各零售店用冰柜储存，实现了半成品面包的销售，最后由零售店或消费者烘烤，能够使顾客吃到新鲜的面包。这有利于面包生产的工业化、规模化。

积极开发以肉制品、豆制品、果酱或奶油等为辅料的配餐面包，添加植物蛋白、麸皮以及小麦胚芽和米胚芽、芝麻、花生等营养保健面包，以及根据当地植物资源条件的优势和饮食习惯，研制出各地独具风味的面包等。

第二节　饼干加工

饼干是以小麦粉（或糯米粉）为主要原料，加入（或不加入）糖、油及其他辅料，经调粉、成型、烘烤制成的水分低于 6.5%的松脆食品。饼干口感酥松，水分含量少，单位体积质量轻，块形完整，易于保藏，便于包装和携带，食用方便。

饼干品种花色繁多，目前，我国饼干行业执行的《中华人民共和国轻工行业标准——饼干通用技术条件》（QB 1253—2005）中，按加工工艺的不同把饼干分为酥性饼干、韧性饼干、发酵饼干、压缩饼干、曲奇饼干、夹心饼干、威化饼干、蛋圆饼干、蛋卷及煎饼、装饰饼干、水泡饼干及其他类饼干 12 类。

一、不同类型饼干的加工工艺流程

不同品种饼干的配方及生产工艺中的操作方法各异，但是，不论是韧性饼干、酥性饼干，还是发酵饼干，都具有如下的基本工艺流程。

原辅材料的选择与处理→面团调制→面团辊轧→成型→烘烤→冷却→包装→成品

1. 韧性饼干加工工艺流程

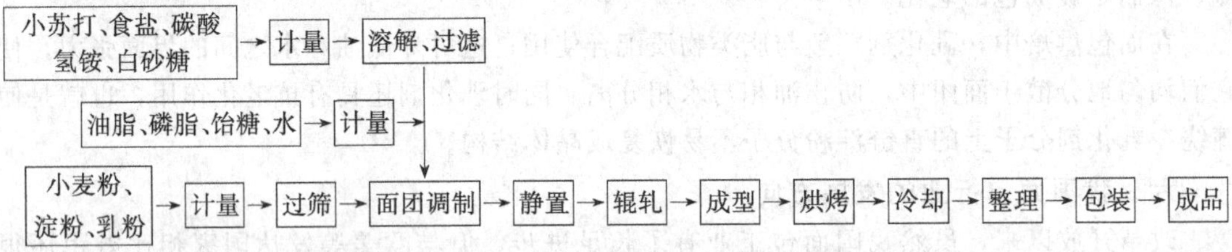

2. 酥性饼干加工工艺流程

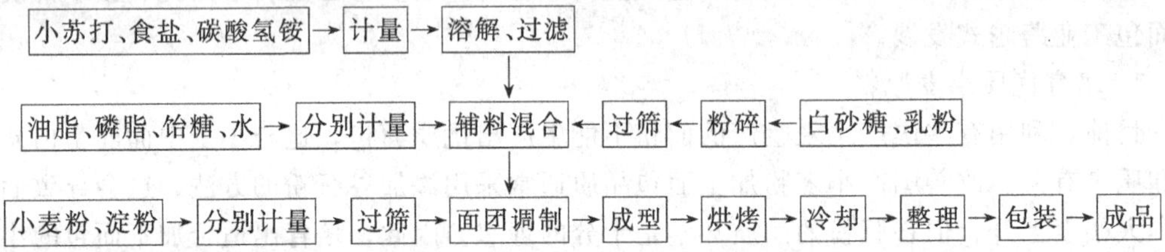

3. 发酵饼干加工工艺流程

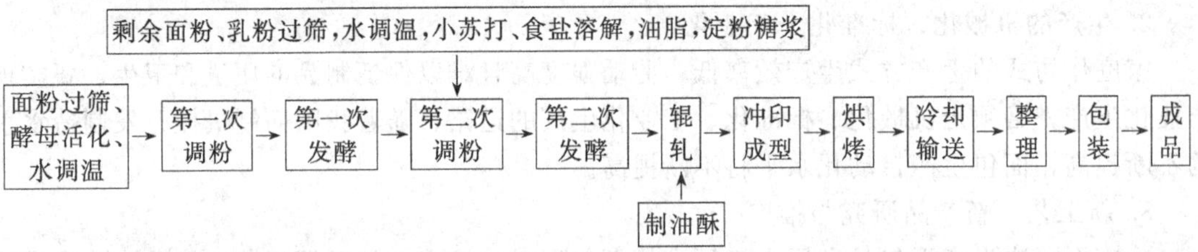

二、饼干加工技术

1. 原辅材料的选择与处理

生产饼干的原料主要有面粉、糖、油脂、淀粉、疏松剂、食盐等。原辅材料的质量以及预处理的方法和效果直接影响着产品的质量。

(1) 面粉　饼干用粉一般选用灰分含量低，粗细度要求能够通过 150μm 网筛，以及筋力小的低筋面粉。根据不同类型饼干的特点，在湿面筋的含量上略有区别，以下是常见饼干对面粉的要求。

① 韧性饼干：生产韧性饼干的小麦面粉，宜选用面筋弹性中等、延伸性好、面筋含量较低的面粉，一般以湿面筋含量在 21%～28%为宜。如果面筋含量高、筋力强，则生产出来的饼干易收缩、变形、口感发艮、表面起泡，因此，对面筋含量过高的小麦面粉，宜加入适量淀粉进行稀释、调整；如果面筋含量过低、筋力弱，则饼干会出现裂纹，易破碎。

② 甜酥性饼干：生产甜酥性饼干的面粉要用软质小麦加工的弱筋粉，要求湿面筋含量在 19%～22%，如果筋力过强，仍需用淀粉调整。

③ 发酵饼干：发酵饼干一般采用二次发酵法生产技术，两次投料所选用面粉也有一定差别，在第一次面团发酵时，由于发酵时间较长，为了使面团能够经受较长时间的发酵而不导致面团弹性过度降低，应选用湿面筋含量在 30%左右、筋力强的面粉；第二次面团发酵时，时间较短，宜选用湿面筋含量为 24%～26%、筋力稍弱的面粉。如果面筋过低，饼干

酥而不脆；面筋过高，饼干易收缩变形，口感脆而不酥。

（2）淀粉 当小麦粉的筋力过高时，需要添加淀粉以稀释面筋蛋白，降低面团筋力。常添加的淀粉有小麦淀粉、玉米淀粉和马铃薯淀粉等。

淀粉在使用前的处理方法与面粉基本相同。

（3）油脂 饼干生产要求选择具有优良起酥性和较高稳定性的油脂，不同品种的饼干对油脂的要求有所差别。

① 韧性饼干生产时用油量较少，常用到奶油、人造奶油、精炼猪板油等。由于韧性饼干通常在调粉操作时添加的亚硫酸盐类改良剂能促使油脂酸败，故不宜选用不饱和脂肪酸较高的植物油，如花生油、向日葵油等。

② 酥性饼干与甜酥性饼干生产时油脂用量较大，既要考虑油脂稳定性优良、起酥性较好，又要求选用熔点较高的油脂，否则极易造成因面团温度太高或油脂熔点太低导致油脂流散度增加，发生“走油”现象。对于高油脂产品最适宜的油脂有人造奶油及植物性起酥油。

③ 发酵饼干生产使用油脂时要求酥性与稳定性兼顾，尤其是起酥性方面比韧性饼干要求更高。精炼猪油起酥性对制成细腻、松脆的发酵饼干最有利。植物性起酥油虽然在改善饼干的层次方面比较理想，但酥松度稍差，因此可以用植物性起酥油与优良的猪板油掺和使用以达到互补的效果。

（4）其他 为了丰富饼干品种、改善品质和增添风味，常用的辅料还有砂糖、食盐、乳制品、可可、可可料、巧克力制品、咖啡、食品添加剂等。对于砂糖和食盐等水溶性辅料，一般采用水溶解、过滤除杂处理；乳粉用前用水调成乳状液或与面粉混合均匀后加水；食品添加剂一般用小麦粉稀释后使用。

2. 面团调制

面团调制是饼干生产中十分关键的环节之一。面团调制得是否适宜，不仅决定着辊轧、成型操作能否顺利进行，而且会对产品外部形态、花纹、疏松度以及内部的组织结构等方面产生重要影响。生产不同类型的饼干所需面团的加工性能不同，在面团调制工艺上区别也很大。

（1）韧性面团的调制 韧性饼干的生产常采用冲印成型，需要经多次辊轧操作，要求头子分离顺利，这就决定着韧性面团的面筋质既要充分形成，又要求面团有较好的延伸性、可塑性，以及适度的结合力及柔软、光滑的性能，同时面筋质的强度和弹性不能太大。

由于韧性面团在调制完毕时具有比酥性面团更高的温度，因此韧性面团俗称热粉。

① 面团调制的技术要求：韧性面团在调粉时一般是一次将面粉、水和辅料投入调粉机中进行搅拌。如果需要面团塑性较大时，可按酥性面团的方法，即将油、糖、乳、蛋等辅料与热水或热糖浆在调粉机中搅匀，再加入面粉。在使用改良剂时，则应在面团初步形成时加入。由于面团温度高，为了防止疏松剂的分解和香料的挥发损失，一般在调制过程中将其加入。

② 韧性面团形成过程及原理：韧性面团在调制过程中，经搅拌首先形成具有较好面筋网络的面团，但仍需要在调粉机继续搅拌下，使已经形成的面筋结构受到破坏，使面团变得柔软松弛、弹性减低、延伸性增强，即降低面团弹性、增强可塑性，从而达到韧性面团的工艺要求。

③ 韧性面团调制中应注意的问题：韧性面团所发生的质量问题，绝大部分是由于调粉操作中没有很好地完成面团调制过程中面团弹性降低、可塑性增强阶段，被错误判断为面团已经成熟而进入辊轧和成型工序的结果。因此，要调制成加工工艺所需要的面团，除掌握好

加料顺序外，还需要注意以下几个问题。

a. 淀粉添加量：韧性面团调制时，常需添加一定量的小麦淀粉或玉米淀粉。添加淀粉一方面可以稀释面筋浓度，限制面团的弹性，增加面团的可塑性，缩短调粉时间；另一方面也能使面团光滑，黏性降低，花纹保持能力增强。一般淀粉的使用量为小麦粉的5%～10%。

b. 面团温度：合适的面团温度有利于面筋的形成，缩短搅拌时间，也有利于降低其弹性、韧性、黏性和柔软性，使辊轧、成型操作顺利，提高制品质量。但面团温度过高，会出现面团易走油和韧缩，饼干变形、保存期变短，疏松剂提前分解，影响焙烤时的胀发率等问题；温度过低，所加的固体油易凝固，面团变得硬而干燥，面筋形成、扩展困难，面带容易断裂。因此韧性面团调制后的温度一般控制在38～40℃。冬季气温低，通常使用85～95℃的糖水直接冲入小麦粉中，或用将面粉预热的办法来提高面团温度。夏天则需用温水调面。

c. 加水量和面团软硬度：韧性面团通常要求调得比较柔软，柔软的面团可以缩短面团调制时间，增大延伸性，减弱弹性，提高成品疏松度以及面片压延时表面的光洁度高；且面带不易断裂，操作顺利。面团加水量应控制在18%～24%。

d. 饼干改良剂的使用：生产韧性饼干的配方中，由于油、糖比例小，加水量较大，面团的面筋能够充分吸水胀润，操作不当常会引起面团弹性大而导致产品收缩变形。添加面团改良剂就是要达到减小面团筋力、降低弹性、增强塑性，使产品的形态完整、表面光泽，缩短面团的调制时间的目的。常用的面团改良剂多是含有—SO_2 基团的各种无机化合物，如亚硫酸氢钠、亚硫酸钙、焦亚硫酸钠和亚硫酸等。

e. 调粉时间与转速：要达到韧性面团的工艺要求除了要用热水调粉外，还要保证调粉第二阶段的正确完成。第二阶段完成的标志是面团的硬度开始降低。通常采用卧式双桨搅拌机，调制时间控制在20～25min，转速控制在25r/min左右。

f. 面团的静置：面团经长时间的调粉机桨叶的拉伸、揉捏，在面团内部产生一定强度的张力，并且各处张力大小分布很不均匀，在面团强度较大时，应在调粉后静置10～20min或更长时间使处于紧张状态的面筋松弛，弹性减低，以保持面团性能的稳定。另外，静置期间各种酶的作用也可使面筋柔软。

g. 糖、油等辅料的影响：韧性面团温度较高，有利的方面是加快面筋质的形成，但也可以使糖、油等辅料对面团的性质产生负面影响。在温度较高时，糖黏着性增大，会使面团黏性增大；而脂肪随温度增高流动性增大，因而从面团中析出，导致面团的走油。因此如果出现面团发黏，发生粘辊、脱模不顺利时，往往说明糖的影响大于油脂的影响，这时可以通过降低调粉温度来减少糖在面团中的作用。但温度不能过低，否则又会引起面筋难以形成，面团强度过低，而无法进行后续加工。

④ 面团调制结束的判断：面团调制结束的判断，通常建立在多次实践的基础上，利用经验进行判断。一种方法是观察调粉机的搅拌桨叶上黏着的面团，当可以在转动中很干净地被面团黏掉时，即接近结束。二是用手抓拉面团时，不粘手，感到面团有良好的伸展性和适度的弹性，撕下一块，其结构如牛肉丝状，用手拉伸则出现较强的结合力，拉而不断，伸而不缩。

(2) 酥性或甜酥性面团的调制　由于酥性饼干要求外形呈现浮雕状斑纹，成品图案清晰，成型后饼坯花纹保持得好，这就要求酥性面团不仅具有较大程度的可塑性和有限的黏弹性，还要求面团在轧制成面片时有一定的结合力，以便机器连续操作和不粘辊筒、模具。

酥性或甜酥性面团因其温度接近或略低于常温，比韧性面团的温度低得多，俗称冷粉。

① 面团调制的技术要求：酥性面团调制时首先应将油、糖、水（或糖浆）、乳、蛋、疏松剂等辅料投入调粉机中充分混合、乳化成均匀的乳浊液。在乳浊液形成后加入香精、香料，以防止香味大量挥发。最后加入面粉调制 6～12min。这样面粉在一定浓度的糖浆及油脂存在的状况下吸水胀润受到限制，不仅限制了面筋蛋白质的吸水，控制面团的起筋，而且可以缩短面团的调制时间。

② 酥性面团形成过程及原理：在酥性面团调制时主要是减小水化作用，控制面筋的形成。避免由于面筋的大量形成导致面团弹性和强度增大，可塑性降低，引起饼坯的韧缩变形，防止面筋形成的膜引起焙烤过程中饼干表面胀发起泡。因此面团调制时是先将砂糖、油、奶粉等与水混合，然后再投入面粉搅拌，这样可有效利用糖、油的反水化作用来限制面筋质的形成。

③ 酥性面团调制中应注意的问题

a. 糖、油脂用量：在酥性面团调制中，糖和油脂用量都比较高，这样能够充分发挥糖和油脂的反水化作用，限制面团起筋。一般糖的用量可达面粉的 32%～50%，油脂用量更可达 40%～50%或更高一些。

b. 加水量与面团的软硬度：在酥性面团调制中，通过控制加水量限制面粉的水化作用，是控制面筋形成的重要方法之一。加水多，面筋蛋白就会大量吸水，为湿面筋的形成提供充分条件。为了防止面筋大量形成，加水量要与调粉时间相配合，虽然调粉时间短能够防止面筋的形成，但当面团较硬（水分少）时要适当增加调粉时间，面筋既不能形成过度，也不能形成不足。如果调粉时间太短，面团将是散砂状。加水量一般控制在 3%～5%，使面团的最终含水量在 16%～20%。需要注意的是调粉中既不能随便加水，更不能一边搅拌一边加水。

c. 淀粉的添加：加入淀粉可以抑制面筋形成，降低面团的强度和弹性，增加面团的可塑性。当使用面筋含量较高的面粉调制酥性面团时需加入淀粉，但淀粉的添加量不宜过多，过多使用会影响饼干的胀发力和成品率。一般只能使用面粉量的 5%～8%。

d. 头子量：在冲印以及辊切成型操作时，面带切下饼坯后必然要留下部分边料，在生产中还会出现一些无法加工成饼坯的面团和不合格的饼坯，这些统称为头子。在生产过程中，常常要把它再掺入到下次制作的面团中。但头子的加入会增加面团的筋力，影响酥性面团的加工性能和成品的酥松度。这是因为头子已经过辊轧和长时间的胀润，面筋形成量比新鲜面团要高得多。但在面筋筋力十分弱，面筋形成十分慢的情况下，头子的加入可以弥补面团筋力不足而改善操作。所以头子的添加应根据情况灵活使用，注意适量。一般加入量以新鲜面团的 1/10～1/8 为宜。

e. 调粉时间：调粉时间是决定面筋形成程度以及限制面团弹性的直接因素。调粉时间不足会导致面筋形成量不够，面团松散而无法形成面片；游离水过多引起面团黏性太大而粘辊、粘帆布进而影响正常操作及产品质量等。调粉时间过长，会增大面团的筋力，出现面片韧缩、花纹不清、表面粗糙、易起泡、凹底、体积小、成品不酥松等问题；一般调粉时间在 5～18min。

f. 静置时间：酥性面团是否需要静置应根据面团的具体情况而定。如果在调制时面筋形成不足，可以通过静置期间的水化作用继续进行，增加面团结合力和弹性，降低面团黏性。对于面筋形成不足适当地静置是一种补救办法。如果面团已达正常，面团无需静置。

g. 面团的温度：温度也是影响面团调制的关键因素之一，酥性面团的调粉温度一般在 22～28℃左右。面团温度太低，不利于面筋吸水胀润，使面片内部结合力较弱，表面黏性增大而易造成粘辊筒和印模，影响操作；反之，面团的温度提高会增加面筋蛋白质的吸水率，增强面团筋力，同时还会导致高油脂面团中的油脂外溢，给后续操作带来困难；调粉时面团的温度一般利用水温来控制。夏季气温高，可用冰水调制面团。

(3) 发酵面团的调制

① 发酵饼干对面团的要求：发酵饼干的形成过程是：利用生物疏松剂——酵母在生长繁殖过程中产生二氧化碳气体，二氧化碳气体又依靠面团中面筋的保气能力而保存于面团中，在烘烤时二氧化碳受热膨胀，加上油酥的起酥效果，形成发酵饼干特别疏松的内部组织以及断面具有清晰的层次结构。为了实现以上目的，要求调制后的发酵面团的面筋既要充分形成，具有良好的保气性能，还要有较好的延伸性和可塑性、适度的结合力及柔软、光滑的性质。

② 面团调制与发酵的技术要求：面团的调制和发酵一般采用二次发酵法。

a. 第一次调粉和发酵：第一次调粉首先是用温水活化鲜酵母或用温水活化干酵母，然后加入到过筛后的面粉中，最后加入用以调节面团温度的温水，在卧式调粉机中调制4～6min。冬季使面团的温度达到28～32℃，夏季25～28℃。调粉完毕的面团送入发酵室进行第一次发酵。第一次调粉时使用的面粉应尽量选择高筋粉。

第一次发酵要求发酵室的理想发酵温度为27℃，相对湿度为75%。发酵时间为6～10h。发酵完毕后，面团pH有所降低，约为4.5～5左右。通过面团较长时间的发酵，主要使酵母在面团中大量地繁殖，为第二次发酵奠定基础。

b. 第二次调粉和发酵：第二次调粉是在第一次发酵好的面团（也称作酵头）中加入其余的面粉以及油脂、精盐、糖、鸡蛋、乳粉等除疏松剂以外的原辅料，在调粉机中调制5～7min，搅拌开始后，慢慢撒入小苏打使面团的pH达中性或略呈碱性。小苏打也可在搅拌一段时间后加入，这样有助于面团光滑。第二次调粉时使用的面粉应尽量选择低筋粉，这样有利于产品口感酥松、形态完美。调粉结束后冬季面团温度应保持在30～33℃，夏季28～30℃。

第二次发酵又称为延续发酵，要求面团在温度为29℃、相对湿度为75%的发酵室中发酵3～4h。

③ 面团调制中应注意的问题

a. 面团温度：面团的温度调整得是否适当直接关系到酵母的生存环境。酵母繁殖最适宜的温度是25～28℃，最佳发酵温度是28～32℃。但要维持适宜的发酵温度，保证酵母既能大量繁殖又能使面团发酵产生足够的二氧化碳气体，必须考虑周围环境和发酵本身的放热。调制好的面团随着发酵的不断延续，会因酵母本身生命活动过程中所产生的热量而使面团温度有所上升，因此夏季宜把面团的温度调得低一些（一般低2～3℃），防止面团过热，引起过多的乳酸菌、醋酸菌发酵，使面团变酸；冬季则不然，由于周围环境的温度通常都低于27℃，温度过低，则会引起发酵不足、胀发不良等问题从而延长发酵时间和生产周期，因此调制面团时，应将温度控制得高一些。

b. 加水量：加水的多少取决于面粉的吸水率等因素。第一次调粉、发酵时，由于酵母的繁殖速度随面团加水量增加而增大，面团可适当地调得软一些，以利于酵母增殖。对于第二次调粉，虽然加水量稍多可使湿面筋形成程度高，面团发得快，体积大，但由于发酵过程中有水生成，加之油、糖及盐的反水化作用，会使面团变软和发黏，不利于辊轧和成型操作，所以调制的面团应稍硬些。但加水量也不能过少，而使面团硬度过大，以免导致成品变形。

c. 用糖量：糖作为酵母的碳源也是酵母生长和繁殖的重要因素。在第一次调粉、发酵时，一般需加入1%～1.5%的饴糖或蔗糖、葡萄糖，用来弥补面粉本身淀粉酶活力低、可溶性糖分不能充分满足酵母生长和繁殖的需要，从而加快酵母的生长繁殖和发酵速度。但糖浓度较高时会产生较大的渗透压，造成酵母细胞萎缩和细胞原生质分离而大大降低酵母的活力，因此也可以通过加入淀粉酶以提高淀粉酶的活力。第二次调粉、发酵时，酵母所需的糖分主要由面粉中的淀粉酶水解淀粉而得到，加糖量应根据成品的口味和工艺考虑。

d. 油脂的影响：发酵饼干使用油脂较多，而加入油脂对饼干生产的影响具有双重性。有利的方面是能够使制品疏松，增加制品风味；不利的方面是大量的油脂会在酵母细胞周围形成一层难以使营养物质渗入酵母细胞膜的薄膜，抑制酵母发酵。因此，一般采用少部分油脂在调粉时加入，大部分在辊轧面团时采用夹油酥的方法。为了解决流散度高的液体油对酵母发酵的更为显著的抑制作用，通常使用优良的猪板油或其他固体起酥油。

e. 用盐量：发酵饼干的食盐加入量一般为面粉总量的1.8%～2.0%。食盐的加入对饼干的生产也具有双重作用。适量的加入能够起到增强面筋弹性和韧性；提高淀粉分解率，供给酵母充足的碳源；改善产品口味；抑制杂菌的作用。但过高的食盐浓度会抑制酵母的活性，使发酵作用减弱。所以，第一次调粉发酵中不加盐，通常在第二次调粉时才加入盐，也可以在第二次调粉时只加入食盐的30%，其余的70%在油酥中拌入或在成型后撒在表面，以防数量过多的食盐对酵母的发酵作用产生影响。

除此之外，面粉性能、酵母的质与量对发酵的影响也十分重要。

3. 面团辊轧

饼干面团调制完成后经静置或不静置而进入辊轧操作。面团的辊轧就是将调粉后内部组织比较松散的面团通过相向、等速旋转的一对轧辊（或几对轧辊）的反复辊轧，使之变成厚度均匀一致并接近饼坯的薄厚以及横断面为矩形的结构均整的层状组织的过程。

（1）面团辊轧的基本原理　饼干面团在辊轧过程中，面带经过多道压延辊的辊轧，使得其在运动方向上的延伸比沿轧辊轴线方向的拓展大得多，因此在面带运动方向上产生的纵向应力要比轴线方向上的应力大，出现面带内部应力分布不均匀，如果面带直接进入成型必然会导致成型后的饼坯收缩变形。具体解决办法是在进行多次来回辊轧的同时，把面带进行多次90°转向，并在进入成型机辊筒时再次调转90°，以最大限度地减少由于内部应力分布的不平衡而导致的饼干变形。

面团经过多道压延辊的辊轧，相当于面团调制时的机械揉捏，一方面能够使面筋蛋白通过水化作用，继续吸收一部分造成黏性增大的游离水，另一方面使调粉时未与网络结合的面筋水化粒子达到与已形成的面筋的结合，从而组成整齐的网络结构，促使面筋进一步形成。进而有效地降低面团的黏性，增加面团的可塑性。

经过反复辊轧、翻转、折叠，面团形成了结构均整、表面光洁的层状组织，不仅有利于成型操作，实现饼坯的形态完整、花纹清晰、保持力强以及与饼干产品的色泽一致，而且面团中也排出了多余的气体，使面带内气泡分布均匀，组织细腻。

（2）不同面团辊轧的技术要求

① 韧性饼干面团辊轧：对于韧性饼干面团一般都应经过辊轧工序。经过辊轧工序所生产的成品具备不易变形、内部结构均匀、表面光洁的优点。

韧性饼干面团一般要经过9～14次辊轧和多次折叠、翻转90°，即面带由厚到薄的过程，以达到面带组织规律化，呈层状排列，头子能够比较均匀地掺入到面团的目的。为了顺利完成辊轧操作，应注意以下几个问题。

a. 压延比不宜超过 3∶1，即面带经过一次辊轧不能使厚度减到原来的 1/3 以下。比例过大不利于面筋组织的规律化排列，影响饼干膨松。但比例过小，不仅影响工作效率，而且有可能使掺入的头子与新鲜面带掺和不均匀，使产品疏松度和色泽出现差异，以及饼干烘烤后出现花斑等。

b. 头子加入量一般要小于 1/3，但弹性差的新鲜面团应适当多加。

c. 韧性面团一般用糖量高且使用油脂较少，易引起面团发黏。为了防止粘辊，可在辊轧时均匀地撒少许面粉，但要避免引起面带变硬，造成产品不疏松及烘烤时起泡的问题。韧性饼干的辊轧如图 4-1 所示，辊筒中间面带的厚度单位为 mm。

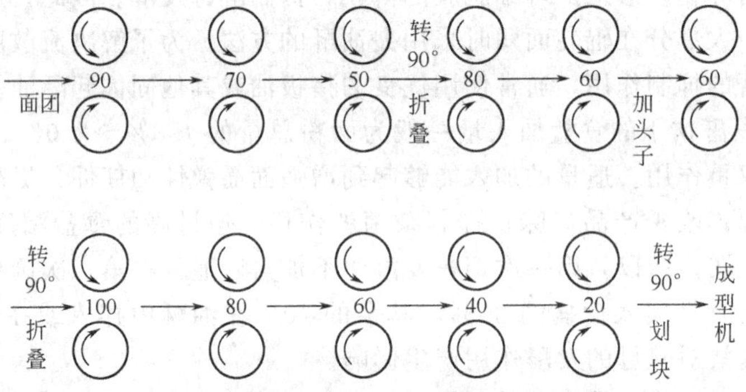

图 4-1　韧性饼干的辊轧示意图

② 发酵饼干面团辊轧：对于发酵面团均需经过辊轧，因为发酵饼干生产需要夹酥，排除多余的二氧化碳气体；成品要求具有多层次的酥松性，只有经过对面团的多次辊轧才能实现。

面团的辊轧作为发酵饼干生产不可缺少的重要环节，其操作与韧性饼干基本相同。区别在于夹油酥前后压延比的变化。未加油酥前，压延比不宜超过 3∶1，面带夹入油酥后，压延比一般要求在 2∶1 到 2.5∶1 之间，压延比过大，油酥和面团变形过大，面带的局部出现破裂，引起油酥外露，影响饼干组织的层次和外观，并使胀发率减低。发酵饼干的辊轧如图 4-2 所示，轧辊中间面带的厚度单位为 mm。

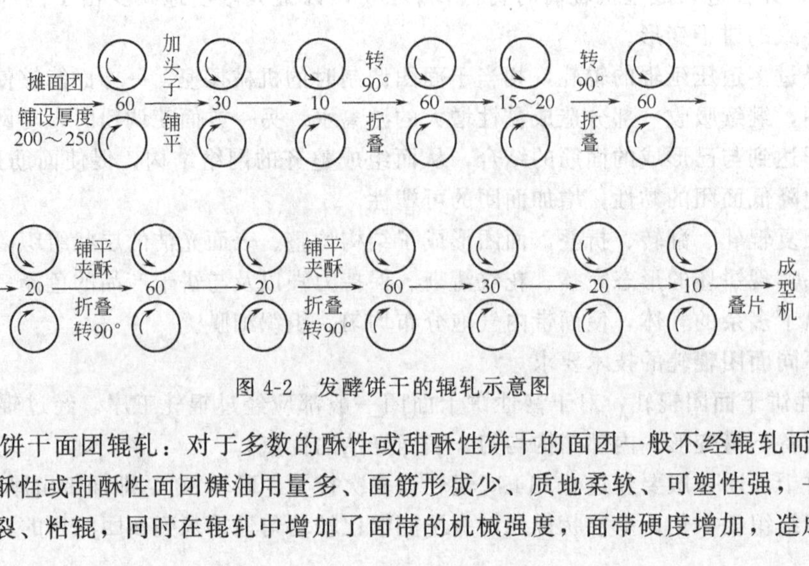

图 4-2　发酵饼干的辊轧示意图

③ 酥性饼干面团辊轧：对于多数的酥性或甜酥性饼干的面团一般不经辊轧而直接成型。究其原因，酥性或甜酥性面团糖油用量多、面筋形成少、质地柔软、可塑性强，一经辊轧易出现面带断裂、粘辊，同时在辊轧中增加了面带的机械强度，面带硬度增加，造成产品酥松

度下降等。

虽然大多数厂家对于酥性面团不再使用辊轧工序，但当面团黏性过大，或面团的结合力过小，皮子易断裂需要辊轧时，一般是在成型机前用 2～3 对轧辊即可，要求加入头子的比例不能超过 1/3，头子与新鲜面团的温度差不超过 6℃。

（3）头子的掺入对辊轧工序的影响　在生产过程中，当面团结合力较差时，掺入适量的头子可以提高面团的结合力，对成型操作十分有利。但在添加时应注意头子的比例、温度差、掺入时的操作是否得当等对辊轧工序的影响。

① 掺入比例的影响：头子与新鲜面团的比例应在 1∶3 以下。由于头子在较长时间的辊轧和传送过程中往往出现面筋筋力增大、水分减少、弹性和硬度增加的情况，因此在冲印或辊切成型时要求正确操作，尽量减少头子量和饼坯的返还率。

② 温度差的影响：面团在不同的温度下呈现不同的物理性状，如果头子与新鲜面团温度差异较大则会使得头子掺入后，面带组织不均匀，机械操作困难，如出现粘辊、面带易断裂等。但由于受操作环境影响，头子的温度与新鲜面团的温度往往不一致，这就要求调整头子的温度，在掺入时二者温差越小越好，最好不要超过 6℃。

③ 掺入时操作方法的影响：由于头子的加入只是将其压入新鲜面带，不会像面团调制时那样充分搅拌揉捏，因此要求头子掺入新鲜面团时尽量均匀地掺入。对于掺入后还需通过辊轧工序的头子，直接均匀铺在新鲜面带上即可。如果不经辊轧工序，头子应铺在新鲜面团的下面防止粘帆布以及产品表面色泽有差异。如果头子掺入不当，往往会造成粘辊、粘帆布，产品色泽不均、变形、酥松度不一等后果。

4. 成型

饼干面团经过辊轧成面带或直接进入成型工序。饼干的成型方式因所用设备不同，一般分为冲印成型、辊印成型、辊切成型、挤条成型、钢丝切割成型、挤浆成型等。不同饼干成型的方法主要依据企业设备情况以及生产饼干的品种和配方进行选择。

（1）冲印成型　冲印成型是一种将面团辊轧成连续的面带后，用印模直接将面带冲切成饼坯和头子的成型方法。作为一种传统而又被广泛使用的成型方法，其不仅能用于生产韧性饼干，而且也能用于生产发酵饼干和部分酥性饼干，其使用范围广，具有辊切成型、辊印成型不可比拟的优势。

① 冲印成型的构造及工作原理：冲印成型机前装配有 2～3 对轧辊，后有头子分离装置，其工作原理如图 4-3 所示。

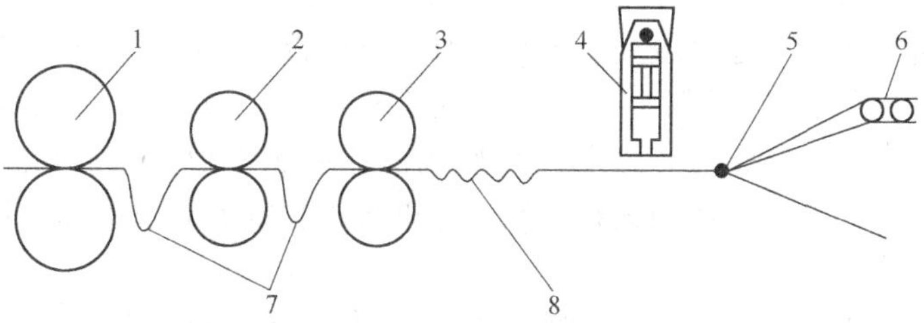

图 4-3　冲印成型机工作原理示意图

1—第一对轧辊；2—第二对轧辊；3—第三对轧辊；4—冲印机；
5—头子分离；6—头子输送带；7—辊轧面带下垂度；8—辊轧后面带褶皱

冲印成型方式的发展历经了两个时期。早期是间歇式冲印成型，这种成型方法的致命缺陷是与现代连续式钢带不能很好地配合，目前已基本被淘汰；现在常用的是摆动式冲印成型机，其成型原理是冲头垂直冲印帆布运输带上的面带，将面带分切成饼坯和头子的同时，与帆布带下面能够活动的橡胶下模合模，并随着连续运动的帆布输送带、分切的饼坯和头子向前移动一段距离，然后冲头抬起成弧线迅速摆回到原来位置开始下一个冲印动作。如此下去，周而复始，不断将面带冲成饼坯。这种成型方式解决了与连续式钢带载体相配合的问题。

冲印饼干坯的印花和分切是靠印模进行的。印模主要分两大类，一种是凹花有针孔印模，能够解决韧性和发酵面团由于面筋弹性较强或面团持气能力较强导致烘烤时饼坯表面胀发变形较大、凸出的花纹不能被很好保持、表面胀起大泡的问题。因此，这种印模适用于韧性饼干和发酵饼干。另一种是无孔凸花印模，这种印模对于面团面筋形成很少、组织比较疏松、在烘烤时内部产生的气体能比较容易逸出、面团可塑性好、能够保持冲印时留下表面形状的酥性面团成型良好，因此，适用于酥性饼干。

印模的构造分四个部分，即冲头、刀口、针柱和压板。冲头是与饼坯表面形状相近、花纹相反且稍小一点的一块模板，又称为芯子，其作用是冲印时赋予饼坯花纹图案；刀口是紧贴冲头外边的套筒的锋利下端，其作用是将印有花纹的面片与面带切断而得到饼坯；针柱固定在套筒的底板上，随刀口上下运动，其作用是将饼坯穿孔；压板也称推板，在刀口外边，其作用是在刀口上升时，压板向下将头子推出，防止头子粘在刀口上带上去。

冲印成型印花和分切过程中是冲头向下先接触面带，将面带冲印出花纹，随即刀口和针柱向下，将冲印有花纹的面带穿孔并切断分成饼坯和头子，然后刀口和针柱上升，冲头上升，冲头依靠弹簧把饼坯弹出，最后冲头上升，而推板将头子推出，从而完成一次冲印过程。

冲印成型被切下来的头子需要与饼坯分离。头子分离是通过饼坯传送带上方的另一条与饼坯传送带成 20°左右夹角、向上倾斜的传送帆布带运走，再被另一传送带送回第一对轧辊前的帆布带上进行下一次辊轧，如图 4-3 所示。韧性和发酵面团头子分离并不困难，但对于强度较小的酥性面团，则需要调整好饼坯传送带与头子传送带的角度和分离处的距离，避免发生断裂。

② 影响冲印成型的因素：冲印操作要求面带不粘辊筒，不粘帆布，冲印清晰，头子分离顺利，落饼时无卷曲、变形现象。不管面团是否经过辊轧，都不能直接冲印成型，必须在成型机前的 2～3 对轧辊上压延成规定厚度，方能冲印成型。为达此目的，除面团符合工艺要求外，在冲印成型操作时还应注意以下要素。

a. 合理选择轧辊直径和配置辅助设施。由于第一对轧辊前的物料由头子和新鲜面团的团块堆成，面带薄厚不匀、厚度较大或者是没有形成面带的面团，用较大直径的轧辊便于把面团压延成比较致密的面带。因此，第一对轧辊直径（300～350mm）的选择必须大于第二对和第三对轧辊（215～270mm）。在第一对轧辊前加装撒面粉或涂油装置以防止粘辊和粘帆布。轧辊上装配刮刀，不断将表面粉层刮去，以防止轧辊上的面粉硬化和积厚，影响压延后面带表面的光洁度。

b. 对于不经辊轧的韧性面团和酥性面团，面团和头子在第一对辊筒前的输送带上要均匀地铺设。具体方法是把面团和头子撕成小团块状，在帆布上铺成 60～150mm 厚的面带，由于头子比新鲜面团干硬，头子尽量铺在底层，不易粘帆布。

c. 做好轧辊间隙调节，实现轧辊间转速的密切配合。只有单位时间内通过每一对轧辊的面带体积基本相等，三对轧辊与冲印部分连续操作才能顺利进行，才能够保证面带不重叠涌塞或面带不被拉断、拉长。轧辊间隙和轧辊间转速的密切配合起着决定性的作用，轧辊间隙一般应根据面团的性质、饼坯厚度、饼干规格进行调节，并随时加以校准。轧辊间隙的调整使面带的截面积发生改变，要使每一对轧辊面带的体积基本相等，轧辊的速度也必须调整，以进行密切配合。反之，必然要发生积压或断带现象。

在调整轧辊间隙时，一方面要考虑到与前道工序轧辊和帆布输送速度的配合，另一方面对于酥性面团和韧性面团，各对轧辊的压延比一般不要超过 4∶1，发酵饼干对组织要求较高，压延比要更小，这样才能使经过发酵形成的海绵状组织压延成层次整齐、气泡均匀的结构。夹酥面带，如压延比过大，还会造成层次混乱和油酥裸漏等质量缺陷。

d. 做好轧辊速度的调节与轧辊间隙密切配合，防止几道轧辊间面带绷得太紧，面带纵向张力增强而引起冲印后饼坯在纵向的收缩变形；或使抗张力较小的面带因受纵向张力的影响，造成断裂。为了防止面带纵向张力过大和断裂，应在面带压延和运送过程中，每两对轧辊之间的面带保持一定的下垂度，既可消除压延后产生的张力，又能防止意外情况引起的断带，如图 4-3 所示。在第三对轧辊后面的小帆布与长帆布连接处也要使面带形成波浪形褶皱状余量，以松弛面带张力。褶皱的面带在长帆布输送过程中会自行摊平，并不影响正常成型。

（2）辊印成型 辊印成型是目前中小企业应用较多的成型方法，这是因为辊印成型的饼干花纹图案十分清晰、口感好、香甜酥脆；辊印设备占地面积小，产量高，无需分离头子，运行平稳，噪声低。但是辊印成型也有它的局限性，它不适合韧性饼干和发酵饼干的成型，仅适于高油脂的、面团弹性小的、可塑性较大的酥性或甜酥性饼干的成型。

① 辊印成型机的结构：辊印成型机的成型部分由喂料槽辊、花纹辊和橡胶脱模辊三个辊组成。结构示意如图 4-4 所示。喂料槽辊上有用以供料的槽纹，以增加与面团的摩擦力；花纹辊又称型模辊，它的上面有均匀排布的凹模，转动时将面团辊印成饼坯；在花纹辊的下方有一橡胶辊用来将饼坯脱出。

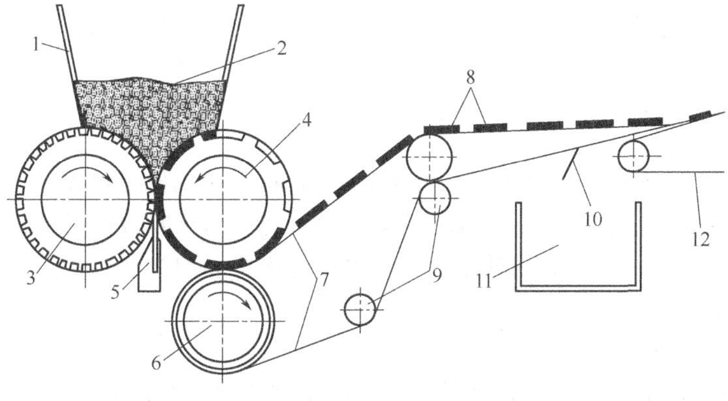

图 4-4 辊印成型机结构示意图

1—加料斗；2—面团；3—喂料槽辊；4—花纹辊；5—刮刀；6—橡胶脱模辊；7—脱模带；8—饼坯；9—张紧辊；10—刮刀；11—面屑落斗；12—饼坯输送带

② 辊印成型机的工作原理：面团由成型机加料斗底部开口落到一对直径相同的喂料槽辊和花纹辊中间，两辊作相对转动，面团在重力和两辊相对运动的压力下不断充填到花纹辊的印模中，印模中的饼坯向下运动时，被紧贴在花纹辊的刮刀刮下去多余面屑，形成饼坯的底面。花纹辊同时与其下面包着帆布的橡胶脱模辊作相对转动，当花纹辊中的饼坯底面与橡胶辊上的帆布接触时，就会在重力和帆布带的黏合力的作用下，从花纹辊的印模中脱出，然

后由帆布输送带送到烘烤网带或钢带上进入烤炉。

③ 影响辊印成型的因素

a. 面团的影响：辊印成型要求使用稍硬、弹性较小的面团。但若面团过硬及弹性过小，不利于进料和印模的充填，会出现压模不实，造成脱模困难，饼坯残缺或裂纹，破碎率增大。面团过软或弹性大会形成紧实的团块，易造成喂料不足，脱模困难，或因刮刀刮不平整而出现饼坯底部不平整，脱出的饼坯出现毛边等质量问题。

b. 刮刀刃口的位置：在辊印成型过程中，分离刮刀的位置直接影响饼坯的质与量，当刮刀刃口位置较低时，印模内刮去面屑后的饼坯略低于花纹辊表面，从而使得单块饼坯的重量减少；当刃口位置较高时，又会使饼坯重量增加。

c. 橡胶辊的压力：橡胶辊的压力大小也对饼坯成型有一定影响。若压力过小，不利于印模中饼坯的松动，会出现饼坯粘模现象；若压力太大，会使饼坯厚度不匀。因此，橡胶辊的调节，应在能顺利脱模的前提下尽量减小压力。

(3) 辊切成型　辊切成型是目前国际上较流行的饼干成型设备。辊切成型机械不仅有占地小、效率高的特点，还对面团有广泛的适应性，不仅适宜于韧性饼干、发酵饼干，也适应酥性、甜酥性饼干的生产。

① 辊切成型机的结构：辊切成型机由两大部分组成，机体前半部分由多道压延辊组成；后半部分的成型部分由一个带针柱、压花纹的花纹辊和一个分切饼坯的刀口辊及橡胶辊组成。结构示意如图 4-5 所示。

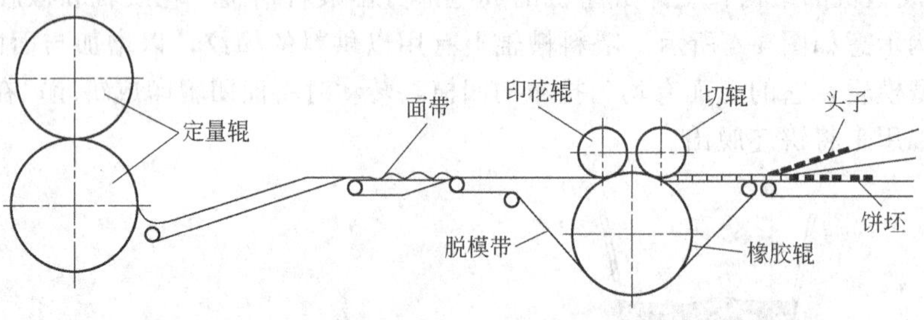

图 4-5　辊切成型机成型部分工作原理示意图

② 辊切成型的工作原理：首先面团被多道压延辊压延成规定厚度、表面光滑的面带，然后由帆布输送带送往成型部分；在成型部分，面带经过与橡胶辊作相对转动的花纹辊时压出花纹，而后经过与橡胶辊作相对转动的刀口辊时切出饼坯和头子，最后由斜帆布输送带完成头子和饼坯的分离。

(4) 其他成型方式

① 挤浆成型：挤浆成型加工的面团一般是半流体，有一定的流动性，因此多用黏稠液体泵将糊状面团间断挤出滴加在烘烤炉的载体（钢带或烤盘）上进行一次成型，进炉烘烤。杏元饼干的成型就是利用挤浆成型方式。

② 钢丝切割成型：通过挤压机械将面团从成型孔中挤出，每挤出一定的长度，即用钢丝切割成相应厚度的饼坯。挤出时还可以将不同颜色的面团同时挤出，而形成多色饼干。该成型方式是利用成型孔的形状生产出不同外形的饼干。

③ 挤条成型：利用挤条成型机械将面团从成型孔中挤出形成条状，再用切割机切成一定长度的饼坯。挤条成型孔断面是扁平的。

此外，还有一些如挤花成型等特殊的成型方式。

5. 烘烤

烘烤是成型后的饼坯进入烤炉成熟、定型而成饼干成品的过程。它是决定产品质量的重要环节之一。烘烤远不只是把饼干坯烘干、烤熟的简单过程，而是关系到产品的外形、色泽、体积、内部组织、口感、风味等的复杂的物理、化学及生物化学变化的过程。

（1）饼干烘烤的基本原理　目前饼干烘烤主要采用红外线加热。加热方式是通过传导、辐射、对流方式进行的，其中，辐射加热最为主要，传导次之，对流加热最少。在烘烤过程中发生了一系列的变化。

① 水分变化与温度变化：在烘烤过程中，饼坯的水分随着温度的变化而变化，具体过程可分为以下三个阶段。

a. 饼坯的吸湿、升温阶段：时间约为 1.5min。由于炉口温度较高，且绝对湿度高，刚入炉的冷饼坯遇到炉内湿热的空气，水蒸气即会在饼坯表面冷凝成露滴，导致饼坯水分有所增加，饼坯的吸水对淀粉吸水糊化、饼干上色有积极影响。从这一角度考虑，应尽量增加烤炉前段的相对湿度，保证饼干的表面光泽。随着饼坯向炉内运动，饼坯温度迅速达到 100℃，饼坯表面一部分水分蒸发，一部分水分却由于高温蒸发层的蒸汽分压大于饼坯内部低温处的蒸汽分压，而从外层向饼坯中心转移。在这一阶段，饼坯中心的水分较入炉前略有增加，饼干表层游离水被部分排除；饼坯表层温度升高到约 120℃，中心温度也达到 100℃以上。

b. 快速烘烤阶段：约需 2min。随着饼坯表层水分不断蒸发减少，在饼坯内外形成了水分差，推动内部的水分逐层向外扩散，水分蒸发向饼坯内部推进。这一阶段饼坯水分下降的速度很快，大部分游离水和部分结合水被除去。饼坯温度继续升高，表层温度在 140℃以上，中心温度也达到 110℃左右。

c. 饼干上色阶段：在此阶段，饼干获得诱人的棕黄色，上色反应以美拉德反应为主。在这个阶段，去除的主要是结合水，水分下降速度比较慢，水分的蒸发已经极其微弱。饼坯表层温度可达 180℃，中心温度约在 110℃。

② 厚度变化：饼坯在烘烤中产生了大量的二氧化碳、氨气和水蒸气，这些气体受热膨胀，由于面筋的持气性，使之不能很快逸散到饼坯之外，而在饼坯内产生了很大的膨胀力，使饼坯的厚度急剧增加。烘烤完毕，饼坯厚度明显增加。饼干成品和生饼坯相比，酥性饼干一般增厚 1.6～2.5 倍，韧性饼干增厚约 2～3 倍。当饼坯表层温度达到 100℃以上后，疏松剂分解完毕，表面的淀粉和蛋白质受热凝固，使厚度略有收缩，饼干完成定型。

饼干的厚度变化取决于胀发力的大小。而胀发力又受到面团的软硬度、面筋的抗张力、疏松剂的产气性能、炉温的高低、炉膛内湿度的大小等因素的影响。当面团调得软，烤炉温度又高，炉内湿空气流动缓慢，饼坯的胀发力就大；面团调得硬度及筋性较大时，面团的抗张力大于气体的膨胀力，饼坯的厚度就不会有太大的增加。因此，气体的膨胀力稍大于面团的抗张力时，制出的饼干较为理想。若气体的膨胀力过大，就会使饼干结构过于松散，容易破碎，成品率下降；与之相反，当面团的抗张力过大，就易出现饼干僵硬，在无孔洞的载体上烘烤，饼干还会出现凹底的现象。

③ 生物化学变化：与面包基本相近，主要包括疏松剂的分解、淀粉的糊化、蛋白质的热凝固、上色反应、酶的活力变化、酵母的变化等。

（2）不同饼干烘烤的技术要求　根据烘烤工艺要求，烘烤炉分为几个温区。前段部位为

180～200℃，中间部位为220～250℃，后段部位为120～150℃。饼干坯在每一部位有着不同的变化，即膨胀、定型、脱水和上色。烤炉的运行速度要根据饼坯厚薄进行调整，厚者温度低而运行慢，薄者则相反。

① 韧性饼干的烘烤：韧性饼干面团在调制时使用了比其他饼干较多的水，且因搅拌时间长，淀粉和蛋白质吸水比较充分，面筋的形成量较多，结合水多，所以在选择烘烤温度和时间时，原则上应采取较低的温度和较长的时间。在烘烤的最初阶段下火温度升高快一些，待下火上升至250℃以后，上火才开始渐渐升到250℃。在此之后，进入定型和上色阶段，下火温度应比上火低一些。一般整个烘烤时间在4～6min。

② 酥性饼干的烘烤：一般来说，酥性饼干的烘烤应采用高温短时间的烘烤方法。温度为300℃，时间3.5～4.5min。但由于酥性饼干的配料中油、糖含量高，且配方各不相同、块形大小不一、厚薄不均，因此烘烤条件也存在较大差异。对于配料普通的酥性饼干，需要依靠烘烤来胀发体积，饼坯入炉后宜采用较高温度的下火以及较低而逐渐上升温度的上火的烘烤工艺，使其能保证在体积膨胀的同时，又不致在表面迅速形成坚实的硬壳；对于油、糖含量高的高档酥性饼干，除在调粉时适当提高面筋的胀润度之外，还应一入炉就要使用高温，迫使其凝固定型，避免在烘烤中发生饼坯不规则胀大的“油摊”现象，防止产生破碎。烘烤后期温度逐渐降低，以利于饼干上色。

③ 发酵饼干的烘烤：发酵饼干坯中聚集了大量的二氧化碳，烘烤时，由于受热膨胀，使饼坯在短时间内即有较大程度的膨胀，这就要求在烘烤初期下火温度要高些，上火温度要低些，既能够使饼坯内部二氧化碳受热膨胀，又不至于导致饼坯表面形成一层硬壳，有利于气体的散失和体积胀大。如果炉温过低，烘烤时间过长，饼干易成为僵片。在烘烤的中期，要求上火渐增而下火渐减，因为此时虽然水分仍然在继续蒸发，但重要的是将胀发到最大限度的体积固定下来，以获得良好的烘烤胀发率。如果此时温度不够高，饼坯不能凝固定型，胀发起来的饼坯重新塌陷而使饼干密度增大，制品最后不够疏松。最后阶段上色时的炉温通常低于前面各区域，以防成品色泽过深。发酵饼干的烘烤温度一般下火选择在330℃，面火250℃左右。

发酵饼干的烘烤不能采用钢带和铁盘，应采用网带或铁丝烤盘。因为钢带和铁盘不容易使发酵饼干产生的二氧化碳在底面散失，若用钢丝带可避免此弊端。

(3) 烘烤设备　烘烤炉的种类很多，小规模工厂多采用固定式烤炉，而大中型食品工厂则采用传动式平炉。平炉采用钢带、网带为载体。平炉是隧道式烤炉的发展，炉膛内的加热元件是管状的，燃料可以用煤油、天然气或电热。传动式平炉长度一般在40～60m。

6. 冷却

刚出炉的饼干温度和水分都处于较高水平，除硬饼干和发酵饼干外，其他饼干都比较软，特别是糖油量较高的甜酥饼干更软，只有在饼干中的水分蒸发、温度下降、油脂凝固以后，才能使其形态固定下来。包装过早将会导致饼干水分过高而出现霉变，皮软未定型而弯曲变形和内部出现裂纹，饼干长时间处于较高温度而加剧油脂的氧化、酸败等不良后果。因此，饼干烘烤后必须冷却到38～40℃后才能进行包装。

(1) 饼干冷却的技术要求　冷却环境内最适宜的温度是30～40℃，相对湿度保持在70%～80%范围内。

采用自然冷却时，冷却传送带的长度一般为炉长的1.5倍才能使饼干的温度和水分达到规定的要求。

(2) 饼干冷却时应注意的问题　饼干不宜在强烈的冷风下冷却。如果饼干刚出炉立刻暴露在较低温度下冷却，降温迅速，就会出现水分急剧蒸发，饼干内部产生较大内应力，饼干外部易出现变形，甚至内部出现裂缝。

7. 饼干的包装

饼干冷却到要求的温度和水分含量后应立即包装。精致的包装不仅可以增加产品美观，吸引广大的消费者，而且能够避免饼干中水分的过度蒸发或吸潮；保持饼干卫生清洁，阻止饼干受到虫害或环境中有毒、有害、有异味物质的污染；有效地降低饼干储运和销售过程中的破损；阻断饼干与空气中氧的接触，减缓因油脂氧化带来的饼干酸败变质等。

饼干的包装形式分为袋装、盒装、听装和箱装等不同包装，包装材料应符合相应的国家卫生标准。各种包装应保持完整、紧密、无破损，且适应水、陆运输。饼干外包装标签标注内容应符合 GB 7718 规定，标明产品名称、企业名称（或企业标示）、生产日期、保质期、重量以及防潮、防日晒、防碎和向上等标记。

三、饼干的质量标准

1. 饼干的感官质量标准

各类饼干的感官质量标准见本章后附表 4-1。

2. 饼干的理化标准

各类饼干的理化标准见本章后附表 4-2。

3. 饼干卫生标准

各类饼干的卫生要求见本章后附表 4-3。

四、酥性饼干的加工实例

1. 基本配方（单位：kg）

标准粉 45，淀粉 5，磷脂 0.5，碳酸氢铵 0.2，砂糖 20，精盐 0.15，香兰素 0.008，起酥油 8，小苏打 0.3，适量水。

2. 加工过程与方法

（1）面团的调制　先将糖、油、乳品、蛋品、疏松剂等辅料与适量的水倒入调粉机内均匀搅拌形成乳浊液，然后将过筛后的面粉、淀粉倒入调粉机内，调制 6～12min 左右。

（2）辊轧　面团调制后不需要静置即可轧片。一般以 3～7 次单向往复辊轧即可，也可采用单向一次辊轧，轧好的面片厚度约为 2～4mm，较韧性面团的面片厚。

（3）成型　采用辊切成型方式进行。

（4）烘烤　酥性饼坯炉温控制在 240～260℃，烘烤 3.5～5min，成品含水率为 2%～4%。

（5）冷却与包装　饼干出炉后应及时冷却，使温度降到 25～35℃，在夏、秋、春季节，可采用自然冷却法；冬季气温较低，为了防止骤然冷却，可在冷却输送带上方加上隔离罩以解决饼干降温过快的问题。如果加速冷却，可以使用吹风，但空气的流速不宜超过 2.5m/s。

冷却后的饼干应及时使用安全、卫生、美观的包装材料进行包装。

3. 注意问题

① 香精要在调制成乳浊液的后期加入，或在投入面粉时加入，以便控制香味过量地挥发。

② 面团调制时，夏季气温较高，搅拌时间应缩短 2～3min；面团温度要控制在 22～28℃左右。油脂含量高的面团，温度控制在 22～25℃。夏季气温高，可以用冰水调制面团，

以降低面团温度。

③ 面粉中湿面筋含量高于 40%时，可将油脂与面粉调成油酥式面团，然后再加入其他辅料，或者将配方中的部分面粉更换为同量的淀粉。

④ 酥性面团中油、糖含量多，轧成的面片质地较软，易于断裂，不应多次辊轧，更不要进行 90°转向。

⑤ 面团调制均匀即可，不可过度搅拌，防止面团起筋。

⑥ 面团调制操作完成后应立即轧片，以免起筋。

五、发酵饼干的加工实例

1. 基本配方（单位：kg）

面粉 50，起酥油 7.5，即发干酵母 0.6，食盐 0.7，小苏打 0.25，水 23 左右；面团改良剂 0.5，味精、香草粉适量。

2. 加工过程与方法

(1) 第一次调粉和发酵　取即发干酵母 0.6kg 加入适量温水和糖进行活化，然后投入过筛后面粉 20kg 和 11kg 水进行第一次调粉，调制时间需 4～6min，调粉结束要求面团温度在 28～29℃；调好的面团在温度 28～30℃、湿度 70%～75%的条件下进行第一次发酵，时间在 5～6h。

(2) 第二次调粉和发酵　将其余的面粉过筛放入已发酵好的面团中，再把部分起酥油、精盐（30%）、面团改良剂、味精、小苏打、香草粉、大约 12kg 左右的水同时放入调粉机中，进行第二次调粉，调制时间需 5～7min，面团温度在 28～33℃；然后进入第二次发酵，在温度 27℃、相对湿度 75%下发酵 3～4h。

(3) 辊轧、夹油酥　把剩余的精盐均匀拌和到油酥中。发酵成熟面团在辊轧机中辊轧多次，辊轧好后夹油酥，进行折叠并旋转 90°再辊轧。达到面团光滑细腻。

(4) 成型　采用冲印成型，多针孔印模，面带厚度为 1.5～2.0mm，制成饼干坯。

(5) 烘烤　在烤炉温度 260～280℃下，烘烤 6～8min 即可，成品含水量为 2.5%～5.5%。

(6) 冷却与包装　出炉冷却 30min，整理、包装成为成品。

3. 注意问题

① 各种原辅料需经预处理后才可用于生产。面粉需过筛，以增加膨松性及去除杂质；糖需化成一定浓度的糖液；即发干酵母应加入适量温水和糖进行活化；油脂熔化成液态，各种添加剂需溶于水过滤后加入，并注意加料顺序。

② 必须计算好总液体加入量，一次性定量准确，杜绝中途加水，且各种辅料应加入糖浆中混合均匀方可投入面粉。

③ 严格控制调粉时间，防止过度起筋或筋力不足。

④ 面团调制后的温度冬季应高一些，在 28～33℃；夏季应低一些，在 25～29℃。

⑤ 在面团辊轧过程中，需要控制压延比。未夹油酥前不宜超过 3∶1，夹油酥后一般要求为 2∶1 到 2.5∶1。

⑥ 辊轧后与成型前的面带要保持一定的下垂度，以消除面带压延后的内应力。

六、我国饼干行业的发展方向

随着我国经济的快速发展和人民生活水平的不断提高，极大地推动了饼干工业的发展，新技术、新工艺、新品种的研究与开发不断取得新的突破。在今后一定时期，我国饼干工业的新技术、新工艺、新设备将广泛得到推广和应用，如采用面团半发酵技术生产发酵饼干，采用升温快捷、高热值的液化石油气烤炉将是主要发展方向。基础原材料、食品添加剂逐步实现专用化；饼干包装机械、包装材料的专用化；专业化协作将得到加强，典型的规模经济和规范效益日趋形成。

第三节 糕点加工

糕点是以面粉、大米、食糖、油脂等为主要原料，以蛋、乳、果仁等为辅料，经过面团调制、成型、熟制、装饰等加工而成的，具有一定色、香、味、形的粮油方便食品。

目前，糕点产品主要有中式糕点和西式糕点两大类。

西式糕点简称西点，是指从国外传入我国的糕点的统称。西式糕点突出的特点是：使用的油脂主要为奶油，乳品和巧克力用得也较多，成品具有浓郁的奶油味。传统的西点主要包括面包、蛋糕和点心三大类。

中式糕点是我国传统糕点的统称。目前，中式糕点尚无统一分类规定，大致有以下几种分类方法。按制作方法可分为烘烤制品、油炸制品、蒸煮制品及其他制品，每一类又因配方中含油、糖比例不同，面皮制作方式不同，分为酥类、松酥类、松脆类、酥层类、酥皮类、松酥皮类、糖浆皮类、硬酥类、水油皮类、发酵类、烤蛋糕类、烘糕类等 12 类。按地理位置及生产特点分为南点、北点及苏式、京式、广式、潮式、川式等。

一、糕点的加工工艺流程

1. 糕点加工的基本工艺流程

虽然不同种类糕点的配方及生产操作方法各异，但是，各类糕点都具有如下的基本工艺流程。

原料选择与处理→面团调制→成型→熟制→冷却→装饰→包装→成品

2. 各类糕点加工的工艺流程

（1）酥脆类（包括酥类、松酥类、松脆类）

原料选择与处理→面团调制→定量分块→成型→烘烤→冷却→包装→成品

（2）酥层类

原料选择与处理→油酥面团调制
↓
原料选择与处理→面皮面团调制→包酥→成型→烘烤→冷却→包装→成品

（3）酥皮类

原料选择与处理→油酥面团调制　　定量分块←制馅←馅料
↓　　↓
原料选择与处理→面皮面团调制→包酥→包馅成型→烘烤→冷却→包装→成品

（4）单皮类（包括糖浆皮类、水油皮类、松酥皮类、硬酥类）

馅料→制馅→定量分块
↓
原料选择与处理→面团调制→包馅成型→烘烤→冷却→包装→成品

（5）发酵类

原料选择与处理→发酵面团调制→包馅或不包馅→成型→烘烤→冷却→包装→成品

（6）烤蛋糕类

原料选择与处理 → 调糊 → 浇模 → 烘烤 → 脱模 → 冷却 → 包装 → 成品

（7）烘糕类

原料选择与处理 → 拌粉 → 装模成型 → 烘烤 → 脱模 → 冷却 → 包装 → 成品

二、糕点加工技术

1. 糕点常用面团的调制

面团调制是糕点加工中的重要工序，它与产品质量息息相关。面团调制是按不同产品配方和加工方法，采用不同的搅拌方式将原辅料混合，调制成所要求面团或面糊的过程。

（1）水油面团　水油面团又称水皮面团、水油皮面团。它是由水、油和面粉调制而成的面团，也有的加入少量鸡蛋或少量淀粉糖浆代替部分水分调制。该面团具有一定的筋性和良好的延伸性，大多数作为酥皮类糕点包油酥的皮料，也有些糕点品种是用此皮单独包馅制成。

① 面团调制的技术要求：目前水油面团广泛采用冷热水调制方法。首先是将部分沸水倒入油、糖等原辅料中，均匀乳化后加入面粉，搅拌成块状。然后摊开面团，冷却片刻后，分 3～4 次加入冷水搅拌，使面团起筋并光滑细腻，最后摊开面团，静置、退筋散热。

此外，水油面团的调制还有冷水调制法和温水调制法等。

② 面团调制中应注意的问题

a. 面团的用油量应根据面粉的面筋含量确定。即面粉面筋含量高应多用油，反之要少用油。

b. 加水的温度应根据季节和气候变化确定。水温过高，淀粉糊化，面团黏度增加，不易操作；水温过低，影响面筋的胀润度，使面团筋性增加，面团发硬，延伸性降低，影响成型。

c. 需要延伸性强的面团应分次加水；反之可一次性加水。

（2）酥性面团　酥性面团又称甜酥性面团。它是用适量的油、糖、蛋及其他辅料与面粉调制而成的面团。该面团具有良好的可塑性，但缺乏弹性和韧性，属于重油类产品。其产品特点是非常酥松，加工方法与酥性饼干面团基本相同。

（3）油酥面团　油酥面团是完全用油脂和面粉调制而成的面团，配方中油脂与面粉之比一般为 1∶2。此种面团不单独制成产品，而是作为酥皮面团的夹酥。

① 面团调制的技术要求：由于油酥面团完全是用油调制而成的面团，是借助于油对面粉颗粒的吸附而形成团块，无黏弹性，具有良好的可塑性，酥松柔软，因此，面团调制时要求首先将油倒入调粉机内，再加入面粉，搅拌几分钟，停机将面团取出，然后将面团分块，用手用力擦制，即所谓擦酥。擦酥要求擦匀擦透。

② 面团调制中应注意的问题

a. 由于面粉加水后面筋蛋白会吸水形成面筋，从而导致面团硬化而严重收缩。同时在包酥时容易与水油面皮联结在一起，无法形成层次，最后造成成品口感坚硬。因此油酥面团调制时切忌加水。

b. 油酥面团调制禁止使用热油擦酥，否则会造成油酥发散，面团黏度增大，无法操作。

c. 油酥面团存放时间长会变硬，使用前可再擦揉一次。

（4）糖浆面团　糖浆面团又称浆皮面团。它是用蔗糖（或饴糖）制成糖浆与面粉调制而成的面团，也可采用拌糖法调制面团。该面团有一定的韧性和良好的可塑性，适合制作浆皮包馅类糕点，成型时花纹清晰。

① 面团调制的技术要求：糖浆面团的调制要求先将糖浆投入调粉机内，然后加入油脂、疏松剂，搅拌成乳白色悬浮状液体时，再加入面粉搅拌均匀。由于糖浆和油的反水化作用，使面筋蛋白质不能充分吸水，限制了面筋大量形成。因此调制好的面团柔软、细腻，具有良好的可塑性。

② 面团调制中应注意的问题

a. 糖浆使用时必须用凉浆，不可使用热浆。

b. 糖浆和油必须充分搅拌、乳化均匀，否则面团易走油、粗糙、起筋，工艺性能下降。

c. 面粉应分次加入，以调节面团的软硬度，面团的软硬度可通过增减糖浆来调节，切不可加水。

d. 糖浆浓度是决定面团软硬度和工艺性能的重要因素，而水又是调节糖浆浓度的主要成分。面团中糖浆浓度过高极易使皮料发硬，成型困难，成品表面出现不正常的纹络和裂口现象。如果糖浆浓度过高，可在糖浆中加入少量水进行稀释后再用于面团调制。

e. 糖浆面团制成后面筋吸水胀润仍在进行，面团会很快变得韧性增强，由软变硬，可塑性降低。因此，面团最好在1h之内用完。

（5）面糊　面糊又称蛋糕糊、面浆。主要用来制作各类蛋糕。

① 蛋糕糊调制的技术要求：面糊的调制方法有多种，如蛋糖调制法、糖油调制法、粉油调制法等。

a. 蛋糖调制法：浆料在调制时，应先将鸡蛋、砂糖、疏松剂等辅料在搅拌机中混合均匀，边搅打边缓缓加水。在浆料打发高度和泡沫稳定性良好时，再加入面粉，轻轻混合即可。

b. 糖油调制法：将油脂（奶油、人造奶油等）搅打开，加入过筛的砂糖充分搅打至呈淡黄色、蓬松而细腻的膏状，再将全蛋液呈缓慢细流状分数次加入油脂与糖的混合物中，充分搅拌均匀，然后加入过筛的面粉，轻轻混入浆料中，不要过分搅拌以尽量减少面筋生成。最后，加入水、牛奶，混匀即成油脂面糊。另外，除上述全蛋搅打的糖油法外，蛋白和蛋黄还可以分开搅打。

c. 粉油调制法：将油脂（奶油、人造奶油等）与过筛的面粉一起搅打成蓬松的膏状，加入砂糖搅拌，再加入剩余过筛的小麦粉，然后分数次加入全蛋液混合成面糊，在加完蛋后加入牛奶、水等液体。

② 面团调制中应注意的问题

a. 面粉的品质：选用低筋的小麦粉起筋量少，既有利于增加浆料在烘烤时的流动性，充满模具，又有利于浆料内气体的受热膨胀，使产品获得疏松、多孔的结构。

b. 淀粉的添加：加入适量的淀粉，不但可以降低筋力，改善制品的结构，而且能够增加制品表面的光泽。

c. 浆料温度：调制结束时浆料温度以20～25℃为宜。气温高时，为了防止浆料持气性能下降，料温要适当降低。

d. 加水量：加水量的多少不仅直接影响到产品的品质，而且也影响后续操作。加水量太少，则面浆黏度太大，流动性差，不易充满烤模，造成成品缺损；加水量太多，则浆料太稀，浇片时流动性大，易产生大量的边皮，同时由于面糊易向四周流散，导致制品太薄，容易脆裂。浆料浓度一般控制在16～18°Bé（波美度）。

e. 油脂的影响：在调浆时加入适量的油脂，既可提高制品的表面光泽和风味，又可在烘烤时防止粘模。但由于油脂具有消泡性，它的加入不利于产品的膨松。

f. 调浆时间：调浆时间过长，会使浆料起筋、制品不酥脆；时间过短，原辅料不能充分混合均匀。因此调浆时应搅拌至小麦面粉、淀粉、油脂和水等充分混合，并含有大量空气的均匀状浆料为止。

g. 疏松剂：小苏打和碳酸氢铵是常用的疏松剂，为了避免制品因使用多量的小苏打和碳酸氢铵而带来的碱味，以及避免产品色泽发黄，通常还要添加适量的明矾。

h. 搅拌条件：搅拌机应具有可变速性，搅拌器应选用多根不锈钢丝制成的圆“灯笼”形，这种形式的搅拌器有利于把空气带入浆料内部，同时还具有分割气泡的作用，调制浆料面团效果好。开始搅打时，转速应快一些，以 125～130r/min 为好，为防止转速过快打过头，5min 后转速减慢，以 70r/min 为好。

(6) 其他面团　此外还有米粉面团、发酵面团，对于米粉面团、发酵面团两种面团的调制技术在其他章节有详细介绍，这里不再赘述。

2. 馅料加工

很多糕点为包馅产品，馅料的加工突出反映了不同地域糕点的特色。

(1) 馅料加工的技术要求　馅按制作方式可分为拌馅和炒馅两大类。

① 拌馅：将糖、油、水及其他辅料放入调粉机内拌匀，再加入熟面粉、糕粉等进行搅拌，拌匀至软硬适度时，即制成拌馅。所用面粉要求用熟制面粉，以使糕点的馅心熟透不夹生。

② 炒馅：将面粉与馅料中其他原料经加热炒制成熟的馅料。

(2) 馅料加工中应注意的问题

① 炒制时宜用小火，使水分充分挥发，糖油充分吸收，火若太旺，馅料会出现焦苦味。

② 炒馅过程中逐次加入油、糖使混为一体，馅料光泽好、观感油润，同时能防止糊锅底。

③ 手工炒制，必须用铲沿锅底勤翻动，以防糊锅底。

④ 馅料加工后的软硬度应与面团相近。

3. 成型

成型是将调制好的面团（糊）加工制成一定形状。糕点的成型基本上是由糕点的品种和产品形态所决定的，成型的好坏对产品品质影响很大。糕点的成型方法比较灵活，制成产品的形状各种各样。成型方法分为手工成型、印模成型和机械成型三种。

(1) 手工成型　手工成型比较灵活，不使用模具或借助一定工具，可将面团制成各种各样的形状，对操作人员的技术和熟练程度要求较高。手工成型的基本操作主要有以下几种。

① 搓：手搓是将分割后的小块面团搓成各种形状的糕点坯，部分品种需要与其他成型方法（如印模、刀切或夹馅等）互相配合使用。常用的是搓条。操作时要求用力均匀，保证产品粗细均匀，长短一致，外表光滑，内部组织均匀细腻，制品重量、形状保持一致。

② 擀：以擀面杖或滚筒作工具，将面团压延成面皮。分单擀和复擀两种。擀的目的是调整面团的组织结构，使面坯内部组织均匀细腻，利于后续的加工操作（如印模等）。操作时用力要均匀，实而不浮，双手由中部逐渐向两端移动，要求面皮厚薄均匀。

单擀是用滚筒或擀面杖将面团压延成单片，使面团均匀扩展，不进行折叠压延。这种擀法一般用于制干点或饼坯、饼干等，中式、西式酥层皮也用单擀。

复擀是将经第一次单擀以后的面皮折叠后再压延，可重复数次。目的是为了强化面坯内部的组织结构，使产品分层状。复擀一般适用于薄面皮制品。

③ 卷：卷制操作是先把面团压延成片，在面片上可以涂上各种调味料（如油、盐、果酱、葱、香油等），或者铺上一层软馅（如豆沙），然后卷成各种形状。卷的成形要求被卷生坯厚薄要均匀一致，卷叠后粗细要均匀，卷的两端要整齐，且卷紧，如有夹馅则不能露馅或露酥。一般适用于酥层类糕点制作，如莲花酥、京八件等。

④ 包馅：包馅是将定量的馅料包入一定比例的各种面皮中的过程。操作时要求饼皮中间略厚，四周圆边稍薄。当包入馅心后，底部受撑力变薄，圆边因收口变厚，封口后严密圆正、不重皮、皮馅均匀。包馅后将生坯置于台板，封口向上，饼面向下。主要适用于包馅类糕点（如糖浆皮类、甜酥性皮类）。

⑤ 包酥：包酥是制作酥皮糕点的最常用方法，又叫制酥、破酥，即用皮面包入油酥面团制成具有层次结构的酥皮的过程。包酥方法可分为小包酥和大包酥两种。

小包酥是把油酥和皮面分别分成对等的小块，以一个皮料包一个油酥，皮料擀成片，卷成小卷，将小卷的两端向中间折叠，按成饼状即为生坯饼皮。小包酥的皮酥层次多，层薄且清晰均匀，口感柔软、酥松，但生产效率低，适用于生产高档、做工精细的品种。

大包酥用卷的方法制作，即将一块皮面擀成长方形大片，再将一块油酥铺到面片上，用面片把油酥包严，但要防止面片重叠。包好后擀成大片，然后顺长度方向切成 2 片，从刀切处分别往外卷，卷成长条后摘成小剂，按成小片即为生坯饼皮。大包酥效率高，但层次少且层厚，适合于大批量生产。

⑥ 挤浆与注模成型：挤浆是将调好的面浆装入下端装有花嘴的喇叭形挤注袋中，将袋嘴朝下，左手紧握花嘴，右手捏住布袋上口，靠手的挤压力使浆料均匀地挤在烤盘上。挤浆成型的面浆应具有一定的保持形状的能力。操作中要求灵活掌握，每次挤压浆料相同，形状整齐一致。如蛋黄酥、牛舌饼等的成型。

注模成型是将调好的面糊浇注到一定体积、一定形状的容器中。主要用于面糊类糕点的成型，如海绵蛋糕、油脂蛋糕等。

此外手工成型还有切片成型、折叠成型等方式。

(2) 印模成型　印模成型是用具有一定形状或配以一定花纹图案的模具按压面团（皮），使制品具有一定外形和花纹的成型方法，如月饼、干点心类等。常用的有木模、金属模等。

(3) 机械成型　利用机械成型，大大地提高了生产效率，降低了劳动强度，而且计量准确，产品外观规格整齐、质量稳定。目前西点中机械成型的品种较多，中点中机械成型的品种较少。常见的糕点机械成型方式主要有压延、切片、注模、辊印、包馅等。

① 压延机：常见的压延设备有往复式压片机、自动压延机等。

② 切片机：切片机工作原理是由刀片升降偏心轮使刀片上下作切削运动，边切边进行传动。操作时要求厚薄均匀，切到底，不过分粘连。切制对象大多是米粉制糕片。

③ 注模机：注模机是将流动性物料挤出成一定形状的设备。

④ 包馅机：糕点中许多品种需要在成形的同时包入馅料，大型工厂大都采用机器包馅。现采用的包馅机多为单机，皮馅大小可自由调整，生产出的产品外观整齐，重量准确，产品封口结实。

⑤ 辊印机：辊印有两种形式，一种是饼干式的先轧片后冲印成型，另一种是使用松散面团的印酥成型机。辊印操作要求对面团的含水量严格控制，否则易产生粘模、粘辊现象。

4. 熟制

糕点生坯成型后，需要进行熟制。熟制是糕点十分关键的工序。成品的色泽、外形、口感等都是在熟制过程中决定的，特别是与熟制的火候有着直接的关系。行业中有“三分做功，七分火功”的说法，就是说明糕点加工中熟制的重要性。糕点成熟的方法主要有烘烤、油炸和蒸煮三种。以下仅对烘烤工艺加以介绍。

烘烤是糕点熟制的常用方法，它是将成型的糕点生坯送入烤炉内，经过一定时间和温度的烘烤，使产品成熟定型的过程。掌握烘烤技术，主要是灵活掌握炉温、烘烤时间及炉内湿度等控制技术。

(1) 炉温与面火、底火　不同品种的糕点应选择不同的炉温烘烤，常采用以下三种炉温。

① 低温：低温温度范围在170℃以下。主要用于白皮类、酥皮类和水果蛋糕类糕点的烘烤。产品具有保持原色的特点。对于生坯中含水较多，但制品要求含水量少时，应采用低温烘烤，这样有利于水分充分蒸发且制品熟而不焦。否则生坯表面蛋白质变性和淀粉糊化迅速易形成硬壳，导致内部水分蒸发不出来，造成外焦内生。

② 中温：中温温度范围在170～200℃。主要用于色泽要求稍重或表面不易上色的糕点烘烤。对于含水量较高，制品体积要求膨胀时，适宜用中温烘烤，如蛋糕类、部分酥皮和混糖类糕点等。

③ 高温：高温温度范围在200～240℃。主要用于色泽要求稍重的浆皮类、酥类制品的烘烤。例如桃酥、提浆月饼等品种。对于含水量较少，油、糖含量高，要求制品外形规整时，宜用高温烘烤。

炉温是用面火、底火来调整的。炉中面火、底火温度要根据产品的要求而定，同时还应根据炉体结构情况来确定。例如烤制白皮类糕点，面火应采用低温，底火应采用中温；烤制烧饼类，面火、底火均采用高温；烤制表皮油润、明亮富有光泽的糕点，面火、底火均采用中温。对于烘烤中要求胀发程度大的，要求炉温先低后高，而烘烤胀发程度小的，大多数要求先高后低。

(2) 烘烤时间　烘烤时间与炉温高低、糕点品种、馅心种类以及坯体形状、大小、薄厚等因素有关。一般情况下，炉温低，烘烤时间长；炉温高，烘烤时间短。因此，烘烤时应根据实际情况，选择适当的温度和烘烤时间，使制品达到质量要求。

炉温选择适当，烘焙时间掌握不好，也不能烤出理想的制品。如果炉温高，时间短，易造成制品表面结壳，外焦内生；若炉温低，时间长，则因淀粉在糊化前，水分受长时间烘焙而过分蒸发，影响淀粉彻底糊化，造成制品干硬、组织粗糙、色泽暗淡、油分外失、形状不良等现象。若炉温高，时间长，则制品出现严重外糊内硬，甚至炭化；若炉温低，时间短，制品不熟且易变形。

(3) 炉内湿度　炉内湿度大小直接影响着制品的品质。炉内湿度合适，制品上色好，皮薄，不粗糙，有光泽；炉内湿度太大，易使制品表面出现斑点；炉内湿度太低，制品上色差，表面粗糙，皮厚，无光泽。炉内湿度受炉温高低、炉门封闭情况和炉内制品数量多少等因素影响。一般对于干脆、酥性以及含油量较高的糕点，其湿度要求小些；对于松软性、含水量高或含油量较低的糕点，其烘烤时的湿度要求较大些。

此外，烤盘的品种和装盘方式也在一定程度上影响着制品的品质。如烤盘的厚度影响传热效果，我国目前多选用0.5～0.75mm的铁板；饼坯在烤盘内摆放间距大，过于稀疏，极易造成烤盘裸露多的地方火力集中，使制品表面干燥、灰暗甚至焦煳。

5. 冷却、包装

糕点刚出炉时表面温度一般在180℃左右，中心温度也在100℃左右，大多数制品需要冷却到35～40℃进行包装，但也有少数制品需经冷却重新吸收水分还潮后才包装。

6. 装饰

很多糕点在包装前需要进行装饰。装饰不仅能使糕点更加美观，也能增加糕点的风味、营养和品种。装饰手法多样，变化灵活，可繁可简。装饰操作需要扎实的基本功以及熟练的技术，同时也需要一定的美术基础、审美意识和艺术的想像力。

（1）装饰材料的选择与制备　装饰材料主要有糖浆类、糖霜类、膏类、果冻、果酱等，大多用于糕点外表装饰或夹馅。不同种类的糕点需选用不同的装饰材料，一般质地硬的糕点选用硬性的装饰材料，质地柔软的糕点选用软性的装饰材料。例如重奶油蛋糕可用脱水或蜜饯水果、果仁、糖冻等装饰，轻奶油蛋糕可用奶油膏装饰，海绵蛋糕和天使蛋糕可用奶油膏、稀奶油、果冻装饰。

① 糖浆：糖浆是将糖和水按一定比例混合，经加热熬制成黏稠的糖液，糖液在加热沸腾时，1分子蔗糖会水解为1分子果糖和1分子葡萄糖，所以熬制得到的糖浆是转化糖浆。在中式糕点中，糖浆主要用来调制浆皮面团和糕点挂浆。

糖浆基本制作方法为：首先在锅内倒入糖和水，在搅拌、低温加热下，使糖完全溶解，然后用大火继续加热至糖液沸腾，可在此时加入有机酸、葡萄糖或淀粉糖浆等。料加完搅拌均匀后停止搅动，迅速将糖浆烧至所需要的温度，并且当达到温度时立即移离火源，浸入冷水中数秒，以防止因容器吸收的热量使温度再度升高而导致糖浆老化。糖浆熬制好后，必须待其自然冷却，最后再储存一段时间后使用，这样可使蔗糖转化得更加彻底。

熬糖浆一般采用铜锅，较为理想的是蒸汽熬糖锅，可以避免砂糖结底焦化。

② 糖霜：糖霜类装饰材料的基本成分是糖和水，可以添加其他成分如蛋清、明胶、油脂、牛奶等，即制成各种不同的品种。使用时可采用浸蘸、涂沫或挤注等方法对糕点进行装饰。糖霜类装饰材料主要有白马糖、糖皮等。

a. 白马糖基本制作方法：先将糖和水放入锅中，用慢火使细砂糖溶化、煮沸，然后在不搅拌的情况下用大火继续加热至115℃离火，以免影响转化而再结晶；待糖浆至65℃时倒入搅拌器中用钩状搅拌头中速搅拌，直到全部再次变为细小结晶，松弛30min。把已松弛完成的结晶糖放在工作台上用手揉搓，至光滑细腻为止，放在塑料袋中或有盖的容器中，继续熟成，24h后使用。

装饰使用时可用水浴温化，温度不可超过40℃。如果需要降低其硬度，可加入7%～10%的稀糖浆。

b. 糖皮基本制作方法：首先将水、颗粒糖和葡萄糖放入锅中，加热至沸腾制成糖浆；再把用温水软化的明胶放入糖浆中，搅拌至明胶熔化，待糖浆稍微冷却，加入糖霜，搅拌均匀，最后加入糖粉，混合到光滑的蛋糕糊为止。

糖皮具有一定的可塑性，既可擀成皮，又可捏成一定的形状。常用于蛋糕外层的包裹如彩格蛋糕等。可做成花、鸟、动物等模型，用于高档西点的装饰。

③ 奶油膏：奶油膏是由糖粉和固体脂混合而成的软膏，光滑、细腻，且具有一定的可塑性。奶油膏主要有油脂型（如奶油膏）和非油脂型（如蛋白膏）两类。广泛用于西点的裱花装饰，还可用于馅料和粘接用。

基本奶油膏制作方法：将糖粉、奶粉、奶油、人造奶油、盐、香草香精、乳化剂等原料放入搅拌机内，使用桨状或钢丝状搅拌头，先慢速搅拌成团，再中速或快速打发，打发结束后，再改用慢速，把牛奶或果汁缓慢加入至适当浓度即可。

(2) 装饰方法

① 裱花装饰：裱花装饰是西点常用的装饰方法，如生日蛋糕，其主要原料为膏类装饰料（如奶油膏）。操作时，将装饰料装入挤注袋（用尼龙布缝制或用防油纸折成）中，尖端出口处事先放入裱花嘴或将纸袋尖端剪成一定形状。由于不同形状的裱花嘴以及手挤的力度、速度和手法不同，挤出的装饰料可以形成不同的花纹和图形。成形的基本种类主要有：类似用笔书写字体和绘图，挤撒成无规则的细线；挤成圆点和线条；裱成各种花形。

② 表面装饰：表面装饰是对糕点表面进行装饰的方法。表面装饰又可分为许多种，常见的有涂抹法、包裹法、模型法、拼摆法、撒粉法等。

③ 夹心装饰：夹心装饰是在糕点的中间夹入装饰材料进行装饰的方法。夹心装饰不仅美化了糕点，而且改善了糕点的风味和营养，增加了糕点的花色品种。糕点中有不少品种需要夹心装饰，如蛋糕、奶油空心饼等。另外，夹心装饰也用于面包、饼干中。

④ 模具装饰：模具装饰是用模具本身带有的各种花纹和文字来装饰糕点，是一种成型装饰方法。如中式糕点的月饼。

三、不同品种糕点的加工实例

1. 烤蛋糕类糕点的加工

蛋糕是以蛋、糖、面粉或油脂等为主要原料，通过搅拌的机械作用或疏松剂的化学作用而制得的松软可口的焙烤食品。

蛋糕的种类很多，按其使用原料、搅拌方法及面糊性质和膨发途径不同，通常分为面糊类蛋糕、乳沫类清蛋糕、戚风类蛋糕三类。

(1) 面糊类蛋糕　面糊类蛋糕又称油底蛋糕，它是通过油脂在搅拌过程中结合拌入的空气而使蛋糕在炉内膨胀。

① 基本配方：面粉 500g，白砂糖 700g，鸡蛋 700g，盐 15～20g。油脂的使用范围为 30%～70%，泡打粉通常约为 6%。

② 加工过程与方法

a. 面糊的调制：将过筛的面粉与泡打粉放入搅拌机中，加入人造奶油或奶油中速搅打蓬松，再加糖、盐继续搅打，鸡蛋分 4～5 次加入，继续中速搅拌，最后加入处理后的果料，慢速拌匀即可。

b. 装盘（装模）：在烤模内壁涂上一层薄薄的油层，将面糊依次注入模中。大规模生产使用注模机成型，小规模生产可以用手工舀注或布袋挤注。蛋糕糊入模后，表面如需撒上果仁、籽仁、蜜饯等，可在入炉时撒上，过早撒上容易下沉。

c. 烘烤：面糊混合好后应尽可能快地放到烤盘中，进炉烘烤。焙烤入炉温度宜在 180℃以上，逐渐升温，10min 以后升至 200℃，出炉温度为 220℃，焙烤时间约 10～15min。

d. 冷却、脱模：油蛋糕自烤炉中取出后，一般继续留置烤盘内约 10min 左右；待热度散发，烤盘不感到炽热烫手时即可把蛋糕从烤盘内取出。

e. 蛋糕成熟检验：蛋糕在炉中烤至该品种所需基本时间后，应检验蛋糕是否已经成熟。测试蛋糕是否烘熟，可用手指在蛋糕中央顶部轻轻触试，如果感觉硬实、呈固体状，且用手指压下去的部分马上弹回，则表示蛋糕已经熟透。也可以用牙签或其他细棒在蛋糕边角处插入，拔出时，若测试的牙签上不沾附湿黏的面糊，则表明已经烤熟，反之则未烤熟。

③ 注意问题

a. 油脂应选用具特有香味、无异味的优质黄油，其颜色均匀为淡黄色，有光泽。从切开的断面来看，内部组织无食盐结晶，无大空隙、无水分，稠度和延伸性适宜。

b. 选用新鲜的鸡蛋是保证蛋糕质量的关键。鸡蛋的保存温度应在17～22℃之间，这是保证冬季和夏季蛋糕制作质量的关键。

c. 油性蛋糕的糖油不要打发过度，否则会造成蛋糕酥松，失去油性蛋糕的风味。

（2）乳沫类清蛋糕　乳沫类清蛋糕是靠蛋在搅打过程中与空气融合，进而在炉内产生蒸汽压力而使蛋糕体积起发膨胀。根据蛋的用量不同，又可分为海绵蛋糕与天使蛋糕，使用全蛋的称为海绵蛋糕；若仅使用蛋白的则称为天使蛋糕。

下面以海绵蛋糕为例阐述乳沫类蛋糕的加工。

① 基本配方：面粉500g，白砂糖800g，鸡蛋900g，泡打粉5g，适量水。

② 加工过程与方法

a. 面糊的调制：将蛋、糖在水浴上加热至43℃，加热过程中需不断搅拌。然后加速搅打至浓稠，改用中速搅打数分钟。继而把面粉、泡打粉一起混匀过筛，加入搅打后的蛋液中，改用慢速搅拌均匀。最后把液态油或融化后的奶油加入，慢速搅拌均匀即可。

b. 装盘（装模）：烤盘内壁涂上一层薄薄的油层，在涂过油的烤盘上垫上白纸，或撒上面粉（也可用生粉），以便于出炉后脱模。

c. 烘烤：一般烤制温度以180～220℃为好，烤制时间为30min左右。

d. 冷却：乳沫类蛋糕出炉后应立即倒置放置，放于蛋糕架上，使正面向下，待冷却后从烤盘中取出，这样可防止蛋糕过度收缩。

③ 注意问题

a. 打蛋速度要快，中途不能停止，必须打至蛋液变成乳白色、黏稠。加粉后，不能多搅，否则会起筋，生产出的蛋糕质地不松软。

b. 沙拉油必须在面粉拌入后再加入并轻轻拌匀，如果使用奶油必须先熔化，并保持温度在40～50℃，如果温度过冷奶油又将凝结，无法与面糊搅拌均匀。

c. 搅拌时所有盛蛋的容器或搅拌缸、搅打器等必须清洁，不含任何其他油迹，以免影响蛋的起泡。

d. 盛装海绵蛋糕面糊的烤盘其底部及四周均需擦油，以使蛋糕出炉后易于取出，烤盘防粘油的调制为猪油90%与高筋面粉10%拌匀即可。

e. 烤海绵蛋糕的温度应尽量使用高温，可保存较多水分且使其组织细腻，炉温过低蛋糕干而组织粗糙。

f. 烘烤中的蛋糕不可从炉中取出或使其受震动，如因烤炉温度不匀需要将蛋糕换边时要特别小心。

g. 天使蛋糕蛋糕糊调制时，应加入酒石酸钾、蛋白质及盐，并中速搅打至湿性发泡。

（3）戚风类蛋糕　戚风类蛋糕是把蛋黄和蛋白分开，即蛋白与糖及酸性材料按乳沫类打发，其余干性原料、流质原料与蛋黄则按面糊类方法搅拌。所谓“戚风”，是英文的译音，我国港澳地区译作雪芳，意思是像打发蛋白那样柔软。所以将这类蛋糕称为戚风蛋糕。

① 基本配方：面粉 500g，白砂糖 800g，鸡蛋 900g，酒石酸钾 5g，食盐 10g，泡打粉 15g。

② 加工过程与方法

a. 面糊的调制：首先将面粉、泡打粉筛匀，与盐、75%的糖一起放入搅拌机内中速拌匀；然后依次加入油、蛋黄、溶于水的奶粉溶液、香草香精、果汁、香蕉并中速拌匀，待用。其次是将蛋白与酒石酸钾中速搅打至湿性发泡，加入剩余的糖后继续搅打至干性发泡；接着取出 1/3 蛋白糊加入拌匀的面糊中，用手轻轻拌匀，最后倒入剩余的蛋白糊，轻轻拌匀即可。

b. 装盘（装模）：烤盘不可擦油，装至烤盘的 5～6 分满，不可装太多，否则烘烤时会溢出烤盘。如果用平底烤盘烤制蛋糕或烤制杯子蛋糕时，为了烘烤后容易脱模，需要垫纸。

c. 烘烤：烘烤温度较其他蛋糕低，体积较大或较厚的品种，165℃烘烤 40～50min，体积较小或较薄的品种，170℃烘烤 20～35min，一般上火小、下火大。

d. 冷却：蛋糕出炉后应马上翻转倒置，使表面向下，完全冷却后，再从烤盘中取出。

③ 注意问题

a. 戚风蛋糕是将蛋白蛋黄分开搅拌，蛋清偏碱性，pH 达 7.6，而其在偏酸的环境下也就是 pH 在 4.6～4.8 时才能形成膨松稳定的泡沫，因此可以利用酒石酸钾等来中和蛋白的碱性，也可以用白醋或者柠檬汁。

b. 搅拌是很重要的环节，如果搅拌不好，容易出现消泡，导致蛋糕膨胀不佳。加入面粉后，搅拌不要过于用力，不要把面糊打出筋，面糊要光滑细致有流动性。如果搅拌成很稠的面糊则说明已经起筋。

c. 湿性发泡是指勾起蛋糕糊的尾端呈弯曲状，此时即为湿性发泡，约七分发。干性发泡是指勾起蛋糕糊的蛋白尖已经变直了，呈倒三角形状，非常坚挺。可以用刮刀来试，拉起一点蛋白，呈倒三角状态，有一个小小的尖，如果倒三角的尖端很长，说明还没有打到干性发泡。

d. 蛋糕糊倒入模具后，不必刻意刮平，烤盘可以往桌子上轻轻摔几下，摔掉里面的大气泡后要马上放入烤箱。

e. 在出炉前 5min，为防止蛋糕表层开裂，可以用竹签插几个洞。

2. 酥脆类糕点——桃酥的加工

酥脆类糕点具有无馅心、制品组织不分层次的特点。根据其面团原料和调制方法不同可分为酥类、松酥类、松脆类制品。

酥类糕点是使用较多油脂、糖调制成酥性面团，经成型、烘烤而制成的组织不分层次、口感酥松的制品。典型产品是各种桃酥。

松酥类糕点又称混糖类糕点，它是使用较多油脂、糖，选加蛋品、奶品等辅料，调制成松酥性面团，经成型、烘烤而制成疏松的制品。有的品质酥脆，有的品质绵软。典型产品有面包酥、橘子酥、冰花酥、双麻等。

松脆类糕点是使用较少的油脂、较多的糖浆或糖调制成糖浆面团，经成型、烘烤而制成的口感松脆的制品。典型产品有广式的薄脆、苏式的金钱饼等。

三类糕点生产工艺基本相同，主要区别在于面团原料不同。这里就以酥类糕点的典型产品——桃酥为例阐述该类糕点的加工。

（1）基本配方　面粉 1000g，糖粉 400g，冻猪油 400g，碳酸氢铵 12g，泡打粉 12g，鸡蛋 120g，芝麻适量。

（2）加工过程与方法

① 面团调制：首先将糖粉、鸡蛋、油、碳酸氢铵、泡打粉置于搅拌机内搅拌均匀，再加入面粉调制成软硬适度的面团，擦透拌匀。但调制时间不宜过长，防止面团起筋。

② 定量分块、成型：将调制好的面团分成小剂，用手拍成高状圆形，按入模内。按模时应按实按平，按平后磕出，成型要规格。将磕出的生坯以适当间距放入烤盘内，最后中间按一个凹眼，分别撒芝麻。

③ 烘烤：将烤炉温度升至 160℃左右，在生坯表面刷一层蛋液，进炉烘烤。待饼坯滩成扁圆形，表面出现七八条裂纹时，炉温升到 180～200℃，烤至成品表面呈奶黄色，出炉。

④ 冷却与包装：刚出炉的糕点温度很高，必须进行冷却，如果不冷却立即进行包装，糕点中的水分就散发不出来，影响其酥松程度，成品温度冷却到室温为好。

（3）注意问题

① 面团要擦透和匀。

② 生坯的摆放距离不能太小，以略大于生坯直径为宜。防止滩裂后黏连在一起。

③ 炉温不宜过高或过低。炉温过高，易造成外焦内不熟，达不到疏松的要求；温度过低，易出现色泽不鲜艳的现象。

④ 当饼坯滩成扁圆形时，应立即升高炉温，以防止饼坯滩裂过大、过薄。

3. 酥皮类糕点——老婆饼的加工

酥皮类糕点是中式糕点的传统品种，采用夹油酥方法制成酥皮再经包馅或者不包馅加工成型经烘烤而制成。产品有层次，入口酥松。酥皮类糕点按其是否包馅可分为酥皮包馅类制品和酥层类制品两大类。

下面以酥皮包馅类制品的典型产品——老婆饼为例阐述该类糕点的加工。

（1）基本配方

① 皮面：面粉 1000g，猪油 200g，水 400g。

② 酥面：面粉 1200g，猪油 600g。

③ 馅料：白砂糖 375g，水 375g，白芝麻 40g，椰蓉 25g，糖冬瓜 50g，糖膘肉 50g，糕粉 250g，调和油 40g。

（2）加工过程与方法

① 调制皮面：先将大油加温水化开，并搅拌均匀达到一定的乳化程度，然后加入面粉搅拌，调制成面团。用湿毛巾盖上松弛 20min 左右即可使用。

② 制油酥面团：将面粉、油搅拌均匀，搓成油酥。

③ 制馅：将白砂糖和沸水混合至白砂糖稍溶，待糖水凉后备用；白芝麻用锅炒至金黄色，糖冬瓜、糖膘肉用刀切成细粒，然后放入搅拌机内拌匀，糖水随即加入拌匀；将糕粉慢慢加入拌匀，直至没有粉粒状；再加入调和油拌匀即可。

④ 包酥：将水油皮和油酥按 6∶4 比例分块，即水油皮占 60%、油酥占 40%。再将水

油皮包上油酥成圆球形，用擀面杖擀成约15cm长牛舌形，卷成筒形，稍按扁，然后叠成三层，静置10min。

⑤ 成型：将静置后的饼皮擀成圆形，包入老婆饼馅一份成圆形，松弛后擀成饼形。

⑥ 装盘：将成型后的饼坯置于烤盘中，然后用蛋刷将蛋浆在饼面上扫刷均匀，一般待第一次稍干后再刷一次。最后用刀在饼面上开两个小口。

⑦ 烘烤：先把烤炉加热到180～200℃，然后将生坯放入烤炉烘烤20min左右。待表面呈金黄色、饼墙呈白色并松发时出炉。

(3) 注意问题

① 包酥前，两种面团要分别调软再包捏，且软硬要一致。

② 包酥擀片时，两手用力轻重要适当。包酥后的坯料要盖上湿布，防止外皮干硬。

③ 生坯入盘时要轻拿轻放，间距要均匀。

4. 单皮类糕点——京式状元饼的加工

单皮类糕点具有制品包馅、皮面没有层次的特点。根据其皮面的性质可分为糖浆皮制品、松酥皮制品和水油酥皮制品。

糖浆皮类糕点又称浆皮糕点，它是用糖浆面团制皮，经包馅、成型、烘烤制成的包馅制品。由于面皮主要是用转化糖浆或其他糖浆调制而成，高浓度的糖浆能降低面筋生成量，使面团既有韧性，又有良好的可塑性，从而使制品外观光洁细腻，花纹清楚。同时，由于面团中含有转化糖或饴糖，具有良好的吸湿性和持水性，能使制品柔软，延长货架期。典型产品有广式月饼、提浆月饼等。

松酥皮类糕点又称混糖皮类糕点或硬皮类糕点，它是以较多的油、糖、蛋与面粉制成的松酥面团制皮，经包馅、成型、烘烤制成的包馅制品。典型产品有苏州麻饼、重庆赖桃酥、京式状元饼等。

水油酥皮类糕点是用水油面团制皮，经包馅、成型、烘烤制成的包馅制品。这类糕点外感较硬，口感酥松，不易破碎。典型产品有京式自来红、福建礼饼等。

三类单皮类糕点生产工艺基本相同，主要区别在于皮面原料和调制方法不同。在本节第二部分已对不同面团的调制进行了详细介绍，这里只以松酥皮类糕点的典型产品——京式状元饼为例阐述单皮类糕点的加工。

(1) 基本配方

① 皮料：面粉1000g，糖粉280g，熟猪油220g，碳酸氢铵10g，饴糖280g，鸡蛋90g，泡打粉适量。

② 馅料：枣1000g，白砂糖1200g，熟面粉300g，植物油300g，玫瑰100g，核桃仁80g。

(2) 加工过程与方法

① 面团调制：先将糖粉、饴糖、熟猪油、鸡蛋搅拌乳化均匀，再加入碳酸氢铵、泡打粉搅拌，最后拌入过筛后的面粉，调制成软硬适宜的面团。

② 制馅

a. 制枣泥：将枣精选洗净后，入蒸锅蒸制5～6h，待枣熟透发黑取出，去核搅打成枣泥。

b. 炒制：在烧热的锅中放入少许植物油，再倒入枣泥和白砂糖，用微火炒制。在炒制时勤翻动，当枣泥呈干稠状时分次加入油，防止糊锅底。待油炒进去后，加入熟面粉，搅拌均匀加入玫瑰，拌匀、出锅、冷却。

c. 拌料：把核桃仁压碎，投入制好的枣泥馅中拌匀。

③ 定量分块：将皮面和馅心分别分块。要求皮、馅之比为 3.5∶6.5，各自大小、重量一致。

④ 包馅：要求做到皮、馅厚薄均匀，收口严整，不偏皮，分量准确。

⑤ 烘烤：将包制好的糕点坯均匀摆放在烤盘中，一并放入烤炉烘烤。要求入炉温度在 180～220℃，烘烤 15～20min。

（3）注意问题

① 面团和馅心调制要均匀。调料不均匀，会造成同批产品大小不一致，起发不均，畸形不整。

② 面团软硬要适中。面团硬，制品酥松性差，体积偏小；面团过软，制品会滩泻，偏大走样。

③ 面团过硬，不宜加水，可通过加油或糖浆调整。

④ 包馅要做到馅心居中，不露馅、不偏褶，皮面厚薄均匀。

⑤ 烘烤时要严格控制炉温，掌握好制品的形状和成熟情况。

四、我国糕点行业的发展方向

糕点作为焙烤食品的一大类型，随着我国经济的快速发展和人民生活水平的不断提高以及科技的进步，糕点企业必须实行机械化、自动化、科学化，才能适应市场需求。糕点行业的研究与开发主要集中在强化营养，注意原料的合理搭配，实行标准化、系列化，将根据各种不同的需求研制各种糕点为重点，如幼儿糕点食品、运动员糕点、某些职业需要的特殊糕点以及医学上需要的糕点食品，如糖尿病、肝病、心血管病等患者所需要的糕点食品等。使用油脂替代品代替传统油脂、以功能性低聚糖和功能性糖醇取代蔗糖的低糖糕点食品以及低热能糕点食品将是糕点食品的未来发展趋势。

【复习题】

1. 面包加工有哪些方法？列出各种方法的工艺流程。
2. 简述面包发酵、醒发的技术要求？
3. 如何判断面团是否发酵成熟？
4. 简述面包发酵的原理？
5. 面包在烘烤中工艺条件如何控制？
6. 简述二次发酵法生产面包的工艺与技术要求？
7. 饼干包括哪些不同类型？
8. 不同饼干面团的投料顺序是什么？为什么？
9. 饼干成型的方法有哪些？成型原理是什么？
10. 饼干在烘烤过程中发生了哪些变化？
11. 饼干生产中走油和油滩有什么区别？
12. 简述韧性饼干、酥性饼干、发酵饼干生产的工艺流程和技术要求。
13. 简述不同类型糕点的工艺流程。
14. 简述不同种类面团的调制技术要求。
15. 简述蛋糕、桃酥、老婆饼的生产工艺和技术要求。

附表 4-1 饼干的感官要求

产品分类		形态	色泽	滋味与口感	组织	杂质
酥性饼干		外形完整，花纹清晰，厚薄基本均匀，不收缩，不变形，不起泡，不应有较大或较多的凹底。特殊加工品种表面或中间可有可食颗粒存在(如椰蓉、巧克力等)	呈棕黄色或金黄色或该品种应有的色泽，色泽基本均匀，表面略带光泽，无白粉，不应有过焦、过白的现象	具有该品种应有的香味，无异味。口感酥松或松脆，不粘牙	断面结构呈多孔状，细密，无大的孔洞	无油污、无不可食用杂质
韧性饼干	普通、冲泡、可可韧性饼干	外形完整，花纹清晰或无花纹，一般有针孔，厚薄基本均匀，不收缩，不变形，可以有均匀泡点，不得有较大或较多的凹底。特殊加工品种表面或中间有可食颗粒存在(如椰蓉、巧克力、燕麦等)	呈棕黄色、金黄色或该品种应有的色泽，色泽基本均匀，表面有光泽，无白粉，不应有过焦、过白的现象	具有该品种应有的香味，无异味。口感松脆细腻，不粘牙	断面结构有层次或呈多孔状	
	超薄韧性饼干	外形端正、完整，厚薄大致均匀，表面不起泡，无裂缝，不收缩，不变形。特殊加工品种表面或中间可有可食颗粒存在(如椰蓉、芝麻、砂糖、巧克力等)	呈棕黄色或金黄色，饼边允许褐黄色，有光泽，无白粉，不应有过焦、过白的现象	咸味或甜味适口，具有该品种特有的香味，无异味。口感松脆，不粘牙	断面结构有层次或呈多孔状	
发酵饼干	甜发酵饼干	外形完整，厚薄大致均匀，不得有凹底，不得有变形现象。特殊加工品种表面可有工艺要求添加的原料颗粒(如盐、巧克力等)	呈浅黄色或褐黄色，色泽基本均匀，表面略有光泽，无白粉，不应有过焦、过白的现象	味甜，具有发酵制品应有的香味或该品种特有的香味，无异味。口感松脆，不粘牙	断面结构的气孔微小、均匀或层次分明	
	咸发酵饼干	外形完整，厚薄大致均匀，具有较均匀的油泡点，不应有裂缝及变形现象。特殊加工品种表面可有工艺要求添加的原料颗粒(如芝麻、砂糖、盐、蔬菜等)	呈浅黄色或谷黄色(泡点可为棕黄色)，色泽基本均匀，表面略有光泽或呈该品种应有的色泽，无白粉，不应有过焦、过白的现象	咸味适中，具有发酵制品应有的香味及该品种特有的香味，无异味。口感酥松或松脆，不粘牙	断面结构层次分明	
	超薄发酵饼干	外形端正、完整，厚薄大致均匀，表面有较均匀的泡点，无裂缝，不收缩，不变形。特殊加工品种表面可有工艺要求添加的原料颗粒(如果仁、砂糖、盐、椰丝等)	表面呈金黄色、棕褐色或该品种应有的色泽，饼边及泡点可为褐黄色，表面略有光泽，无白粉，不应有过焦、过白的现象	咸味或甜味适中，具有该品种特有的香味，无异味。口感松脆，不粘牙	断面结构有层次或呈多孔状	
压缩饼干		块形完整，无严重缺角、缺边	呈谷黄色、深谷黄色或该品种应有的色泽	具有该品种特有的香味，无异味，不粘牙	断面结构呈紧密状，无孔洞	
曲奇饼干	普通、可可曲奇饼干	外形完整，花纹或波纹清楚，同一造型大小基本均匀，饼体摊散适度，无连边	呈金黄色、棕黄色或该品种应有的色泽，色泽基本均匀，花纹与饼体边缘可有较深的颜色，但不应有过焦、过白的现象	有明显的奶香味及该品种特有的香味，无异味。口感酥松，不粘牙	断面结构呈细密的多孔状，无较大孔洞	
	花色曲奇饼干	外形完整，撒布产品表面应添加的辅料，辅料的颗粒大小基本均匀	表面呈金黄色、棕黄色或该品种应有的色泽，在基本色泽中可有添加辅料的色泽，花纹与饼体边缘可有较深的颜色，但不应有过焦、过白的现象	有明显的奶香味及该品种特有的香味。口感酥松或具有该品种添加辅料应有的口感	断面结构呈多孔状，并具有该品种添加辅料的颗粒，无较大孔洞	

续表

产品分类		形　态	色　泽	滋味与口感	组　织	杂质
威化饼干		外形完整，块形端正，花纹清晰，厚薄基本均匀，无分离及夹心料溢出现象	具有该品种应有的色泽，色泽基本均匀	具有该品种应有的口味，无异味。口感松脆或酥化，夹心料细腻，无糖粒感	片子断面结构呈多孔状，夹心料均匀，夹心层次分明	无油污、无不可食用杂质
蛋圆饼干		呈冠圆形或多冠圆形，外形完整，大小、厚薄基本均匀	呈金黄色、棕黄色或该品种应有的色泽，色泽基本均匀	味甜，具有蛋香味及该品种应有的香味，无异味。口感松脆	断面结构呈细密的多孔状，无较大孔洞	
夹心饼干		外形完整，边缘整齐，不错位，不脱片。饼面应符合饼干单片要求。夹心厚薄基本均匀，无外溢。特殊加工品种表面可有可食颗粒存在	饼干单片呈棕黄色或该品种应有的色泽，色泽基本均匀。夹心料呈该料应有的色泽，色泽基本均匀	应符合该品种所调制的香味，无异味。口感疏松或松脆，夹心料细腻，无糖粒感	饼干单片断面应具有其相应品种的结构，夹心层次分明	
蛋卷、煎饼	蛋卷	呈多层卷筒形态或该品种特有的形态，断面层次分明，外形基本完整，表面光滑或呈花纹状。特殊加工品种表面可有可食颗粒存在	表面呈浅黄色、金黄色、浅棕黄色或该品种应有的色泽，色泽基本均匀	味甜，具有蛋香味及该品种应有的香味，无异味。口感松脆或酥松		
	煎饼	外形完整，厚薄基本均匀。特殊加工品种表面可有可食颗粒存在				
装饰饼干	涂饰饼干	外形完整，大小基本均匀。涂层均匀，涂层与饼干基片不分离，涂层覆盖之处无饼干基片露出或线条、图案基本一致	具有饼干基片及涂层应有的光泽，且色泽基本均匀	具有该品种应有的香味，无异味。饼干基片口感松脆或酥松，涂层幼滑、无粗粒感	饼干基片断面应具有其相应品种的结构，涂层组织均匀，无孔洞	
	粘花饼干	饼干基片外形端正，大小基本均匀。饼干基片表面粘有糖花，且较为端正。糖花清晰，大小基本均匀。基片与糖花无分离现象	饼干基片呈金黄色、棕黄色，色泽基本均匀。糖花可为多种颜色，但同种颜色的糖花色泽应基本均匀	味甜，具有该品种应有的香味，无异味。饼干基片口感松脆，糖花无粗粒感	饼干基片断面结构有层次或呈多孔状，糖花内部组织均匀，无孔洞	
水泡饼干		外形完整，块形大致均匀，不应起泡，不应有皱纹、粘连痕迹及明显的豁口	呈浅黄色、金黄色或该品种应有的颜色，色泽基本均匀。表面有光泽，不应有过焦、过白的现象	味略甜，具有浓郁的蛋香味或该品种应有的香味，无异味。口感脆、疏松	断面组织微细、均匀，无孔洞	

附表 4-2 饼干的理化要求

产品分类 \ 项目		水分/% ≤	碱度(以碳酸钠计)/% ≤	酸度(以乳酸计)/% ≤	pH ≤	松密度/(g/cm³) ≥	饼干厚度/mm ≤	边缘厚度/mm ≤	脂肪/% ≥
酥性饼干		4.0	0.4						
韧性饼干	普通韧性饼干	4.0					—	—	
	冲泡韧性饼干	6.5	0.4				—	—	
	超薄韧性饼干	4.0					4.5	3.3	
	可可韧性饼干	4.0	—		8.8		—	—	
发酵饼干	咸发酵饼干	5.0							
	甜发酵饼干	5.0		0.4					
	超薄发酵饼干	4.0					4.5	3.3	
曲奇饼干	普通、花色	4.0	0.3		7.0				16.0
	可可	4.0	—		8.8				16.0
威化饼干	普通威化饼干	3.0	0.3		—				
	可可威化饼干	3.0	—		8.8				
压缩饼干		6.0	0.4			0.9			
蛋圆饼干		4.0	0.3						
夹心饼干	油脂类	符合单片相应品种要求							
	果酱类	6.0	符合单片相应品种要求						
蛋卷和煎饼		4.0	0.3	0.4					
装饰饼干		符合基片相应品种要求							
水泡饼干		6.5	0.3						

附表 4-3 饼干的卫生要求

指标 项目 \ 分类		非夹心饼干	夹心饼干	检验方法
酸价(以脂肪计)/(mgKOH/g)	≤	5		GB/T 5009.37
过氧化值(以脂肪计)/(g/100g)	≤	0.25		
总砷(以 As 计)/(mg/kg)	≤	0.5		GB/T 5009.11
铅(以 Pb 计)/(mg/kg)	≤	0.5		GB/T 5009.12
菌落总数/(cfu/g)	≤	750	2000	GB/T 4789.24
大肠菌群/(MPN/100g)	≤	30		
霉菌计数/(cfu/g)	≤	50		
致病菌(沙门菌、志贺菌、金黄色葡萄球菌)		不得检出		
食品添加剂和食品营养强化剂		按 GB 2760 和 GB 14880 的规定		

【实验实训五】 面包加工（快速发酵法）

课前预习

1. 面包加工的原理、工艺流程、操作步骤与方法。

2. 按要求撰写出实验实训报告提纲。

一、能力要求

1. 熟悉快速发酵法加工面包的工艺原理与工艺条件要求。

2. 学会面包加工中面团的调制、发酵、搓圆、成型、醒发、烘烤的基本操作技能。

3. 能够进行产品质量分析，即发现产品质量缺陷，分析原因并找出解决途径。

4. 能够通过快速发酵法面包加工的练习，自主完成二次发酵法面包的加工。

二、原辅材料及参考配方（单位：g）

面包专用粉 1000，奶油 80，白砂糖 250，鸡蛋 200，奶粉 4，活性干酵母 20，水 450，食盐 6，面包改良剂 4。

三、操作步骤与方法

(1) 原辅料处理　将面包粉、改良剂、奶粉、酵母搅拌均匀；食盐用少量水溶解。

(2) 面团调制　白砂糖、鸡蛋和水慢速搅匀约 1min 左右，然后再加入面包专用粉、酵母、面包改良剂的混合物慢速搅拌均匀，接着中速搅拌 6min；最后加入奶油和盐水，慢速搅至均匀后，中速搅拌 5min，再高速搅拌 1min 至面筋完全扩展。面团温度应在 28～30℃。

(3) 静置　面团形成后，静置 15～25min，使面团恢复柔软性，有利于面团的定量分割。

(4) 定量分割　以加工成品为 80g 的面包为例，根据在烘烤中有 10%的损耗，发酵后的面团应分割成约 90g 的小面团。

(5) 搓圆　利用搓圆机或手工进行搓圆，使面团外表有一层薄薄的表皮。

(6) 中间醒发　将面团放于温度为 27～28℃、相对湿度为 70%～75%的发酵箱内醒发 15min，使面团发酵产气，恢复其柔软性。

(7) 整形　包括压片和成型两步。利用压片机或擀面杖将产生的气体部分排掉，促使面团内新产生气体分布均匀，而后将压片后的面团做成产品所需的形状，装入烤模或烤盘中。

(8) 最终发酵　将烤盘放入 35～38℃、相对湿度为 80%～85%的发酵箱中，醒发约 60min，直至面团的体积膨胀到一定要求，内部疏松多孔。

(9) 饰面、烘烤　将醒发好的面包坯表面刷少许蛋液，放入面火 190℃、底火 200℃的远红外线烤箱中烘烤 18min，使表皮金黄、内部成熟。

(10) 冷却、包装　取出面包，自然冷却至室温，然后进行包装。

四、注意事项

① 由于发酵时间很短，应增加酵母用量；提高面团的温度。

② 由于发酵时间短，缺乏发酵产品的口感和香气，可通过添加甜味剂或香味料来补充口感与香气不足。

③ 面团调制的水温和水量应根据气候变化灵活掌握。

④ 要根据面包的大小调整好炉温和烘烤时间，掌握好产品的成熟度。

五、产品感官质量标准

参照本章第一节面包质量标准。

六、学生实训

1. 用具与设备准备

立式搅拌机，压面机，发酵箱，面团分割搓圆机（选用），成型机，远红外电烤炉。

面案，刮板，发酵盆，擀面杖，台秤，模具，烤盘，排刷，打蛋器。

2. 原料准备（单位：g）

同原辅材料及参考配方。

3. 学生练习

指导老师对设备操作和面团调制、搓圆、成型等基本操作技能进行演示。学生分组按照面包加工操作步骤、方法进行练习。

七、产品评价

指标 分数	制作时间	色 泽	形 态	口 感	内部组织	大小一致	卫 生	成 本	合 计
标准分	15	20	10	15	20	10	5	5	100
扣分									
实际得分									

八、产品质量缺陷与分析

① 根据操作过程中出现的问题，找出解决办法？

② 根据产品质量缺陷，分析原因并找出解决办法？

【实验实训六】 饼干加工（韧性饼干）

课前预习

1. 饼干加工的原理、工艺流程、操作步骤与方法。

2. 按要求撰写出实验实训报告提纲。

一、能力要求

1. 熟悉韧性饼干加工的工艺原理与工艺条件要求。

2. 学会韧性饼干加工中面团调制、辊压、成型、烘烤等基本操作技能。

3. 能够进行产品质量分析，即发现产品质量缺陷，分析原因并找出解决途径。

4. 能够通过韧性饼干加工的练习，结合面包加工方法自主完成发酵饼干的加工；结合酥性饼干加工实例完成酥性饼干的加工。

二、原辅材料及参考配方（单位：g）

标准粉 500，液体油脂 50，白砂糖 100，奶粉 15，小苏打 4，食用碳铵 8，香兰素 0.5，水 130～150，焦亚硫酸钠 1，单甘酯 0.5，柠檬酸 2，香精（适量）。

三、操作步骤与方法

（1）糖浆的加工　将相当于 50% 白砂糖质量的水加热，慢慢加入白砂糖至完全溶解，然后加热至沸腾，最后加入柠檬酸 2g，慢火加热 5min，冷却，待用。

（2）面团调制　首先将面粉、奶粉、小苏打称好后倒入调粉机内搅匀，加入油、糖浆搅拌，再将香兰素、食用碳铵、单甘酯用凉水溶解后加入，再加入各种香精，将原料搅拌 5min 后面筋初步形成，此时加入焦亚硫酸钠溶解液，继续搅拌，搅拌到使得已经形成的面筋在调粉机桨叶作用下弹性降低时为止。

(3) 静置 面团一般需静置 10～15min（以保持面团性能稳定），方能进行辊轧成型操作。

(4) 轧面 调制好的面团经过多道轧辊辊压，被压制成厚薄均匀、形态平整、表面光滑、质地细腻的面片，面片横切面有明晰的层次结构。

(5) 成型 采用冲印成型方法，模型宜采用带针柱孔的凹花图案花纹。

(6) 烘烤 韧性饼干不易脱水，易着色，采用中高温烘烤，在下火 220℃、上火 220℃条件下约烘烤 5～7min。

(7) 冷却、包装 饼干刚出炉时，由于饼干表层和内层的温度差较大，为了防止其破裂、收缩和便于储存，需经冷却使饼干温度下降到 45℃以下才基本符合包装要求。一般在自然冷却的条件下，如室温为 25℃左右，需经过 5min 以上的冷却。

四、注意事项

① 韧性面团的温度应进行有效控制，冬季室温 25℃左右，可控制在 32～35℃，夏季室温为 30～35℃时，可控制在 35～38℃。

② 韧性面团在辊轧以前，需要静置一段时间，目的是消除面团在搅拌期间因拉伸所形成的内部张力，降低面团的黏度与弹性，从而提高制品质量与面片的工艺性能。静置时间的长短与面团温度有密切关系，面团温度高，需要静置时间短，温度低时，静置时间长。一般要静置 10～20min。

③ 当面片经数次辊轧时，可将面片转 90°角，进行横向辊轧，并且使纵横两向的张力尽可能地趋于一致，以便使成型后的饼干坯能维持不收缩、不变形的状态。

④ 在烘烤时，如果烘烤炉的温度稍高，可以适当地缩短烘烤时间。炉温过低或过高均影响成品质量，如过高容易烤焦，过低则使成品色泽发白等。

五、产品感官质量标准

参照本章附表 4-1 饼干质量标准。

六、学生实训

1. 用具与设备准备

调粉机、辊轧机、饼干成型机、远红外电烤炉。

2. 原料准备（单位：g）

同原辅材料及参考配方。

3. 学生练习

指导老师对设备操作和面团调制、辊轧、成型、烘烤等基本操作技能进行演示。学生分组按照饼干加工操作步骤、方法进行练习。

七、产品评价

指标 分数	制作时间	色泽	形态	口味	内部组织	卫生	成本	合计
标准分	15	20	10	20	25	5	5	100
扣分								
实际得分								

八、产品质量缺陷与分析

① 根据操作过程中出现的问题，找出解决办法。

② 根据产品质量缺陷，分析原因并找出解决办法。

【实验实训七】 裱花蛋糕加工

课前预习

1. 蛋糕类糕点加工的原理、工艺流程、操作步骤与方法。

2. 按要求撰写出实验实训报告提纲。

一、能力要求

1. 熟悉蛋糕加工的工艺原理与工艺条件要求。

2. 学会蛋糕加工中面糊调制、浇模、烘烤、涂面、封边、裱花装饰等基本操作技能。

3. 掌握装饰材料蛋白膏、奶油膏的加工方法以及蛋糕成熟检验的方法。

4. 能够进行产品质量分析，即发现产品质量缺陷，分析原因并找出解决途径。

5. 能够通过海绵蛋糕加工的练习，结合理论学习内容自主完成天使蛋糕、油脂蛋糕、戚风蛋糕的加工。

二、原辅材料及参考配方（单位：g）

(1) 蛋糕坯　糕点专用粉1000，白砂糖1000，鸡蛋1100，桂花20，泡打粉10，水适量。

(2) 奶油膏　白砂糖1000，淀粉糖浆200，奶油800，人造奶油1000，水330，蛋白300，香兰素5。

(3) 蛋白膏　白砂糖1000，琼脂20，水700，柠檬酸6，蛋白500，适量色素、香兰素。

三、操作步骤与方法

(1) 面糊的调制　先将蛋液、白砂糖放入搅拌机内充分搅打，打发的程度为体积膨胀到原来的1.5～2倍，呈乳白色泡沫状，约搅拌10～15min。在慢速搅拌下加入桂花、牛奶、水等液体原料，搅拌均匀。最后加入已过筛的与泡打粉混匀的糕点专用粉，混合均匀即可。

(2) 浇模　蛋糕原料经搅拌均匀后，一般应立即浇模进入烤炉烘烤。蛋糕所用烤模一般用铁皮制作，涂好油后，将面糊注入模中。

(3) 烘烤　蛋糕坯入炉温度宜在180℃以上，逐渐升温，10min以后升至200℃，出炉温度为220℃，烘烤时间约30min左右。

(4) 奶油膏的制作　将糖、水、淀粉糖浆放入锅中，加热至115～120℃，同时打蛋白至乳白色泡沫状。把熬好的糖浆倒入蛋白内，边倒边打。打至能立住花为止，然后慢速分批加入奶油和人造奶油拌匀，再快速打至适当稠度。

(5) 蛋白膏制作　将琼脂用冷水洗净，放入锅中微火加热使其熔解，然后滤去杂质，加入砂糖后加热至沸腾。待糖全部溶解后，再次过滤。继续加热至104～105℃，加入柠檬酸，再加热至115～120℃。在熬糖时，要同时搅打蛋白，至乳白色泡沫状时，将熬好的糖浆冲入，边冲边打，至能立住花为止。最后加入香料、色素等。

(6) 涂面、封边、裱花　蛋糕坯上下分割成两个圆片，焦面向下，用30%的糖水喷洒蛋糕坯表面，两层之间夹入5mm的奶油膏，然后用奶油涂面、封边刮平。最后根据不同的设计图案进行裱花。

(7) 包装　装饰完成进行包装。

四、注意事项

① 蛋糊随调随用，否则易出现“沉底”和跑气现象。

② 蛋白、糖、琼脂的比例应根据蛋白膏的用途而有所增减，糖重的蛋白膏挺而不牢，宜用来涂面包或夹心；糖轻的宜用于裱花。

③ 蛋白膏配方中加入一定量柠檬酸，其目的是帮助蛋白凝固，使蛋白洁白有光泽，还可以使裱出的红花延缓褪色时间。

④ 要注重整体造型，做工精细，色彩搭配适当，而且还要具有一定的艺术风格，又能表达一定的思想感情。

五、产品感官质量标准

1. 蛋糕坯感官质量标准

(1) 色泽　表面油润，顶和墙部呈金黄色，底部呈棕红色，色彩鲜艳，富有光泽，无焦糊和黑色斑块。

(2) 形态　块形圆整，薄厚均匀，表面有细密的小麻点，无破碎，无崩顶。

(3) 口感　蛋糕香味纯正，口感松喧香甜，不撞嘴，不粘牙，具有蛋糕的特有风味。

(4) 内部组织　用刀横断切开，发起均匀，柔软而具弹性，不死硬，切面呈细密的蜂窝状，无大孔洞，无硬块。

2. 成品感官质量标准

图案清晰逼真，文字端庄秀丽，外形饱满、棱角分明，有立体层次感，奶油膏或蛋白膏洁白细腻。

六、学生实训

1. 用具与设备准备

立式搅拌机，远红外电烤炉，模具，筛网，台秤，刀具，锅，电炉，裱花纸，剪刀，裱花嘴。

2. 原料准备

同本实训原辅材料及参考配方。

3. 学生练习

指导老师对设备操作和面糊调制、浇模、烘烤、装饰等基本操作技能进行演示。学生分组按照裱花蛋糕加工操作步骤、方法进行练习。

七、产品评价

指标 分数	制作时间	色泽搭配	形态	口感	内部组织	卫生	成本	合计
标准分	15	20	10	25	20	5	5	100
扣分								
实际得分								

八、产品质量缺陷与分析

① 根据操作过程中出现的问题找出解决办法。

② 根据产品质量缺陷，分析原因并找出解决办法。

【实验实训八】 广式月饼加工

课前预习

1. 单皮类糕点加工的原理、工艺流程、操作步骤与方法。

2. 按要求撰写出实验实训报告提纲。

一、能力要求

1. 熟悉浆皮糕点加工的工艺原理与工艺条件要求。

2. 学会浆皮糕点加工中糖浆面团调制、包馅、成型、烘烤、冷却等基本操作技能和要求。

3. 掌握枧水和转化糖浆的加工方法。

4. 能够进行产品质量分析，即发现产品质量缺陷，分析原因并找出解决途径。

5. 能够通过广式月饼加工的练习，结合理论学习内容自主完成松酥皮制品和水油酥皮制品的加工。

二、原辅材料及参考配方（单位：g）

（1）月饼皮料　面粉 1000，转化糖浆 750，花生油 250，枧水 20。

（2）月饼馅料　豆沙馅。

三、操作步骤与方法

（1）转化糖浆的制作　将白砂糖 2kg、水 1kg 一起倒入锅内加热至糖溶解，转小火，然后加入柠檬酸 2g（或以白醋、柠檬汁代替），并不断搅拌。沸腾后除去杂质，当温度升到 104～105℃、浓度约在 72%～75%时，停止加热，将煮好的糖浆过滤，放进干净的容器内，放置 15～20d 后方可使用。

（2）枧水的制备　以碳酸钾 0.95kg 和碳酸钠 25kg 作为主要成分，再辅以 10%的磷酸盐或聚合磷酸盐，用 100kg 沸水溶解，冷却后使用。

（3）饼皮面团的调制　将糖浆、枧水放入搅拌机中搅拌，待糖浆和枧水和匀后，分次加入花生油，待充分混合后，加入面粉拌匀成团状，再将已和好的面团放进干净的容器内，覆盖保鲜膜静置 1h，使面团具有一定的可塑性、细腻、不沾手即可。

（4）分剂　将饼皮面团搓成条状，分成大小合适并且均匀的小块，备用。将馅料也搓成条状，分成大小合适并且均匀的小块，备用。

（5）包馅、成型　取一份馅料，搓圆；取饼皮面团一份，搓圆压扁成圆片状，放入馅料，一边推薄饼皮、一边用虎口收拢开口。然后在表面薄薄地扑上一层面粉，放入模具中压紧，扣出，排在烤盘上。

（6）烘烤　在放好月饼的烤盘中，用喷壶均匀地在饼皮面上喷洒薄薄一层雾水；放入温度预热到 200～220℃的烤炉中约烘 10min，至饼皮转微黄色变硬时抽出烘炉；将蛋液均匀地刷在经初烘的饼坯上，再将其送入烘炉内烘烤至色泽金黄，饼坯熟透，时间约 3～5min。

（7）冷却、包装　出炉后，静置待凉，放入密闭袋或盒子中，放置 1～2h 回油之后即为成品。包装应加上标签，加盖出厂日期及合格证。

四、注意事项

① 转化糖浆是制作广式月饼最重要的液体原料，是保证月饼及时回油、快速回软、久放不硬、长期柔软的关键。糖浆浓度一般为 75%～82%。转化糖浆的浓度越高，回软效果越好，以 85%的糖浆浓度较适宜。

② 枧水的浓度对生产月饼非常重要。枧水浓度太低，造成枧水加入量增大，会减少糖浆在面团中的使用量，月饼面团会“上筋”，产品不易回油、回软，易变形；枧水浓度太高，会造成月饼表面着色过重，碱度增大，口味、口感变劣。因此，枧水浓度一般为 30%～35%，相对密度为 1.2～1.33。

③ 月饼中加入枧水一是中和转化糖浆中的酸，防止月饼产生酸味而影响口味、口感；

二是使月饼饼皮碱性增大，有利于月饼着色。

④ 在饼皮面团的调制中转化糖浆使用过少，会出现面团黏稠度降低，面团发脆、易变形、易开裂、易露馅，致使月饼不易回油、不易回软；糖浆用量过多，会使面团柔软性和流变性过分增加，造成月饼表面花纹模糊不清。

⑤ 面团的软硬应与馅料一致，当面团硬时，只能用糖浆调节，千万不能加水。

⑥ 糖浆皮和好后，在常温下静置的目的是使面团更好地吸收糖浆及油脂，使面团更柔润，易于操作。

⑦ 月饼烘烤时间根据月饼的大小和厚度而定。月饼越大，烤炉的温度应越低，以免外焦内生。

⑧ 饰面蛋液的配制：先将按20%全蛋、80%净蛋黄比例配成的蛋液充分打散打烂，再加入蛋液10%的生油。搅拌均匀，过滤便成。

五、产品感官质量标准

(1) 色泽　饼面棕黄或棕红，色泽均匀，腰部呈乳黄或黄色，底部棕黄不焦，不沾染杂色。

(2) 形态　外形饱满，腰部微凸，轮廓分明，品名花纹清晰，没有明显凹缩和爆裂以及塌斜和漏馅现象。

(3) 组织　饼皮厚薄均匀，皮馅无脱壳现象，馅料细腻无僵粒，拌和均匀，无夹生，无杂质。

六、学生实训

1. 用具与设备准备

立式搅拌机，远红外电烤炉，月饼模具，面筛，台秤，锅，电炉。

2. 原料准备

同本实训原辅材料及参考配方。

3. 学生练习

指导老师对设备操作和面团调制、包馅、成型、烘烤等基本操作技能进行演示。学生分组按照广式月饼加工操作步骤、方法进行练习。

七、产品评价

指标 / 分数	制作时间	色泽	形态	组织	卫生	成本	合计
标准分	15	20	20	25	10	10	100
扣分							
实际得分							

八、产品质量缺陷与分析

① 根据操作过程中出现的问题找出解决办法。

② 根据产品质量缺陷，分析原因并找出解决办法。

第五章　米制方便食品加工

学习目标

了解方便米饭、米粉、汤圆、粽子、米饼等米制品的生产现状和发展前景，掌握方便米饭、米粉、汤圆、粽子、米饼等米制品的加工原理和工艺流程，熟悉操作要点和质量标准。

随着我国社会经济的快速发展，人们的消费趋向膳食方便化、营养化和多样化。为顺应市场消费的需要，我国食品工业的“工业化”在加快，成品、半成品在食物消费中的比重在上升。在粮食供应方面，人们对传统的米、面消费方式以及消费习惯正在逐步改变，以米、面为主食品的“工业化”生产也在进一步加快，大米加工业的发展势头较好。在市场上，除了销量较大的各类干（湿）米粉、汤圆、方便米饭、方便粥、方便米粉外，还有发糕米制品、粽子、年糕和以米果为主的各类休闲食品等，这些传统米制品普遍受到了消费者的喜爱。

但是制约我国米制品产业做大做强的“瓶颈”很多，如：我国米制品行业新技术、新设备和新产品研发能力低，科技含量不高；米制品质量标准大多停留在企业标准上，缺乏高水准的行业标准和国家标准；米制品生产企业中有一定规模的屈指可数，普遍存在着规模小、生产环境差、生产技术与装备落后、工业化水平低、产品质量不稳定、品种较少，尤其是新产品少等问题。

第一节　方便米饭加工

方便米饭是20世纪80年代末才在我国食品工业中兴起的一种方便食品。它是将蒸煮成熟的新鲜米饭迅速脱水干燥或罐制或冷冻而制成的一种可长期储藏的方便食品，食用时只需加入开水焖泡或微波加热即可，其方便卫生、保质期长、符合传统的饮食习惯以及现代节奏的社会发展，这使其成为仅次于方便面的第二大方便食品。

罐头米饭是最先发明的方便米饭，出现于第二次世界大战时期，最初是用金属罐封装，携带不太方便，又由于罐头米饭开盖后，需要加热20min才能食用，因而食用也不方便。在第二次世界大战期间，为了解决欧洲战场军需，克服罐头米饭的缺点，美国通用食品公司研制了脱水米饭，亦称α-化米饭。日本也用这种产品作为军粮，并在战后改为民用，将其作为登山、旅游的方便食品。但由于经过多道处理工序，此方便食品失去了原有风味，也损失了不少营养成分。为了保持米饭的原有风味和减少加工过程中营养成分的损失，人们又研制了冷冻米饭，即将煮熟的米饭装入气密性好的包装容器内封口后，在$-20℃$温度进行冻结，用冷藏库储藏和冷藏车运输。尽管这种米饭能够保持产品的风味以及长期储存，但由于成本较高而使其在普及上受限。到20世纪70年代以后，方便米饭的制造技术出现了一个飞跃。首先是日本研制了蒸煮袋米饭，又称软罐头米饭，接着又有冲洗去黏方便米饭和膨化快餐米饭相继问世，这三种米饭受到消费者的欢迎，从而也有力促进了方便米饭的发展，无论是制造工艺还是产量都在直线上升。方便米饭发展到目前，已成为生产工艺及设备较为成熟的且具系列化的方便食品。

一、脱水米饭加工

脱水米饭是第二次世界大战期间作为战备物资而开发的一种方便食品，只需简单蒸煮或直接用热水冲泡即可食用。选用不同的大米和配料可加工出不同风味、不同质构和食用品质的制品。

1. 脱水米饭加工原理

脱水米饭是把精白米水洗后，充分α-化，再用特殊方法进行快速干燥、冷却，用塑料袋封装，食用时加入热水浸泡几分钟即成米饭。米饭品质的特征指标有米饭的α-化度、回生程度、复水性能以及复水后米饭的软硬度、黏弹性、米饭风味等。

(1) 淀粉的糊化　当米饭浸泡于水中，淀粉颗粒体积逐渐增大，这是由于少量水分子进入淀粉颗粒，随着温度逐渐升高到约70℃，淀粉分子间的氢键被破坏，使淀粉分子变得松散，然后大量水分子进入淀粉颗粒，其体积迅速明显增大，直至水分子完全渗透到米粒内，同淀粉分子部分结合形成一种与生淀粉不同的晶体结构，这就是淀粉的糊化，即α-化。这时，淀粉黏度增大、分子结构松散且易被淀粉酶消化。

(2) 淀粉的"回生"　糊化的淀粉缓慢冷却时，由于淀粉分子运动减弱，淀粉分子间的氢键又开始趋向平行排列，淀粉链互相靠拢，重新形成不完全呈放射排列的混合微晶束，使淀粉表观上呈现出生硬状态，这种现象称为淀粉的"回生"或β-化。回生淀粉晶化强度比生淀粉低、比熟淀粉高，不易消化，食用品质降低。

(3) 脱水　脱水干制是使制品的水分降低到足以防止腐败变质的水平后，得以长期储藏，需食用时再复水达到原有的状态。米饭含水量在9%以下或65%以上时不易回生，而在30%～60%时，回生速度最快。因此，控制成品米饭的含水量非常重要。

2. 脱水米饭工艺流程

脱水米饭的加工方法最早是由美国通用食品公司发明的，即"浸泡-蒸煮-干燥"法。目前，我国各地生产脱水米饭主要采用以下工艺流程。

选米 → 清理 → 淘洗 → 浸泡 → 加抗黏结剂 → 搅拌 → 蒸煮 → 冷却 → 离散 → 干燥 → 冷却 → 检验 → 袋装 → 封口 → 成品 → 入库

3. 脱水米饭加工技术要求

(1) 选米　生产脱水米饭一般以选用精白粳米为佳。若用直链淀粉含量较高的籼米为原料，则制品复水后，质地较干硬、口感不佳；如果用支链淀粉含量高的糯米为原料，加工时就会因黏度大，米粒易黏结成团、不易分散，从而影响加工操作和制品质量。

(2) 清理　大米中不可避免地混有糠粉、尘土，甚至泥砂、石子以及金属性杂质，因而要对大米进行清理，可采用风选、筛选和磁选等干法清理手段进行除杂。

(3) 淘洗　经清理后的大米在洗米机中用水淘洗，可将附着在大米表面的其他附着物淘洗掉，并减少霉菌等微生物携带量。常采用射流式洗米机或螺旋式连续洗米机进行。

(4) 浸泡　目的是使大米充分吸收水分，为大米淀粉在蒸煮时充分糊化创造必要条件。浸泡后的大米含水约35%左右。浸泡可采用常温浸泡和加温浸泡两种。常温浸泡时间一般约4h，浸泡时间长，大米易发酸而产生异味，影响米饭质量。为防止该缺陷，可采用加温浸泡，加温浸泡以水温为50～60℃为宜。浸泡得当，不仅可为蒸煮提供良好的原料，而且对提高产品质量也至关重要。若水温高于淀粉的糊化温度，大米水分将随着浸泡时间的延长而急速增加，这会使米粒膨胀过度而破裂，造成大米中的可溶性物质溶于水中而损失营养成分，且操作困难。

浸泡要充分，以使水分浸透到米粒中心部位，这样在蒸煮过程中热传导加快，淀粉易于迅速充分糊化。

(5) 加抗黏结剂　蒸煮后的原料有较大的黏性，饭粒之间常常相互粘连甚至结块，影响饭粒的后续均匀干燥和颗粒分散，导致成品复水性降低。为此，在蒸煮前应加入抗黏结剂，其方法有两种：一种是在浸泡水中添加柠檬酸，可防止蒸煮过程中淀粉过度流失，但制品中易残留有有机酸味，复水后米饭的口感会受影响；另一种是在米饭中添加食用油脂类及乳化剂（山梨醇酐单油酸酯等）可以防止米饭的结块，但易引起脂肪氧化而影响制品的货架寿命。

(6) 蒸煮　即用蒸汽进行汽蒸，目的是使大米在加水、加热条件下，吸收水分，并使淀粉糊化、蛋白质变性。为保证大米中的淀粉充分糊化，需为其提供足够的水分和热量。一般料水比控制在1∶(1.4～2.7)，不同品种的大米稍有不同，蒸煮时间为15～20min。如果加水量过小，不但会影响饭粒淀粉的糊化程度，还会由于米饭含水量低，而使口感变硬。通常当米饭的糊化度为80%时，米饭口感弹性较差，略有夹生的感觉。加水比例增加，有利于提高米粒的成熟速度，缩短蒸煮时间，但加水比例过大，易造成米粒含水量加大，甚至使制品的口感软烂并破坏饭粒的完整性；合适的加水量应以最终米饭含水量的要求来确定。当米饭的糊化度为90%时，口感松软、富有弹性。蒸煮只要求米饭基本熟透即可，糊化度大于85%的米饭即可视为已熟。若蒸煮过度，饭粒变得膨大、弯曲，甚至表面裂开，也会降低成品米饭的质量。

某些添加剂具有促进淀粉氢键破坏而提高淀粉α-化的作用。如添加环状糊精、碱可以明显提高α-化度，并可抑制回生。

(7) 离散　经蒸煮的米饭饭粒糊化后仍会互相粘连，为使米饭能均匀地干燥，必须使结团的米饭离散。简单的方法是将蒸煮后的米饭用冷水冷却并洗涤1～2min，以除去溶出的淀粉，即可达到离散的目的。

采用机械设备也可将蒸煮后的米饭离散。将蒸煮后的米饭输送到冷风离散输送带上，输送带是由不锈钢多孔板制成，在输送带上有冷风穿过物料可达到冷却的目的，冷却后的米饭落入高速旋转的离散机而被离散开。

(8) 干燥　将离散后的饭粒置于筛网上，利用顺流式隧道热风干燥器进行干燥。一般采用较高的热风温度（热空气进口温度可高达140℃以上），当米粒水分干燥到6%以下时，干燥过程结束。这样可使米粒表面水分快速蒸发，保证米粒产生多孔结构，米粒体积略膨胀，食用时复水性能好。

4. 改善脱水米饭品质的质量控制点

(1) 浸泡方式　通常是用原料大米量1.3倍的35℃清水浸泡30min，也可采用等量的35℃、10%的乙醇稀溶液浸泡30min。使用乙醇浸泡对方便米饭的色泽、香味、口感以及滋味的影响显著。因为乙醇可减少大米中的脂肪含量，改善淀粉吸水润胀性能，使方便米饭糊化充分。

(2) 添加剂　在蒸煮环节之前添加蔗糖脂肪酸酯、β-环糊精、食用油脂等后，方便米饭在色泽、滋味、香味、口感上明显要更好。因为添加0.5%～1.0%（米重）的β-环糊精处理可以提高米粒表面的亲水性，使水分易均匀渗透到米粒内部，提高糊化度，同时也可以防止淀粉分子间氢键形成而防止淀粉回生，提高复水性；添加0.5%（米重）蔗糖脂肪酸酯后，米粒分散性较好，色泽白，口感较适；加入1.5%（米重）的食用油脂，具有防黏结以及调节水分和增香作用。

（3）蒸煮方式　蒸煮方式有两种，一是稍煮后再蒸，直到将大米蒸熟，另一是将大米直接煮熟。采取直接煮制的形式时，产品由于煮制时间长，提高了米粒的膨胀度，使水分渗透到米粒内部，提高了糊化度，同时干燥前米粒的吸水量越大，干燥后的复水速度越快，因此复水性能有所提高；而且营养物质也不易损失，保持了原有米饭的风味，所以直接煮制的工艺较好。

（4）干燥方式　干燥是生产方便米饭最重要的一步，干燥方法和条件的选择优化对方便米饭的品质有很大的影响，热风干燥、微波干燥和真空冷冻干燥三种干燥方法各有优缺点：热风干燥设备最简单，而且产量高、耗能少，但是复水率不及真空冷冻干燥的高；微波干燥是这三种干燥方法中干燥时间最短的，但是复水时间长，复水率也差，米汤的滋味也不好；真空冷冻干燥是近些年才在国内迅速盛行的，因为它具有耗能大、产量低、干燥时间长等缺点，所以使用此法干燥的方便米饭产品仅局限于宇航、远洋航行、极地考察、山区作业等特殊人员食用。但是真空冷冻干燥具有许多不可超越的优点，即复水时间短、复水率高、感官品质好等。所以仅从产品的品质来评价真空冷冻干燥最优，热风干燥其次，微波干燥最差。

5. 脱水米饭质量标准

（1）感官指标

① 色泽：白色或略带微黄色，有光泽。

② 香气与滋味：具有米饭的特有风味，无异味。

③ 口感：复水后，米饭滑润、柔软，有一定的黏弹性，无夹生、硬皮及粗糙感。

④ 形态：米粒完整，整粒率＞90%，粉碎率＜2%。

⑤ 杂质：无肉眼可见的杂质。

（2）理化指标　见表5-1。

表5-1　脱水米饭理化标准

糊化度	水分	酸度	铅含量(以Pb计)	砷含量(以As计)	食品添加剂
＞90%	＜6%～14%	＜10	≤1.0mg/kg	≤0.5mg/kg	执行GB 2760—1996

（3）微生物指标　见表5-2。

表5-2　脱水米饭微生物要求

细菌总数	大肠菌群	肠道致病菌
≤500个/g	≤30MPN/100g	不得检出

二、软罐米饭加工

软罐头（蒸煮袋）是一种由具有优良耐热性能的塑料薄膜或金属箔片叠层制成的复合包装容器，这种新型包装容器具有体积小、柔软、便于携带、易于加热等优点，克服了过去使用金属罐带来的增加质量和体积、易于破损以及不经济等缺点。

1. 软罐米饭加工原理

软罐米饭是一种以大米为原料，以淀粉的糊化和回生现象为基础，经过处理、装罐、密封，利用高温灭菌原理，在高温灭菌的同时破坏原料中的酶系，并使原料熟化，然后冷却而制成的产品。其制品可长期保存。

2. 软罐米饭工艺流程

软罐头起源于美国，是食品包装史上的第二次革新，被称为第二代罐头食品。软罐头方便米饭的生产工艺流程如下。

配菜、调味品 ↓（加入拌匀）

原料预处理 → 淘洗 → 浸泡 → 预煮 → 拌匀 → 袋装密封 → 装盘装车 → 蒸煮杀菌 → 蒸煮袋表面脱水 → 成品装箱入库

3. 软罐米饭加工技术要求

(1) 原料预处理　生产这种产品的主要原料要符合食品卫生要求。预处理是指大米经筛选除去杂质，辅料如鸡肉、牛肉等也要洗干净并炒煮好等。

(2) 淘洗　主要是为了除去黏附在大米表面上的粉末杂质，同时也能冲去大米中的碎糠。应严加控制淘洗次数，以免降低成品的营养价值。

(3) 浸泡　原料米在蒸煮前必须进行浸泡，以使米粒充分吸水湿润。浸泡用水为酸性，可以使米粒的白度增加。浸泡后加入抗黏结剂漂洗，可以减少米粒相互黏结，加入交联淀粉可提高米饭罐头的稳定性。

(4) 预煮　将原料米预先煮成半生半熟的米饭。经过预煮，能克服蒸煮袋内上层、下层米水比例不匀的弊端。蒸煮时大米含水量在60%～65%时，米饭粒较完整，不糊烂，储存期较稳定，不易回生；通常米和水的比例为1∶(1～1.4)。预煮时间掌握在25min左右，米粒呈松软、晶莹即可。

(5) 配料　将预煮以后的大米与烹饪好的配菜混合均匀。

(6) 装袋密封　将搅拌均匀后的大米和配菜的混合物逐一定量装袋、密封。食品的温度在40～50℃时进行充填为好，装填高度应在封口线以下3.5cm处，封口宽度为8～10mm。蒸煮袋密封要在较高的温度（130～230℃）下进行，压力是0.3MPa，时间0.3s以上。

(7) 装盘装车　将袋装的半成品人工装入长方形的蒸煮盘内均匀排列，然后将蒸煮盘装入专用的蒸煮推车中。

(8) 蒸煮杀菌　把装车的半成品送入压力杀菌装置进行蒸煮杀菌，以使大米中的淀粉完全糊化，同时达到高温杀菌的目的。蒸煮杀菌时的温度一般为105～135℃，时间为35min。

(9) 蒸煮袋表面脱水　经高温蒸煮杀菌后应除去包装袋表面附着的水分。通常是让蒸煮袋通过特殊海绵制成的一对轧辊，也可以用小型热风机吹拂，然后装箱即可。

4. 改善软罐米饭品质的质量控制点

(1) 包装材料　要选用合适的包装材料，其应具有耐热、耐油、耐寒、耐腐蚀、气密性好、易封口、无毒、无味、化学性质稳定等特性。目前大多使用三种复合材料：聚酯/聚丙烯，聚酯/铝箔，聚酯/铝箔/聚烯烃。

包装时要尽量提高真空度，这是因为物料为含油脂的混合物，氧化作用容易引起氧化酸败，空气的存在还会降低物料的传热性能，对加热灭菌不利，同时，空气加热膨胀性大，大量空气存在会在杀菌中出现破袋现象。

(2) 封口　包装的封口位置不得有油迹污染或液汁污染，以免影响密封强度。袋装的装填高度应在封口线以下3.5cm处，封口宽度为8～10mm。

(3) 杀菌　杀菌一般采用反压式杀菌锅，这种杀菌设备要求能方便地设定杀菌温度、杀菌时间和杀菌压力，并具有自动调整、自动记录、加热均匀等特点。在操作中应考虑以下因素对杀菌效果的影响。

① 袋内残留空气量：袋内空气残留量越大，热传导越差，尤其是当空气残留量在 20mL 以上时会造成灭菌不足，而且杀菌时由于气体的膨胀引起破袋现象。

② 杀菌锅内热分布及传热介质温度均匀性：在杀菌开始，准备计时时，必须将锅内空气完全排尽，而且杀菌锅内的传热介质必须流动，水平流动或垂直流动均可，但不得有“死角”。加热介质温度必须均匀，上下温差要小于 0.5℃。

③ 软罐头厚度：软罐头食品厚度应有一定限制，厚度的变化往往导致杀菌时间的不足，而且袋与袋之间、袋本身厚度也要均匀。

④ 初始温度：软罐头杀菌操作前袋内食品的温度往往影响细菌致死率，所以杀菌条件的建立应有一定的初温。

⑤ 黏度：黏度会影响传热效率，黏度超过给定值则会影响细菌致死率。

⑥ 配方：内容物中如含有淀粉往往会把内容物包围起来，不但会改变热传导，而且又因膨胀会保护细菌不被致死。在含糖和辣椒制品中，可能含有许多耐热性细菌，这些细菌不易被杀死。

⑦ 加酸食品：应注意食品的 pH，以免将低酸食品当作高酸食品进行杀菌。加酸食品杀菌条件比较温和。

⑧杀菌温度和时间：这对食品的安全性很重要，杀菌时间少几分钟或杀菌温度低 1～2℃都可能导致大批食品腐败变质。

⑨ 食品的形状：容器中食物的形状和位置与杀菌效果密切相关，杀菌方式应与食品形态相适应。

⑩ 杀菌中的排气：开始应在 5min 内大排气，杀菌过程中必须经小排气以使温度均匀。

(4) 冷却　加压冷却是为了保证软罐头在杀菌过程中不破袋。因为当冷却水刚通入杀菌锅的瞬间，锅内压力急剧下降，但软罐头内容物不能立即同时冷却，因而袋内压力仍然很高，势必造成破袋，因此，杀菌锅内要充入一定的压缩空气以抵消压力差，使杀菌锅中的压力始终大于软罐头袋内的压力，并一直到冷却结束。

三、速冻米饭加工

速冻米饭因不使用任何添加剂，不采用高温杀菌，故能保持米饭原有的风味与营养。在所有方便米饭中，速冻米饭的口味、食感最接近于普通米饭，随着微波炉的普及，该产品的市场正逐步扩大。

1. 速冻米饭加工原理

速冻米饭是利用食品速冻原理加工的米饭产品，包装后不杀菌而是将其速冻，因此化冻后稍微加热就可在口感上、形态上与新鲜米饭基本一致。

2. 速冻米饭工艺流程

速冻米饭是将蒸煮好的米饭，在－40℃的环境中急速冷冻并在－18℃以下冷藏。速冻米饭生产工艺流程如下。

精白米 → 清理 → 淘洗 → 浸泡 → 沥水 → 大米定量充填 → 蒸饭 → 漂洗 → 沥水 → 速冻 → 包装 → 检测 → 成品

3. 速冻米饭加工技术要求

(1) 淘洗　一般采用射流式洗米机，最后再用纯净水淘洗一遍。

(2) 浸泡　将大米放在 54～60℃过量的水中，水中含足够的柠檬酸使 pH 达 4.0～5.5，浸泡 2h 后米的表面必须仍有水覆盖。要求米粒没有硬心，水分约 35%。

(3) 沥水　利用振动筛面或空气吹干沥去米粒表面的水分。

(4) 蒸饭　在压力锅底部放少量水，加热烧开。将沥水以后的米放在水面以上的筛上，米层厚度不超过 5cm，加盖加热至排汽阀出汽，关闭排汽阀，在 2.05×10^5Pa 的压力下，保持 12～15min，然后逐渐排汽。

(5) 漂洗　将蒸过的热米放在 93～98℃过量的水中，搅拌。米粒吸水膨胀、变软并分散。按步骤 (2)，使用用酸调节过的冷水漂洗两次，沥去热水。

(6) 沥水冷却　用振摇或真空过滤机去除米粒上的游离水，将米饭放在不锈钢筛网传送带上，通过空气冷却器冷却至室温。

(7) 速冻　将米饭用流化床冷冻机冷冻成速冻制品后包装，食用前必须在冷冻条件下储藏。对冷冻米饭品质的检查发现，在－17.8℃的条件下冻藏 1 年，不会对米饭质量产生不良影响。

四、方便米饭的发展趋势

1. 食品的方便化为方便米饭生产行业提供了良好的发展机遇

食品的方便化将成为今后我国食品工业发展的五大趋势之一。进入 21 世纪后，新时代对方便食品的呼唤也越来越强，生活节奏的加快促使人们改变了传统的生活方式，未来食品的发展方向就是方便食品的不断创新。发展方便食品将进一步使城乡居民从繁琐的家庭烹制中解放出来。在我国，食品的方便化主要是以米、面制品为主的方便化，这必将为方便米饭提供广阔的发展前景。

2. 市场需要方便米饭，方便米饭将走进普通百姓的家庭

我国人口的 2/3 以上是以大米为主食，而多年来方便食品总是以“面食”为主，方便食品市场对方便米饭的需求非常迫切，亟需优质方便米饭来填补空白，满足大多数更愿意以大米为主食的人群。

3. 快速发展方便米饭的时机已成熟

我国方便米饭虽然已有产品上市，但无论其质量、数量还是品种都比较落后，基本上没有形成市场规模，仍处于起步阶段，随着科技人员对方便米饭的研究成果的不断涌现，生产技术、工艺及设备的日趋完善，生产出适合消费者的美味、营养的方便面即将成为现实。从我国方便面市场的发展道路来看，方便米饭将会有一个非常好的销售市场。

第二节　方便米粉加工

米粉作为南方的特色食品之一，是以大米为原料，经过洗米、浸泡、磨浆、搅拌、蒸粉、压条、干燥等一系列工序而制成的一种圆截面、长条状米制品。这种制品在我国的福建、广东等地称为米粉，如福建的“兴化粉”、广东的“沙河粉”等；在上海称为“米面”，意为以米为原料制成的面条。而在日本称为“米粉面”。

一、方便米粉加工工艺

1. 方便米粉工艺原理

方便米粉是把大米淀粉 α-化，同时大米蛋白经过热变性后与淀粉颗粒结合，成为具有一定网络的片状结构，然后在一定的温度范围内进行干燥，使淀粉颗粒的 α-化定型，然后进行包装，食用时将米粉在热水中复水即可。

2. 方便米粉工艺流程

(1) 湿法加工米粉工艺流程

大米→清洗→浸泡→滤水→磨碎→过滤脱水→制浆→蒸浆→挤压成型→烘干→米粉成品

（2）干法加工波纹米粉工艺流程

大米→清洗→浸泡→滤水→粉碎→分离→搅拌→头榨成条→二榨成丝→成波纹→冷却→复蒸→冷却、降温→切断→烘干→米粉成品

3. 方便米粉干法加工技术要求

（1）筛选　原料大米应选用精制晚稻米，并筛除大米中的杂物等，以保证加工机械不受损和米粉制品质量。

（2）清洗　采用连续喷射洗米机对大米进行清洗。

（3）浸泡　清洗过的大米储存在浸泡桶内，加水至超过米面5cm左右，浸泡25min～4h。浸泡时间的长短随大米的品种、水温的高低、添加米料的多少以及工艺参数的变化而定。浸泡后的大米含水率达28%～45%。

（4）滤水　大米浸泡后打开浸泡桶底部的放水阀，放掉浸泡水，再空滤1.5h左右。滤水的目的是避免米粒之间水分过多，造成粉碎后的粉料黏湿而堵塞粉碎机筛孔，不利于粉料的输送和分离。

（5）粉碎和分离　粉碎常用粉碎机进行。方便米粉生产线是将滤水后的大米用吸嘴吸入粉碎机，将其粉碎成能通过孔径为0.8～1mm筛片的粉料。粉料经输粉管由气流送入旋风分离器进行分离，分离后的空气和粉料分别由旋风分离器上部和下部排出。

（6）搅拌、蒸料　搅拌是将所有配料与水搅拌均匀，再喷入高压蒸汽把大米粉料在一定温度下大部分熟化，成为胶体，便于加工成条状。搅拌、蒸料后的粉料含水率为34%～36%，温度为60～85℃，熟化度为70%左右。

（7）头榨成条　经搅拌后的熟热粉料直接送入头榨机的喂料口，由挤压螺旋杆送入挤压腔，在挤压腔里经过蒸汽间接加热、挤压、搓擦、剪切等共同作用，充分揉和，进一步熟化，再通过孔板挤出四根直径相等、质地较紧密的条料。头榨挤出的条料温度达70～90℃，熟化度达70%以上。

（8）二榨成丝　头榨出来的条料必须使用挤压法迫使粉料通过一定孔径的榨丝板而成为米粉丝。把直径较粗的条料挤压成直径较细的米粉丝，能使其组织结构更紧密坚实。二榨时粉料在强大压力下反复进料、回料而揉和均匀。粉料之间以及粉料与螺旋、榨桶、榨丝板相互摩擦产生大量热量，使物料进一步熟化。二榨出来的米粉丝，温度达95～100℃，熟化度达80%以上。

（9）冷却　冷却在米粉生产中又称“熟成”。冷却是在输送机的输送过程中自然冷却，时间为10min左右。二榨出来的米粉丝如不冷却容易粘连在一起，严重影响米粉质量。

（10）复蒸　为了进一步提高米粉的熟化度，增强米粉的韧性，减少煮粉时的糊汤现象，使米粉油光透亮、断条率低、吐浆值（米粉条在烹调中淀粉溶解在水中的比值）小，冷却后的米粉必须复蒸。

从二榨机出来的米粉带，在冷却输送机上冷却后再进入隧道式复蒸锅复蒸2～3min，复蒸温度100～105℃，蒸汽压力0.5～0.9MPa。从复蒸锅到切断机留有一段网带输送的距离，以使复蒸后的米粉带再次冷却降温10min左右，防止切断时压粘在一起。

（11）切断成型　为了便于烘干、包装、计量、运输和食用，米粉要切制成一定形状。复蒸过的米粉带经自然冷却定型后，由切断机按一定长度切断成块状。块状波纹米粉在冷却干燥过程中，长度方向有5%左右的收缩率。被切断成块的米粉经输粉网自动装入烘干机吊篮，输送进烘房进行干燥。通常使用的切断设备有铡刀、排料式切丝机、回旋式切断机和龙门式切丝机等。

(12) 烘干　米粉烘干时间应控制在3～4h，烘干温度应在35～53℃，烘房内相对湿度应保持在80%～90%。当烘房内温度高于或湿度低于上述值时，米粉干燥快。但烘干的米粉会有大量明显可见的气泡，吃起来韧性差，易断碎。

米粉生产线采用的烘干机一般有三种输送形式。第一种是适用于直条状米粉烘干的挑杆式；第二种是适用于块状或直条状米粉烘干的网带式；第三种是仅适用于块状米粉烘干的吊篮式。挑杆式烘干机烘干时，米粉垂挂在随链条移动的挑杆上进入烘房，由30～35℃的预热区，到35～45℃的主干燥区，再进入30℃左右的降温区。网带式烘干机的网带布置成4～7层，烘干时米粉可任意摆在网带上，米粉从烘干机的一端移动到另一端时依次翻落在下层网带上，由于这种烘干机的网带是单行程负载，因此烘干机的长度较长。米粉上下翻动干燥均匀，但米粉易变形和断碎。另外，这种烘干机的热风从一端吹进，从另一端排出，温度分布不均匀，热量损失大。吊篮式烘干机是将不锈钢丝网和钢板制成的吊篮铰系在输送链条上。波纹米粉块放在吊篮内随链条来回移动而被烘干。吊篮是全程负载，所以烘干机长度仅为网带式烘干机的一半左右。吊篮式烘干机要求米粉切成块状，摆放整齐。因烘干过程中，米粉块不翻动，烘干时间要长些。

二、改善方便米粉品质的质量控制点

1. 粉碎

经磨浆后的米浆应全部通过40～50目绢筛以确保粉末的粗细度；磨浆后米浆的含水量应在40%～50%，粉碎后粉末的含水量应在24%～28%。粉碎以后的粉末应当静置1～2h，以使粉末粒子之间的水分自然渗透平衡，这样可确保粉末的含水量。

2. 蒸料

就是把大米淀粉在相应的温度下糊化，使之成为胶体，以便于加工成米粉条。在蒸料时应注意以下几点。

① 增加米粉条的强度：在粉状物内添加4%～10%的蒸熟的碎粉条、米饭，而且这些碎粉条要浸泡成米浆再加入，其目的是用以增加米粉条的强度。

② 控制蒸料糊化程度：料不能蒸得太熟或者太生。料蒸得太熟，榨出的米粉条容易粘连；料蒸得太生，榨出来的米粉条韧性差、断条率高、吐浆值大。蒸料糊化度一般掌握在85%～90%。

③ 控制蒸料后的含水量：蒸料时的水分添加量应根据粉状物含水率灵活掌握。一般来说，粉料中含水量高，蒸料过程短、熟化快、韧性差、榨条难；粉料中含水量低，则蒸料过程所需时间长、熟化慢，榨机推料阻力大，容易损坏设备。通常控制物料蒸熟后含水在28%～36%较适宜。

④ 控制蒸料的温度：一般来说，温度在58～61℃时大米淀粉即开始糊化，但在机械化大批量生产中，仅维持该温度会出现产量低、蒸料时间长的现象，因而不适应大批量生产。大批量生产要求大米淀粉糊化温度控制在80～90℃。

⑤ 控制蒸料的时间：蒸料时间与大米淀粉糊化程度、色泽、水分等都有密切关系。蒸料时间短，料不能蒸熟，粉条泛白，产品断条率高、吐浆值大。蒸料时间太长，色泽淡黄，米粒含水率高。因此，确定蒸料时间要综合考虑粉料含水率、蒸料方法以及温度等因素。

⑥ 蒸后物料的保温：物料蒸熟后，不直接进入挤料机，应采取相应的措施保持物料温度，以防止冷却后水分散发过多而导致米料硬化，影响榨条。

3. 挤料榨条

米粉经高温蒸料后，经外力挤压才能使它们紧密坚实地胶合成整体，才能把它们做成条状。被挤压出的料条应该结构紧密坚实，且有良好的透明度。如果挤压出来的米料仍泛白色，说明机膛压力不足，进料不够，应增加进料流量。榨条是确定米粉条直径、形状、规格和进一步加强淀粉胶合性的重要工序。

4. 冷却

米粉条从榨条机出来，温度最高可达 80℃，如果不冷却，米粉条容易粘连在一起，影响产品质量。强制降温可以疏松粉条，减少粘连结块，风干米粉条表面带有的黏性凝液，这样冷却不会改变米粉条的品质；自然冷却会促使粉条 α-化淀粉向 β-化转变，会改变米粉条的品质。方便米粉条要求全部是 α-化淀粉，只要用开水一泡，就可以食用。如果方便米粉条中的 α-化淀粉转变为 β-化状态，米粉条很难用开水泡熟，即便泡透，吃起来还是有夹生感。

5. 复蒸

经过第一次蒸料后大米淀粉糊化程度仅仅只达到 85%～90%。挤成条后，淀粉组织结构表面紧密，但淀粉粒子并没有完全相互胶合。只有再经过蒸煮，让米粉条继续受热吸水糊化，并将糊化程度迅速提高到 95%以上，米粉条才能稳定形状，达到断条率低、韧性强等指标。

在米粉条生产中，淀粉糊化程度越高，断条率就越低，烹调性也就越佳。因此，在操作中应认真掌握蒸煮技术，严格控制蒸条温度以及时间等。

6. 干燥

方便米粉条生产需要较快地固定 α-化淀粉，以防止 α-化状态的淀粉向 β-化转化。只有固定了 α-化淀粉，米粉条才具有良好的复水性能（在沸水内泡 3min 即可食用）。采用热风干燥，特别要注意温度和时间，以防止淀粉回生老化。

三、方便米粉质量指标

1. 感官指标

（1）外观　片（条）形大致均匀，平直，松散，无结疤，无并条，无酥脆及霉变现象。

（2）色泽　色泽光洁，有透明感，无斑点。

（3）嗅味　无霉味、酸味及异味。

（4）烹调性　煮熟后有韧性，不粘条，不糊汤，无严重断条。

（5）杂质　无杂质。

2. 理化指标

见表 5-3。

表 5-3　方便米粉理化标准

水　分	断条率	吐浆率	碎粉率	酸　度	铅含量(以 Pb 计)	砷含量(以 As 计)	食品添加剂
≤14%	≤9%	≤5%	≤2%	<10	≤1.0mg/kg	≤0.5mg/kg	执行 GB 2760—1996

3. 微生物指标

见表 5-4。

表 5-4 方便米粉微生物要求

细菌总数	大肠菌群	黄曲霉毒素 B_1	肠道致病菌
≤500 个/g	≤30MPN/100g	≤5μg/kg	不得检出

四、方便米粉的发展趋势

1. 方便米粉市场将与方便面市场平分天下

20 世纪 90 年代末期，方便米粉开始在市场上起步，经过 10 余年的发展，方便米粉在我国南方一些地区已经逐步推广。但目前国内市场上，方便米粉与方便面的市场份额比仍为 1∶99 左右，就国内食米与食面的消费群体的消费现状而言，随着时代的发展，方面米粉必将抢占国内方便面市场的半壁江山。

2. 鲜湿米粉将是市场方便米粉中的主要产品

鲜湿米粉是一种具有新鲜米粉特点的新型的方便米粉制品。虽然它是在干性米粉成熟工艺的基础上发展起来的，但由于产品含水量比较高，与干性米粉生产工艺相比，仍存在两大技术难题。一是米粉在储存过程中易发生老化（又称回生），使米粉易碎、易断条，无新鲜滑爽感觉；二是米粉需达到商业无菌要求，使之防霉防腐防变质，以保持米粉的新鲜。目前这两大难题已圆满解决，鲜湿方便米粉正在涌向市场。由于鲜湿米粉具有新鲜米粉的特点，是干性米粉所无法比拟的，又随着生产成本的进一步降低，鲜湿方便米粉将是众多方便米粉中的亮点。

3. 标准化作业将成为方便米粉实现工业化的标志

目前，在米粉的生产中还存在着产品质量不稳定的现象。究其实质，还是对米粉生产规律掌握得不够透彻，只有对米粉生产进行系统地理论研究，形成具有一定深度的理论，进而以理论指导生产实践，以标准化作业彻底取代经验方法，才能使米粉完成从一种传统的手工食品到成熟的工业化产品的过渡。随着米饭、馒头等传统食品工业化的成功，我们有理由相信，在广大科研工作者的努力下，加强对米粉生产的理论研究，实现米粉的工业化成熟将指日可待。

第三节 米制速冻食品加工

一、速冻汤圆加工

汤圆是我国人民欢度佳节的传统食品。最初是由家庭、茶楼、酒楼等现包现煮食用。汤圆以宁波芝麻猪油汤圆皮薄馅甜、清香醇口最为有名，汤圆多呈圆形，含馅心，大小从 3g 的小汤圆到 20g 的大汤圆不等。汤圆的最大特点是绵软香甜、口感细腻、食用方便，也是点心小吃中的佳品。尤其在传统的元宵节，几乎家家户户都吃汤圆，又由于汤圆的“圆”字常常代表团圆，因此春节期间也是消费汤圆的旺季。汤圆一般以甜味为多，大多根据汤圆馅的用料命名，如芝麻汤圆、花生汤圆、豆沙汤圆、香芋汤圆、椰味汤圆等，咸味的汤圆尚不多见，只在一些地区有少数几个品种的鲜肉汤圆。

1. 速冻汤圆工艺流程

随着国内冷藏链的不断完善，一些知名速冻企业如三全、龙凤、思念等对汤圆的传统工艺进行了改造，使汤圆加工实现了工业化，掀起了汤圆消费的高潮。速冻汤圆的生产工艺流程如下。

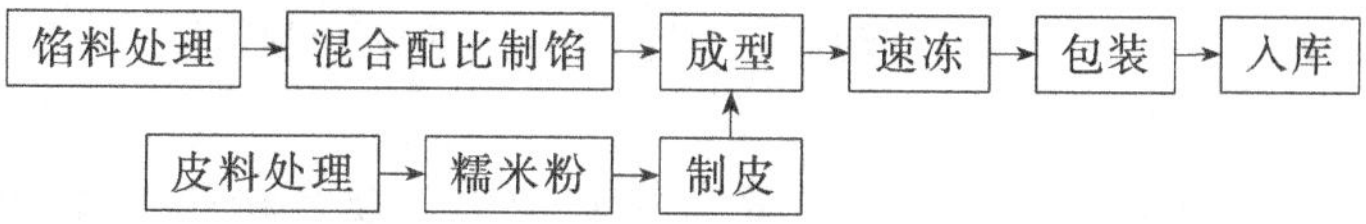

2. 速冻汤圆操作要点

（1）原料处理

① 汤圆馅料：原料主要有芝麻、花生、莲子、豆沙、白砂糖以及鲜肉汤圆用到的猪肉等。原料要去杂质，有的还要清洗干净。炒芝麻、花生或别的原料时，要求芝麻或花生熟透、香脆且没有焦味、苦味，颗粒鼓胀。经过自然冷却后进行绞碎。甜味汤圆馅切忌混有除糖的甜味以外的任何味道。核桃仁要选用成熟度好、无霉烂、无虫害的，用沸水（含质量分数为1.0%～1.5%的$NaHCO_3$）浸泡去皮，炸酥、碾碎至小米粒大小。熟面粉是将小麦面粉于笼屉上用旺火蒸10～15min制得，其作用是调节馅心的软硬度，缓解油腻感。

② 水磨米粉的制作：将糯米、粳米按比例掺和，用冷水浸米粒至疏松后捞出，再用清水冲去浸泡米的酸味，晾干后加适量水进行磨浆；磨浆时米与水的质量比为1∶1。水太少会影响粉浆的流动性，过多则使粉质不细腻。磨浆后将粉浆装入布袋吊浆，至1kg粉中含水300g即可。水磨米粉经干燥可以得到含水量在13%±0.5%的干水磨米粉。

（2）汤圆馅配方　汤圆馅常见的有芝麻馅、花生馅、豆沙馅、莲蓉馅、香芋馅，以及咸味的鲜肉汤圆馅等。甜味馅的配方大体相仿，均以白砂糖为主，汤圆馅心配方如下。

① 配方一（芝麻汤圆馅）：白砂糖15kg，黑芝麻4kg，白芝麻4kg，甘油0.5kg，色拉油1kg，增稠剂0.1kg。

② 配方二（花生汤圆馅）：白砂糖15kg，花生4kg，白芝麻4kg，甘油0.5kg，色拉油1kg，增稠剂0.1kg。

③ 配方三（香芋汤圆馅）：白砂糖15kg，槟榔芋10kg，白芝麻4kg，甘油0.5kg，色拉油1kg，增稠剂0.1kg，香芋香精适量。

④ 配方四（莲蓉汤圆馅）：白砂糖15kg，白莲4kg，白芝麻4kg，甘油0.5kg，色拉油1kg，增稠剂0.1kg，莲子香精少许。

⑤ 配方五（豆沙汤圆馅）：白砂糖20kg，红豆粉25kg，色拉油20kg，淀粉4kg，水30kg。

⑥ 配方六（鲜肉汤圆馅）：鲜肉30kg，蒜头0.4kg，酱油0.6kg，食盐0.4kg，味精1.2kg。鲜肉汤圆馅的主要原料是鲜肉，肉不能太肥，常用鲜肉（亦称后腿肉，肥瘦比为3∶7）。

（3）面皮调制　先将变性淀粉、海藻酸钠、瓜耳豆胶、魔芋精粉、蒸馏单甘酯、复合磷酸盐按一定比例（为干水磨糯米粉的0.5%～1.0%）搅拌混匀后全部通过CB36筛备用。取干水磨米粉倒入搅拌机，按比例加入预混好的速冻汤圆改良剂，开机搅拌，经充分混匀后，再按干水磨糯米粉总量的85%～90%加水继续搅拌，等粉团柔软后，静置10～20min即可。

（4）成型　根据成品规格，将米粉面团和馅团分成小块，可手工包制，或由机器完成。

（5）速冻　将成型后的汤圆迅速放入速冻室中，要求速冻库的温度在－40℃左右。在10～20min内使汤圆的中心温度迅速降至－18℃以下，此时再转出冷冻室。汤圆馅心和皮面内均含有一定量的水分，如果冻结速度慢，表面水分会首先凝结成大块冰晶，并逐步向内冻结，而内部在形成冰晶的过程中会产生张力使得表面开裂。

（6）包装入库　包装材料应有一定的机械强度，且密封性强，冷库温度为－18℃，这样可将汤圆水分降低至最低程度。速冻汤圆在储存和运输过程中应避免温度波动，否则产品表面将有不同程度的融化，再冻结会造成冰晶不匀，产品受压开裂。

3. 改善速冻汤圆品质的质量控制点

(1) 糯米粉品质　制作汤圆的糯米粉要求粉质细腻，糯米粉的粒度应达到160孔/cm^2筛通过率大于90%，240孔/cm^2筛通过率大于80%。糯米粉粒度影响其糊化度、黏度以及产品的复水性，粉质细则糊化度高，黏度大，复水性好，品质表现为细腻、黏弹性好，易煮熟，浑汤少。

糯米粉主要成分是淀粉和蛋白质，两者含量分别为91%和9%，其中的淀粉主要是支链淀粉，而糯米粉的黏性也主要是靠支链淀粉提供，不同的糯米粉，其糊的流变特性也不一样，最终会影响产品的黏度、硬度、组织结构等品质。糯米粉的黏性越高，制作的汤圆品质越好；糯米粉的黏度越低，产品的加工性能也越差。例如经环氧丙烷处理过的糯米粉，其冻融次数明显提高，冻融稳定性的改善十分明显，更有利于在速冻食品中应用。

(2) 糯米团的调制　在选好糯米粉的基础上应根据具体要求来选择面团调制的不同方法。传统速冻汤圆的面皮调制方法主要有煮芡法和热烫法两种。煮芡法费时费力；热烫法虽然简单，但是制得的面皮组织粗糙、松散、易破裂。经过烫面后，虽然糯米粉中的部分淀粉糊化有利于提高黏度，从而有利于汤圆的加工，但也给汤圆带来了明显的负面影响，因为糊化后的淀粉在低温条件下会回生（即冷冻回生），其营养价值、口感等都会发生明显的劣变。因此，大部分生产厂家已经抛弃了传统的烫面工艺而采用直接冷水和面，但是冷水和面存在糯米粉黏度不足的缺陷。调制时的加水量对汤圆的品质影响也较大，由于糯米粉本身的吸水性、保水性较差，在加工过程中加水量的小幅变化就可能影响汤圆的品质。加水量大，制得的汤圆较软，在成型过程中容易偏心、塌架，成型不好，同时导致冻裂率上升；加水量小，则粉团松散，米粉间的亲和力不足，在汤圆团制过程中不易成型，汤圆表面干散，不光滑、不细腻，水分分布也不均匀，在冻结过程中水分散失过快而导致干燥，出现裂纹。在制作时最好不要洒入生粉，否则龟裂发生较多，这可能是生粉吸收汤圆表面水分，使汤圆表皮水分不均匀造成。

汤圆制品由于长时间的冻藏，其表面会由于失水而开裂，而植物油具有保水作用，因此在生产速冻汤圆的面皮时，添加少量无色无味的植物油，与其中的乳化剂单甘酯作用后，保水效果比较好，可避免速冻汤圆长期储存后表面失水而开裂的现象。

(3) 速冻工艺　在冻结食品时要求快速冻结，前已叙及，速冻就是食品在短时间（通常为20min内）迅速通过最大冰晶体生成带（$-5\sim-1$℃），快速冻结要求此阶段的时间尽量缩小，当食品的中心温度达到-18℃，速冻过程即结束。经速冻的食品中形成的冰晶体较小（冰晶的直径小于100μm），而且几乎全部散布在细胞内，细胞破裂率小，从而获得品质较高的速冻食品。同样汤圆也要经过速冻才能获得质量高的速冻汤圆，速冻速度越快，其组织内玻璃化程度就越高，形成大冰晶的可能性就越小。另外在温度偏高的条件下速冻出的汤圆表面皮色偏黄，影响外观。速冻温度是决定制品冻结速度的主要因素，温度低效果好，但速冻温度过低会增加产品的成本和设备的投资。

(4) 添加剂的应用　选择合适的添加剂可以提高速冻汤圆的品质，有效地降低生产成本。速冻汤圆添加剂的应用包括馅料和皮料中添加。

根据速冻汤圆馅的要求，在汤圆馅料中主要添加一些增稠剂，例如生产中常添加1%左右的冷冻果酱粉或适量速冻油。果酱粉通常是由黄原胶和麦芽糊精等原料人工制得，具有良好的黏稠性，添加后符合馅的成型要求和水煮后食用的要求。

目前，速冻汤圆皮中使用的添加剂主要有增稠剂、乳化剂、复合磷酸盐等。一般来说糯米团的延展性不好，容易断裂，因此在速冻汤圆的生产中需要使用适当的食品添加剂，增稠剂属多糖类，其通过主链间氢键等非共价作用力能形成具有一定黏弹性的连续的三维凝胶网状结构，当它们添加入糯米粉中时，这种网状结构起着类似面筋网络结构的功能。增稠剂一般要使用在冷水中溶解性好的，如羧甲基纤维素钠溶于水后有利于提高汤圆抗冻裂能力。变性淀粉良好的黏性和吸水能力可以避免糯米粉品质波动所带来的产品性质不稳定的缺陷；同时变性淀粉具有的保水能力和低温稳定性，对速冻汤圆加工过程以及储存、物流过程中由于水分散失和品温波动导致的破损率有比较明显的改善作用。

在速冻汤圆制品的生产过程中，乳化剂的使用可以有效地改善糯米团中水分的分布，减少游离水，保证在冻结过程中冰晶细小，从而使得内部组织结构细腻、无孔洞，形状保持完好，减小汤圆的冻裂率。

复合磷酸盐的保水性、黏结性可以改善产品的流变性能，用于速冻汤圆制品中，可以改善其组织结构和口感。因为其吸水、保湿从而避免了产品表面干燥，也可以减少速冻汤圆在冷冻过程中表面水分散失，使产品的组织细腻、表皮光滑，降低冻裂率。单一地使用某种添加剂效果可能不明显，通常利用复配后各种添加剂的协同增效作用来改善提高速冻汤圆的品质。

(5) 汤圆馅　速冻汤圆的馅料多种多样，其制作要求非常严格，这也是影响速冻汤圆品质的一个重要因素。速冻汤圆馅料要达到成型时柔软不稀、易成型，水煮食用时又要呈流动性好的流体。同水饺馅一样，汤圆馅料的水分含量不能太高，否则也容易冻裂，制作好的馅料最好经冷却以后才能用于速冻汤圆的生产。研究表明，不经冷却的馅料会不同程度地影响汤圆的感官品质，导致速冻过程中的汤圆开裂。一般认为馅料温度冷却至4～6℃为宜。

(6) 其他　速冻汤圆一般要求在－18℃下储藏，这样可将汤圆水分降低至最低程度。温度的波动会使汤圆表面不同程度的融化，再冻结就会造成水分分布不均，从而导致产品变形、开裂，影响速冻汤圆的品质。因此速冻汤圆在运输和储藏过程中，要保持温度的恒定，防止温度波动。另外要注意的是速冻食品并不能将微生物彻底杀死也不能使酶失活，在生产、储藏以及运输过程中都要保证良好的卫生条件，以防微生物超标。

总之，影响速冻汤圆品质的因素较多，在生产过程中必须严格控制好每一个环节，这样才能保证产品的质量，满足消费者的需求。

4. 速冻汤圆质量标准

(1) 感官指标

① 外观：外形完整，大小基本一致，具有该品种应有的形态，不变形，不破损，不露馅。

② 色泽：具有该品种应有的色泽，且均匀。

③ 滋味气味：具有该品种应有的滋味和香气，无异味。

④ 杂质：外表及内部均无肉眼可见杂质。

(2) 理化指标　见表5-5。

表5-5　速冻汤圆理化标准

水　分	酸价(以脂肪计)	过氧化值(以脂肪计)	黄曲霉毒素 B_1	馅含量	铅含量(以Pb计)	砷含量(以As计)	食品添加剂
≤55g/100g	3.0mgKOH/g	≤0.15%	≤5μg/kg	≥18%	≤0.5mg/kg	≤0.5mg/kg	执行GB 2760—1996

(3) 微生物指标　见表5-6。

表 5-6 速冻汤圆微生物要求

菌落总数	大肠菌群	霉菌计数	致病菌
≤1500000cfu/g	≤110MPN/100g	≤550个/g	不得检出

二、速冻粽子加工

粽子是用竹叶包裹糯米而煮成的食品，是中华民族的传统食品之一，在南方地区更是历史悠久，深受民众的喜爱。粽子中以浙江“五芳斋”的产品最为著名。根据粽子所含的馅心不同，大致分为甜味和咸味两大类，甜味粽子主要有蜜枣、菠萝、红薯、豆沙、花生粽子等，产品品种多，产量大。咸味粽子主要是各类肉粽子，主要在南方一些地区销售。

1. 速冻粽子工艺流程

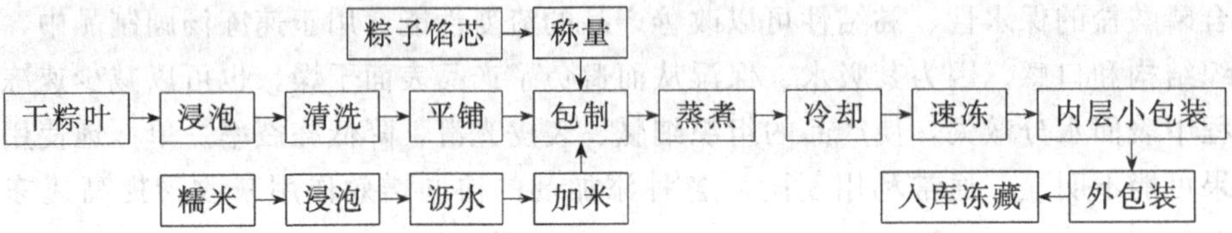

2. 速冻粽子加工技术要求

(1) 粽子内层包装材料的选择　在目前所有的速冻调理食品中，粽子是唯一与食品直接接触采用绿色包装材料——植物叶子的食品。在粽子所具有的独特香气中，竹叶发挥了不可替代的决定性作用。

(2) 粽子配方

① 配方一（火腿粽子）：糯米 1000g，火腿 300g，竹叶适量。

② 配方二（鸳鸯粽子）：糯米 1000g，黄黏米 1000g，鸡心小枣 400g，竹叶适量。

③ 配方三（猪油夹沙粽子）：糯米 1000g，赤豆 200g，白砂糖 300g，猪油 100g，竹叶适量。

④ 配方四（猪肉粽子）：糯米 1000g，鲜猪肉 500g，料酒 2.5g，酱油 15g，食盐 30g，味精适量，竹叶适量。

⑤ 配方五（蜜枣粽子）：糯米 1000g，蜜枣 300g，竹叶适量。

⑥ 配方六（陈皮牛肉粽子）：糯米 1000g，绿豆 1000g，陈皮 100g，牛肉 100g，瘦猪肉末 50g，麻油 10g，猪油 100g，葱末、姜末、食盐、竹叶适量。

⑦ 配方七（果仁桂花粽子）：糯米 1000g，芝麻 100g，白砂糖 300g，猪油 150g，桂花 100g，食盐、淀粉、竹叶适量。

(3) 粽子叶预处理　粽子叶是与粽子直接接触的内层包装材料，粽子叶处理得好坏将直接影响到产品的质量。粽子叶采摘以后，为了方便储藏和运输，在产地都已被晾干，因此，速冻食品工厂使用之前还需要进行一定的预处理，即俗称的返青处理。将经过初步筛选合格（无霉、无裂纹）的干竹叶在 pH 为 3.5～4.5 的浸泡液中浸泡一定时间，竹叶会由白色恢复为原来的青绿色，将浸泡好的竹叶捞出，在清水中将浸泡液冲洗掉，沥干水分，即可使用。要根据生产的需要进行竹叶加工，加工好的湿竹叶不能较长时间存放，要尽快投入使用。

(4) 糯米的浸泡　浸泡处理糯米的碱液浓度和浸泡时间要根据不同批次原料以及浸泡时的温度等具体条件，通过实验确定。

(5) 包制蒸煮　将两叶粽叶折成漏斗状，舀入一匙米放上五花肉、香菇、咸蛋黄、板栗等馅料后，再舀入一匙米，然后将粽叶左右两侧对摺抓紧，再前后对摺抓紧包成四角形，以粽绳扎紧打结即可。将包好的粽子放入锅中，水煮约1～4h即成熟。也可用粽子机包制。

（6）冷却　包制好的粽子经过蒸煮后，要用冷风将其冷却，为了减少对食品的污染，进入车间的空气应经过除菌过滤，避免对粽子产品造成污染。粽子冷却到15～20℃，即可进行速冻。

（7）速冻　粽子是经过蒸煮的熟糯米产品，因此对冻结速度的要求与其他食品有一定区别，降温速率不能过快，冻结时间要根据产品规格不同进行适当地调整。一般用传送带送至－40℃的螺旋速冻隧道置30min，最后再把经速冻的粽子送入－20℃的冷库冷藏72h。

（8）入库冷藏　冷库温度为－18℃。在储存和运输过程中应避免温度波动，否则产品表面将有不同程度的融化，再冻结，可造成冰晶不匀。

3. 速冻粽子质量标准

（1）感官指标

① 表面形态：粽角端正，扎线松紧适当，无明显耳角，粽体无外露。

② 色泽：剥去粽叶，粽体米粒呈白色（有馅的呈淡酱色，不放油的粽体呈所用物料应有的色泽），馅料具有所用物料相应的色泽，有光泽。

③ 组织形态：粽体不过烂，内有馅料，粽子内外无杂质，无夹生，不得有霉变、生虫及其他外来污染物。

④ 滋味与气味：糯而不烂，咸甜适中。具有竹叶、糯米及其他物料固有的香味，不得有发酸、发霉、发馊等异味。

（2）理化卫生指标　见表5-7。

表5-7　速冻粽子理化标准

酸价（以脂肪计）	过氧化值（以脂肪计）	黄曲霉毒素 B_1	铅含量（以Pb计）	砷含量（以As计）	食品添加剂
3.0mgKOH/g	≤0.15%	≤0.5mg/kg	≤0.5mg/kg	≤0.5mg/kg	执行GB 2760—1996

（3）微生物指标　见表5-8。

表5-8　速冻粽子微生物要求

菌落总数	大肠菌群	霉菌计数	致病菌
≤10000cfu/g	≤110MPN/100g	≤50个/g	不得检出

三、速冻食品的发展趋势

速冻食品已被列为中国食品工业发展的重点之一。人们的消费观念日益向着营养、卫生、方便、快捷的方向转变，速冻食品恰恰适应了这一需求。对于有着13亿人口的中国而言，速冻食品市场的潜在容量是巨大的。我国加入WTO后，国内商业流通与零售业将出现大变革，世界性贸易机缘也会不断增长。

我国是世界上食品种类最多的国家，不仅有许多闻名中外的传统名菜，而且有众多风味独特的地方小吃，我们应把产品开发重点放到方便消费的主食类和菜肴类上来，同时发挥我国传统名食、名菜、名点、名汤和药膳的优势，把速冻食品生产提高到一个新水平。特别是微波炉专用的速冻食品，在国内国际市场都具有广阔的前景，如冷冻面条、冷冻米饭、冷冻炒面及各种中式菜肴等。

我国速冻食品的生产和销售都已有了一定的基础，如果能够充分借鉴国外速冻食品生产的先进工艺和成功经验，提高速冻食品营养素的配比与保留，在品种上创新，在营养搭配和质量上下功夫，开发出速冻食品的各种新品种，同时巩固提高原有品种质量，加大速冻食品的宣传力度，提高企业管理及营销水平，我国的速冻食品工业将大有可为。

第四节 膨化米饼加工

膨化米饼是指以大米等谷物粉、薯粉或淀粉为主要原料，利用挤压、油炸、砂炒、烘焙等技术加工而成的一种体积膨胀许多倍，其内部组织疏松、呈多孔海绵状结构的食品，具有品种繁多、质地松脆、美味可口、食用方便、营养物质易于消化等特点。作为一种休闲食品，膨化食品深受广大消费者尤其是青少年的喜爱和欢迎。

膨化技术在我国有着悠久的历史，民间的爆米花及各种油炸食品都属于膨化食品，但应用现代膨化技术生产膨化食品的时间并不长。由于生产厂家对膨化食品的研究开发工作不够重视，膨化食品风味单调、品种少。20 世纪 90 年代以前，我国的膨化食品比较少见，主要品种是小米锅巴。90 年代初，主要以油炸型膨化食品为主，但此类产品口感粗糙、含油量大，随后被挤压型膨化食品所取代。进入 21 世纪以来，各膨化食品生产厂家在焙烤型和花色型上下功夫，开发出具各种形状、口味和香味的产品，深受人们的喜爱。近年来，随着国外和中国港澳台地区著名的膨化食品生产企业纷纷在国内投资建厂，大大加快了膨化技术在食品生产中的应用步伐，促进了我国食品工业的发展。

一、油炸膨化米饼加工

1. 油炸膨化米饼的工艺原理

油炸膨化是将物料置入热油中，其表面温度迅速升高，水分汽化，并在表面出现一层干燥层，然后水分汽化层便向食品内部迁移，由于水分汽化膨胀，使制品形成多孔疏松结构，油炸过程中水和水蒸气从空隙中迁移出，由热油取代原来由水占有的空间，制品从而脱水干燥。脱水的推动力是物料内部水分的蒸汽压之差。油炸通常是在油锅内或油炸机中进行的，如图 5-1 所示为自动连续油炸机。

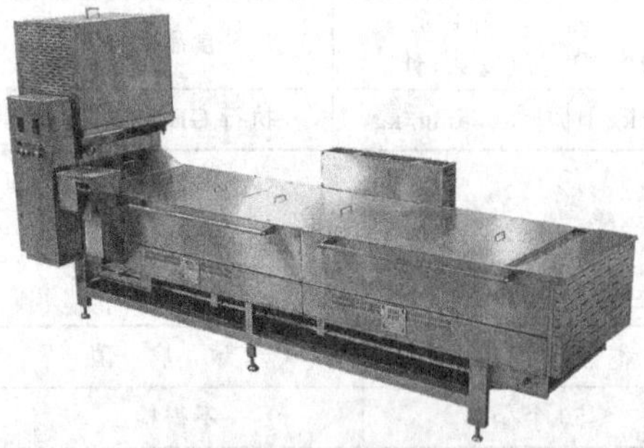

图 5-1 自动连续油炸机

油炸的目的即在于改善食品的色、香、味，是通过美拉德反应以及食品对油中挥发性物质的吸附来实现的。对营养价值的影响与油炸工艺条件有关，高温条件下营养保存好。但是油炸温度过高或油的重复利用会使油氧化、分解、聚合而生成羰基化合物、羟基酸等，从而影响产品风味；某些分解和聚合产物对人体有害；脂溶性维生素氧化，致使营养价值降低，而且经过油炸膨化的食品都有一定的持油率。

2. 油炸膨化米饼工艺流程

糯米 → 清洗、浸泡 → 沥水 → 磨粉 → 和粉 → 成型 → 蒸煮 → 冷却老化 → 切片 → 干燥 → 油炸 → 成品

3. 油炸膨化米饼加工技术要求

（1）清洗、浸泡 用自来水将原料糯米清洗两次，除净杂质。然后将洗净的糯米放入 30℃的水中浸泡一定的时间。

（2）沥水　将浸泡后的糯米倒入漏篮中，沥去米粒表面的游离水。

（3）磨粉　用电动磨粉机将沥干的米粒磨成一定细度的米粉（粉粒需过 80 目筛）。

（4）和粉　在米粉中加入适量的水，搅拌均匀，将其调成软硬适中的面团。

（5）成型　将面团辊压成 0.8cm 厚、10cm 宽的条形坯料。

（6）蒸煮　将条形坯料置于压力锅中蒸煮。

（7）冷却老化　将蒸煮后的坯料分别用 17.3℃的流水、5℃的冰箱、－15℃的低温冷冻以及 19.3℃的室温进行冷却。

（8）切片　将冷却后的坯料切成 4cm×1cm×1cm 的长方形小条。

（9）干燥　将切成的长方形小条状坯料置于 60℃的干燥箱里干燥到含水量为 8%左右。

（10）油炸　将干燥后的坯料放入油炸锅，在 180℃的油温下进行油炸膨化后沥油、冷却、包装。

4. 改善油炸膨化米饼品质的质量控制点

（1）原料主要成分

① 蛋白质：随着原料中蛋白质含量的增加，若要改变原料面团的结构力学特征，使产品的结构发生变化，保证产品的质量，需要在高温高压下进行油炸膨化。这是因为随着蛋白质含量的增加，若要破坏蛋白质分子内存在的作用力较强的氢键、二硫键、盐键和范德华力，使蛋白质变性就需要更多的能量；同时蛋白质变性因素的变化导致凝胶化温度升高，而且增加了淀粉“胶束”间的作用力，加强了网络结构的韧性，不利于在低温常压下的油炸膨化。

蛋白质的含量还影响到制品的颜色，适量的蛋白质及其氨基酸能与还原糖作用形成鲜艳的色泽。随着蛋白质含量增加，羰氨反应产物增加，制品颜色会变褐。因此，对于油炸膨化食品原料必须控制其蛋白质含量。

② 脂肪：炸制油的种类，一方面影响制品的含油量，如在植物油中炸制比在猪油中炸制的制品含油量一般可减少 10%～15%，这是因为液体油的低吸收性及较好的沥干性；另一方面炸制油的种类还影响到制品的风味，一般植物油和脱臭、氢化的动物脂优于未脱臭、未氢化的动物脂。

脂肪的含量影响到产品的膨化效果。一般地，随着脂肪含量的增加，米面团的糊化温度下降，而且凝胶化透明度也下降，但硬度略有增加。但当脂肪含量较高时，凝胶硬度又有所下降，产品易破碎，导致制品的膨化率降低，这是由于脂肪的存在使淀粉分子之间的作用力下降，改变了米面团的结构力学特性所造成的。

③ 水分：水分在食品的油炸膨化过程中起着重要的作用，它能够明显地改变面团的结构力学特性，在高温油炸中迅速汽化，而使制品形成多孔疏松结构。随着水分含量的增加，食品的膨化效果增加，当水分含量在 16%～30%时，其趋于稳定，当水分含量大于 40%时，膨化效果又迅速下降。

④ 空气及挥发性气体：油炸膨化食品料坯包含的空气膨胀在油炸过程中也发挥着重要的作用。因为空气受高温后与汽化水分一样能够产生强烈的膨胀，使淀粉、蛋白质构成膨胀网状结构，同时空气的存在能够使形成的结构固定下来，形成膨松体。但是在高温油炸膨化过程中，空气的存在容易引起油脂氧化，从而使得制品的色、香、味变差。高温油炸条件下产生的低沸点挥发成分具有类似于水蒸气以及空气的膨松作用。

⑤ 淀粉：含支链淀粉高的原料，油炸膨化后制品的膨化率较高，且具有一定的脆性，而含直链淀粉高的原料则膨化效果相反，这是由支链淀粉的分子特性所决定的。因此，较为适合于油炸膨化食品的原料有黏性玉米、糯米、马铃薯淀粉、甘薯淀粉以及木薯淀粉等。

⑥ 添加辅料：在食品膨化过程中，为了能够得到不仅组织膨松，而且色、香、味俱佳的食品，往往要添加一些添加剂，而这些添加剂的组成特性（如食盐、糖等）会影响到产品的膨化率，一般随着添加剂添加量的增加，产品的膨化率降低。

（2）加工工艺

① 淀粉α-化程度：对于以谷物和淀粉为原料的油炸膨化食品来说，采用的生产工艺必须保证生产过程中淀粉具有较高的α-化程度，可大量地吸收水分，并使水分进入淀粉品质与非品质部分，进而使得淀粉粒中有序及无序态的淀粉分子间的氢键充分断开，包裹住水分，在高温油炸时，淀粉微晶粒中的水分急剧汽化膨胀，使组织膨化形成多孔、疏松的结构，从而达到膨化的目的。如果膨化不完全，将会导致产品的膨化率下降10%～30%。

② 油炸加热速度：在油炸膨化过程中，加热速度和油温要适宜，不能过快和过高。水分汽化膨胀，迫使制品膨胀，而制品表面需要在适宜的油温下，形成致密的且具有弹性和保气性的凝胶膜，来阻止油的渗入，从而造成制品内部蒸汽压力的增大。随着汽化层的转移和水分子的汽化膨胀，使制品达到膨化的目的。但是，如果加热速度过快，炸油直接取代制品表面水分，制品表面瞬间失水、硬化，则制品将会缩小、干硬，且易造成制品卷曲、发焦，影响感官效果。如果油温过低，制品内水分汽化速度较慢，短时间内形成的喷爆压力较低，会使产品的膨化率下降。另外，加热过快和油温过高，会使制品发生较严重的褐变作用，反之，油温过低会使制品含油量增加，不但影响制品质量，而且增加生产成本。

③ 油炸时间：油炸时间的长短要考虑油温的高低和原料的类型，在正常油温下，原料不同，炸制时间也不同，一般掌握应使制品淀粉充分α-化。时间不宜过长，因为炸制时间过长会使制品颜色发生褐变，口感发苦，另外可造成制品含油量高。炸制时间也不宜短，以免炸制不完全，成熟度不够，达不到膨化的目的。

为了充分增加膨化效果，在淀粉凝胶化过程中，若能充分搅拌、混入一定量空气，则可明显地改善制品的膨化质量，而且可使制品水分下降2%。

（3）油炸设备　油炸设备的类型、加热方式等都会影响制品的质量。这是因为油炸设备的温度控制和加热方式直接影响到油温的稳定性和均匀性，使用自动控制程度高的油炸设备制出的产品一般质量高一些。而油温和升温速度不能较好控制的油炸设备往往会引起油温不稳定或出现局部过热现象，而生产出不合格的产品，所以应根据生产实际选用适宜的油炸设备。

二、挤压膨化米饼加工

1. 挤压膨化米饼工艺原理

原料由许多排列紧密的胶束组成，胶束间的间隙很小，在水中加热后因部分胶束溶解而空隙增大进而使体积膨胀。当物料通过膨化机（图5-2）供料装置进入套筒后，利用螺杆对物料的强制输送，通过压延效应及加热产生的高温、高压，使物料在挤压筒中经过被挤压、混合、剪切、混炼、熔融、杀菌和熟化等一系列复杂的连续处理，其胶束被完全破坏，淀粉糊化。在高温和高压下其晶体结构被破坏，此时物料中的水分仍处于液体状态。当物料从压力室被挤压到大气压力下后，物料中的超沸点水分因瞬间的蒸发而产生巨大的膨胀力，物料中的溶胶淀粉体积也瞬间膨化，这样物料体积也突然被膨化增大而形成了疏松的食品结构。

图5-2　双螺杆挤压膨化机

2. 挤压膨化米饼工艺流程

原料配制 → 混合 → 挤压机成型 → 干燥 → 包装 → 半成品 → 烘烤膨化 → 调味 → 成品

3. 挤压膨化米饼加工技术要求

(1) 原料配制　可用不同米粉的混合物进行制作，其要求是具有足够的淀粉含量，使之在热油或空气中膨化时生成一定的结构，并采用纤维、蛋白质和调料等添加剂来改变产品的特性。

(2) 混合操作　当使用不同的原料时，通过间歇称重计量原料后，在螺旋桨叶混合机中混合或通过连续式混合机或在预调质器中混合。液料同样能在混合阶段加入，或直接加入挤压机中依靠挤压机的混合特性进行混合。一些装置能在此阶段产生蒸煮效果，而在下一阶段仅需一台低剪切的成型挤压机就可以进行挤压成型加工。

(3) 挤压膨化　用于挤压粉团并使之转变成颗粒状产品的方法有多种，常用的有三种方法：一是预蒸煮过的物料由一台低剪切的成型挤压机加工；二是用高剪切挤压机来蒸煮，并在冷却后挤压成型；三是用高剪切机来蒸煮，并紧接着输送至一台低剪切机中完成冷却和成型。

(4) 干燥操作　米粉颗粒中的水分含量为22%～40%，并且必须干燥至低于12%。由于米粉颗粒具有实心结构，故难以进行干燥，这就要求在低温下有较长的干燥时间。

(5) 膨化操作　米粉颗粒能通过迅速加热而引起水分转化为蒸汽并以爆破的方式产生膨化，这个过程可采用烘烤加热的方式来完成。

4. 改善挤压膨化米饼品质的质量控制点

(1) 投料组分的状况　大部分挤压膨化原料是脂肪少于1%的原料，颗粒度要求60目以上，有时添加其他品种大米可以获得风味平和、质地更脆的产品。

(2) 添加水分的量　当进料水分上升时，挤压温度下降，使膨化度下降，制品中孔洞变大，壁变厚，烘烤时，产品质构松脆易碎。水分会导致制品密度上升，淀粉不能完全膨化而变硬。所以这种产品在一定程度上更适合于油炸。当水分含量下降时，挤压温度上升，挤压物膨化度更高，孔变小，壁变薄，烘烤后制品松软不脆。水分含量很低时，制品变焦、变黑，并且产率也受原料水分的影响，随着水分含量的下降，膨胀率上升，但一般会影响成品质量。

水分必须在原料中均匀分布，水分不均匀会导致制品分层、局部边角焦化等质量缺陷。理想情况下，加入的水或溶液必须在挤压前充分平衡。推荐水分含量为13%～14%，从挤压机中出来的产品水分含量为8%。

(3) 挤压机操作控制　挤压机操作参数的控制包括：进入挤压机的原料温度和湿度的控制；挤压机每个区段的温度和压力的控制；挤压机中面团黏度最大点处的控制；挤压速度的控制；每个区段挤压物温度与时间的控制；产品温度上升到最大挤压温度时的时间控制及最终出口处温度的控制等。

原则上讲，面团在挤压机中停留时间长，可吸收更多的能量，温度将上升。另外，压力越高，面团温度也越高，结果被挤压物膨化越大，孔越小，质构越软。相反，低的压力会导致低的膨化温度，膨化度降低，孔洞变大，气泡壁容易破裂，质构坚硬。

(4) 模孔形状和大小的选择　由于模孔的形状和大小关系到挤压机的工作压力和温度，因此，模孔的不同的形状和大小要选择不同的操作参数。另外，当制品从挤压机中出来后，尽管其结构已经形成，但仍处在压力下，由于吸收水分，分子之间的键仍会调整而造成其进一步收缩。因此，为了保持制品的最大比体积，除了原料水分应维持在达到预期膨化度所必要的最低程度以及出口温度要尽量低以外，较小的模孔尺寸（至少有一个方向的尺寸要保持最小）是必要的。

（5）制品水分含量　用挤压干燥的制品通常水分含量超过8%，为了获得所要求的脆性，还必须进入热风烤炉加热设备中脱水至4%。然而水分含量并非越低越好，水分含量过低会导致脂肪酸败加速，某些情况下，水分含量过低还会导致制品具粉质口感（因为质构变得过分脆）。制品干燥的程度与其组成和表面积有关，对于淀粉类小吃食品，水分含量为4%比较合理（4%是以原料为基准计算的，并非是以加了油、盐、调味品的终产品为基准）。

（6）风味物质及食用色素的添加

① 风味物质的添加：在进口处添加的风味物质经挤压后会发生显著变化，主要是风味劣化、挥发性风味组分消失、风味物质高温下的相互作用和分解作用等。基于这些原因，实际添加风味物质是在膨化和干燥之后。最普遍的组分是油和盐，添加物一般在不锈钢容器中混合，再将混合物在振动式涂布机上喷洒。

② 食用色素的添加：食用色素可在挤压前于混合操作中加入。

挤压小食品，经常可观察到褪色现象，这与四个主要因素相关：a. 过热；b. 与各种蛋白质反应；c. 与还原性离子（如铁离子、铝离子等）反应；d. 与还原糖反应。也有物理因素的褪色，如：泡沫结构导致光线折射，使基色变浅，气泡越小，颜色越浅。

三、膨化米饼的质量标准

1. 感官指标

不同产品感官标准不同。

2. 理化指标

见表5-9。

表5-9　膨化米饼理化标准

水　分	酸价（以脂肪计）①	过氧化值（以脂肪计）①	黄曲霉毒素 B_1	羰基价（以脂肪计）①	铅含量（以Pb计）	砷含量（以As计）	食品添加剂
≤7g/100g	3.0mgKOH/g	≤0.25%	≤5μg/kg	≤20mg/kg	≤0.5mg/kg	≤0.5mg/kg	执行GB 2760—1996

① 指油炸膨化标准。

3. 微生物指标

见表5-10。

表5-10　膨化米饼微生物要求

菌落总数	大肠菌群	致病菌
≤10000cfu/g	≤90MPN/100g	不得检出

四、膨化米饼的发展趋势

随着食品工业的发展、新技术和新工艺的出现以及人民生活水平的提高，利用膨化技术以及膨化设备生产膨化食品在我国具有十分广阔的前景。微波膨化技术、烘焙膨化技术作为新型膨化技术已经引起人们的重视并逐步成为膨化技术发展的方向；真空油炸膨化技术则是保持油炸膨化技术生命力的一种有效的改良方法；而超低温膨化技术、超声膨化技术、化学膨化技术等都有可能在不久的将来得到实际的应用。进行膨化理论和技术的研究，开拓新的原料来源，开发新型膨化设备和膨化技术将是膨化食品生产技术发展的重点和难点，膨化食品正朝着绿色、健康、营养、口味丰富、多品种、外形美观等方向发展。

【复习题】

1. 为什么说我国大米加工业的发展势头较好?
2. 为什么说我国发展方便米饭大有可为?
3. 简述脱水米饭的加工原理、工艺流程、操作要点和质量标准。
4. 简述软罐米饭的加工原理、工艺流程和操作要点。
5. 简述速冻米饭的加工原理、工艺流程和操作要点。
6. 简述方便米粉的加工原理、工艺流程、操作要点和质量标准。
7. 简述速冻汤圆、粽子的加工原理、工艺流程、操作要点和质量标准。
8. 简述油炸和挤压膨化米饼的加工原理、工艺流程、操作要点和质量标准。

【实验实训九】 方便米饭加工

课前预习

1. 方便米饭加工的原理、工艺流程、操作步骤与方法。
2. 按要求撰写出实验实训报告提纲。

一、能力要求

1. 熟悉加工方便米饭的工艺原理与工艺条件要求。
2. 学会加工方便米饭的基本操作技能。
3. 能够进行产品质量分析，即发现产品质量缺陷，分析原因并找出解决途径。
4. 能够通过方便米饭加工的练习，自主完成加工过程。
5. 学会方便米饭成本核算的方法。

二、原辅材料及参考配方

优质大米 500g，蔗糖脂肪酸酯 4.5g，β-环糊精 2.5g，食用油脂 7.5g。

三、工艺流程

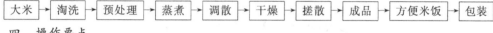

大米 → 淘洗 → 预处理 → 蒸煮 → 调散 → 干燥 → 搓散 → 成品 → 方便米饭 → 包装

四、操作要点

(1) 大米淘洗　淘洗的目的是清除米糠及附在米表面的灰尘及杂质，采用自来水淘洗2～3次，可达到淘洗的目的。

(2) 预处理　预处理的目的是在蒸煮之前添加添加剂（蔗糖脂肪酸酯、β-环糊精、食用油脂）来提高米粒表面的亲水性，使水分容易均匀地渗透到米粒内部，提高糊化度；同时也可以防止淀粉分子间氢键形成，防止淀粉返生，提高复水性；还可以提高米粒分散，使其色泽增白，感观好，口感较适；并可以提高防黏结以及调节水分和增香作用。预处理时间为10min。

(3) 蒸煮　蒸煮的目的是为了使米粒淀粉充分熟化，蒸饭时间为30～40min，米和水之比为1∶(1.3～1.7)。

(4) 调散　为了打散饭团，减少米饭颗粒表面黏度，有利于干燥，采用热水（60℃以上）调散米饭。

(5) 干燥　干燥温度65℃，时间60～90min，使米饭水分降至13%以下。

(6) 搓散　干燥后成块地将其搓散，使产品外观良好，易于复水。

(7) 包装　采用聚乙烯薄膜塑料袋密封包装以利于防止米饭吸潮返生。

五、注意事项

① 米质选择原则是支链淀粉含量高的米质，其淀粉不易发生老化。

② 复水必须采用25～60℃温水，若低于25℃，则复水后的米粒硬，高于60℃复水后的米粒太软，40℃下处理15min。

六、产品感官质量标准

参照本章第一节方便米饭质量标准。

七、学生实训

1. 用具与设备准备

刮板，不锈钢盆，擀面杖，台秤，烤盘，干燥箱，塑封机，包装袋，淘米箩等。

2. 原料准备

500g优质大米，4.5g蔗糖脂肪酸酯，2.5g β-环糊精，7.5g食用油脂。

3. 学生练习

指导老师对设备操作和方便米饭的基本操作技能进行演示。学生分组按照方便米饭的加工操作步骤及方法进行练习。

八、产品评价

指标 分数	制作时间	色泽	形态	口感	香味	大小一致	卫生	成本	合计
标准分	15	20	10	15	20	10	5	5	100
扣分									
实际得分									

九、产品质量缺陷与分析

① 根据操作过程中出现的问题，找出解决办法。

② 根据产品质量缺陷，分析原因并找出解决办法。

【实验实训十】 速冻汤圆加工

课前预习

1. 速冻汤圆加工的原理、工艺流程、操作步骤与方法。

2. 按要求撰写出实验实训报告提纲。

一、能力要求

1. 熟悉速冻汤圆的工艺原理与工艺条件要求。

2. 学会速冻汤圆加工中的基本操作技能。

3. 能够进行产品质量分析，即发现产品质量缺陷，分析原因并找出解决途径。

4. 能够通过速冻汤圆加工的练习，自主完成速冻汤圆的加工。

5. 学会速冻汤圆成本核算的方法。

二、原辅材料及参考配方

水磨糯米粉500g，变性淀粉0.67g，羧甲基纤维素钠1.5g，瓜耳豆胶0.5g，蒸馏单甘酯1.33g，黑（白）芝麻150g，白砂糖150g，饴糖75g，猪板油50g，糖桂花15g，熟面粉20g，核桃仁10g，少量植物油。

三、工艺流程

原料选用→原料处理→调制馅心、面皮→成型→速冻→包装→成品→入库

四、操作步骤

1. 原料处理

（1）黑（白）芝麻 以文火将芝麻炒至九成熟，去皮，分别取40%的黑芝麻和60%的白芝麻磨成芝麻酱，使其质感细腻、香味浓郁，其余部分碾成芝麻仁。

（2）核桃仁 选用成熟度好、无霉烂、无虫害的核桃仁，用沸水（含质量分数1.0%～1.5%的$NaHCO_3$）浸泡去皮，炸酥、碾碎至小米粒大小。

（3）熟面粉 将小麦面粉于笼屉上用旺火蒸10～15min，其作用是调节馅心的软硬度，缓解油腻感。

（4）羧甲基纤维素钠 将羧甲基纤维素钠先配制成质量分数为3%～5%的乳液，用以调节馅心黏度，使其成团。

（5）水磨米粉的制作 将糯米、粳米按18∶1比例掺和，用冷水浸米粒至疏松后捞出，用清水冲去浸泡米的酸味，晾干后再加适量水进行磨浆；磨浆时米与水的质量比为1∶1，水太少会影响粉浆的流动性，过多则使粉质不细腻。磨浆后将粉浆装入布袋，吊浆，至1kg粉中含水300mg即可。

2. 调制馅心

将处理后的黑芝麻、白芝麻、芝麻酱等放入配料中搅拌，再加入油脂、饴糖、熟面等，用饴糖、羧甲基纤维素钠溶液来调节馅心的黏度和软硬度，使馅心成为软硬适当的团块。

3. 调制米粉面团

将调制好的水磨粉取1/3投入沸水中，使其漂浮3～5min后成熟芡。将其余2/3投入机器中打碎；再将熟芡加入，徐徐滴入少量植物油打透、打匀，至米粉细腻、光洁、不粘手为止。

4. 成型

根据成品规格，将米粉面团和馅团分成小块，可手工包制，或由机器完成。

5. 速冻

将成型后的汤圆迅速放入速冻室中，要求速冻库的温度在－40℃左右。在10～20min内使汤圆的中心温度迅速降至－12℃以下，此时出冷冻室。

6. 包装入库

包装材料应有一定的机械强度且密封性强，冷库温度为－18℃，这样可将汤圆水分降低至最低程度。

五、注意事项

① 芡的用量可根据气温作适当调节，天热可减少一点，天冷则多一点。否则，芡的用量太多会使面粉粘手不易成型，太少则易使产品出现裂纹。

② 植物油具有保水作用，加入适量植物油可有效避免速冻汤圆长期储存后因表面失水而开裂。该油脂应无色无味，不但不影响汤圆的颜色，而且可增加速冻汤圆的表面光洁度。

③ 如果冻结速度慢，制品表面水分会先凝结成大块冰晶，并逐步向内冻结，内部在形成冰晶的过程中会产生张力而使表面开裂。速冻可使汤圆内外同时降温，形成均匀细小的冰晶，从而保证产品质地的均一性。即使是长期储存，其口感仍然细腻、糯软。

④ 速冻汤圆在储存和运输过程中应避免温度波动，否则产品表面将有不同程度的融化，

再冻结，易造成冰晶不匀，产品受压开裂。

⑤ 要根据汤圆的大小调整工艺条件。

六、产品感官质量标准

参照本章第三节速冻汤圆质量标准。

七、学生实训

1. 用具与设备准备

面案，刮板，擀面杖，台秤，不锈钢盆，速冻机，磨粉机，塑封机，包装袋等。

2. 原料准备

见原辅材料及参考配方（单位：g）。

3. 学生练习

指导老师对设备操作和速冻汤圆的基本操作技能进行演示。学生分组按照速冻汤圆加工操作步骤、方法进行练习。

八、产品评价

指标 分数	制作时间	色 泽	形 态	口 感	耐煮性	大小一致	卫 生	成 本	合 计
标准分	15	20	10	15	20	10	5	5	100
扣分									
实际得分									

九、产品质量缺陷与分析

① 根据操作过程中出现的问题，找出解决办法。

② 根据产品质量缺陷，分析原因并找出解决办法。

【实验实训十一】 膨化米饼加工

课前预习

1. 膨化米饼加工的原理、工艺流程、操作步骤与方法。

2. 按要求撰写出实验实训报告提纲。

一、能力要求

1. 熟悉膨化米饼的工艺原理与工艺条件要求。

2. 学会膨化米饼加工的基本操作技能。

3. 能够进行产品质量分析，即发现产品质量缺陷，分析原因并找出解决途径。

4. 能够通过膨化米饼加工的练习，自主完成膨化米饼的加工。

5. 学会膨化米饼成本核算方法。

二、原辅材料及参考配方

糯米粉 700g 和粳米粉 300g，加入白砂糖 15%、精盐 3%、小苏打 0.5%、米香精 0.3%、水 35%～40%及少量色拉油。糯米粉、粳米粉、色拉油市售。

三、仪器设备

冷藏箱，通风干燥箱，微波炉。

四、工艺流程

糯米粉、粳米粉、水 → 调浆 → 糊化 → 调粉 → 制坯 → 汽蒸 → 冷却处理 → 切片成型 → 干燥 → 坯料 → 微波膨化 → 冷却 → 包装 → 成品

五、操作步骤

(1) 调浆　取混合粉总量的20%加水调制成浆。粉与水的比例为1∶1.5。

(2) 糊化　将盛有浆的烧杯放入沸水中，边加热边搅拌，防止焦化，至浆料成半透明黏稠糊状为止，温度在70～85℃。

(3) 调粉　在糊化后的浆料中加入剩余的混合粉，调制成面团。

(4) 制坯、汽蒸　将面团制成直径为2.5～3cm的圆柱形，汽蒸30min。

(5) 冷却处理　在2～5℃放置20～28h。

(6) 切片成型　切片厚度为2～3mm，厚薄尽量均匀。

(7) 干燥　采用二次干燥法，温度控制在50℃。每一次干燥后静置3～4h，使其内部的水分重新分布均匀。

(8) 膨化　使用间歇式微波炉加热膨化，微波炉频率采用2450MHz、功率700W，加热时间2min。

六、注意事项

1. 饼坯水分与米饼物性的关系

当饼坯的含水量控制在16%时，膨化度可达2～3.6，脆度值在250～300g范围，表明米饼的物性指标较理想。

2. 原料配比与米饼物性的关系

原料中糯米比例高时，其支链淀粉的含量就会增大，饼坯在干燥过程中会表现出较大的黏性，持气能力较强，在微波膨化时也就会得到较大的膨化率。而糯米粉比例过高时，制得的面团蒸熟后质软且黏度大，不易切片和定型，冷却老化时间拖得过长。综合考虑米饼的物性与加工性能两方面因素，糯米粉与粳米粉的配比确定为7∶3较合适。

3. 冷藏老化时间与米饼物性的关系

当冷藏老化时间约为24h时，膨化度达到最大。但冷藏时间若超过24h，则膨化米饼的物性又会变差。

七、产品感官质量标准

参照本章第四节膨化米饼质量标准。

八、学生实训

1. 用具与设备准备

面案，刮板，不锈钢盆和锅，擀面杖，台秤，模具，冰箱，切片机，膨化机（微波炉），干燥箱，塑封机，包装袋等。

2. 原料准备

每小组用量：糯米粉700g和粳米粉300g，加入白砂糖15%、精盐3%、小苏打0.5%、米香精0.3%、水35%～40%以及少量色拉油。

3. 学生练习

指导老师对设备操作和膨化米饼基本操作技能进行演示。学生分组按照膨化米饼加工操作步骤和方法进行练习。

九、产品评价

分数 \ 指标	制作时间	色　泽	形　态	口　感	内部组织	大小一致	卫　生	成　本	合　计
标准分	15	20	10	15	20	10	5	5	100
扣分									
实际得分									

十、产品质量缺陷与分析

① 根据操作过程中出现的问题，找出解决办法。

② 根据产品质量缺陷，分析原因并找出解决办法。

第六章 大豆蛋白及其制品加工

学习目标

了解大豆的分类、化学构成，掌握大豆蛋白制品，即大豆浓缩蛋白、大豆分离蛋白、大豆组织化蛋白及传统大豆制品——豆腐、腐竹、腐乳的加工工艺，并熟悉影响产品质量的因素和控制方法。

大豆是世界上最古老的农作物，又是新兴起来的世界性五大主栽作物。我国是大豆的故乡，先秦时大豆就已成为重要的粮食作物，唐宋以来大豆种植地区逐步向长江流域扩展，目前我国各省区几乎都有栽培，主要产地是在东北三省和黄淮海地区。大豆与黍、稷、麦、稻一起被称为“五谷”。根据食物营养分析，它含有大量的蛋白质（35%左右）以及矿物质（钙、磷、铁、钾等）和维生素（如胡萝卜素、维生素 B_1、维生素 B_2、维生素 B_3 和维生素 C 等）等。大豆为豆科之冠。我国是利用大豆制作豆制品历史最早的国家之一，是世界上公认的传统豆制品发源地，豆腐、豆酱、豆豉的记载历史已有二千多年。大豆及其制品是中国传统食品的“瑰宝”，是东方食品的精华，中国传统的大豆食品在东方健康饮食中扮演着极为重要的角色。

根据大豆制品的生产工艺特点，可将其分为以下两大类。

① 传统大豆制品：在传统大豆制品中又可分为发酵豆制品和非发酵豆制品，腐乳、臭豆腐、豆瓣酱、酱油、豆豉等属发酵豆制品；水豆腐、干豆腐（百页）、卤制品、油炸品、熏制品、冷冻制品、干燥制品属非发酵制品。

② 新兴大豆制品：新兴大豆制品可分为油脂类制品，如大豆磷脂、精炼大豆油、色拉油、人造奶油、起酥油；以及蛋白类制品，如脱脂大豆粉、大豆分离蛋白、大豆浓缩蛋白、大豆组织化蛋白、豆乳粉、豆乳冰激凌、豆乳冰棍等。

目前，我国的大豆加工业已经形成了一个比较完整的产业链条，延伸到饲料加工、畜禽饲养、水产养殖、营养保健、包装、化工、环保、军事、医药、纺织服装以及航空、航天等领域。大豆加工业已成为我国国民经济的重要组成部分，并且具有广阔的发展前景。

第一节 大豆的分类、籽粒结构和化学构成

一、大豆的分类

1. 大豆按其播种季节的不同，可分为春大豆、夏大豆、秋大豆和冬大豆四类。

① 春大豆：春大豆一般在春天播种，十月份收获。在我国主要分布于东北三省，河北、山西中北部，陕西北部及西北各省（区）。

② 夏大豆：夏大豆大多是在小麦等冬季作物收获后再播种，耕作制度为麦豆轮作的一年二熟制或二年三熟制。在我国主要分布于黄淮平原和长江流域各省。

③ 秋大豆：秋大豆通常是在早稻收割后再播种，当大豆收获后再播种冬季作物，形成一年三熟制。我国浙江、江西的中南部、湖南的南部以及福建和台湾种植秋大豆较多。

④ 冬大豆：冬大豆主要分布于广东、广西及云南的南部。这些地区冬季气温高，终年无霜，春、夏、秋、冬四季均可种植大豆。所以这些地区有冬季播种的大豆，但播种面积不大。

在大豆区划的基础上，以某些形态及生理性状为依据，区分大豆品种，并按一定的标准和程序予以分群归类。中国根据地区和栽培制度分别将其归类为：北方春大豆型、黄淮春大豆型、黄淮夏大豆型、南方春大豆型、南方夏大豆型、南方秋大豆型和冬大豆型。

2. 大豆按种皮的颜色和粒形分为五类。

① 黄大豆：种皮为黄色。按粒形又分为东北黄大豆和一般黄大豆两类。

② 青大豆：种皮为青色。

③ 黑大色：种皮为黑色。

④ 其他色大豆：种皮为褐色、粽色、赤色等单一颜色大豆。

⑤ 饲料豆（秣食豆）。

二、大豆的籽粒结构

大豆种子由种皮、子叶和胚三部分组成。种皮是一层薄而光滑的组织体，由纤维素较多的细胞组成，占籽粒质量的8%；子叶是大豆中体积最大的营养部分，也是含油和蛋白质最多的部分，占籽粒质量的90%；胚占籽粒质量的2%。

三、大豆的化学组成

大豆主要是由蛋白质、脂肪、糖类、矿物质、磷脂、维生素等多种营养成分组成。在大豆的加工过程中，大豆的化学成分会发生各种变化。

美国的大豆主要用于榨油，大豆的品种也按照高含油量、低蛋白的方向进行基因改良和育种。日本的大豆主要用于加工豆腐和纳豆等豆制品，因而蛋白质含量通常较高而油脂类成分含量较低。我国的大豆还是以家庭小规模生产和经营为主，对不同用途的蛋白质和油脂含量差异很大的大豆也没有进行分别管理和储藏，因而大大降低了我国大豆在国际市场上的竞争力。

1. 蛋白质

蛋白质是大豆最重要的成分之一。依品种不同，大豆的蛋白质含量也有较大差异。我国的大豆蛋白质含量一般在40%左右，个别品种可达50%以上。大豆蛋白的氨基酸组成相当完全，除蛋氨酸和半胱氨酸含量较少外，其余必需氨基酸含量均达到或超过了世界卫生组织推荐的必需氨基酸需要量水平。由此可见，大豆蛋白质是一种优质的完全蛋白质。大豆蛋白中赖氨酸的含量特别丰富，而谷类食品恰好缺乏赖氨酸，因此，在谷物类食品中添加适量大豆蛋白或大豆制品，或将大豆制品与谷物类食品配合食用，可以弥补谷物类食品中缺乏的赖氨酸，使谷物类食品的营养价值得到进一步提高。

(1) 大豆蛋白的分类　大豆蛋白一般有四种分类方法。

① 根据蛋白质溶解特性，大豆蛋白分为清蛋白和球蛋白两类。清蛋白一般占大豆蛋白的5%左右，球蛋白约占90%左右。球蛋白可用食盐溶液萃取，再经反复透析沉淀而得；也可以加酸调 pH 至 4.5（等电点）或加 55%硫酸铵至饱和析出沉淀而得，故球蛋白又称为酸沉淀蛋白。清蛋白无此特性，故又称为非酸沉淀蛋白。大豆球蛋白又可细分为大豆球蛋白、α-伴大豆球蛋白、β-伴大豆球蛋白和 γ-伴大豆球蛋白。

② 根据构成大豆蛋白的最基本单位来分类，大豆蛋白基本上属于结合蛋白，含有配糖体，所以大豆蛋白绝大部分都是糖蛋白。

③ 根据生理功能分类，大豆蛋白可分为储藏蛋白和生物活性蛋白两类。储藏蛋白是主

体，约占总蛋白的70%左右（如11S球蛋白、7S球蛋白等）。生物活性蛋白包括胰蛋白酶抑制剂、血球凝集素、脂肪氧化酶等，它们在总蛋白中所占比例不多，但对大豆制品的质量有重要影响。

④ 蛋白质的分子结构极为复杂，一般将其分为一级、二级、三级、四级结构，根据此分类原则，大豆蛋白是具有四级结构的蛋白质。蛋白质四级结构中具有的二级结构的多肽链单元称为亚基或亚单位。

（2）大豆蛋白的组成　对水溶性大豆蛋白进行超速离心分离，可得到2S、7S、11S和15S四个组分。其中以7S和11S为主，约占大豆球蛋白总量的70%。它们的结构对整个大豆蛋白的性质起决定性作用。7S球蛋白是一种糖蛋白，具有9个亚基，7S组分中的球蛋白，即7S球蛋白可代表大豆蛋白的氨基酸组成。7S组分与大豆蛋白加工性能密切相关，7S组分含量高的大豆，制得的豆腐组织就比较细嫩。11S组分比较单一，只有11S球蛋白，11S球蛋白具有12个亚基。11S组分与7S组分在豆制品加工中表现的性质不同，由11S组分形成的钙胶冻比7S组分形成的坚实得多，所以，用11S组分相对较高的大豆制得的豆腐，结构坚实，有韧性。

（3）大豆蛋白的加工特性　大豆蛋白的加工特性主要是指大豆在加工过程中的吸油性、水合性、乳化性、黏结性、溶解性、凝胶性等。

① 吸油性：大豆蛋白可以与磷脂、甘油三酯形成脂-蛋白络合物，故具有吸油性。大豆蛋白在制造食品的过程中，能促进脂肪的吸收，或与脂肪结合，减少蒸煮时油的损失，还可起到稳定食品外形的作用。大豆组织蛋白的吸油率以干基计可达60%～130%，最大的吸油率发生在15～20min内。煎炸面包时如添加大豆粉，可以减少油的吸收。

② 水合性：大豆蛋白的水合性包括三个方面，即吸水性、保水性和膨胀性。这是由于大豆蛋白沿着它的肽链骨架含有很多极性基团的缘故。它涉及到食品中蛋白质的可分散性、结合性、黏结性、凝胶性和表面活性等重要性质。

a. 吸水性：吸水性一般指蛋白质对水分的吸附能力。用大豆粉替代脱脂奶粉，就需要添加更多的水分。如在面包中，每添加1%的分离蛋白，水分吸收量就增加1.5%。

b. 保水性：大豆蛋白在加工时还有保持水分的能力，这与黏度、pH值、电离强度和温度有关。

c. 膨胀性：大豆蛋白吸收水分后会膨胀起来，即蛋白质扩张作用。取一种大豆分离蛋白分别在不同温度下烘烤30min，分别测定其膨胀性，结果表明，加热处理可增加大豆蛋白的膨胀性，以80℃时为最好，当然大豆蛋白膨胀性的最适温度因产品不同而略有差异。

③ 乳化性：大豆蛋白是表面活性剂，既能降低水和油的表面张力，具有乳化性，又能降低水和空气的表面张力，具有泡沫性，易于形成乳状液。乳化的油滴被聚集在油滴表面的蛋白质所稳定，形成一种保护层，这个保护层可以防止油滴聚集和乳化状态破坏，促使乳化性能稳定。一般大豆分离蛋白乳化能力比浓缩蛋白大6倍。

④ 黏结性：蛋白质分子量大，其较强的溶解性和吸附能力使它具有黏结性，故可用于调整食品的物性。

⑤ 溶解性：大豆蛋白分子中的极性部位有些是可以电离的，如氨基等，这样通过pH值的改变，可以改变其极性和溶解性。当某一体系的pH达2.0时，约80%的蛋白质被溶解；随着pH的增加，蛋白质的溶解度降低，直至pH为4～5的等电点范围内，蛋白质溶解度趋于最小，约为10%。而后，随着pH的逐渐增加，蛋白质的溶解度再次迅速增加。pH为5.6时蛋白质溶解度可达80%以上，在pH为12时溶解度最大量可达90%以上。根

据大豆蛋白这一溶解特性，可以在腌制盐水中添加大豆分离蛋白，通过注射和滚揉，使盐水均匀扩散到肌肉组织中并与盐溶性肉蛋白配合，保持如火腿、咸牛肉等大块肉制品的完整性，提高出品率。

⑥ 热敏性：大豆蛋白溶解性随加热时间延长而降低。加热10min后，其溶解性可由原来的80%降低到20%～25%。由于湿热能够很快地把蛋白质变为不溶解物质，故常用溶解度来确定热处理程度。酸和碱以及极端的pH（14或1）、苯酚已醇、巯基乙醇等均能引起次单体解聚。对大豆蛋白提取液或大豆蛋白加热溶液进行冻结，在−3～−1℃下冷藏，解冻后蛋白质变为不溶，并可浓缩脱水，形成海绵状，这就是大豆蛋白的冻结变性。

⑦ 凝胶性：含有80%以上分离蛋白的溶液加热则形成胶凝体，可改善肉制品的硬度、弹性、切片性和质构。由于大豆蛋白优良的功能特性，它除了应用在传统肉制品中外，还为创造新食品提供了机会。如用大豆分离蛋白代替脂肪，同时有软化和增嫩的作用，可制作蛋白质含量高达19%而脂肪含量仅3%的法兰克福鱼肉香肠。利用大豆蛋白还可以制造多种仿真肉制品，用大豆蛋白取代价格昂贵的部分肉类，不仅可以提高肉制品的营养价值、产量，降低产品成本，并且也为大豆的深加工开辟了一条蹊径。

⑧ 组织形成性：大豆蛋白具有组织化作用。把含有8%的蛋白液加热，可形成胶体，蛋白液浓度在16%～17%时，可得到有弹性的自承重凝胶。在高温下，强力搅拌豆粉液可使蛋白质定向凝聚，并得到与肉相似的物质。这对于发展新的蛋白质食品具有特别重要的意义。

大豆蛋白还有一个优点就是不同的加工方法对必需氨基酸的含量和特性没有显著影响。因此，大豆适用于加工成各种食品。

2. 脂肪

一般大豆品种中，脂肪含量为18%～22%，高的品种可达28.6%。大豆脂肪呈黄色液体，为半干性油，凝固点在−15℃。大豆脂肪中含有丰富的不饱和脂肪酸（约60%）。由于不饱和脂肪酸具有防止胆固醇在血管中沉积及溶解沉积在血管中胆固醇的功能，因此，大量食用大豆制品或大豆油对人体是有益的。但从大豆制品加工与储藏特性来看，由于不饱和脂肪酸稳定性较差、易氧化，因此，不饱和脂肪酸含量高又不利于大豆制品的加工与储藏，对此必须加以注意。大豆脂肪还是决定大豆制品营养和风味的重要物质之一。大豆油脂中的脂肪酸甘油酯约占95%，其中不饱和脂肪酸占80%～90%，饱和脂肪酸占6%～24%，完全没有胆固醇，其脂肪酸的成分由亚油酸、油酸、软脂酸、亚麻酸、硬脂酸组成，其中亚油酸、亚麻酸为不饱和的必需脂肪酸，而必需脂肪酸不仅是所有生物膜组织正常发挥作用的基础，而且是某些生理调节物质的前体，如果人体缺乏必需脂肪酸，会出现许多异常症状。

大豆籽粒中磷脂含量非常丰富，约为1.2%～3.2%，它以卵磷脂、脑磷脂和肌醇磷脂的形式存在。磷脂是含磷的类似脂肪的物质，在人和动物体的脂肪和糖类的转变过程中起着重要作用。同时，磷脂是优良的乳化剂，因此，它的存在对大豆制品，特别是大豆饮料的稳定性和口感有着很重要的作用。

大豆脂肪在人体内消化率高达97.5%，因此它是优质食用油。

3. 碳水化合物

大豆中约含有25%的碳水化合物，成分比较复杂。一种是不溶性碳水化合物，主要是存在于种皮的纤维素，一般每100g大豆中含5g左右纤维素；另一种是可溶性碳水化合物，主要由低聚糖（包括蔗糖、棉籽糖、水苏糖）和多糖（包括阿拉伯半乳糖和半乳糖类）构成；成熟的大豆几乎不含淀粉（约为0.4%～0.9%）。大豆中的碳水化合物除蔗糖外，均难以被人体吸收。一部分糖类物质在肠道中还易成为微生物的营养源而在肠道内产生气体，但这些碳水化合物在加工过程中多溶于水而被除去。

4. 维生素与矿物质

大豆中含有多种维生素，特别是B族维生素含量较多。不过大豆中的维生素总含量较少，脂溶性维生素更少。在加工中，由于受加热、精制或氧化多被破坏或除去，很少转移到产品中去。

大豆中矿物质的含量与种类是非常丰富的，有十余种。大豆中矿物质的总量一般在4.0%～4.5%之间。其中钾的含量最多，最高含量占干物质的2.39%；钙的含量是鸡蛋的8倍多，是牛奶的3.6倍多；磷的含量是鸡蛋的3倍多，是牛奶的7倍多；铁的含量是鸡蛋的5倍，是牛奶的60倍。此外，还含有硒、铝、铬、镍等微量元素。大豆在发芽过程中，其植酸酶被激活，矿物质元素游离出来，从而使其生物利用率明显提高，因此可以说豆芽菜是一种非常好的蔬菜。

5. 酶类

现已发现大豆中的酶有30多种，主要是淀粉酶、蛋白酶、脂肪氧化酶、解脂酶、尿素酶等，这些酶受热易破坏。脂肪氧化酶活性很高，当大豆细胞壁破碎后，只要有少量水分就会使脂肪氧化，产生豆腥味物质。因此，在豆制品加工时，应采取一定措施来抑制酶的活性。

6. 大豆异黄酮与大豆皂苷

大豆中还含有大豆异黄酮、大豆皂苷等对人体健康有益的生理活性物质。

美国科学家研究发现大豆异黄酮在恶性肿瘤的孕育中可有效地阻止新血管增生的生理过程，断绝癌细胞的养料来源，从而延缓或阻止病变或癌变，达到防癌的作用。除具有抗癌作用外，大豆异黄酮还具有许多其他重要的生理活性，如抗氧化、抗溶血，对心血管疾病、骨质疏松症以及更年期综合征等均具有预防甚至治愈作用。

大豆皂苷为苷类化合物中的一种，属多环类化合物，它是引起大豆食品产生苦涩味的因子之一。它在大豆籽粒中的含量达0.1%～0.5%，子叶中含量为0.2%～0.3%。大豆中含有皂苷类成分，能降低血中胆固醇和甘油三酯的含量从而降低血脂，可以抑制血小板减少和凝血酶引起的血栓纤维蛋白的形成，具有抗血栓作用。它还可以阻止油脂过氧化引起的皮肤疾病，减少皮肤病的发生。最近的研究发现大豆皂苷具有抗肿瘤活性，它可以明显抑制肿瘤的生长，能直接杀伤肿瘤细胞，特别是对人类白血病细胞DNA合成有很强的抑制作用，同时对人类免疫缺陷病毒（HIV）的致病力和传染性具有抑制效果，它还对X射线具有防护作用，可加强人体的免疫力。

7. 抗营养因子

大豆的籽粒中含有许多能降低其营养价值的物质，即若干种抗营养因子，其中主要的有胰蛋白酶抑制剂、脂肪氧化酶、尿素酶、磷脂酶D和血球凝集素等。这些抗营养因子有的能抑制人或动物体内胰蛋白酶的活性，使人或动物不能正常地消化吸收蛋白质，甚至会造成人畜轻度中毒。因此，人食用未充分煮熟的大豆或喝了没有煮开的豆浆，会引起腹胀、腹泻、呕吐、胃肠胀气等现象，严重的还会导致全身虚弱、呼吸急促。多数情况下，抗营养因子可在加热或萌发与发酵过程中受到破坏，从而大大降低其活性，进而使大豆可以被人类食用或动物饲用。

第二节 大豆蛋白加工

大豆蛋白是大豆中诸多蛋白质的总称。大豆蛋白的含量是通过测定总氮量，再乘以蛋白质系数（6.25）而得。蛋白质系数因氨基酸组成不同而稍有差异，就大豆蛋白而言，因大豆品种不同、栽培条件不同，蛋白质系数也稍有差异。另外，在测定总氮时，除大豆蛋白中的氮外，还有低聚肽、游离氨基酸、酰胺、氨等中的非蛋白氮，因此，蛋白质的测定结果要比实际含量稍高一些。

大豆蛋白制品是大豆蛋白经提取浓缩而得到的，主要有脱脂豆粉、浓缩大豆蛋白、分离大豆蛋白和组织状大豆蛋白等产品形式。这些大豆蛋白制品，其蛋白质含量都在50%以上，比瘦肉高3~5倍。常使用它们作为蛋白添加剂用于其他食品，以提高这些食品中蛋白质的含量。

一、浓缩大豆蛋白加工

浓缩大豆蛋白是从脱脂豆粉中除去低分子可溶性非蛋白质成分，主要是可溶性糖、灰分以及其他可溶性的微量成分，制得的蛋白质含量在70%（以干基计）以上的大豆蛋白制品。生产浓缩大豆蛋白的原料以低变性脱溶豆粕为佳。

1. 生产原理

生产浓缩大豆蛋白是在除去脱脂大豆中的可溶性非蛋白质成分的同时，最大程度地保存水溶性蛋白质。除去这些成分最有效的方法是水溶法，但在低温脱脂豆粕中，大部分蛋白质是可溶性的，为使可溶性的蛋白质最大限度地保存下来，就必须在用水抽提水溶性非蛋白质成分时使其不溶解。可溶性蛋白质的不溶解方法大体可分为两类：一是使蛋白质变性，通常采用的有热变性和溶剂变性法；二是使蛋白质处于等电点状态，这样蛋白质的溶解度就会降低到最低点。在大豆蛋白不溶解条件下，以水抽提就可以除去大豆中的非蛋白质可溶性物质，再经分离、冲洗、干燥即可获得蛋白质含量在70%以上的制品。

2. 加工方法

目前工业化生产浓缩大豆蛋白的工艺主要有三种，即稀酸浸提法、含水酒精浸提法以及湿热浸提法。不同方法制取的浓缩蛋白质的成分组成和性质见表6-1。从表6-1中看出，以稀酸浸提法制取的浓缩蛋白质的氮溶解指数（NSI）最高，达69%；而酒精浸提法制取的浓缩蛋白质的NSI只有5%。但如从产品气味来看，以酒精浸提法制得的浓缩蛋白质优于用其他两种方法制取的产品。酒精浸提法是利用体积分数为50%~70%的酒精洗除低温豆粕中所含的可溶性糖类、可溶性灰分及可溶性微量组成部分。酒精浸提法可以改善产品气味，但蛋白质变性较多。

表6-1 用不同方法制取的浓缩蛋白质质量比较

项　目	工艺过程		
	酒精浸洗	酸浸洗	湿热处理
氮溶解指数(NSI)/%	5	69	3
1∶10水分散液pH	6.9	6.6	6.9
蛋白质含量(N×6.25)/%	66	67	70
水分含量/%	6.7	5.2	3.1
脂肪含量/%	0.3	0.3	1.2
粗纤维含量/%	3.5	3.4	4.4
灰分含量/%	5.6	4.8	3.7

3. 稀酸浸提法

（1）工艺原理　利用豆粕粉浸出液在等电点状态时蛋白质溶解度最低的原理，用离心法将不溶性蛋白质、多糖与可溶性碳水化合物、低分子蛋白质分开，然后中和、浓缩、干燥脱水，即得浓缩蛋白粉。此法可同时除去大豆的腥味。稀酸浸提法生产浓缩蛋白粉，蛋白质水溶性较好、色泽浅、异味小，但酸碱耗量较大。同时排出大量含糖废水，造成后处理困难，产品的风味也不如酒精浸提法。

（2）工艺流程　稀酸浸提法制取浓缩大豆蛋白的工艺流程如图 6-1 所示。

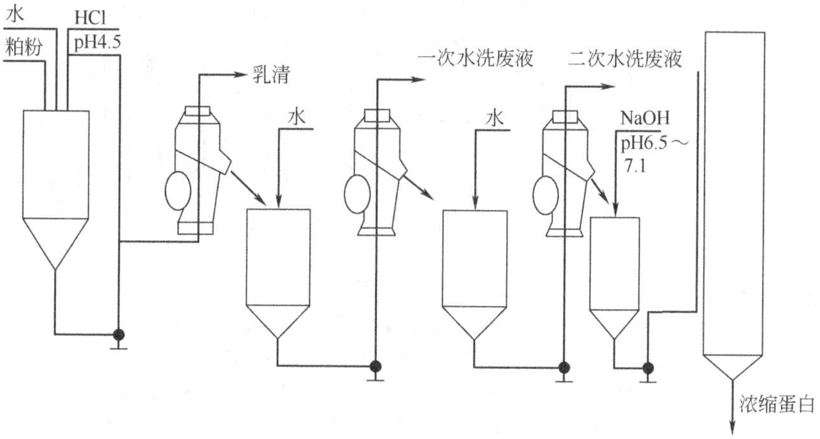

图 6-1　稀酸浸提法制取浓缩大豆蛋白的工艺流程

（3）稀酸浸提法制取浓缩大豆蛋白技术要求

① 粉碎：通过粉碎将低温脱溶豆粕加工至 0.15～0.30mm。

② 浸酸：在脱脂豆粕中加入 10 倍水，再在不断搅拌下缓慢加入 37%盐酸，调节 pH 至 4.5～4.6，40℃左右恒温搅拌、浸提 40～60min。

③ 分离、洗涤：酸浸后，将混合物搅拌并输入碟式自清式离心机中进行分离，分离所得的固体浆状物流入一次水洗池内，在此池内连续加入 10 倍 50℃的温水洗涤搅拌。然后输入第二台碟式自清式离心机，分离出第一次水洗废液。浆状物流入二次水洗池内，在此池内进行二次水洗。再经第三台碟式自清式离心机分离，除去二次水洗废液。

④ 中和、干燥：待浆状物流入中和池内，在池中加碱进行中和处理。然后采用真空干燥，也可采用喷雾干燥。真空干燥时，干燥温度最好控制在 60～70℃；若采用喷雾干燥，在洗涤后再加水调浆，使其浓度在 18%～20%，然后用喷雾干燥塔干燥。

4. 含水酒精浸提法

（1）工艺原理　酒精浸提法是利用脱脂大豆中的蛋白质能溶于水而难溶于酒精，而且酒精浓度越高，蛋白质溶解度越低，当酒精体积分数为 60%～65%时，可溶性蛋白质的溶解度最低这一性质，用浓酒精对脱脂大豆进行处理，除去醇溶性糖类、灰分及醇溶性蛋白质等。再经分离、干燥等工序，得到浓缩蛋白。

由于用酒精洗涤时，可以除去气味成分和一部分色素，因此用此法生产的浓缩蛋白色泽及风味均较好，蛋白质损失也少。但由于酒精能使蛋白质变性，会使蛋白质损失一部分功能特性。同时浓缩蛋白中仍含有 0.25%～1.0%的不易除去的酒精，从而使其用途及食用价值受到了一定的限制。

（2）工艺流程　以日本日清制油公司浓缩蛋白的生产工艺设备流程为例，参见图 6-2。

（3）操作方法与技术要求　先将低温脱溶豆粕进行粉碎，用 100 目筛进行过筛。粉碎后

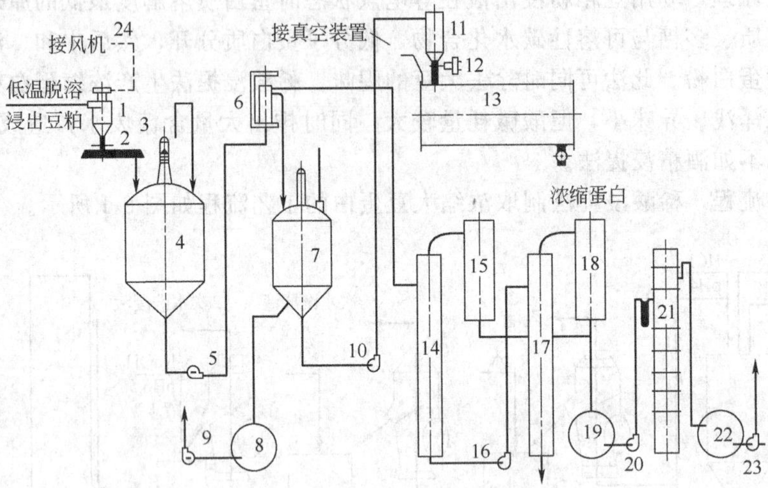

图 6-2　浓缩蛋白生产工艺设备流程图

1—旋风分离器；2—封闭阀；3—螺旋运输机；4—酒精萃取罐；5—曲泵；
6—超速离心机；7—二次萃取罐；8—酒精储藏罐；9,10,16,20—泵；
11,19—储罐；12—封闭阀；13—卧式真空干燥塔；14—一效蒸发器；
15,18—冷凝器；17—二效蒸发器；21—酒精蒸馏塔；22,23,24—风机

的低温豆粕由风机吸入旋风分离器 1（图 6-2），经封闭阀 2 和螺旋输送机 3 送入酒精萃取罐 4（萃取罐共 2 个，可供轮流使用，罐内装有搅拌器）。装料时由泵 9 从酒精储藏罐 8 中泵入体积分数为 60%～65%的酒精溶液，按原料与溶剂比为 1∶7（质量比）加入萃取罐 4 中，搅拌萃取，操作温度为 50℃，每次搅拌萃取时间 30min。经搅拌萃取后的悬浆混合物由泵 5 打入离心机 6 中，分出固体浆状物和酒精糖溶液，酒精糖溶液送入一效蒸发器 14，蒸发的部分酒精流至冷凝器 15 冷凝后回收，蒸发的浓糖液再由泵 16 打入二效蒸发器 17，连续浓缩的两个蒸发器的操作条件相同，真空度为 66.7～73.3kPa，蒸发温度为 80℃，蒸发的酒精同样通过冷凝器 18 冷凝后至酒精液储罐 19，由泵 20 送入酒精蒸馏塔 21 浓缩。

从离心机中分离出来的固体浆状物进入二次萃取罐 7 中，再用 80%～90%的浓酒精处理，操作时间 30min，温度 70℃，同样是有两个萃取罐且两罐轮流使用。经二次酒精洗涤后，可使浓缩蛋白的气味和色泽得到改善，并提高了氮溶解指数。处理后的酒精流入酒精储藏罐 8 中，可供下次萃取用。

二次萃取后的浆状物由泵 10 打入储罐 11，通过封闭阀 12 落入卧式真空干燥塔 13，在此进行干燥脱水，时间 60～90min，真空度为 77.3kPa，操作温度 80℃。

这种方法对酒精的回收及重复利用是不可忽视的重要问题，即浸提液一般要经过两次以上的蒸发精馏，乙醇的回收率对经济效益影响很大。经分离出来的酒精液，先在真空低温条件下进行浓缩蒸发，再将酒精蒸气进行冷凝回收，然后再经蒸馏浓缩成为体积分数在 90%～95%的酒精，以供再循环使用。蒸发器的操作条件是：真空度 66～473kPa，温度 80℃左右。为了除去酒精中的不良气味物质，可以在蒸馏塔气相温度 82～93℃处设排气口。

（4）影响产品质量的因素　在浸提工序中，影响蛋白质溶出率和蛋白质分散指数的因素，除了乙醇浓度和浸提温度外，还有原料的粒度、固液比、浸提时间、pH 以及搅拌强度等。

① 浸提时间：浸提时间主要影响蛋白质的溶出率，在一定条件下，浸提时间越长，蛋白质溶出率越高，蛋白质分散指数也有增加的趋势，较长的浸提时间，且在较高的乙醇浓度

下，会导致蛋白质的变性程度发生变化，这种变化可能直接影响到浓缩大豆蛋白的蛋白质分散指数，且当达到一定时间后，蛋白质的溶出率也趋于恒定。因此，在实际生产中，浸提时间以 60min 为宜。

② 固液比：1∶6 的固液比有利于浓缩大豆蛋白溶解性的提高。但从蛋白质的溶出率来看并不理想，且从经济角度考虑也不适用，故一般采用 1∶5 的固液比。

③ 浸提温度：浸提温度提高，有利于蛋白质溶出率的增加，但当温度提高时，在较高的乙醇浓度下，蛋白质的变性程度增加，从而使浓缩大豆蛋白的溶解性降低，影响产品的工艺性能。另外高温浸提耗能较多，因而浸提温度建议采用 30℃。

④ 乙醇浓度：提高乙醇浓度不利于豆粕中小分子有机物如低聚糖、皂苷等的浸出，从而使浓缩大豆蛋白中的蛋白质含量降低。如使用 95%的乙醇时，蒸馏回收酒精几乎不产生泡沫，说明皂苷基本上没有被浸出，仍留在浓缩大豆蛋白中。但乙醇浓度的提高可除去豆粕中与蛋白质结合的脂类物质、风味前体及色素类物质等，因而使用乙醇洗豆粕可去除异味及使其色泽变浅。另外研究发现，乙醇使蛋白质变性的机理不同于热变性，热变性使蛋白质松散、无序，而乙醇变性则使蛋白质分子重新构造，形成了比天然大豆蛋白更加有序的结构。

5. 湿热浸提法

(1) 工艺原理　利用大豆蛋白对热敏感的特性，将豆粕用蒸汽加热或与水一同加热，蛋白质因受热变性其水溶性降低到 10%以下，然后用水将脱脂大豆中所含的水溶性糖类浸洗出来，分离除去。

使用湿热浸提法生产的浓缩大豆蛋白，由于在加热处理过程中，大豆中的少量糖与蛋白质反应，生成一些呈色、呈味物质，而使产品色泽深、异味大，且由于蛋白质发生了不可逆的热变性，部分功能特性丧失，使其用途受到一定的限制。加热冷冻虽然比蒸汽直接处理的方法能少生成一些呈色、呈味物质，但产品得率低，蛋白质损失大，而氮溶解指数也低，因而这种方法较少用于生产中。

(2) 工艺流程

豆粕 → 粉碎 → 热处理 → 水洗 → 分离 → 干燥 → 浓缩蛋白

(3) 加工技术要求

① 粉碎：将低温脱溶豆粕进行粉碎，用 100 目筛进行筛分。

② 热处理：将粉碎后的豆粕粉用 120℃左右的蒸汽处理 15min，或将脱脂豆粉与 2～3 倍的水混合，边搅拌边加热，然后冻结，放在－2～－1℃温度下冷藏。这两种方法均可以使 70%以上的蛋白质变性，从而失去可溶性。

③ 水洗、分离：将湿热处理后的豆粕粉加 10 倍的温水洗涤两次，每次搅拌 10min。然后过滤或离心分离。

④ 干燥：一般采用真空干燥，也可以采用喷雾干燥。采用真空干燥时，干燥温度最好控制在 60～70℃。采用喷雾干燥时在两次洗涤后再加水调浆，使其浓度在 18%～20%左右，然后用喷雾干燥塔干燥即可生产出浓缩大豆蛋白。

二、分离大豆蛋白加工

分离大豆蛋白（SPI）又名等电点蛋白粉，它是脱皮脱脂的大豆经进一步去除所含的非蛋白质成分后，所得到的一种精制大豆蛋白产品。与浓缩蛋白相比，生产分离蛋白不仅需要从低温豆粕中去除低分子可溶性非蛋白质成分，而且还要去除不溶性的高分子成分等。

分离大豆蛋白是一种蛋白质纯度高，蛋白质含量高达 90%以上，具有良好加工特性的食品用中间原料，其广泛应用于肉制品、乳制品、冷食冷饮、焙烤食品及保健食品等行业，迄今为止，全世界只有美国和日本等少数国家能够生产出大约10个系列、近百种分离大豆蛋白高新技术产品，并且应用于工业化生产。目前，很多文献报道分离大豆蛋白具有溶解性、乳化性、起泡性、保水性、保油性和黏弹性等多种功能。但研究表明，一种分离大豆蛋白难于同时兼具上述多种功能性。例如亲水亲油就是一对相互矛盾的功能特性，大豆蛋白的亲水性主要依赖位于球蛋白结构表面的—NH_2 和—COOH 等，而亲油性主要依赖于处于球蛋白结构内部的—CH_3 和—C_2H_5 等。又如：在生产肉制品中添加分离蛋白时，为提高产品的凝胶性，必须加热使埋藏在分子内部的巯基基团和其他疏水基团暴露于螺旋结构的表面，巯基基团再结合形成二硫键。这时虽然凝胶性提高，大豆蛋白的溶解性却显著降低。又如：将高NSI值的大豆蛋白添加到面制品中，并不产生优良功能，反而会破坏面粉的面筋。

我国分离蛋白生产厂家虽然为数不少，但产品单一，仅能生产火腿肠用的高凝胶值分离蛋白，对于我国市场广阔的面制品用的具有“类面筋功能”的分离蛋白以及冰制品用的乳化性分离蛋白等产品则至今尚未形成生产能力。

目前，国内外生产分离大豆蛋白仍以碱提酸沉法为主，美国与日本等一些发达国家已经开始尝试使用超滤膜法和离子交换法。我国也已开始关于这方面的研究工作。下面介绍这几种制取方法的生产原理及工艺过程。

1. 碱提酸沉法

(1) 生产原理　低温脱溶豆粕中的蛋白质大部分能溶于稀碱溶液。将低温脱溶豆粕用稀碱液浸提后，采用离心分离去除豆粕中的不溶性物质（主要是多糖和一些残留蛋白质），然后用酸把浸出液的pH调至4.5左右，使蛋白质处于等电点状态而凝集沉淀下来，经分离得到的蛋白质沉淀物再经洗涤、中和、干燥即得分离大豆蛋白。这时大部分的蛋白质从溶液中沉析出来，只有大约10%的少量蛋白质仍留在溶液中，这部分溶液称为乳清。乳清中含有可溶性糖分、灰分以及其他微量组分。

(2) 工艺流程

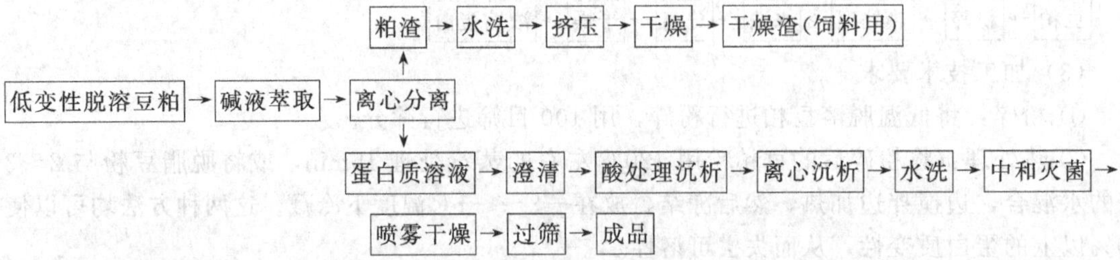

(3) 加工技术要求

① 选料：原料豆粕应无霉变，含壳量低，杂质少，蛋白质含量高（45%以上），尤其是蛋白质分散指数应高于80%。高质量的原料可以获得高质量的分离大豆蛋白。

② 粉碎与浸提：将低温脱溶大豆粕粉碎至粒度在0.15～0.30mm左右，加入原料量12～20倍的水，溶解温度一般控制在15～80℃，溶解时间控制在120min以内，在抽提缸内加入NaOH溶液，将抽提液的pH调至7～11之间，抽提过程中需搅拌，搅拌速度以30～35r/min为宜。提取终止前30min停止搅拌，提取液经滤筒放入酸沉罐，剩余残渣进行二次浸提。

③ 粗滤与一次分离：粗滤与一次分离的目的是除去不溶性残渣。在抽提缸中溶解后，将蛋白质溶解液送入离心分离机中，分离除去不溶性残渣。粗滤的筛网一般在60～80目。离心机筛网一般在100～140目。为增强离心分离机分离残渣的效果，可先将溶解液通过振

动筛除去粗渣。

④ 酸沉：将二次浸提液输入酸沉灌中，边搅拌边缓慢加入10%～35%酸溶液，并将pH调至4.4～4.6。加酸时，需要不断搅拌，同时要不断抽测pH，当全部溶液都达到等电点时，立即停止搅拌，静置20～30min，使蛋白质形成较大颗粒而沉淀下来，沉淀速度越快越好，一般搅拌速度为30～40r/min。

⑤ 二次分离与洗涤：用离心机将酸沉下来的沉淀物离心沉淀，弃去上清液。固体部分流入水洗缸中，用50～60℃温水冲洗沉淀两次，除去残留氢离子，水洗后的蛋白质溶液pH应在6左右。

⑥ 打浆、回调及改性：经分离沉淀的蛋白质呈凝乳状，有较多团块，为进行喷雾干燥，需加适量水研磨、搅打成匀浆。为了提高凝乳蛋白的分散性和产品的实用性，将经洗涤的蛋白质浆状物送入离心机中除去多余的废液，固体部分流入分散罐内，加入5%的NaOH溶液，进行中和回调，使pH为6.5～7.0。将分离大豆蛋白浆液在90℃加热10min或80℃加热15min，这样不仅可以起到杀菌作用，而且可明显提高产品的凝胶性。回调时搅拌速度为85r/min。

⑦ 干燥：一般采用喷雾干燥，即将蛋白液用高压泵打入喷雾干燥器中进行干燥，浆液浓度应控制在12%～20%，浓度过高，黏度过大，易阻塞喷嘴，喷雾塔工作不稳定；浓度过低，产品颗粒小，比容过大，使喷雾时间加长，增加能量消耗。喷雾干燥通常选用压力喷雾，喷雾时进风温度以160～170℃为宜，塔体温度为95～100℃，排潮温度为85～90℃。

2. 超滤法

(1) 超滤法的基本原理　超滤是一个以压力差为推动力的膜分离过程，其操作压力在0.1～0.5MPa左右。一般认为超滤是一种筛孔分离过程。在静压差推动下，原料液中的溶剂以及小的溶质粒子从高压的料液侧透过膜至低压侧，所得的液体一般称其为滤出液或透过液，而大粒子组分被膜拦住，使它在滤剩液中浓度增大。这种机理不考虑聚合物膜的化学性质对膜分离特性的影响。因此，可以用细孔模型来表示超滤的传递过程。但是，另一部分人认为不能这样简单地分析超滤现象。孔结构是重要因素，但不是唯一因素，另一个重要因素是膜表面的化学性质。

超滤膜早期用的是醋酸纤维素膜材料，以后还用到聚砜、聚丙烯腈、聚氯乙烯、聚偏氟乙烯、聚酰胺、聚乙烯醇等以及无机膜材料。超滤膜多数为非对称膜，也有复合膜。超滤操作简单，能耗低。

超滤膜有天然膜和人工合成膜两大类，天然膜仅在最初研究时有少量使用。超滤技术在植物蛋白领域的应用始于大豆乳清的处理，继而发展到分离大豆蛋白的制取。分离大豆蛋白的超滤处理有两个作用，即浓缩与分离。由于超滤膜的截留作用，经过超滤可以使溶液得到浓缩，而低分子可溶性物质则可随超滤液进一步被滤出。用超滤法生产大豆分离蛋白，蛋白质截留率>95%，蛋白质回收率>93%，比传统的酸沉淀法得率提高10%。

(2) 超滤法制取分离大豆蛋白工艺流程

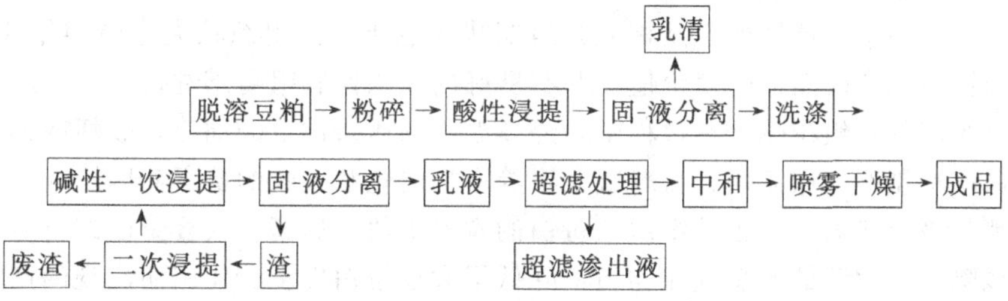

(3) 影响超滤速度与超滤效果的因素

① pH 对超滤过程的影响：大豆蛋白是由一系列氨基酸通过肽键结合而成的高分子聚合物，因此在化学性质方面表现为酸碱双重性。pH 为 4.5 左右时蛋白质的溶解度最低，而 pH 越远离 4.5，蛋白质的溶解度就越高，尤其是 pH 大于 8 时更加明显。因此在超滤大豆分离蛋白过程中，为了减少物料对膜的污染，应使物料具有较高的溶解度。在超滤大豆分离蛋白过程中，料液 pH 应控制在 8～9 较为适宜。

② 操作温度对超滤过程的影响：7S 球蛋白和 11S 球蛋白是大豆蛋白的主要组分，虽然它们都具有相对稳定的四级结构，但当环境温度发生较大变化时，其肽链会受到过分的热振荡，保持蛋白质空间结构的次级键（主要是氢键）会受到破坏，其内部有序排列的解除使一些非极性基团暴露于分子表面，因而改变了大豆蛋白的一些物化特性及生物活性，使它们发生缔合反应，从而影响其溶解度及溶胶液的黏度。蛋白质的溶解度随着温度的提高而降低，但在 50℃之前，其溶解度随着温度的提高下降缓慢；当温度超过 50℃时，其溶解度下降较为迅速。这是因为在 50℃之前，大豆蛋白的 7S 组分和 11S 组分热变性缓慢；而当温度超过 50℃时，蛋白质的热变性程度加剧所致。蛋白质的热变性会直接影响其溶解度以及蛋白溶胶液黏度的变化。当温度低于 50℃时，随温度的提高蛋白质的黏度随之下降，这是因为温度低于 50℃时，蛋白质仅发生轻微变性，温度提高使传质及扩散系数的提高占主导地位，因此黏度逐渐下降；而当温度高于 50℃时，蛋白质热变性程度加剧，同时其传质及扩散系数也随温度的提高而相应提高，这样的相互抵消作用使其黏度有缓慢的上升。所以在实际生产中超滤大豆分离蛋白的操作温度应控制在 50℃左右。

③ 操作压力对超滤过程的影响：超滤初期，膜通量与膜两侧压力差成直线关系，而后膜通量对压力差增加的敏感性降低，形成曲线段，当操作压力超过 0.28MPa 后，膜通量趋于稳定。压力选择 0.25MPa 左右为宜。形成这种现象的原因是因为随压力差的增大，溶质被大量截留在膜的料液侧，使膜表面的溶质浓度增大，形成浓差极化层，因此膜通量的增加趋缓。当膜表面的溶质浓度进一步增大到其凝胶浓度时，膜通量就趋于恒定，这是因为压力差的增加与凝胶层的阻力的增加相互抵消，因而膜通量不再增加。

④ 物料浓度对超滤的影响：进料浓度对膜通量有很大影响，浓度高，料液的黏度高，溶质的相互作用增大，溶质的反向扩散加强，透过阻力增加，造成透过速率下降。因而，在处理分离大豆蛋白浸提液时，其浓度应控制在 13%～14%。

⑤ 超滤法生产大豆分离蛋白的质量：超滤法避免了碱提酸沉法中酸碱逆变过程，可得到 NSI 很高的（约 95%）产品，同时超滤的有效分离及洗滤过程也可使蛋白质纯度达到 93%。

三、组织状大豆蛋白加工

组织状大豆蛋白是指通过机械或化学方法改变蛋白质组成方式的加工过程。将脱脂大豆浓缩蛋白或分离蛋白加入一定量的水分及添加物，混合均匀后强行加温、加压，压出成型，使蛋白质分子之间整齐排列成同方向的组织结构，同时凝固起来，形成纤维状蛋白，并且具有与肉类相似的咀嚼感。这样的产品称之为组织状大豆蛋白。组织状大豆蛋白结构呈粒状，具有多孔性肉样组织和较高的营养价值，并有良好的保水性和咀嚼感觉。

大豆低温脱溶粕在组织化处理过程中，经高温、高压条件下的加工，破坏或抑制了大豆粕中的胰蛋白酶抑制剂、尿素酶、血球凝集素等影响消化和吸收的抗营养因子，提高了机体对蛋白质的消化吸收能力，改善了组织状蛋白的营养价值，提高了大豆蛋白的营养效能。在一定程度上也除去了大豆的不良气味物质，降低了大豆蛋白因多糖作用而出现的产气性。

组织状大豆蛋白经干燥后，当调整水分或复水后也仍能有足够的咬劲，食用方便，价格低廉。以这类产品为原料，通过加入适量的调味料，经干燥、冻结，也可用于快餐食品的辅助原料或添加到香肠等食品中，作为肉类的替代品，用途极其广泛。

1. 挤压膨化法工艺原理

在高温高压的作用下，蛋白质可发生变性，其分子内部高度规则的空间结构被破坏，次级键断裂，肽链松散，易于伸展，在受到定向力的作用时，蛋白质在变性的同时又可发生一定程度的定向排列，形成一定的组织结构，最后由于温度、压力突降而产生一定的膨胀化即得到多孔的组织蛋白。若使用已变性的蛋白质作为原料，蛋白质分子不同程度地失去了原有的规则结构，并发生一定程度的相互缠绕，为了打开缠绕在一起的多肽键，并使蛋白质分子发生一定程度的定向排列，首先是在高温、高压及剪切力的作用下，使已经变性的蛋白质重新伸展，同时在定向力的作用下使其产生单向排列，然后通过喷爆、冷凝，即可获得组织化大豆蛋白。

2. 挤压膨化法工艺流程

以组织状大豆蛋白生产的一次膨化工艺为例，参见图 6-3。

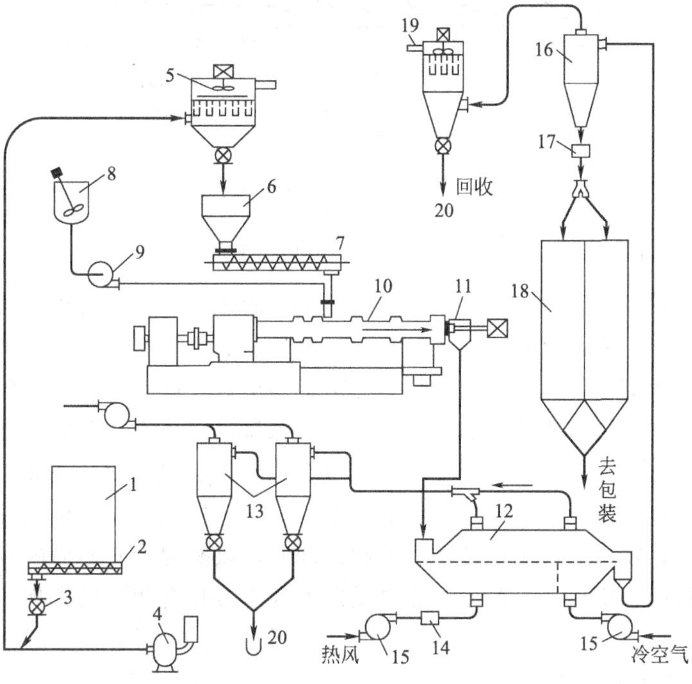

图 6-3　组织状大豆蛋白生产一次膨化工艺

1—原料粉储罐；2—绞龙；3—封闭喂料器；4—压缩机；5—集粉器；6—料斗；7—喂料绞龙；8—溶解槽；9—定量泵；10—膨化机；11—切割刀；12—干燥冷却器；13,19—集尘器；14—热交换器；15—风机；16—成品收集器；17—金属探测器；18—成品罐；20—集粉

3. 加工技术要求

原料可选用低温脱溶豆粕、冷榨豆粕、脱皮大豆粉、浓缩蛋白、分离蛋白等，但是采用蛋白质变性程度大、氮溶解指数小的脱溶大豆粉生产组织蛋白不易形成组织化，挤出物发散，无法在挤压时成型。因此，采用挤压法生产组织蛋白应选用蛋白质变性程度低、氮溶解

指数高的原料，避免使用经加热已变性的大豆蛋白作原料。

以图 6-3 为例，具体操作是首先将粉碎至 40～100 目的原料粉经储罐 1、定量绞龙 2、封闭喂料器 3，由压缩机 4 送入集粉器 5 后，流入膨化机 10 进行膨化，再经切割成型装置成型。经膨化后的产品一般水分含量较高，达 18%～30%，为确保储藏与食用要求，必须脱水使之降低到 8%～13%，故成型后的产品还需经过冷却干燥装置 12 进行冷却干燥，再经提纯分离后，即可进行包装。

4. 主要装置

组织状大豆蛋白制取工艺中的主要装置是挤压机，现有单轴与双轴两种类型。单轴挤压机的结构包括有定量进料装置、套筒、螺旋、叶片、螺旋轴、套筒的加热装置、套筒的冷却装置、出口模头（冷却模头、加热模头、成型模头）、产品刀具、加水泵、螺旋驱动用齿轮箱、驱动电机、机架、测试仪表控制器及控制盘等部分组成（图 6-4）。

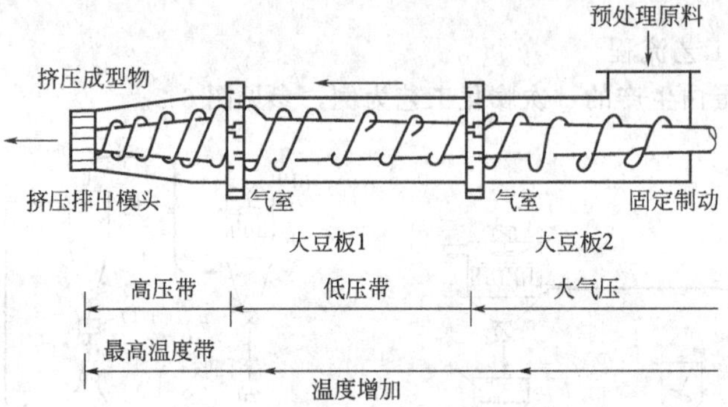

图 6-4 单轴挤压机的结构简图

单轴挤压机能够在将原料从供料口移动到压出口的过程中，同时短时间连续化地完成对物料的混合、混炼、压缩、剪断、加热、杀菌、脱臭、成型及膨化等多种单元操作。挤压机中最重要的部分是螺旋和套筒及模头。特别是螺旋的形式、旋转方向以及在轴上的螺旋元件的组合方式决定了挤压机主要特性的优劣。套筒在保持内部压力安全的同时，各个部分也必须要控制好适当的温度，在 3 个不同的段位，备有独立的加热、冷却装置。此外，还备有附加的辅助原料投入口、脱气口、脱水筒、液体注入口，它们的位置也可适时做相对变更。原料出口部分的模头，在决定产品的性质、形状的同时，模头阻力对套筒内后半程的压力、温度、混炼效果的程度、出口部分的原料流动及压力分布等均有较大的影响，它是影响产品品质的重要部件。

5. 加工过程中应注意的问题

（1）脱脂大豆粉　脂肪含量在 1%以下，蛋白质含量高于 50%，纤维含量低于 3%，蛋白质分散指数或氮溶解指数控制在 50%～70%。

（2）水分调整　对于不同的原料、不同的季节、不同的机型，调粉时的加水量都不相同。高变性原料加水量一般多于低变性原料，低温季节的加水量一般比高温季节多一些。组织状蛋白的生产可以采用一次挤压法，原料水分含量应调整到 25%～30%；也可以采用两次挤压法，原料水分含量可调整到 30%～40%。

（3）pH 调整　当 pH 低于 5.5，会使挤压作业十分困难，组织化程度也会下降。随着 pH 的升高，产品的韧性和组织化程度也慢慢提高；当 pH 到达 8.5 时，产品则变得很硬、很脆，并且产生异味；当 pH 大于 8.5 时，产品则具有较大的苦味和异味，且色泽变差，其原因可能是由于在碱性、高温条件下的蛋白质和脂肪的分解所造成。

(4) 挤压膨化　挤压膨化是生产中最关键的工序。要想生产出色泽均一、无硬芯、富有弹性、复水性好的组织化大豆蛋白，必须控制好挤压工序中的加热温度和进料量。温度的高低决定着膨化区内的压力大小，决定着蛋白组织结构的好坏。低变性原料温度要求较低，高变性原料温度要求较高。一般挤出机的出口温度不低于180℃，入口温度控制在80℃左右。

(5) 干燥　可采用流化床干燥、鼓风干燥或真空干燥。干燥时温度控制在70℃以下，最终水分控制在8%～10%。

(6) 辅料添加　添加2%～3%的氯化钠可以改善口味，强化pH调整效果，提高产品的复水性。另外，根据产品需要可配入食用色素、增味剂、矿物质、乳化剂和蛋白质分子交联强化剂如硫元素（形成二硫键，便于蛋白质分子交联）等，也可加入卵磷脂，以利产品颜色的改善，生产出具有脂肪色的洁白外观的产品。

原料的混合应在调理器中进行。为了提高混合效果，提高混合均匀性以及提高混合物的水合作用，温度控制在60～90℃效果比较好。

四、大豆蛋白在食品工业中的应用

1. 大豆蛋白在肉制品中的应用

大豆蛋白在肉制品中的应用已有很长的历史。它能够保留或乳化肉制品中的脂肪，结合水分，并改进组织，是一种较为理想的肉类代替品。火腿肠是西式肉制品中的一种产品，它以其具丰富的营养、食用的方便、独特的风味以及便于携带保存等特点而深受人们的欢迎。目前灌肠类的研究和开发集中在通过添加天然营养物质从而提高制品的营养效价，进一步满足人们对食品的营养、方便、安全方面的需求，在火腿肠中添加大豆蛋白就是其中的一个研究方向。有试验证明在火腿肠中添加大豆蛋白必须在腌制之前进行，以防止大豆蛋白的抗盐特性，可通过预水合作用添加在肉糜中，以增加大豆蛋白的功效。大豆蛋白的强保水和保油性，使得瘦肉的用量减少，水和脂肪的用量增加，提高了产品的出品率，改善了火腿肠的组织状态和口感，降低了生产成本。并且，添加大豆蛋白使火腿肠的蒸煮时间缩短，因此降低了蒸煮损耗，减少了火腿肠的收缩程度，改善了组织结构，提高了火腿肠的质量。

2. 大豆蛋白在烘烤食品中的应用

大豆蛋白与其他谷物相比，其中的赖氨酸含量较高。将大豆蛋白添加到谷物食品中，可以起到氨基酸互补作用。添加大豆蛋白粉后面包中的蛋白质含量及钙、磷、钾的含量均增加，脂肪、碳水化合物的含量降低，使面包的营养结构更合理。添加脱脂豆粉可显著改善面包蛋白质的质量，且使得面包体积增大、质地松软、产热量下降、风味良好，但添加量过大(8%～12%)会影响面包的焙烤和感官品质，使面包的体积缩小、表皮增厚、色泽加深、质地变硬。另外，由于蛋白质的吸水作用，还可延缓淀粉的老化，延长货架期，使得出品率得到提高。

3. 在休闲食品及人造食品中的应用

组织状蛋白的纤维呈多孔结构，有较强的吸附性和咀嚼感，经温水浸泡复水后，可赋予猪肉、鸡肉、牛肉、海鲜等各种风味，因此可加工制成具多种口味的方便休闲食品，如猪肉脯、牛肉干、虾味条等。另外，与各种香料和糖配合可做成话梅和各种蜜饯，这些高蛋白食品可供学龄儿童早餐和课间餐，也可加工成人造营养食品，如人造瘦肉、人造虾等。

4. 在食品保鲜中的应用

大豆蛋白特别是改性大豆蛋白具有良好的成膜性，添加适量的助剂（如甘油）在一定条件下可制成具有良好隔（绝）氧能力和抵抗水分迁移性能的安全无毒的天然食用保鲜膜，这类保鲜膜可广泛应用于糕点、水果蔬菜、肉制品的保鲜及医药领域。例如以大豆分离蛋白为主要成分制成的天然保鲜膜应用于月饼等糕点保鲜中，在30～37℃、相对湿度80%～90%下可保存28～30d（而对照组在此条件下，只可保质3d），这不仅有效防止了微生物污染，延长保质期，还可防止食品中香味物质和水分的挥发散失。大豆蛋白能在食品表面形成均匀致密的透明薄膜，还能增强食品外观光泽，从而提高食品品质。

五、我国大豆蛋白食品开发应用的方向

我国是食品大国，食品种类及饮食文化具有悠久历史，但在食品的色、香、味、形、营养、卫生和包装这七个要素上，与西方先进国家还存在着很大的差距。西方先进国家在开发大豆蛋白食品方面注重从基础研究入手，并与应用研究和开发试验同步进行，重产品开发应用，并使大豆蛋白成为各类食品必须使用和不可替代的主料或辅料，这使得大豆蛋白食品得以深入开发、广泛应用，这一点也正是我国与之相比的不足之处。目前，引进、消化和吸收国外的先进技术和成熟经验，是推动我国大豆蛋白食品尽快发展的最好办法。我国大豆资源比较丰富，原料有保证，随着食品科学技术的不断发展，大豆的深加工将会迈上一个崭新的台阶，大豆蛋白食品必将在食品行业中占有举足轻重的地位。

第三节　传统豆制品加工

我国传统豆制品品种非常丰富，主要有水豆腐（南豆腐、北豆腐）、半脱水制品（豆腐干、千张）、油炸制品（油豆腐、炸丸子）、卤制品（卤豆干、五香豆干）、炸卤制品（花干、素鸡等）、熏制品（熏干、熏肠）、烘干制品（腐竹、竹片）、酱类（豆瓣酱、酱油）以及豆浆、豆奶等。

传统豆制品的营养价值极高，豆腐、豆浆的主要营养不亚于牛奶，在对豆腐、豆浆和牛奶的主要成分比较后发现：豆腐含蛋白质和钙的量接近于牛奶，而含铁量是牛奶的10倍以上，但价格却便宜得多。除此之外，豆浆的脂肪成分中，不饱和脂肪酸占较大比例，而牛奶却相反。豆腐、豆浆胆固醇含量几乎为零。值得一提的是，大豆脂肪中的必需脂肪酸——亚油酸含量高达50%以上，且含有6%～12%的α-亚麻酸（与深海鱼油EPA、DHA有同样功能的ω-3脂肪酸），这些均被认为是具有保健功能的重要油脂成分。当然还含有功能肽、异黄酮、卵磷脂、低聚糖、皂苷等保健益寿成分，更有美味、价廉的优势。因此，现在美国、欧洲人也把豆腐当成最流行的保健食品。

一、豆腐加工

我国近代大豆专家李煜瀛曾说："西人之牛乳与乳膏，皆为最普及之食品；中国之豆浆与豆腐亦为极普及之食品。就化学与生物化学观之，豆腐与乳质无异，故不难以豆质代乳质也。且乳来自动物，其中多传染病之种子；而豆浆与豆腐，价较廉数倍或数十倍，无伪作，且无传染病之患。"据研究，整粒大豆的消化率为65%，制成豆浆后其消化率为83.9%，制成豆腐则可达到96%，可见大豆加工成豆腐后其蛋白质的吸收利用率得到了大大提高。

1. 豆腐加工原理与工艺流程

豆腐的加工经过千百年的发展，除了机械化和自动化程度有差别以外，生产原理基本上都是一致的。首先是经水浸泡使大豆软化，大豆蛋白体膜质地由硬变脆最后变软，又经磨浆与浆渣分离，蛋白质溶解于水，并呈溶胶态，然后通过蒸煮、加入凝固剂使蛋白质变性形成凝胶，最后经压制成型就得到了豆腐。制作豆腐的工艺流程如下。

大豆→选料→浸泡→磨浆→过滤→煮浆→点脑→蹲脑→破脑→浇制→加压成型→冷却→成品

2. 加工技术要求

（1）选料　选用颗粒饱满、色泽黄亮的优质新大豆为原料，不宜选用陈豆。将原料大豆筛选，去掉生霉、虫蛀的颗粒及其他杂物，去皮。

（2）浸泡　将精选、去皮后的大豆投入水中浸泡，使其吸水膨胀。浸泡加水量为大豆的2～4倍。浸泡时间冬季16～30h，春秋季8～12h，夏季6h左右。要求浸泡至大豆的两瓣劈开后成平板。

（3）磨浆　磨浆是将吸水后的大豆用磨浆机粉碎而制备生豆浆的过程。大豆蛋白体膜破碎后，蛋白质分散于水中，形成蛋白质溶胶，称为生豆浆。

磨浆一般采用三道磨制。在浸泡好的大豆中加入三浆水进行磨制，并掌握流速，保持稳定，可得到头浆和头渣；头渣加适量三浆水或清水搅拌均匀，然后磨制得到二浆和二渣；二渣加适量清水磨制得到三浆，三浆再作头磨用水。头浆、二浆合并成豆浆。磨浆黄豆与水的比例为1∶3，磨浆为便于过滤可加入1.5%的消泡剂或油渣。

在磨浆时应特别注意两点：一是磨浆时一定要边粉碎边加水，这样做不但可以使粉碎机消耗的功率大为减少，还可以防止大豆种皮过度粉碎引起的豆浆和豆渣过滤时分离困难的现象。二是使用砂轮式磨浆机时，粉碎粒度是可调的。调整时必须保证粗细适度，粒度过大，则豆渣中的残留蛋白质含量增加，豆浆中的蛋白质含量下降，这不但影响到豆腐得率，也可能影响到豆腐的品质。但如粒度过小，不但磨浆机能耗增加，易发热，而且过滤时豆浆和豆渣分离困难，豆渣的微小颗粒进入豆浆中影响豆浆及豆制品的口感。

（4）过滤　过滤是除去豆浆中的豆渣，调节豆浆浓度的过程。根据豆浆浓度及产品不同，过滤时的加水量也不同。豆渣不但使豆制品的口感变差，而且会影响到凝胶的形成。

过滤既可安排在煮浆前进行，也可安排在煮浆后。先过滤除去豆渣，然后再把豆浆煮沸的方法称为生浆法；先把豆浆加热煮沸后过滤的方法，称为熟浆法。我国多采用生浆法，而日本多采用熟浆法。熟浆法的特点是豆浆灭菌及时，不易变质，产品弹性好、韧性足、耐咀嚼，但熟豆浆的黏度较大，过滤困难，因此豆渣中残留蛋白质较多，一般在3.0%以上，相应的大豆蛋白提取率减少，能耗增加，且产品保水性变差。生浆法与此相反，工艺上卫生条件要求较高，豆浆易受微生物污染而酸败变质，但操作方便、易过滤，只要磨浆时的粗细适当，过滤工艺控制得当，豆渣中的蛋白质残留量可控制在2.0%以内，且产品的保水性较好，口感滑润。

豆浆的过滤方法有很多，大体上可分为传统手工式和机械式过滤法两种。目前在小型的手工作坊主要应用传统的过滤方法，如吊包过滤和挤压过滤。这种方法不需要任何机械设备，成本低廉，但劳动强度很大，过滤时间长，豆渣中残留蛋白质含量也较高。而在较大的工厂，则主要采用卧式离心筛过滤、平筛过滤、圆筛过滤等。卧式离心筛过滤是目前应用最广泛的过滤分离方法。它的主要优点是速度快、噪声低、耗能少、豆浆和豆渣分离较完全。另外，也有大豆粉碎机内部设置有过滤网，大豆磨浆过程中通过过滤网将豆浆和豆渣分离。采用这种方法，在磨浆过程中的能耗有所增加，但豆浆中只有很少一部分颗粒较小的豆渣需要进行进一步分离。

使用卧式离心筛过滤时，分离过程中要分阶段地定量加水，加水后要充分搅拌，使蛋白质充分溶解；水温最好在55～60℃，以利于蛋白质分离；分离过程要连续进行，尽量减少临时停车，以保证生产的稳定性及豆浆的浓度；分离机的过滤网要选择适当，且应先粗后细，如第一级分离用 80 目过滤网，后面的分离则可采用 100 目过滤网。

(5) 煮浆　煮浆可使蛋白质变性，为点脑创造条件，煮浆还能够降低大豆豆腥味，消除对人体的不良因素。同时大豆蛋白在形成凝胶的同时，还能与少量脂肪结合形成脂蛋白，脂蛋白的形成可以使豆浆产生香气。它是豆腐生产过程中重要的环节之一。

① 煮浆的方法与生产技术要求：煮浆的方法很多，从原始的土灶煮浆到现代的通电连续加热法等都在我国得到了应用。

a. 土灶直火煮浆法主要以煤、秸秆等为燃料，其成本低且简便易行，锅底轻微的焦煳味使豆制品有一种独特的豆香味。不过，火力较难控制，易使豆浆焦煳，给产品带来焦苦味。

煮浆时，要求要快，时间越短越好，一般不超过 15min。在火候掌握上必须先文火，后急火。一般可先用文火煮 3～5min，待豆浆温度达到一定后，再开动鼓风机加大火力。直火煮浆时，豆浆表面很容易产生泡沫而浮于其上，阻碍蒸汽散发，形成“假沸”现象，稍不注意，就会发生溢锅。所以加温的时候，要采取措施，以保证蒸汽顺利散发。必要时可使用一些消泡剂。直火煮浆待豆浆完全沸腾，温度达 100℃以上时应马上停火，并立即出锅，否则易导致产品色泽灰暗，缺乏韧性。

b. 敞口罐蒸汽煮浆法在中小型企业中应用比较广泛。它可根据生产规模的大小设置煮浆罐。敞口煮浆罐的结构是一个底部接有蒸汽管道的浆桶。

煮浆时，让蒸汽直接冲进豆浆里，待浆面沸腾时把蒸汽关掉，防止豆浆溢出，停止 2～3min 后再通入蒸汽进行二次煮浆，待浆面再次沸腾时，豆浆便完全煮沸。之所以要采用二次煮浆，就是因为用大桶加热时，蒸汽从管道出来后，直接冲往浆面逸出，而且豆浆的导热性不是太好，因此豆浆温度由上到下降低，所以第一次浆面沸腾时只是豆浆表面沸腾，停顿片刻待温度大体一致后，再放蒸汽加热煮沸，则可以使豆浆完全沸腾。

c. 封闭式溢流煮浆法是一种利用蒸汽煮浆的连续生产过程。常用的溢流煮浆生产线是由五个封闭式阶梯罐组成，罐与罐之间有管路连通，每一个罐都设有蒸汽管道和保温夹层，每个罐的进浆口在下面、出浆口在上面。

煮浆时，先把第五个罐的出浆口关上，然后从第一个罐的进浆口注浆，注满后开始通汽加热，当第五个罐的浆温达到 98～100℃时，开始由第五个罐的出浆口放浆。以后就在第一个罐的进浆口进浆，通过五个罐逐渐加温，并由第五个罐的出浆口连续出浆。从开始到最后，豆浆温度分别控制为 40℃、60℃、80℃、90℃和 98～100℃。五个罐的高度差均在 8cm 左右。采用重力溢流，从生浆进口到熟浆出口仅需 2～3min，豆浆的流量大小可根据生产规模和蒸汽压力来控制。

② 煮浆过程中应注意的问题

a. 煮浆温度和煮沸时间：煮浆温度和煮沸时间应保证大豆中的主要蛋白质能够发生变性。另外，煮浆还可破坏大豆中的抗生理活性物质和产生豆腥味的物质，同时具有杀菌作用。因此，煮浆时一般应保证豆浆在 100℃的温度下保持 3～5min。

b. 豆浆的浓度：煮浆前要按照需要加入不同比例的水将豆浆的浓度调整好。一般来说，加水量越多，豆浆浓度降低，豆腐的得率就越高，但如果豆浆浓度过低，凝胶网络的结构不够完善，凝固后的豆腐水分离析速度加快，黄浆水增多，豆腐中的糖分流失增加导致豆腐的得率反而下降。因此，加水量应主要考虑所生产的豆腐品种以及消费者的喜好。

(6) 凝固　凝固就是通过添加凝固剂使大豆蛋白在凝固剂的作用下发生热变性，使豆浆由溶胶状态变为凝胶状态。凝固也是豆腐生产过程中的重要工序之一，可分为点脑和蹲脑两个环节。

① 点脑：点脑又称为点浆，主要目的是使大豆蛋白凝固，具体是指一定浓度的豆浆在彻底加热时，按一定的比例和方法加入凝固剂后转变为豆腐脑。豆腐脑是由大豆蛋白、脂肪及其充填在其中的水构成的胶体。

点脑是豆制品生产的关键，要使豆浆中的蛋白质凝固，必须具备两个条件：一是蛋白质发生热变性，二是添加凝固剂。目前常用的凝固剂有石膏、卤水、葡萄糖酸内酯等。

蛋白质凝固是利用煮浆使蛋白质变性，蛋白质卷曲的多肽链展开，通过添加凝固剂，也就是加入一定量的碱金属中性盐，破坏蛋白质表面的水化膜，中和蛋白质静电荷，使蛋白质分子相互吸引而交织在一起形成网络结构的胶体。

a. 点脑的技术要求：点脑要控制豆浆的温度在 80～84℃，豆浆中蛋白质浓度为 3%以上，pH 为 6～6.5。点脑如用盐卤作凝固剂，卤水流量先大后小，快慢适宜，当浆全部成凝胶后方停止加卤。点脑如用石膏作凝固剂，膏液浓度为 8%，用量为大豆干原料的 2.5%左右，点脑温度要高，一般控制在 85℃。

b. 影响点脑质量的因素：大豆的品种和质量、水质、凝固剂的种类和添加量、煮浆温度、点浆温度、豆浆浓度与 pH、凝固时间以及搅拌方法等均会对凝胶过程产生一定的影响。其中又以温度、豆浆浓度、pH、凝固时间和搅拌方法对质量影响较为显著。

ⅰ. 豆浆的温度：点脑时蛋白质的凝固速度与豆浆的温度高低密切相关。点脑温度越高，则豆腐脑的硬度越大，表面显得越粗糙。点脑温度过低，凝胶速度慢，导致豆腐含水量增高，产品缺乏弹性，易碎不成型。因此点脑温度应根据产品的特点和要求，以及所使用的凝固剂的种类、比例和点脑方法的不同灵活掌握。南豆腐和北豆腐的点脑温度一般控制在 70～90℃之间。要求保水性好的产品，如水豆腐，点脑温度宜稍低一些，以 70～75℃为宜；要求含水量较少的产品，如豆腐干，点脑温度宜稍高一些，常在 80～85℃左右。以石膏为凝固剂时，点脑温度可稍高，以盐卤为凝固剂时，点脑温度可稍低，而对于充填豆腐，由于凝胶速度特别快，因此一般要将豆浆冷却后再加入凝固剂。

ⅱ. 凝固时间：豆腐的硬度在最初 40min 内变化最快，在此阶段凝胶基本完成，但即使在 2h 后，豆腐的硬度也还在不断增加，因此点浆后豆腐至少应放置 40min 以上，以保证凝胶过程的完成。但在凝胶过程中应注意保温，防止温度下降过快影响后续的成型过程。

ⅲ. 凝固剂的比例：凝固剂比例受蛋白质含量以及点脑温度的影响。一般来说，凝固剂用量少，则凝固不充分而使豆腐硬度降低，凝固剂用量过多，则会发生凝胶不均，离析水增加，得率下降。

ⅳ. 豆浆的浓度：豆浆浓度主要是指豆浆中的蛋白质浓度。豆浆的浓度低，点脑后形成的脑花太小，保不住水，产品发死发硬，出品率低；豆浆浓度高，生成的脑花块大，持水性好，有弹性。但浓度过高时，凝固剂与豆浆一接触，即会迅速形成大块脑花，造成凝胶不均和出现白浆等现象。点脑时豆浆中蛋白质浓度要求北豆腐为 3.2%以上，南豆腐为 4.5%以上。

ⅴ. 搅拌：为了保证蛋白质在凝固前与凝固剂均匀地混合，在点脑时要加以搅拌。豆浆的搅拌速度和时间直接关系到凝固效果。搅拌速度越快，凝固剂的使用量就越少，凝固的速度也越快，相应的凝固物的结构和体积变小、硬度增加。搅拌速度慢，凝固剂的使用量就多，凝固的速度也缓慢，使得凝固物的体积增大、硬度降低。搅拌时间要视豆腐花的凝固情况而定，豆腐花如已经达到凝固要求，就应立即停止搅拌，防止破坏凝胶产物。如果搅拌时间没有达到凝固的要求，豆腐花的组织结构不好，柔而无劲，产品不易成型，有时还会出现白浆，也会影响产品得率。搅拌方式要保证豆浆与凝固剂均匀接触。如果搅拌不当，可能会使一部分大豆蛋白接触过量的凝固剂而使组织粗糙，而另一部分大豆蛋白接触的凝固剂却不足，从而不能凝固，因此影响了产品的产量和质量。

② 蹲脑：蹲脑又称为涨浆或养花，是大豆蛋白凝固过程的继续。从凝固时间与豆腐硬度的关系来看，点脑操作结束后，蛋白质与凝固剂的凝固过程仍在继续进行，蛋白质网络结构尚不牢固，只有经过一段时间的凝固后，其组织结构才能稳固。蹲脑过程宜静不宜动，否则，已经形成的凝胶网络结构会因振动而破坏，使制品内在组织产生裂隙，外形不整，特别是在加工嫩豆腐时表现更为明显。不过，蹲脑时间过长，凝固物温度下降太多，也不利于成型及以后各工序的正常进行。

(7) 成型　成型就是把凝固好的豆腐脑放入特定的模具内，通过一定的压力，榨出多余的黄浆水，使豆腐脑紧密地结合在一起，成为具有一定含水量、一定弹性和韧性的豆制品。成型后，南豆腐的含水率要在90%左右，北豆腐的含水率要在80%～85%之间。

豆腐的成型主要包括破脑、上脑（又称上箱）、压制、出包和冷却等工序。

破脑是把已形成的豆腐脑进行适当破碎，不同程度地打散豆腐脑中的网络结构，在上箱压榨前从豆腐脑中排除一部分黄浆水。破脑程度既要根据产品质量的要求确定，又要适应上箱浇制工艺的要求。南豆腐的含水量较高，可不经破脑，北豆腐只需轻轻破脑，脑花大小在8～10cm范围较好，豆腐干的破脑程度宜适当加重，脑花大小在0.5～0.8cm为宜，而生产干豆腐时豆腐脑则需完全打碎，以完全排除网络结构中的水分。

豆腐的压制成型是在豆腐箱和豆腐包内完成的，使用豆腐包的目的是在豆腐的定型过程中使水分通过包布排出，从而使分散的蛋白质凝胶连接为一体。豆腐包布网眼的目数与豆腐制品的成型有相当大的关系。北豆腐宜采用空隙稍大的包布，这样压制时排水较畅通，豆腐表面易成"皮"。南豆腐要求含水量高，不能排除过多的水，则必须用细布。

为使压制过程中蛋白质凝胶黏合得更好，除需一定的压力外，还必须保持一定的温度和时间。

① 压力：压力是豆腐成型所必需的，但一定要适当。加压不足可能影响蛋白质凝胶的黏合，并难以排出多余的黄浆水。加压过度又会破坏已形成的蛋白质凝胶的整体组织结构，而且加压过大，还会使豆腐表皮迅速形成皮膜或使包布的细孔被堵塞，导致豆腐排水不足，内外组织不均。一般压榨压力在1～3kPa左右，北豆腐压力稍大，南豆腐压力稍小。

② 温度：开始压制时，如豆腐温度过低，即使压力很大，蛋白质凝胶仍然不能很好黏合，豆腐水不易排出，生产的豆腐结构松散。一般豆腐压制时的温度应在65～70℃之间。

③ 时间：豆腐压制成型时，还需要一定的时间，时间不足不能成型和定型。而加压时间过长，会过多地排出豆腐中应持有的水。一般压榨时间为15～25min。

豆腐压制完成后，应在水槽中出包，这样豆腐失水少、不粘包、表面整洁卫生，可以在一定程度上延长豆腐的保质期。

二、腐竹加工

腐竹，又称腐皮、豆腐皮、豆腐衣、豆笋等，它是由热变性蛋白质分子聚合体借副价键聚结而成的蛋白质膜。

1. 工艺原理

豆浆是一种以大豆蛋白为主体的溶胶体，大豆蛋白以蛋白质分子集合体——胶粒的形式分散于豆浆之中。而大豆脂肪是以脂肪球的形式悬浮在豆浆里。豆浆煮沸后，蛋白质受热变性，蛋白质胶粒进一步聚集，并且疏水性相对升高，因此熟豆浆中的蛋白质胶粒有向豆浆表面运动的倾向。当煮熟的豆浆保持在较高的温度条件下时，一方面豆浆表面的水分不断蒸发，表面蛋白质浓度相对增高；另一方面蛋白质胶粒获得了较高的内能，其运动加剧，这样使得蛋白质胶粒间的接触及碰撞机会增加，副价键容易形成，因而聚合度加大形成蛋白质膜，蛋白质以外的成分在膜形成过程中被包埋在蛋白质网状结构之中。随时间的推移，薄膜越结越厚，到一定程度揭起烘干即为腐竹。腐竹蛋白质含量达50%左右。

2. 工艺流程

选料→脱皮→浸泡→磨浆→煮浆→过滤→加热→保温揭竹→烘干→包装

3. 加工技术要求

（1）选料至煮浆　与豆腐加工基本相同。

（2）加热揭竹　将煮透过滤后的豆浆倒入锅内，用文火加热，使锅内温度保持在85～95℃，同时不断向浆面吹风。豆浆在接触冷空气后，就会自然凝固成一层约0.5mm厚的油质薄膜，然后用小刀从中间轻轻划开，使浆皮成为两片，再用手分别提取。浆皮提取遇空气后，便会顺流成条。每3～5min形成一层浆皮后揭起，直至锅内豆浆揭干为止。

（3）干燥　将挂在竹竿上的浆皮送到干燥室，在35～45℃的温度条件下干燥24h，使其脱水。要求干燥要均匀，特别是浆条搭接处或接触处含水量不能太高。干燥后即成腐竹，要求腐竹含水量在8%～12%。

4. 腐竹加工中注意的问题

（1）豆浆浓度　腐竹生产对豆浆浓度有一定的要求。豆浆浓度低，蛋白质含量少，使得能耗加大。一般豆浆固形物含量为5.1%时，腐竹出品率最高。但固形物含量超过6%时，由于豆浆形成胶体速度过快，腐竹出品率反而降低。

（2）揭竹温度　在长时间的加热保温揭竹过程中，豆浆中的糖类受热分解为还原糖。豆浆中的氨基酸，特别是赖氨酸和苏氨酸与还原糖反应生成类似酱色的色素。这不仅影响腐竹的色泽，而且造成某些氨基酸损失，从而降低了蛋白质的营养价值。因此，应通过控制温度，避免还原糖的大量产生。

（3）豆浆的pH　在加热揭竹过程中，豆浆的pH会因有机物的分解而逐渐下降，且温度越高，下降越快。在一般情况下，豆浆的初始pH为6.5左右。如果豆浆的pH低于6.2，豆浆便会出现黏稠状，表面结皮龟裂、不成片。试验表明，pH为9时，腐竹的得率最高，但颜色较暗，因此pH7～8为最佳。

（4）通风换气　加热揭竹车间要求空气通畅，这样浆皮表面蒸发的水蒸气易及时排除，有利于揭成浆皮。如果通风不畅，豆浆表面的水蒸气分压过高，不利于水分蒸发，从而不利浆皮的形成。

（5）分离大豆蛋白的添加　豆浆中分离大豆蛋白浓度为1.5%～3.0%时，腐竹出品率提高。因此，往豆浆中添加少量分离大豆蛋白能有效地提高腐竹的出品率。

（6）磷脂的添加　往豆浆中添加0.1%的磷脂对腐竹出品率有明显改进。磷脂是大豆蛋白膜的表面活性剂，它能促使大豆蛋白膜胶态分子团的形成。磷脂可以与分离大豆蛋白开放的多肽键进行反应，形成脂-蛋白质复合物或将分散的蛋白质吸附在大豆蛋白质薄膜上。可见磷脂是腐竹生产中十分有用的乳化剂。

（7）脂类的添加　脂类的乳化作用对腐竹薄膜的形成有促进作用。为此，在腐竹生产时，往豆乳中添加浓度为0.02%的红花油少量，能促进腐竹成皮速度。

三、腐乳加工

腐乳又称豆腐乳，是我国独有的传统发酵大豆食品，其风味独特、口味鲜美、质地细腻、营养丰富。自明清以来，中国腐乳的生产规模与技术水平有了很大的发展，形成了各具特色的地方名特产品。中国腐乳产品遍及全国各地，由于各地口味不一，制作方法各异，因而产品种类很多，基本上按产品的颜色和风味分类，可分为红腐乳、青腐乳、白腐乳、酱腐乳、糟腐乳、风味腐乳等。

腐乳的生产工艺归纳起来可分为制豆腐坯、前期发酵（培菌）和后期发酵三个阶段以及二十八个生产工序。每个工序都有其一定的技术标准和要求。经过长期的发展，各地人民依据自己不同的口味，以不同的生产配料，形成了各具地方特色的传统食品，如浙江绍兴腐乳、北京王致和腐乳、黑龙江的克东腐乳、上海奉贤的鼎丰腐乳、广西桂林的桂林腐乳、广东水江的水口腐乳、河南拓城的酥制腐乳、湖南益阳的金花腐乳、浙江杭州的太方腐乳等，腐乳中的营养成分主要有蛋白质、脂肪、氨基酸、碳水化合物、维生素和矿物质等。

1. 工艺原理

以豆腐坯为培养基培养微生物，使菌丝长满坯子表面，形成腐乳特征，同时分泌大量主要以蛋白酶为主的酶系，为后发酵创造催化成熟条件。目前国内采用此工艺的占绝大多数。

2. 腐乳加工的工艺流程

大豆→浸泡→磨浆、煮浆→过筛→点浆→撇浆→上榨→压榨→划块、摆架→接种→前期发酵→搓毛→腌坯→装瓶、加汁→上盖→摆瓶→后期发酵→成熟→换盖→成品

3. 加工操作技术要求

（1）大豆磨浆　依照豆腐加工方法，经选料、浸泡、磨浆与过滤等工序加工成浓度为6～6.5°Bé 的生豆浆。豆浆要求细腻、均匀，无粒状感，呈乳白色。

（2）煮浆、点浆　煮浆时，要求 20min 内达到 100℃，最多不应超过 30min，否则点脑时不易凝聚成块。煮浆必须一次性煮熟，严禁复煮。熟浆过 60～80 目筛，除去熟豆渣，放入豆浆缸中，待熟浆温度至 80～85℃时，用勺搅动豆浆，使其翻转。

点浆时，先将 28°Bé 盐卤稀释成 16～18°Bé 盐卤，然后缓缓滴入浆中，直至蛋白质渐渐凝固，再把少量盐卤浇于面上，使蛋白质进一步凝固，静置养浆 10min。点浆要求 5min 内完成，点浆时温度在 85℃为适宜，当温度高于 90℃时制成的乳坯发硬，会变脆且呈暗红色；当温度低于 75℃时会出现乳坯松散，不易成脑，弹性较差等状况。盐卤用量一般是 1200kg 豆浆用 28°Bé 盐卤 10kg。

（3）制坯　蹲脑后，豆腐花下沉，用筛箩滤去黄浆水或撇去约 60％的黄浆水，除去浮膜，即可上箱。把呈凝固状态的豆脑倒入框内，梳平，花嫩多上，花老少上，缸面多上，缸底少上。然后用布包起，取下木框，加上套框，再加榨板 1 块，如上操作，直至缸内豆腐花装完。保持榨板平衡，缓缓压榨，将压成的整板坯块取下，去布平铺于板上，加以整理。划坯时，应避免连刀歪斜，同时剔除不合格的坯块。趁热划块，平方面积宜比规格要求适当放大。划好的坯块置于凉坯架上冷却。坯块要求厚薄均匀，轻而有弹性，有光泽，无水泡及麻面，水分在 75％左右。

（4）前期发酵　前期发酵多采用三面接菌法。首先把培养好的毛霉加入烘干的面粉中，充分混合，将混合后的菌粉均匀撒在豆腐坯表面，然后放入笼内转移到发酵室。接种时要求干坯温度冷却至 25～30℃。将前发酵豆腐坯接种入室后的前 14～16h 为静置培养期，发酵室温度一般控制在 28℃，保持品温 26～28℃，笼内铺湿布，以保持湿度。经过 16～20h 后，

要求上下倒笼，其目的是调节温差、散热、补充氧气。约 24～26h，毛霉菌丝长度达 8～10mm，菌丝体致密，毛坯呈小白兔毛状即可搓毛，前期发酵结束。

(5) 腌坯 搓毛是指将菌丝连在一起的毛坯一个个分离。毛坯凉透后即可搓毛。用手抹平长满菌丝的乳坯，让菌丝裹住坯体，以防烂块，把每块毛坯先分开再合拢，整齐排列在筐中待腌，要求边搓毛边腌坯，防止升温导致毛坯自溶，影响质量。准确计量毛坯，在缸底撒一层盐，再将毛坯整齐摆在上面，每摆一层撒一层盐。

在腌坯时，要求坯与坯之间互相轧紧，用盐底少面多，其间要浇淋，使池中坯块盐分上下均匀一致。上层放一层竹垫，用重物平稳压住。腌坯第二天加卤，使坯腌没于 20°Bé 盐卤中，用盐量为 16%～17%（以毛坯计），腌坯含盐量为 12%～14%，腌坯时间为 5～6d。

在腌制过程中添加不同的配料，经发酵可制得不同风味的腐乳。

(6) 装瓶 装瓶前一天将卤水放出，放置 12h，使腌坯干燥、收缩；将空瓶洗净、倒扣，消毒后待用；将腌坯取出，每块搓开，分层均匀撒入面曲。腌坯装瓶后，配卤，最后兑入黄酒，瓶口用薄膜扎紧，加盖密封，入库堆放。装瓶时，坯与坯之间要松紧适宜，排列整齐，计数准确。

(7) 后期发酵 将事先兑好的卤汁分数次兑入瓶内，兑汁过程需 4～6d，最后用酱曲封顶，以塑料薄膜扎口，即进入后发酵期。装瓶后在 28～30℃发酵 30d。

(8) 成品 腐乳成熟后，进行整理，用冷开水清洗瓶外壁，擦干，打开瓶盖，去除薄膜，用 75%酒精消毒瓶口，调节液面到瓶口 10～12mm 处，加盖、贴标、装箱入库。

4. 腐乳加工过程中常见的几种质量问题

由于生产工序较多，在某一处操作不当，即会造成腐乳质量问题。就目前生产情况来讲，经常会出现各种不同程度的质变现象，如产品发霉、发酸、发黑、发臭、发硬、粗糙、酥烂、易碎及出现白点等。

(1) 腐乳发硬与粗糙 在腐乳酿造过程中，由于操作不当，会造成豆腐坯过硬与粗糙，其原因主要有以下几个方面。

① 豆浆纯洁度不佳：在制浆分离时，使用的豆浆分离筛网过粗，造成豆浆中混有较多的粗纤维，这些纤维随蛋白质凝固混于腐乳白坯之中，使白坯中豆渣纤维含量太多，这样既减小了白坯的弹性，又使白坯发硬与粗糙，同时也影响了出品率。筛网一般为 96～102 目。

② 豆浆浓度不够：在磨浆及浆渣分离时，加水量过大，造成豆浆浓度小，蛋白质含量少。在点浆时大剂量凝固剂与少量蛋白质接触，导致蛋白质过度脱水，使白坯内部组织形成粗粒的鱼子状，称“点煞浆”，从而造成白坯发硬与粗糙。

③ 点浆温度控制不佳：白坯的硬度与豆浆加温蛋白质热变性、豆浆的冷却及时间有一定关系。若点浆温度过高，加快凝固速度，进而使其固相包不住液相的水分，因而制出的白坯结实与粗糙，为此点浆最佳温度一般控制在 75～85℃之间。

④ 凝固剂浓度过大：白坯的硬度与凝固剂浓度有直接关系，凝固剂浓度过大，会促使蛋白质凝固加快，造成保水性差，导致白坯结构粗糙、质地坚硬。

⑤ 用盐量过大：在腌坯时主要是使坯身渗透盐分，析出水分，把坯中的含量为 68%的水分降为 54%，这样有利于后发酵。由于用盐量过多，腌制时间过长，使蛋白质凝胶脱水过度，造成坯子过硬，阻碍酶的水解，俗称“腌煞坯”。一般咸坯食盐应控制在 12%～14%之间。

(2) 发霉与发酸 腐乳发霉亦称生白及浮膜。发霉的腐乳基本上呈偏酸性，而发酸的腐乳不一定是发霉。产生原因主要是工艺操作不当。在生产过程中，从制坯、毛霉接种、前期发酵（培菌）、腌制、配料一直到装坛（瓶），基本上是处于敞开式生产，如在某个环节操作不当，就容易造成腐乳发霉与发酸。造成发霉与发酸大致有以下几方面原因。

① 制坯：工艺流程中的浸泡、磨浆、浆渣分离、煮浆、点浆、上箱及成型等步骤均与水有着密切关系，在煮浆之前用水一直使用生水，但在煮浆之后的工序操作中，则严禁与生水接触，因生水中含有多种微生物，如生水进入中间体后，在适宜条件下，这些微生物就会生长，导致后发酵发霉与发酸。

② 食盐及酒精用量不当：在腌坯时食盐有渗透作用，同时析出毛坯中的水分，使毛坯达到一定咸度，一般咸坯的咸度应控制在12%～14%。如果用盐量没有达到腐乳后发酵要求，则起不到抑制微生物的酶系作用，容易导致发霉与发酸。酒精浓度不足也同样如此。

③ 消毒灭菌不彻底：从接种、培养到翻格笼等操作均是暴露在空气中，若空气不清洁，就会有多种微生物污染于豆腐坯表面，特别是酵母和芽孢杆菌，在后发酵中，遇有适宜条件，酵母和芽孢菌生长繁殖，就能使腐乳发霉与发酸。为此要做好发酵房及用具等的消毒灭菌工作，一般的消毒方法主要有以下几种。

a. 甲醛熏蒸法：按15mL/m^3 甲醛的比例，将甲醛置于搪瓷器中放在300W电炉上烘，将甲醛烘完即可，并密封20～24h。

b. 硫黄消毒法：按25g/m^3 硫黄的比例，将硫黄置于旧铁锅中（锅内预先放些木屑及干草），点燃火，使其燃烧完，密封20～24h。

c. 漂白粉消毒法：发酵容器用2%漂白粉溶液消毒，先将容器洗净，再将漂白粉放入容器中消毒。

发酵房每15天即用硫黄或甲醛熏蒸1次，保持通水、通电、通气，干净卫生。笼具每5～6天即用$KMnO_4$ 水溶液或漂白粉消毒1次。

（3）发黑与发臭　白腐乳置于容器中发酵，有时会出现瓶子内的腐乳面层发黑，或者是离开卤汁后逐渐变黑，这都是一种褐变。褐变大体上分为酶促褐变和非酶促褐变。发生酶促褐变必须具有三个条件，即具多酚类、多酚氧化酶和氧，其中缺一不可，非酶促褐变主要是美拉德反应，这种反应只要具有氨基酸、蛋白质与糖、醛、酮等物质，在一定条件下，就能产生黑色褐变。在腐乳中产生这种反应，不仅影响产品外观，同时也会影响腐乳中蛋白质的营养价值。

① 防止白腐乳发黑的方法：缩短毛霉培养时间，控制毛霉老熟程度，是减少多酚氧化酶生成和积累的有效措施。若培养时间过长，毛坯的水分挥发过大，有利于氧化酶和酪氨酸酶的生成和积累。所以不要使毛霉生长过老呈灰色，培养时间以36～40h为佳。控制发酵房湿度及毛坯含水量是防止发黑措施之一。毛霉生长时除了需要营养成分之外，还要具备水分、空气和温度三个条件，缺一不可，同时其具有“喜湿怕风”特性。水分适中有利于毛霉菌丝生长呈白色，后期缺水毛霉呈灰色。风吹后毛霉停止生长，菌丝短细，呈灰色。一般发酵房相对湿度控制在95%左右，坯子水分掌握在71%～74%之间，品温在28～30℃之间。减少美拉德反应的措施是，在白腐乳配料中，控制碳水化合物含量，使腐乳中还原糖控制在2%以下。产品中不添加面曲，因面曲中含有氨基酸、糖分及色素等物质。

② 防止白腐乳发臭的方法：白腐乳发臭与臭腐乳的制作工艺不同，前者由于操作工艺不当，造成腐乳变质而发臭，不该臭的而臭了。后者是使用工艺不同，且添加配料不同而制成的臭腐乳。

白腐乳发臭的主要原因：一是在酿造中，煮浆未能使蛋白质变性，点浆（凝固）不到位，这是造成发臭原因之一。因此煮浆要求达到 100℃，点浆凝固时缸中要有分层的黄浆水出现。白坯水分应控制在 71%～74%之间。二是由“一高二低”所造成。所谓“一高二低”就是在后发酵中出现白坯含水分高、盐分低、酒精度低。由于这“一高二低”的产生，导致蛋白质加快分解，促使生化作用加速，生成硫化氢的臭气。为此存放时间就不能太长，否则就会造成发臭。

（4）腐乳易碎与酥烂

① 造成腐乳易碎的原因

a. 豆浆浓度控制不当：在磨豆、浆渣分离时操作不当，用水量过多，降低了豆浆中蛋白质浓度。在点浆时大量凝固剂与少量蛋白质接触，使蛋白质过度脱水收缩，形成细小颗粒状。则腐乳成熟后就会出现松散易碎。豆浆浓度一般为 6～6.5°Bé。

b. 消泡剂使用量过大：在制浆与煮浆操作中，由于物理作用，使豆浆中生成大量的蛋白质泡沫，这些泡沫坚厚、表面张力大、内外气压相等。泡沫不能自破，必须采用消泡剂消泡，因消泡剂在自身的破解过程中能产生巨大的激动力量，使液面波动，促使消泡剂渗透，因而达到消泡的目的。但是由于使用不适当，操之过急，加大使用量，给蛋白质凝固联结造成困难，在蛋白质联结处增添了一层隔膜，影响蛋白质联结，造成坯子易碎。

c. 热结合差：造成坯子热结合差的原因是点浆温度太低（特别在冬季更要注意），蹲脑时间过长，品温下降，其次是在上箱成型时，操作速度太慢，温度降低，导致豆脑与豆脑之间联结的热结合差，使腐乳成熟后容易松散易碎。

d. 杂菌污染：在培养毛霉时，由于菌种纯度不佳，抵抗力差，其次是发酵房、工具及用具不卫生且没有及时消毒和清洗，被杂菌污染，一般 14h 后产生“黄衣”和“红斑点”等杂菌，结果毛坯无菌丝、表面发黏发滑，并且发酵室内充满游离氨味。这种腐乳坯因无菌丝，形不成菌膜皮，所以易碎。

② 造成腐乳酥烂的原因

a. 凝固品温低：凝固品温一般控制在 75～85℃。凝固品温低，蛋白质联结缓慢且不完全，有较多的蛋白质不能结合而随废水流失。由于持水性关系，坯子难以压干，坯子胖嫩，成熟后容易酥烂。

b. 操作不当，造成腐乳“一高二低”现象，导致蛋白质过度分解，坯子无骨分，使其酥烂。

（5）预防或减少腐乳中白点形成的方法　腐乳成熟过程中，在其表面生成一种无色的结晶体及白色小颗粒，白腐乳更为明显，大部分附在表面菌丝体上，严重影响了腐乳的外观质量。此现象的出现是毛霉起主导作用，从多年生产实践看，毛霉菌丝生长越旺，菌丝体呈浅黄色，其白点物质积累越多，反之就少。为此白腐乳的前发酵时间最好是 36～40h。

【复习题】

1. 大豆蛋白有哪些类型？
2. 大豆蛋白有哪些加工特性？
3. 分离大豆蛋白的生产原理是什么？
4. 浓缩大豆蛋白加工过程中应注意哪些主要问题？
5. 组织化大豆蛋白的生产工艺是什么？
6. 传统大豆制品主要有哪些？
7. 豆腐生产过程中易出现哪些质量问题。
8. 腐竹生产过程中易出现哪些质量问题。

9. 腐乳的生产工艺过程是什么？

【实验实训十二】 浓缩大豆蛋白加工（稀酸浸提法）

课前预习

1. 浓缩大豆蛋白加工的原理、工艺流程、操作步骤与方法。

2. 按要求撰写出实验实训报告提纲。

一、能力要求

1. 熟悉浓缩大豆蛋白的工艺原理与工艺条件要求。

2. 学会浓缩大豆蛋白加工中豆粕粉碎、浸提、离心分离、喷雾干燥等基本操作技能。

3. 能够进行产品质量分析，即发现产品质量缺陷，分析原因并找出解决途径。

4. 能够通过浓缩大豆蛋白加工的练习，自主完成含水酒精浸提法制取浓缩大豆蛋白的操作。

二、原辅材料

低温脱溶豆粕，37%的盐酸，蒸馏水，氢氧化钠溶液。

三、操作步骤与方法

(1) 低温脱脂豆粕处理　先将低温脱溶的豆粕（豆粕蛋白质含量在50%左右）进行粉碎至0.15～0.30mm。

(2) 稀酸溶解　加入低温脱脂豆粕10倍的水，不断搅拌下连续加入37%的盐酸，调节溶液的pH为4.5～4.6，40℃左右恒温搅拌1h。

(3) 分离、洗涤　将混合物搅拌后，输入离心机中进行分离，分离所得的固体浆状物流入收集器内，在收集器内连续加入10倍50℃的温水洗涤搅拌。然后再输入离心机，分离出第一次水洗废液。浆状物流入二次收集器内，在二次收集器内进行二次水洗。再经离心机分离，除去二次水洗废液。

(4) 加碱中和　将所得浆状物收集，加氢氧化钠进行中和处理。

(5) 喷雾干燥　送入干燥塔中脱水干燥，即得浓缩大豆蛋白产品。

四、注意事项

① 低温脱脂豆粕可采用小型粉碎磨进行处理，颗粒大小要控制在0.15～0.30mm为宜。

② 在不断搅拌下连续加入浓度为37%的盐酸溶解时，要注意调节溶液的pH为4.5～4.6，不可过高或过低。

五、产品质量标准

产品规格：蛋白质≥65%、水分≤7%、脂肪≤1%、灰分≤4%、纤维总量≤4%。

六、学生实训

1. 用具与设备准备

恒温水浴锅，离心机，喷雾干燥机。

2. 原料准备

低温脱脂豆粕，37%的盐酸，蒸馏水，氢氧化钠溶液。

3. 学生练习

指导老师对设备操作和样品粉碎、加酸溶解、分离、洗涤、干燥等基本操作技能进行演示。学生分组按照浓缩大豆蛋白加工操作步骤与方法进行练习。

七、产品评价

分数＼指标	制作时间	色泽	形态	有无异味	卫生	成本	合计
标准分	15	30	20	15	10	10	100
扣分							
实际得分							

八、产品质量缺陷与分析

① 根据操作过程中出现的问题，找出解决办法。

② 根据产品质量缺陷，分析原因并找出解决办法。

【实验实训十三】 豆腐加工

课前预习

1. 豆腐加工的原理、工艺流程、操作步骤与方法。

2. 按要求撰写出实验实训报告提纲。

一、能力要求

1. 熟悉豆腐加工的工艺原理与工艺条件要求。

2. 学会豆腐加工中大豆浸泡、煮浆、过滤、点浆、成型等基本操作技能。

3. 能够进行产品质量分析，即发现产品质量缺陷，分析原因并找出解决途径。

二、原辅材料

优质大豆，氯化镁，消泡剂。

三、操作步骤与方法

(1) 选料　通常采用百粒重12～15g的皮色淡黄有光泽的中粒大豆为原料。

(2) 浸泡　浸泡的时间与水温和气温相关。冬季水温5～13℃，时间为13～18h；春秋水温12～18℃，时间为12～14h；夏季水温17～25℃，时间为6～8h。泡料的用水量为原料大豆的2.0～2.5倍，分次加入。浸泡时需定时搅拌，出料时擦破豆皮，用清水淋洗，沥去余水。泡料后大豆的吸水量为原料大豆的1.0～1.5倍，重量为1.5～1.8倍。

(3) 磨浆　将浸泡过的大豆用浆渣自动分离磨浆机磨浆，磨浆过程中加入蒸馏水，所得豆渣与蒸馏水混合（总的水豆比为6∶1)，也逐渐加入磨浆机；两次所得豆浆混合后用120目的尼龙网过滤，储放在冷藏箱内（5℃左右)，作为生豆浆备用。

(4) 煮浆　将煮浆温度加热到95～98℃，维持3～5min。煮浆开始易产生发泡溢锅，需添加原料量2%的消泡剂。

(5) 点浆　点浆时应将浆温控制在80℃左右为宜。豆浆pH一般应控制在6.0～6.5最为适宜。当pH接近6.0时，盐卤的添加速度要缓慢，甚至要停下来，若盐卤添加速度过快、太多或太集中，就会造成凝固不均匀，影响豆腐质量。

(6) 蹲脑　点浆结束后，应将豆脑静置，不得再搅拌，以便豆花进一步聚集凝固、沉淀，即蹲脑。蹲脑时间一般应控制在15～25min，不宜过长或过短，蹲脑时间过短，蛋白质凝固物的结构不牢固，保水性差，豆腐缺乏弹性，出品率低；而时间过长，则会使豆脑温度降低，影响下道工序的完成。

(7) 成型　加压时要掌握好温度高低和压力大小。一般上包加压的温度以70℃左右为宜，压力大小因产品含水量要求和厚度而定。要求成品含水量少，压力可适当大些，厚度小时，因排水畅快，压力可适当低些。一般以50kg/m² 左右的压力成型2h即可。

(8) 冷却、包装　成型取出后，自然冷却至室温，然后进行包装。

四、注意事项

① 浸泡后的大豆要达到以下要求：大豆要增重1倍，夏季可浸泡至九成，搓开豆瓣中间稍有凹心，中心色泽稍暗；冬季可泡至十成，搓开豆瓣呈乳白色，中心浅黄色，pH约为6。但使用砂轮磨浆时，浸泡时间可缩短1～2h。

② 点浆操作也是影响点浆效果的重要因素之一。点浆时，要先用铜勺上下搅拌豆浆，使豆浆从底向上翻滚，然后，一边搅拌一边点盐卤，搅拌和加卤均要先紧后慢。当出现50%芝麻大小的脑花时，搅拌要减慢，盐卤流量也相应减小；当出现80%脑花时，应停止搅拌和加卤，使脑花凝固下沉。搅拌时要方向一致，不能忽正忽反，更不能乱搅。

③ 蹲脑后，上层有一层黄浆水，正常的黄浆水应是清澄的淡黄色，这说明点脑适度，不老不嫩。若黄浆水色深黄为脑老，暗红色为过老；若黄浆水为乳白色且浑浊则为嫩脑，这时需再加盐卤补救。

五、产品感官质量标准

(1) 色泽　色洁白或淡黄色。

(2) 形态　有弹性，薄厚均匀，软硬适宜，质地细嫩，无蜂窝。

(3) 内部组织　用刀横断切开，豆腐细密均匀，无大孔洞，无蜂窝。

(4) 杂质　表面清洁，四周和底部无油污与杂质。

(5) 风味　无杂质，有特有的香气，味正。

六、学生实训

1. 用具与设备准备

分离式磨浆机，水浴锅。

2. 原料准备

优质大豆，蒸馏水，氯化镁，消泡剂。

3. 学生练习

指导老师对设备操作和大豆浸泡、煮浆、点浆、成型等基本操作技能进行演示。学生分组按照豆腐加工操作步骤及方法进行练习。

七、产品评价

指标 分数	制作时间	色泽	形态	口感	内部组织	风味	卫生	成本	合计
标准分	15	20	10	15	20	10	5	5	100
扣分									
实际得分									

八、产品质量缺陷与分析

① 根据操作过程中出现的问题，找出解决办法。

② 根据产品质量缺陷，分析原因并找出解决办法。

第七章　淀粉及其制品加工

学习目标

掌握玉米淀粉、薯类淀粉等淀粉的工业提取工艺原理、工艺流程和操作要点，以及淀粉糖的生产原理和工艺要点；了解各种淀粉糖的性质及应用，以及果葡糖浆的生产原理及工艺。

淀粉是葡萄糖的高聚体，水解到二糖阶段为麦芽糖，完全水解后得到葡萄糖。淀粉有直链淀粉和支链淀粉两类。在天然淀粉中直链的约占22%～26%，它是可溶性的，其余的则为支链淀粉。

淀粉是植物体中储存的养分，存在于种子和块茎中，如谷类（玉米、小麦、水稻等）、豆类（绿豆、豇豆、菜豆等）、薯类（马铃薯、甘薯、木薯等）等均含有大量的淀粉。淀粉工业采用湿磨技术，可以从上述原料中提取纯度约为99%的淀粉产品。

淀粉是食品的重要组分之一，是人体热能的主要来源。淀粉又是许多工业生产的原辅料，其可利用的主要性状包括颗粒性质、糊或浆液性质以及成膜性质等。淀粉分子有直链和支链两种。一般地讲，直链淀粉具有优良的成膜性和膜强度，支链淀粉具有较好的黏结性。大多数植物的天然淀粉都是由直链和支链两种淀粉以一定的比例组成（表7-1），也有一些糯性品种，其淀粉全部是由支链淀粉所组成，如糯米等。

表7-1　天然淀粉中直链淀粉和支链淀粉的含量　　单位：%

淀粉种类	直链淀粉含量	支链淀粉含量	淀粉种类	直链淀粉含量	支链淀粉含量
玉米	26	74	大麦	22	78
蜡质玉米	＜1	＞99	高粱	27	73
马铃薯	20	80	甘薯	18	82
木薯	17	83	糯米	0	100
高直链玉米	50～80	20～50	豌豆(光滑)	35	65
小麦	25	75	豌豆(皱皮)	66	34
大米	19	81			

目前，我国淀粉工业发展非常迅速，年生产量达1000多万吨，居世界第二位。淀粉的用途十分广泛，其可应用于食品、纺织、造纸、医药、化工、建材、石油钻探、铸造以及农业等许多行业，发展前景非常广阔。

淀粉糖是以淀粉为原料，通过酸或酶的催化水解反应而生产的糖品的总称。近年来，我国淀粉糖生产发展速度很快，1996年年产量达60万吨，2006年达500万吨，且每年以10%以上的速度增长。目前，我国淀粉糖产业加工品种已发展到24个，如麦芽糊精、液体葡萄糖、麦芽糖浆、果葡糖浆、低聚异麦芽糖50型、糊精、葡萄糖、山梨醇等。由于淀粉糖在口感、功能上比蔗糖更能适应不同消费者的需要，并可改善食品的品质和加工性能，如低聚异麦芽糖可以增殖双歧杆菌、防龋齿，麦芽糖浆、淀粉糖浆在糖果、蜜饯制造中代替部分蔗糖可防止“返砂”、“发烊”等，因此，淀粉糖具有很好的发展前景。

第一节　淀粉的生产

一、淀粉的分类和结构

1. 淀粉的分类

淀粉在自然界中分布很广，是高等植物中常见的组分，也是碳水化合物储藏的主要形式。淀粉的品种很多，一般按来源分为如下几类。

(1) 禾谷类淀粉　这类淀粉主要来源于玉米、米、大麦、小麦、燕麦、荞麦、高粱和黑麦等。主要存在于种子的胚乳细胞中。淀粉工业主要以玉米为主。

(2) 薯类淀粉　薯类是适应性很强的高产作物，在我国以甘薯、马铃薯和木薯等为主。主要来自于植物的块茎（如马铃薯）、块根（如甘薯、木薯等）等。淀粉工业主要以木薯、马铃薯为主。

(3) 豆类淀粉　这类淀粉主要来源于蚕豆、绿豆、豌豆和赤豆等，淀粉主要集中在种子的子叶中，其中直链淀粉含量高，一般作为制作粉丝的原料。

(4) 其他类淀粉　植物的果实（如香蕉、芭蕉、白果等）、茎髓（如西米、豆苗、菠萝等）等中也含有淀粉。

2. 淀粉的结构

淀粉是高分子碳水化合物，淀粉的基本构成单位为D-葡萄糖，葡萄糖脱去水分子后经由糖苷键连接在一起所形成的共价聚合物就是淀粉分子。淀粉属于多聚葡萄糖，脱水后葡萄糖单位则为$C_6H_{10}O_5$。因此，淀粉的分子式为$(C_6H_{10}O_5)_n$，n为不定数。组成淀粉分子的结构单体（脱水葡萄糖单位）的数量称为聚合度，以DP表示。一般淀粉分子的聚合度为800～3000。根据淀粉分子结构形式的不同，淀粉分为直链淀粉和支链淀粉两种。

(1) 直链淀粉　直链淀粉是一种线形多聚物，是由α-D-葡萄糖通过α-D-1,4-糖苷键连接而成的链状分子，呈右手螺旋结构，每6个葡萄糖单位组成螺旋的一个节距，在螺旋内部只含氢原子，亲油，羟基位于螺旋外侧。

直链淀粉没有一定的大小，不同来源的直链淀粉差别很大。不同种类直链淀粉的DP差别很大，一般禾谷类直链淀粉的DP为300～1200，平均为800；薯类直链淀粉的DP为1000～6000，平均为3000。

(2) 支链淀粉　支链淀粉是一种高度分支的大分子，主链上分出支链，各葡萄糖单位之间以α-1,4-糖苷键连接构成它的主链，支链通过α-1,6-糖苷键与主链相连，分支点的α-1,6-糖苷键占总糖苷键的4%～5%。支链淀粉的相对分子质量为$1\times10^7\sim5\times10^8$。支链淀粉的分支是成簇的并以双螺旋形式存在。

二、淀粉生产的工艺流程

1. 淀粉生产工艺原理

在淀粉原料中，除含有淀粉外，通常还含有不同数量的蛋白质、纤维素、脂肪、无机盐和其他物质。生产淀粉就是利用工艺手段除去非淀粉物质，使淀粉分离出来。因此，淀粉生产原理是利用淀粉具有不溶解于冷水、密度大于水以及与其他成分密度不同的特性而进行的物理分离过程。

淀粉生产原料不同，在具体操作上略有差异，但其基本工艺是相同的，即

原料处理→浸泡→破碎→分离→清洗→干燥→成品整理

2. 淀粉生产技术要求

(1) 原料处理 淀粉原料中常常夹有泥砂、石块和杂草等各种杂质，均需在加工前予以清除。其方法有湿处理和干处理两种，薯类原料如马铃薯、甘薯可以采用湿法处理，即用水进行洗涤；谷类和豆类通常采用风选或过筛等干法处理。

(2) 原料浸泡 新鲜薯类原料含水量较高，可以不经浸泡直接用破碎机进行破碎或打成糊状。谷类和豆类原料含水量低，颗粒坚硬，必须先经浸泡，使其颗粒软化、组织结构强度降低，同时破坏蛋白质网络组织，洗涤和除去部分水溶性物质后，才能进行破碎。

① 添加浸泡剂：为了加速淀粉释放以及溶解蛋白质，不同原料在浸泡中选择不同的浸泡剂。例如，玉米和小麦等谷物原料常用亚硫酸水浸泡。在浸泡过程中亚硫酸水可以通过玉米籽粒的基部及表皮进入籽粒内部，利用二氧化硫的还原性和酸性分解性破坏蛋白质的网状组织，使包围在淀粉粒外面的蛋白质分子解聚，角质型胚乳中的蛋白质失去自己的结晶型结构，使淀粉颗粒容易从包围在外围的蛋白质间质中释放出来。在浸泡过程中亚硫酸可钝化胚芽，使之在浸泡过程中不萌发，从而避免胚芽的萌发导致的淀粉酶活化和淀粉水解。同时，利用亚硫酸的防腐作用，抑制霉菌、腐败菌及其他杂菌的生命活力，从而抑制玉米在浸泡过程中发酵，提高淀粉的质量和出品率。

② 浸泡方法：浸泡方法可视工厂的设备和生产能力有所不同，一般有静止浸泡法、逆流浸泡法和连续浸泡法。

a. 静止浸泡法是在独立的浸泡罐中完成浸泡过程，原料中的可溶性物质浸出少，达不到要求，现已被淘汰。

b. 逆流浸泡法是国际上通用的方法，又叫扩散法。该工艺是把若干个浸泡桶、泵和管道串联起来，组成一个相互之间的浸泡液可以循环的浸泡罐组，进行多桶串联逆流浸泡。浸泡过程中原料留在罐内静止，用泵将浸泡液在罐内一边自身循环一边向前一级罐内输送，始终保持新的浸泡液与浸泡时间最长（即将结束浸泡）的原料接触，而新入罐的原料与即将排出的浸泡液接触。在这样的浸泡过程中，原料和浸泡液中可溶性物质总是保持一定的浓度差。采用这种工艺，浸泡水中的可溶性物质可被充分浸提，浓度达到7%～9%，减少了浓缩浸出液时的蒸汽消耗，同时因浸泡过的原料中可溶性物质含量降低了许多，使淀粉洗涤操作变得容易。

c. 连续浸泡是从串联罐组的一个方向装入玉米，通过升液器装置使玉米从一个罐向另一个罐转移，而浸泡液则逆着玉米转移的方向流动，工艺效果很好，但工艺操作难度比较大。

(3) 破碎 从淀粉原料中提取淀粉，必须经过破碎工序，其目的就是破坏淀粉原料的细胞组织，使淀粉颗粒从细胞中游离出来，以利于提取。

破碎设备种类很多，常用的有刨丝机（用于鲜薯破碎）、锤片式粉碎机（粉碎粒状原料）、爪式粉碎机（用于颗粒细、潮湿、黏性大的物料）、砂盘粉碎机（可磨多种原料）等。

破碎的方法根据原料的种类而定。薯类如马铃薯、甘薯等含水量高的淀粉原料，因组织柔软，可不经浸泡而直接用刨丝机或用锤击机进行两次破碎，第一次破碎后过筛，分开淀粉乳，将所得的筛上物再进行第二次破碎，其破碎度比第一次更大些，然后再筛去残渣，取得淀粉乳。

谷类和豆类原料，应经过浸泡软化后，才能进行破碎。对于含有胚芽的谷类原料，经浸泡后，最好先经 1～2 次粗碎，形成碎块，使胚芽脱落下来，再通过胚芽分离器将胚芽分离，然后将不含胚芽的碎块用盘磨机磨成糊状，使淀粉粒能与纤维和蛋白质很好地分开。

(4) 分离胚芽、纤维和蛋白质

① 分离胚芽：谷物原料中的玉米和高粱等带有胚芽，胚芽中含有大量的脂肪和蛋白质，而淀粉含量很少，所以在生产中，经过粗碎后，必须先分离胚芽，然后再经过磨碎，分离纤维和蛋白质。

胚芽的吸水力强，吸水量可达本身重量的 60%，膨胀程度高，含脂肪多，所以，密度较轻。例如玉米胚芽，其相对密度约为 1.03，而胚体相对密度为 1.6。因此，可以利用两者密度的不同而进行分离。

目前常用的胚芽分离设备有旋液分离器。旋液分离器是一种结构简单的胚芽分离器，如图 7-1 所示。整个壳体是由上部圆筒和下部锥体连接而成。

粗碎的原料在一定压力下以正切的方向进入旋液分离器上部圆筒，产生旋流。胚体部分的密度大，受到的离心惯性力大，被甩向外层，沿分离器壁下降到底部流出，称为底流。而密度较小的胚芽受到离心惯性力的作用较小，流向分离器的中心部分，以涡流状态经上部中央管溢流排出。

② 分离纤维：淀粉原料经过分离胚芽和磨碎或直接破碎后所得到的糊状物料，除了含有大量淀粉以外，还含有纤维和蛋白质等组分。为了得到质量较高的淀粉以及良好地完成分离操作，通常是先分离纤维，然后再分离蛋白质。

分离纤维大都采用过筛的方法，所以称为筛分工序。筛分工序包括清洗胚芽、粗纤维和细纤维以及回收淀粉等操作。目前，大型淀粉厂常用的筛分设备主要是曲筛。

曲筛（图 7-2）是带有 120°弧形的筛面，又称 120°曲筛，筛条的横截面为楔形，边角尖

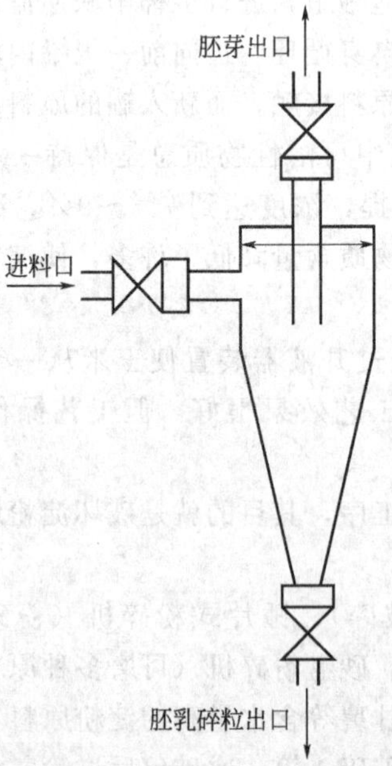

图 7-1 旋液分离器示意图

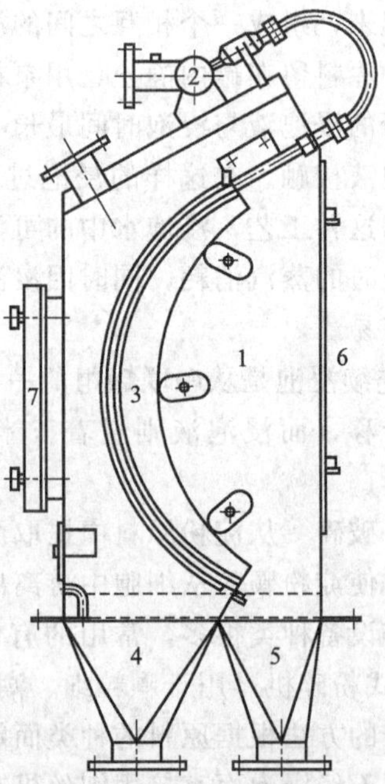

图 7-2 压力曲筛结构图

1—壳体；2—给料器；3—筛面；4—淀粉乳出口；5—纤维出口；6—前门；7—后门

锐。压力曲筛是依靠压力对湿物料进行分离及分级的设备。物料用高压泵打入给料器，以0.3～0.4MPa压力从喷嘴高速喷出，喷出的料流速度达10～20m/s，并以切线方向进入筛面，被均匀地喷洒在筛面上，同时受到重力、离心力和筛条对物料的阻力作用。物料在高速下滑时颗粒冲击到楔形的尖锐边角被切碎，使曲筛既有分离效果又有破碎作用。在由一根筛条流向另一根筛条过程中，淀粉及大量水分通过筛缝成为筛下物，而纤维细渣从筛上沿筛面滑下成为筛上物，从而将淀粉与纤维分开。

③ 麸质分离：筛分后所得的淀粉乳，除了含有大量的淀粉外，还含有蛋白质、脂肪和灰分等物质。所以此时的淀粉乳是几种物质的混合悬浮液。由于这些物质的密度不同（淀粉的相对密度为1.6，蛋白质为1.2，细渣为1.3，泥砂为2.0），所以它们在悬浮液中的沉降速度也不同，因此，利用密度不同的方法可以使它们分开。其方法主要有静止沉淀法、流动沉淀法和离心分离法等。目前，淀粉厂主要采用离心分离法。静止沉淀法和流动沉淀法淀粉厂已很少采用，基本淘汰。

离心分离法是利用淀粉与蛋白质密度不同的原理进行分离，并借助离心机产生的离心力使淀粉沉降。目前国内外普遍使用碟式喷嘴型分离机（图7-3）。在机座上半部设有进料管和溢流（轻相）出口、底流（重相）出口及机盖。在机座的下半部设有供洗涤水的离心泵及电动机的启动与刹车装置。

麸质液由离心机上部进料口进入转鼓内碟片架中心处，并迅速地均匀分布在碟片间，当离心机转鼓高速旋转（3000～10000r/min）时，带动与碟片相接触的一薄层物料旋转产生很大的离心力。由于待分离物料的密度不同，密度较大的淀粉在较大离心力作用下，沿着碟片下表面滑移出沉降区，经由转鼓内壁上的喷嘴从底流出口连续排出。密度较小的以蛋白质为主的麸质离心力也小，沿碟片上行，经向心泵从溢流口排出机外，排出液中蛋白质占总干基的68%～75%。

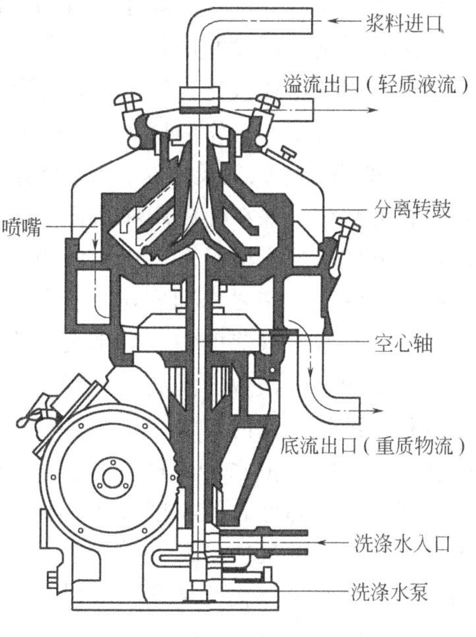

图7-3　碟式喷嘴型分离机结构示意

使用离心机分离淀粉和蛋白质，一般采用二级分离，即用两台离心机连续操作，以筛分后的淀粉乳为第一级离心机的进料，第一级所得的底流（淀粉乳）为第二级离心机的进料。为了提高淀粉质量，也有采用三级或四级分离操作的。

（5）淀粉的清洗和干燥

① 淀粉的清洗：分离去除蛋白质后的淀粉悬浮液中含有干物质的浓度为33%～35%，且淀粉中仍含有少量可溶性蛋白质、大部分无机盐和微量不溶性蛋白质，为了得到高质量的淀粉，必须进行清洗。

淀粉乳精制常用旋液分离器、沉降式离心机和真空过滤机。在老式工艺中淀粉洗涤多采用真空过滤机进行，现已普遍使用专供淀粉洗涤用的旋液分离器。其原理与操作与胚芽分离基本相同。

在淀粉生产中，淀粉洗涤一般是由9～12级旋液分离器构成旋流器组，通过逆流方式而完成洗涤作业。

② 淀粉的脱水与干燥

a. 淀粉的脱水：精制后的淀粉乳浓度为20～22°Bé，呈白色悬浮液状态，含水60%左右，需要把水分降低到40%以下，才能进行干燥处理。淀粉乳排除水分主要采用离心方法，常用设备有卧式刮刀离心机和三足式自动卸料离心机等。大型工厂多采用卧式刮刀离心机。

卧式刮刀离心机主要结构由机座、电机、转鼓、转动部件、刮刀卸料装置、进料管、洗涤滤网再生进水管等组成。离心机的转鼓为一多孔圆筒，圆筒转鼓内表面铺有滤布。工作过程为将淀粉浆从圆筒口送入高速旋转的带滤网的转鼓筒内，在离心力作用下，固相淀粉迅速沉积在转鼓上形成滤饼，而液相通过滤布、滤网、转鼓小孔甩出后，沿机壳下端切线方向的排液口排出。由于是在高速离心的作用下进行，料液在转鼓内壁面几乎分布成一中空圆柱面。采用多次加料方法（一般4～6次），随着淀粉浆的多次不断加入，转鼓内固相淀粉愈来愈厚，然后由刮刀刮除滤饼并进行卸料，整个工作过程在全速运转下自动地按进料、脱水、卸料、进料周期循环操作，24h对滤网清洗一次。在淀粉乳质量良好及浓度为36%～37%的情况下，离心机平均工作周期为2～3min，脱水后淀粉含水38%左右。

b. 淀粉的干燥原理及方法：淀粉乳脱水后含36%～40%水分，这些水分被均匀分布在淀粉颗粒各部分，并在淀粉颗粒表面形成一层很薄的水分子膜，这对淀粉颗粒内部水分的保存起着重要作用。机械脱水，水分最低只能达到34%。因此，必须用干燥方法除去淀粉脱水后的剩余水分，使之降到安全水分以下。目前国内外淀粉厂常用的干燥方法是气流干燥法，该方法具有干燥速度快、效率高、产品质量好的优点。

气流干燥法是松散的湿淀粉与经过净化的热空气混合，在运动的过程中，使淀粉迅速脱水的过程。经过净化的空气一般被加热至120～140℃作为热的载体，这时利用热空气能够吸收被干燥的淀粉中水分的能力，在淀粉干燥过程中，热空气与被干燥介质之间进行热交换，空气的温度降低，淀粉被加热，从而使淀粉中的水分被蒸发出来。采用气流干燥法，由于湿淀粉粒在热空气中呈悬浮状态，受热时间短，仅3～5s，而且，120～140℃的热空气温度为淀粉中的水分汽化所降低，所以淀粉既能迅速脱水，同时又保证了其天然性质不变。

干燥后淀粉水分为12%～14%，气力输送到干淀粉仓库，后由包装系统完成干燥后淀粉的包装。

三、玉米淀粉的生产

玉米淀粉工业经过150多年的发展和完善，特别是在采用工艺水逆流利用技术后，现已接近达到将玉米干物质全部回收，得到高纯度淀粉和多种高价值副产品的水平。

玉米湿法加工虽然在玉米浸泡时有化学和生物学方面的作用，但整个工艺基本上是一个物理分离过程。玉米被分成淀粉以及胚芽、蛋白质、纤维和玉米浆等副产品，副产品还可以再混合而配制出一系列动物饲料产品。因此，玉米淀粉工业现已成为向食品、发酵、化工、制药、纺织、造纸和饲料等行业提供原料的重要基础工业。

1. 玉米淀粉生产工艺流程

玉米淀粉生产的工艺流程大致分为4个部分：玉米的清理去杂；玉米的湿磨分离；淀粉的脱水干燥；副产品的回收利用。其中玉米湿磨分离是关键工艺步骤，其工艺流程如下。

原料玉米 → 净化 → 浸泡 → 破碎 → 胚芽分离 → 精磨 → 纤维分离 → 麸质分离 → 淀粉洗涤 → 淀粉脱水 → 干燥 → 成品淀粉

2. 玉米淀粉的生产技术要求

(1) 原料玉米的品质与淀粉生产的关系

① 粒度：玉米粒度差别越大，玉米清理和破碎难度也越大。

② 密度、容重、千粒重：玉米容重、千粒重、密度越大，产品出品率越高，加工性能越好。

③ 破碎难易：玉米加工过程中，胚乳易碎，胚不易碎，皮层更不易破碎。角质玉米籽粒较坚实，强度大，不易被破碎，磨碎后细渣较多，渣的流动性较好。粉质玉米籽粒较松散，强度小，易于破碎，磨碎后细渣含量较少。

（2）玉米的净化　收购的玉米原料中含有各种杂质，如破碎的穗轴、秸秆、土块、石块、碎草屑、昆虫尸体、破碎的不饱满的及未成熟的玉米籽粒以及金属杂质等，为了保证产品质量和安全生产，保护机器设备，必须从玉米中清除各种杂质，达到完全净化的目的，以便为浸泡工序送去完全净化的玉米。

① 玉米净化方法：原料玉米从原料储仓由斗式提升机或链条提升机送到振动筛，三层筛孔直径分别为25mm、20mm、15mm，振动筛清理玉米中的大杂质及轻杂质，然后入毛玉米仓储存。在玉米浸泡前，经绞龙和斗式提升机将玉米送入旋风分离机，进行风选除尘，清除原料中的轻杂质，然后经比重去石机除去砂石以及用磁选机清除玉米中的金属杂质。净化中分出的碎粒及皮渣等与纤维混合作饲料出售，清理后的净玉米经过螺旋输送器、斗式提升机等送至玉米浸泡罐。

② 玉米净化工艺参数：净化后玉米水分≤15.0%，霉变粒≤1.0%，碎石杂质≤0.5%，烘伤粒≤1.0%，谷物杂质≤3.0%，破碎玉米≤3.0%。

（3）玉米的浸泡　玉米浸泡是玉米淀粉生产中的主要工序之一。其浸泡效果直接影响着以后的各道工序以及产品的质量和产量。经过浸泡，玉米中7%～10%的干物质转移到浸泡水中，其中无机盐类可转移70%左右，可溶性碳水化合物可转移42%左右，可溶性蛋白质可转移16%左右。淀粉、脂肪、纤维素、戊聚糖的绝对量基本不变。转移到浸泡水中的干物质有一半是从胚芽中浸出去。浸泡好的玉米含水量应达到40%以上。

① 单个浸泡罐的浸泡工艺过程：浸泡一般采用多罐串联逆流浸泡，一个浸泡罐组由8～12个浸泡罐组成。对浸泡罐组中的每个浸泡罐来说，完整的浸泡过程包括向浸泡罐投入浸泡液和玉米、玉米的浸泡、浸泡液的排放、浸泡玉米的排放四步。在装料之前应向罐内加入约为罐容积15%的浸泡水，通过热交换器加热到50℃，然后开始投入玉米，投入量达到规定数值后，向罐内加入浸泡水，这样做的目的是保证玉米装到浸泡罐内能呈现松散状态，不会由于浸泡时玉米膨胀对罐壁施加过大压力。玉米装罐时不能过满，要留出75～100cm的高度空间，浸泡水应高出玉米料位50cm以上。玉米浸泡时，通过循环泵使罐内浸泡液能自身循环，并通过热交换器控制罐内温度恒定在所要求的范围内。浸泡过程中要定时检查罐内玉米是否全部被浸泡，因为在浸泡过程中玉米料位会由于玉米的膨胀而升高，而浸泡液也会由玉米吸水而下降，一旦发现浸泡液体下降到玉米料位以下，则必须向罐内补充浸泡水。浸泡过程中罐内的浸泡液会按逆流原理逐步被可溶物含量低的浸泡液所置换。当罐内玉米浸泡达42h后，浸泡液应排放，送往蒸发浓缩，浓缩后称为玉米浆，浸后玉米则送至破碎及胚芽分离工序。

② 多个浸泡罐串联成的浸泡罐组的浸泡工艺过程：以8个罐串联，浸泡时间42h为例，逆流浸泡操作过程如下。如果是初次开车或长时间停车，浸泡系统已全部空罐时，往第1个罐投料，加入0.2%～0.3%新亚硫酸浸泡玉米，每隔7h给下一罐投料，加入新酸浸泡玉米，重复上述操作直到第4个罐为止。第5个罐加料后，开始倒罐，将浸泡时间最长、浓度最高的1号罐浸泡液倒入5号罐，1号罐则接收新酸。第6个罐加料后，将2号罐浸泡液倒

入 6 号罐，2 号罐接收新酸。当第 7 罐投料时，则按正常倒罐顺序进行，执行逆流浸泡顺序，首先向 7 号罐投料，浸泡液按 7 号←6 号←5 号←4 号←3 号←2 号←1 号逐次倒罐，1 号罐排放浸泡玉米之后，7 号罐将它的浸泡液排出送至蒸发工序浓缩成玉米浆，往 2 号罐加入新酸，此时 8 号罐为空罐等待进料。第 8 个罐进料后，按 8 号←7 号←6 号←5 号←4 号←3 号←2 号逐次倒罐，2 号罐排放浸泡玉米后，8 号罐将浸泡液排出待蒸发成玉米浆，往 3 号罐内加新酸，此时，1 号罐洗涤后待重新进料。以后的逆流浸泡循环依此类推。由此可见，8 个浸泡罐中的连续逆流浸泡操作，是从最后一罐（浸泡时间最长的玉米）加入亚硫酸液，从最先一罐（浸泡时间最短的玉米）输出浸泡液，连续进行倒灌和不间断地做自身循环。在玉米投料时，使用老浸泡液浸泡新加入玉米，各浸泡罐中自身循环浸泡量为 77%，向下一罐倒出的浸泡液为 23%。时间最长、浓度最高的浸泡液在倒入新加玉米的罐后，自身循环 4h 以上被放出。为了使附在玉米籽粒上的浸泡液排得更彻底，对排放玉米的出料罐，当全部浸泡液都已导入下一罐后，罐内玉米至少要沥水 1h，再排放玉米。最初的开车，因为没有工艺水，浸泡液是由新水吸收二氧化硫制得，整个工厂全部运转后，用湿磨系统产生的洗水（工艺水）代替新水。

（4）玉米的破碎与胚芽分离

① 玉米破碎：玉米破碎的目的就是要把玉米破碎成碎块，使胚芽与胚乳分开，并释放出一定数量的淀粉。在破碎后要尽可能地将胚芽分离出来，因为它所含的玉米胚芽油有很高的商品价值，而且淀粉产品对脂肪含量的要求非常严格，如果胚芽中的油分散到胚乳中，会严重影响淀粉产品的质量。

玉米淀粉生产中常用的破碎设备是脱胚磨，由于脱胚磨的主要结构为带凸齿的动盘和定盘，所以脱胚磨又称凸齿磨。凸齿磨由齿盘、主轴齿盘间隙调节装置、主轴支承结构、电机、机座等组成，其主要工作部件是一对相对的齿盘，齿盘有多种形式，脱胚磨选用牙齿条缝齿盘，其中一个转动，另一个固定不动，两齿盘呈凹凸形，即动盘和静盘上同心排列的齿相互交错。齿盘上梯形齿呈同心圆分布，在半径较小处，齿的间隙大；半径较大处，齿的间隙小。物料在重力作用下从进料管自由落入机壳内，经拨料板迅速进入动盘与定盘之间。由于两齿盘的相对旋转运动以及凸齿在盘上内疏外密的特殊布置，物料在两盘间除受凸齿的机械作用扰动外，还受自身产生的离心力作用，在动、静齿缝间隙向外运动。玉米粒运动时，最初的齿间距大，玉米成整粒破碎，有利于进料，运动到齿盘外端部时，齿间距变小，物料受离心力较大，粉碎作用加强，这样玉米粒在动、静齿盘及凸齿的剪切、挤压和搓撕作用下被破碎。

② 胚芽分离：胚芽分离常用的设备是旋液分离器，破碎的玉米物料进入收集器，在 0.25～0.5MPa 压力下泵入旋液分离器，破碎玉米的较重颗粒做旋转运动，并在离心力作用下抛向锥体内壁，沿着内壁移向底部流出。胚芽和部分玉米皮壳密度较小，被集中在设备的中心部位，经过顶部中央管溢流排出。

经旋液分离器分离出的胚芽，含有一定量的淀粉乳浆液，应将这部分淀粉乳进行回收，并洗净附着在胚芽表面的胚乳。胚芽与淀粉乳的分离是采用曲面筛湿法筛理，然后用水洗涤胚芽以洗去游离淀粉，目前常用重力曲筛洗涤胚芽。

③ 玉米破碎、胚芽分离的工艺方法：一般采用二次破碎，二次分离胚芽的方法。二次破碎的作用在于彻底地释放出胚芽。第一次为粗磨，第二次为细磨，使用这种方法破碎的玉米损坏的胚芽少，可改善胚芽悬浮物的分离效果，使工艺过程的每一步都保持低的脂肪含量。二次分离胚芽，可提高胚芽的收率，降低胚芽的破碎率，改善胚芽质量。

第一次破碎首先要求调节凸齿磨齿盘、主轴齿盘间隙至2.5～3cm，然后让浸泡后玉米进入头道磨，软化的玉米经粗磨破碎后被破碎成4～6瓣，释放出85%以上的胚芽和20%～25%的淀粉，料浆含整粒玉米量不超过1%，浓度7～9°Bé，连接胚芽量占过滤稀浆质量不大于2.5%。第一次破碎后的悬浮液流入头道磨储罐，在罐内被胚芽分离系统的回流液、胚芽洗涤系统的洗水混合稀释，稀释后的物料在泵作用下进入旋液分离器进行胚芽初次分离。

初次胚芽分离系统采用了两级，以保证胚芽提取的纯率和提取率。进入初次胚芽一级、二级分离系统的淀粉悬浮液进料压力分别为0.5～0.65MPa、0.12～0.20MPa；从初次胚芽分离器得到的浆料浓度约8°Bé，流入脱水曲筛，在缝隙为1.0～2.0mm的弧形筛上过滤，滤去粉浆，筛上物流入二道磨。

二次破碎首先要求调整凸齿磨齿盘、主轴齿盘间隙至2.2～2.5cm，然后进行第二次破碎。第二次破碎的作用主要是对头道研磨的物料进一步破碎，彻底地释放出与胚乳粒相连接的胚芽，因此，要把物料破碎得更细些。经过二次破碎后，玉米应破碎成10～12瓣，游离胚芽大于95%，释放淀粉率10%～15%；浆料不含整粒玉米，浓度7.5～9.5°Bé，干物质含量250～300g/L，胚芽破碎率小于1.5%，连接胚芽不大于0.3%。磨后物料流入第二级磨后储罐，并且罐内物料被脱水筛的滤液、胚芽洗涤系统的部分洗水和从第二次胚芽分离系统返回的回流液所稀释，储罐中的物料经泵作用进入第二次胚芽分离系统。

二次胚芽分离系统仍采用两级。进入二次胚芽一级、二级分离系统的淀粉悬浮液进料压力分别为0.5～0.65MPa、0.12～0.20MPa。经二次分离后底流得到的淀粉悬浮液的浓度为12%～15%，稠度为280g/L，胚芽含量不应超过0.5%，顶流（溢流）中纤维含量应尽可能得低，顶部排出的胚芽及其携带的淀粉乳进入重力筛进行洗涤。

胚芽洗涤要在胚芽洗涤曲筛上进行，洗涤曲筛也是重力曲筛，只是筛缝间隙比脱水曲筛要小一些，洗涤用水为SO_2含量为0.025%～0.3%的亚硫酸水。筛分和洗涤要进行三次逆流洗涤，胚芽从第一级给入，在第三级离开洗涤系统，而洗水从第三级给入，在第一级离开系统，将淀粉洗出并与水一起进入精磨前储罐。胚芽洗涤后游离淀粉含量小于1.0%，洗后的胚芽进入胚芽脱水挤压机。

经过玉米破碎、胚芽分离工序后，提胚率一般要求大于98%，脱胚后浆液浓度8～10°Bé。

(5) 玉米精磨与纤维分离　玉米淀粉生产经过破碎和分离胚芽之后，物料中含有淀粉粒、麸质、种皮以及胚乳碎粒，有相当数量的淀粉仍包含在胚乳碎粒和种皮内，仍然以淀粉颗粒状态存在，精磨的目的就是把与蛋白质、纤维结合的豆乳淀粉从中游离出来，最大限度地回收淀粉。

① 精磨设备：精磨的主要设备有砂盘磨、锤碎机、冲击磨等。冲击磨又称针磨，是应用最多的精磨。冲击磨又分立式和卧式两类，如图7-4所示是一种卧式冲击磨的结构示意图，冲击磨的关键部件是动盘和定盘，动盘是一旋转的圆盘，柱形的动针由中心向边缘分布在同心的圆周上，并且每后面一排的各针柱之间的距离逐渐缩小。定盘又叫静盘，也装有针柱，一般动盘有四排针柱，定盘有三排针柱，定盘上的针柱与动盘的针柱以相位移状态排列。电机通过液力偶合器与主机直联，驱动主轴与转盘，带动动盘高速旋转。物料由中心口喂入后在离心力作用下向四周分散，进入高速旋转的动盘中心，在动针、定针间反复受到猛烈冲击而被打碎。物料中所含淀粉经猛烈冲击振动后，与纤维结构松脱从而被最大限度地游离出来，纤维则因有较强的韧性而不易撞碎，形成大片的渣皮，这种状态要比一般粉碎机所得的细糊状渣皮更有利于筛出游离淀粉。精磨时物料的浓度需用稀浆或工艺水加以调节，使

含水量保持在75%～79%的范围内，如进料的含水量增加到80%以上时，会使精磨的效果变差。精磨前物料的温度为33～35℃，磨碎后物料的温度为39～40℃，也就是说精磨情况良好，物料的温度会上升。

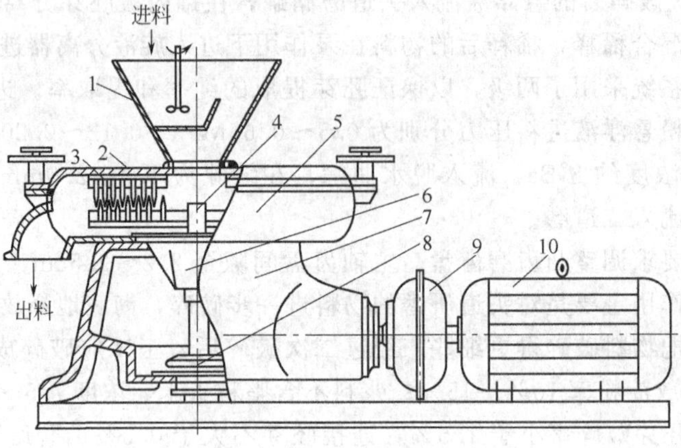

图7-4 卧式冲击磨的结构示意图

1—供料器；2—上盖；3—定针压盘；4—转子；5—机体；6—上轴承座；7—机座；8—底轴承座；9—液力偶合器；10—电机

② 纤维的分离与洗涤：浆料磨碎以后形成悬浮液，其中含有游离淀粉、麸质和纤维素。为了得到纯净的淀粉，把悬浮液中各组成成分完全分离开来，就要用筛分设备对浆料进行筛理，通常采用压力曲筛对浆料的纤维皮渣进行分离洗涤（压力曲筛的介绍见淀粉的提取工艺部分）。

③ 精磨与纤维分离、洗涤工艺方法：磨筛工艺流程一般采用1～2级精磨，5～7级逆流洗涤工艺。精磨后的浆料进入纤维洗涤槽，在此与其后洗涤纤维所得的洗涤水一起泵入压力曲筛系统。第一曲筛的筛孔最小为50μm，筛下物淀粉乳进入下道工序处理，第二道至第七道曲筛筛孔为75μm，用于筛理第一道曲筛的筛上物，即每道曲筛的筛上物依次输送到下一道曲筛进一步筛洗，直至将渣滓中的游离淀粉清理干净。而第二道至第七道曲筛的筛下物，则携带着洗涤下来的游离淀粉逐级向前移动，用来稀释和清洗前道曲筛的筛上物渣滓，直到第一级筛前洗涤槽中与精磨后浆料合并，共同进入第一级压力曲筛，分出粗淀粉乳。筛面上的纤维、皮渣经几次筛分洗涤后，从最后一级曲筛筛面排出，然后经螺旋挤压机脱水送入纤维饲料工序。这种逆流筛选工艺可节约洗渣水，并可最大限度地提取淀粉乳，使纤维、皮渣带走的淀粉减至最低限度。

在皮渣筛洗过程中，浆液温度应保持在45～55℃，SO_2浓度为0.05%，pH为4.3～4.5，保持一定浓度的SO_2是为了抑制悬浮液中微生物的活动，从第一道曲筛得到的筛下物淀粉乳液应含有10%～14%的干物质，纤维细渣的含量不应超过0.1%，从最后一道曲筛排出的筛上物皮渣中，游离淀粉不应超过4.5%，皮渣中结合淀粉的含量则取决于玉米的浸泡程度以及浆料精磨时的磨碎程度。

(6) 麸质分离与淀粉洗涤

① 麸质分离：通过曲筛逆流筛洗流程第一道曲筛的乳液中的干物质是淀粉、蛋白质和少量可溶性成分的混合物，干物质中有5%～6%的蛋白质，但经过浸泡过程中SO_2的作用，蛋白质与淀粉已基本游离开来，利用离心机可以使淀粉与蛋白质分离。在分离过程中，淀粉乳的pH应调到3.8～4.2，稠度应调整到0.9～2.6g/L，温度在49～54℃，最高不要超

过57℃。

麸质分离通常采用碟式喷嘴型分离机。由于蛋白质的相对密度小于淀粉，在离心力的作用下形成清液与淀粉分离，麸质水和淀粉乳分别从离心机的溢流和底流喷嘴中排出。一次分离不彻底，还可将第一次分离的底流再经另一台离心机分离。

分离出来的麸质（蛋白质）浆液，经浓缩干燥制成蛋白粉。

② 淀粉洗涤：分离出蛋白质的淀粉悬浮液含干物质含量为33%～35%，其中还含有0.2%～0.3%的可溶性物质，这部分可溶性物质的存在对淀粉质量有影响，特别是对于加工糖浆或葡萄糖来说，可溶性物质含量高，对工艺过程不利，严重影响糖浆和葡萄糖的产品质量。通常对生产干淀粉所用的湿淀粉清洗两次，生产糖浆用要清洗三次，生产葡萄糖用要清洗四次，清洗后的淀粉乳中可溶性物质含量应降低到0.1%以下。

为了排除可溶性物质，降低淀粉悬浮液的酸度和提高悬浮液的浓度，可利用真空过滤机或沉降式离心机进行洗涤，目前淀粉厂多采用多级旋液分离器进行逆流清洗，清洗时的水温应控制在49～52℃。

③ 麸质分离、洗涤的工艺方法：根据分离方法的不同，淀粉与麸质分离的工艺方法有三种，即分离机分离流程、分离机加旋液分离器分离流程和沉淀法（或流槽式）分离流程。现在国内外普遍采用分离机-旋液分离器分离流程，本处重点介绍该种工艺流程。

分离机-旋液分离器分离工艺方法，即用分离机对淀粉乳进行初级分离，然后再用旋液分离器进行淀粉乳的精制洗涤。在这种工艺中，精磨后的淀粉乳进入第一级分离机分离麸质，得到的淀粉乳约11～13°Bé，然后与第二级旋液分离器的顶流混合后用泵送入第一级旋液分离器，第一级旋液分离器的溢流进入中间浓缩机分离出麸质和细淀粉乳，该处麸质和第一级分离机分离出的麸质混合后进入麸质处理工序，细淀粉乳回到第一级分离机前的淀粉罐。第一级旋液分离器的底流经第三级旋液分离器的溢流稀释后用泵送入第二级旋液分离器。底流顺次将淀粉乳送入最后一级旋液分离器，溢流顺次将麸质返回到中间浓缩机。洗水从最后一级泵前加入，精淀粉乳从最后一级底液排出，精淀粉乳浓度为20～22°Bé。

④ 淀粉乳工艺指标：见表7-2。

表7-2 淀粉乳工艺指标

项　目	细淀粉乳	精淀粉乳
蛋白质含量(以干基计)/%	6～8	0.4～0.5
SO_2 含量/%	0.035～0.045	0.001～0.015
可溶性物质含量/%	2.5～5.0	≤0.25
物料温度/℃	35～40	40～45
物料浓度/°Bé	6～7.5	20～22

(7) 淀粉乳脱水与湿淀粉干燥　精制后的淀粉乳含水60%左右，需要把水分降低到40%以下，才能进行干燥处理。常用脱水设备有卧式刮刀离心机。经过脱水后淀粉含水38%左右。

脱水后的湿淀粉进入干燥机供料器，再由螺旋输送器按所需数量送入疏松器。在疏松器内进入淀粉的同时，送入热空气，这种热空气是预先经过净化，并在加热器内加热至140℃。由于风机在干燥机的空气管路中造成真空状态，使空气进入疏松器。疏松器的旋转转子把进入的淀粉再粉碎成极小的粒子，使其与空气强烈搅和。形成的淀粉-空气混合物在真空状态下在干燥器的管线中移动，经干燥管进入旋风分离器，淀粉在这样的运动过程中变干。在旋风分离器中混合物分为干淀粉和废气。旋风分离器中沉降的淀粉沿着器壁慢慢掉下来，并经由螺旋输送器排至筛分设备，从而得到含水量为12%～14%、细度（100目筛上物）小于0.5%；pH为5～6.4；SO_2含量小于40μL/L的纯净、粉末状淀粉。

3. 玉米淀粉的质量标准

中华人民共和国国家标准GB 12309—90食用玉米淀粉感官和理化指标见表7-3和表7-4。

（1）感官要求　见表7-3。

表7-3　食用玉米淀粉感官指标

项　目	等　级		
	优级品	一级品	二级品
外观	白色或微带浅黄色阴影的粉末，具有光泽		
气味	具有玉米淀粉固有的特殊气味，无异味		

（2）理化要求　见表7-4。

表7-4　食用玉米淀粉理化指标　　单位：%

项　目	等　级		
	优级品	一级品	二级品
水分	≤14.0		
细度	≥99.8	≥99.5	≥99.0
斑点/(个/cm^2)	≤0.4	≤1.2	≤2.0
酸度[中和100g绝干淀粉消耗0.1mol/L氢氧化钠溶液的体积(mL)]	≤12.0	≤18.0	≤25.0
灰分(干基)	≤0.10	≤0.15	≤0.20
蛋白质(干基)	≤0.40	≤0.50	≤0.80
脂肪(干基)	≤0.10	≤0.15	≤0.25
SO_2	≤0.004	—	—
铁盐(Fe)	≤0.002	—	—

四、薯类淀粉的生产

1. 马铃薯淀粉生产

马铃薯块茎的主要成分含量随品种、土壤、气候条件、耕种技术、储存条件及储存时间等因素而变化。鲜马铃薯水分含量为70%～80%，块茎的干物质含量为20%～30%，而淀粉占干物质量的80%，这也是马铃薯作为淀粉原料的主要依据。

在世界淀粉产品中，马铃薯淀粉占10%左右，其应用仅次于玉米淀粉，属于一种优质淀粉，它具有高黏性，能调制出高稠度的糊液，进一步加热和搅拌后黏度快速降低，能生产透明柔软的薄膜，具有黏合力强、糊化温度低的特点。马铃薯淀粉的口味相当温和，不具有玉米淀粉及小麦淀粉那样典型的谷物味，淀粉糊很少出现凝胶和退化现象。因此，目前马铃薯淀粉以较快的速度发展。

（1）马铃薯淀粉加工工艺流程

① 马铃薯淀粉生产总体工艺流程

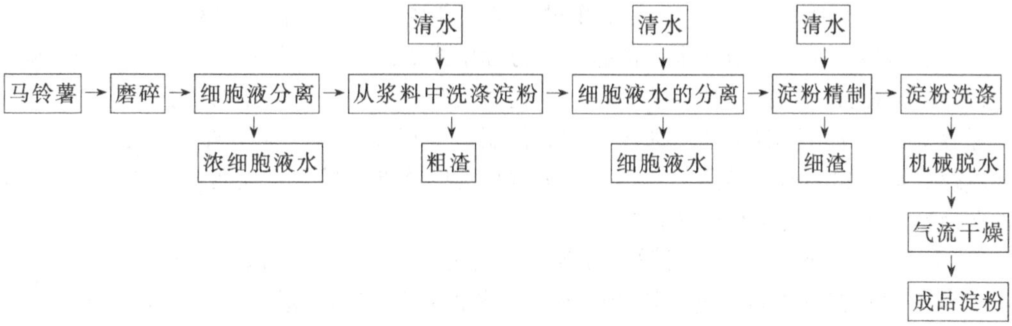

② 全旋液分离器法生产马铃薯淀粉的工艺流程：全旋液分离器法是目前马铃薯淀粉生产的较先进工艺，其具体工艺流程如图 7-5 所示。

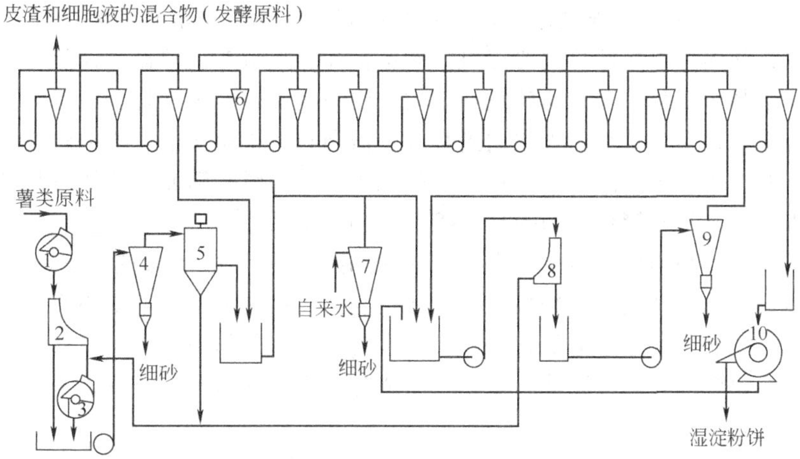

图 7-5　采用旋液分离器生产湿淀粉的流程图

1,3—磨碎机；2,8—曲筛；4,7,9—脱砂旋流分离器；

5—旋转过滤器；6—旋液分离器；10—脱水离心机

薯块经清洗称重后进入粉碎机磨碎，然后浆料在筛上分离出粗粒进入第二次破碎，之后用泵送入旋液分离器机组，旋液分离器机组一般安排成 13～19 级，经旋液分离后将淀粉与蛋白质、纤维分开。这一生产工艺特点是，不用分离机、离心机或离心筛等设备，而是采用旋液器，相比之下这是较有效且现代化的淀粉洗涤设备，采用这一新工艺只需传统工艺用水量的 5%，淀粉回收率可达 99%，节省生产占地面积，还为建立无废水的马铃薯淀粉生产创造了条件。

(2) 全旋液分离器法生产马铃薯淀粉的工艺技术要求

① 原料的输送与清洗

a. 原料的输送：鲜薯的输送一般采用流水输送槽来完成。输送槽是由具有一定倾斜度的水槽及水泵组成，槽宽 23～27cm，深为 30～33cm，槽底倾斜度为 1%～2%，水流速度为 1m/s，槽中操作水位为槽深的 75%，用水量一般为物料重的 3～5 倍，输送途中同时可除去 80%的石块和泥土。

b. 马铃薯的清洗：在水力输送过程中虽然洗除了部分杂质，但彻底的清洗是在洗涤机中进行的，常用洗涤设备是鼠笼式清洗机和螺旋式清洗机。

鼠笼式清洗机是由鼠笼式滚筒、传动部件和机壳三部分组成。鼠笼一般长 2～4m，直径0.6～0.8m，螺距0.2～0.25m。工作时，鼠笼直径的1/3左右浸在水池中，物料由一端喂入。在机器转动时，浸泡在水中的薯块一方面沿螺旋线向另一端运动，另一方面与隔条撞击，且相互间碰撞、摩擦，从而洗去泥砂，泥砂沉积池底，定时从排污口排除。

螺旋式清洗机有两种形式，即水平式和倾斜式，可以同时完成清洗和输送物料的任务。主要由螺旋输送器和清洗槽两部分组成。清洗槽与螺旋叶片轴呈一夹角，物料与冲洗水成逆流方向运动，故能清洗得更干净。

② 马铃薯的破碎：目前，马铃薯破碎常用的设备有锉磨机、粉碎机等。

a. 锉磨机：锉磨机是通过旋转的转鼓上安装的带齿钢锯对进入机内的马铃薯进行粉碎操作。它由外壳、转鼓和机座组成，转鼓周围安装有许多钢条。鲜薯由进料斗送入转鼓与压紧齿刀间而被破碎，破碎的糊状物穿过筛孔送入下道工序处理，而留在筛板上的较大碎块则继续被破碎，通过筛孔。

b. 锤式粉碎机：锤式粉碎机是一种利用高速旋转的锤片来击碎物料的设备。薯类淀粉加工厂使用的是切向进料式锤片式粉碎机，它由机体、喂料斗、转盘、锤片、齿板和筛片组成。工作时，物料由喂料斗进入粉碎室，首先受到高速旋转的锤片打击而飞向齿板，然后与齿板发生撞击又被弹回。于是，再次受到锤片打击和与齿板相撞击，物料颗粒经反复打击和撞击后，就逐渐成为较小的碎粒，而从筛片的孔中漏出，留在筛面上的较大颗粒，再次受到锤片的打击以及在锤片与筛片之间受到摩擦，直到物料从筛孔中漏出为止。

薯块在粉碎后，细胞中所含的氢氰酸会释放出来，氢氰酸能与铁质反应生成亚铁氰化物，呈淡蓝色。因此，凡是与淀粉接触的粉碎机和其他机械及管道都是用不锈钢或其他耐腐蚀的材料制成。此外，细胞中的氧化酶释出，在空气中氧的作用下，组成细胞的一些物质发生氧化，导致淀粉色泽发暗，因此，在粉碎时或打碎后应立即向打碎浆料中加入亚硫酸以遏制氧化酶的作用。

③ 细胞液的分离：磨碎后，从马铃薯细胞中释放出来的细胞液是溶于水的蛋白质、氨基酸、微量元素、维生素及其他物质的混合物。天然的细胞液中含干物质4.5%～7%，占薯块总干物质含量的20%左右。细胞液在空气中氧气的作用下发生氧化，导致淀粉的颜色发暗。为了合理地利用马铃薯中的营养成分，改善加工淀粉的质量，提高淀粉产量，应将这部分细胞液进行分离。

分离细胞液的工作主要由卧式螺旋卸料沉降离心机完成。卧式螺旋卸料离心机简称卧螺，特别适于马铃薯淀粉生产工厂使用。通过分离可使沉淀物中干物质含量达到32%～34%，分离的细胞液中含淀粉0.5～0.6g/L。

④ 纤维的分离与洗涤：马铃薯块茎经破碎后所得到的淀粉浆，除含有大量的淀粉以外，还含有纤维和蛋白质等组分，这些物质不除去，会影响成品质量，通常是先分离纤维，然后再分离蛋白质。纤维的分离与洗涤常采用筛分设备进行，包括平面往复筛、六角筛（转动筛）、高频惯性振动筛、离心筛和曲筛等，较大的淀粉加工厂主要使用离心筛和曲筛。筛分工序包括筛分粗纤维、筛分细纤维、回收淀粉。

a. 离心筛分离粉渣：离心筛是借助离心力分离纤维的设备，其工作原理是使磨碎的马铃薯浆液由进料口加速后，均匀撒向筛体底部，由于离心筛离心力的作用，物料沿筛体主轴线向上滑移，淀粉和水通过筛孔甩离筛体，汇集于机壳下部排出；而含纤维的渣子体积较大，被筛网所截，留存在筛网上，并逐渐滑向筛体大端，其间再用水喷淋洗涤，将纤维夹带的淀粉充分地洗涤下来。纤维在网面上移动过程中不断脱水，最后由筛体大口滑出，甩离筛体，排出机外，这样就将浆液分成淀粉乳和粉渣两部分。实际生产中使用离心筛多是四级连续操作，中间不设储槽，而是直接连接，粉浆靠自身重力由上而下逐级流下，对留在筛上的物料进行逐级逆流洗涤。破碎的浆料先经孔宽为 125～250μm 的粗渣分离筛，筛下含细渣的淀粉乳送至孔宽为 60～80μm 的细渣分离筛，将粗渣与细渣分开分离的方法可以减少粗渣与细渣上附着的淀粉和改善浆料的过滤速率。一般一级筛进料浓度为 12%～15%，二级筛进料浓度为 6%～7%，三级、四级筛进料浓度为4%～6%。

b. 曲筛分离纤维：此工段是在七级曲筛上进行。在第一次和第二次浆料洗涤时用 46# 卡普隆网；在第一、二、三、四次渣滓洗涤时用 43# 卡普隆网；第一次及第二次浆料洗涤得到的淀粉乳进入三足式下部卸料自动离心机分离出细胞液水，然后用清水稀释并在 64# 卡普隆网曲筛上精制，筛上细渣返回到磨碎后浆料收集器中，再次经过洗涤分离。

⑤ 淀粉乳的洗涤：筛分出来的淀粉乳中，除淀粉外，还含有蛋白质、极细的纤维渣和土沙等，所以它是几种物质的混合悬浮液。依据这些物质在悬浮液中沉降速率的不同，可将它们分开。分离蛋白质有多种方法，比较先进的是离心分离法和旋液分离法。

在分离蛋白质前，先要对淀粉乳液过滤，以去除残留在乳液中的杂物，自净式过滤器可将固体物质与乳液分离。乳液进入进口压力为 0.15～0.2MPa 的旋流除砂器，将乳液中的微小沙粒除去，使淀粉乳液更加纯净，然后进入淀粉精制工艺。

a. 离心分离法：由于马铃薯淀粉乳中蛋白质含量比玉米淀粉乳要少，因此，一般只采用二级分离，即用两台分离机顺序操作。进入第一级离心机的淀粉乳浓度为 13%～15%，进入第二级离心机的淀粉乳浓度为 10%～12%。送入精制工序的淀粉乳中的细渣含量按干物质计约 4%～8%，经一级精制的淀粉乳含渣量不高于 1%，经二级精制的含渣量不高于 0.5%。

b. 旋液分离法：旋液分离器是此法的主要设备。由于马铃薯淀粉原料中蛋白质含量较低，而且淀粉颗粒也比玉米淀粉粒、小麦淀粉粒要大一些，因此，可有效使用旋液分离器分离淀粉乳中的蛋白质及其他杂质。

在实际生产中，由于每个分离器可处理 300L/h 磨碎乳，因此通常采用多个旋液分流器并联组成一级，19 级串联成整个分离和洗涤系统。清水由最后一级加入，每吨马铃薯约耗水 400L，采用顺次逆流洗涤方式。

旋液分离器中的第 1～3 级用作淀粉、蛋白质与渣的分离；第 4～8 级为淀粉乳浓缩用；第 9～19 级为淀粉乳洗涤用。精制淀粉乳的浓度为 22.5°Bé，蛋白质含量可达 0.5%以下。

⑥ 淀粉乳的脱水与干燥：马铃薯淀粉的脱水和干燥与玉米淀粉的相似，采用机械脱水和气流干燥工艺。

2. 甘薯淀粉生产

生产甘薯淀粉原料可以是鲜甘薯和甘薯干，因原料有差异，所采用的工艺亦有差别。鲜甘薯由于不便运输，储存困难，必须及时加工，因其季节性强，一般只能在收获后两三个月内完成淀粉生产，采用的方法也多为作坊式生产。以薯干为原料，可采用机械化常年生产，技术也相对比较先进。下面以薯干为原料，介绍甘薯淀粉加工工艺。

(1) 以薯干为原料生产甘薯淀粉的工艺流程

甘薯干 → 预处理 → 浸泡 → 破碎 → 筛分 → 流槽分离 → 碱处理 → 清洗 → 酸处理 → 清洗 → 离心分离 → 干燥 → 成品淀粉

(2) 甘薯淀粉加工技术

① 预处理：甘薯干在加工和运输过程中混入了各种杂质，所以必须经过预处理。方法

有干法和湿法两种，干法是采用筛选、风选及磁选等设备除去杂质；湿法是用洗涤机或洗涤槽清洗除去杂质。

② 浸泡：为了提高淀粉出品率和防止薯浆变色及发酵可采用石灰水浸泡，使浸泡液 pH 为 10～11，浸泡时间约 12h，温度控制在 35～40℃，浸泡后甘薯片的含水量为 60%左右。然后用水淋洗，洗去色素和尘土。

用石灰水浸泡甘薯片的作用是：a. 使甘薯片中的纤维膨胀，以便在破碎后和淀粉分离，并减少对淀粉颗粒的破碎。b. 使甘薯片中色素溶液渗出，留存于溶液中，可提高淀粉的白度。c. 石灰水中的钙可降低果胶等胶体物质的黏性，使薯糊易于筛分，提高筛分效率。d. 保持碱性，抑制微生物活性。e. 淀粉易于沉淀，易与蛋白质分离，回收率增高。

石灰水的配制：淀粉厂一般采用连续生产澄清的石灰水，配制槽由三个带搅拌的方槽并排组成。槽宽 1.5m，深 1.5m 以上。给水从第一槽槽底加入，石灰由下面带小螺旋的提料斗加入，水流上升速度以 0.75m/h 以下为好。上升的石灰水经槽上部侧边的出料口流到第二槽下部，再由第二槽下部向上升，然后经第二槽出料口的导管进入第三槽，料液仍由下向上流出。控制石灰水配制槽管道内石灰水流速在 0.15m/s 以下，可以保持在沉降罐中停留 2.5h 以上。灰渣由排出口定时排出。

③ 磨碎：磨碎是薯干淀粉生产的重要工序。磨碎的好坏直接影响到产品的质量和淀粉的回收率。浸泡后的甘薯片随水进入锤片式粉碎机进行破碎。一般采用二次破碎，即甘薯片经第一次破碎后，筛分出淀粉，再将筛上薯渣进行第二次破碎，然后过筛，在破碎过程中，为降低瞬时温升，根据二次破碎粒度的不同，调整粉浆浓度，第一次破碎为 3～3.5°Bé，第二次破碎为 2～2.5°Bé。

④ 筛分：经过磨碎得到的甘薯糊，必须进行筛分，分离出粉渣。筛分一般进行粗筛和细筛两次处理。粗筛使用 80 目尼龙布，细筛使用 120 目尼龙布。在筛分过程中，由于浆液中所含有的果胶等胶体物质易滞留在筛面上，影响筛分的分离效果，因此应经常清洗筛面，保持筛面畅通。

⑤ 流槽分离：经筛分所得的淀粉乳，还需进一步将其中的蛋白质、可溶性糖类、色素等杂质除去，一般采用流槽沉淀。淀粉乳流经流槽，相对密度大的淀粉沉于槽底，蛋白质等胶体物质随汁水流出至黄粉槽，沉淀的淀粉用水冲洗入漂洗池。

⑥ 碱、酸处理和清洗：为进一步提高淀粉乳的纯度，还需对淀粉进行碱、酸处理。

用碱处理的目的是除去淀粉中的碱溶性蛋白质和果胶杂质。方法是将 1°Bé 稀碱溶液缓慢加入淀粉乳中，使其 pH 为 12，启动搅拌器以 60r/min 转速搅拌 30min，充分混合均匀后，停止搅拌，待淀粉完全沉淀后，将上层废液排放掉，注入清水清洗两次，使淀粉浆接近中性。

用酸处理的目的是溶解淀粉浆中的钙、镁等金属盐类。淀粉乳在碱洗过程中往往增加了这类物质，如不用酸处理，总钙量会过高，用无机酸溶解后再用水洗涤除去，便可得到灰分含量低的淀粉。处理方法是将工业盐酸缓慢倒入，充分搅拌，防止局部酸性过强，控制淀粉乳 pH 为 3 左右，搅拌 30min 左右停止搅拌，完全沉淀后，排除上层废液，加水清洗，直至淀粉呈微酸性，以 pH6 左右为好。

⑦ 离心脱水：清洗后得到的湿淀粉的水分含量达 50%～60%，用离心机脱水，使湿淀粉含水量降到 38%左右。

⑧ 干燥：湿淀粉经烘房或气流干燥系统干燥至水分含量为 12%～13%，即得成品淀粉。

第二节 淀粉糖浆加工

一、淀粉糖浆加工方法与原理

淀粉在酸或淀粉酶的催化作用下发生水解反应，其水解最终产物随所用的催化剂种类而异。在酸作用下，淀粉水解的最终产物是葡萄糖，在淀粉酶作用下，随酶的种类不同产物各异。

1. 淀粉的酸法水解

淀粉乳加入稀酸后加热，经糊化、溶解，进而葡萄糖苷键裂解，形成各种聚合度的糖类混合溶液。在稀溶液的情况下，最终将全部变成葡萄糖。在此，酸仅起催化作用。

在淀粉的水解过程中，颗粒晶体结构被破坏。α-1,4-糖苷键和α-1,6-糖苷键被水解生成葡萄糖，而α-1,4-糖苷键的水解速度大于α-1,6-糖苷键。

淀粉水解生成的葡萄糖在酸和加热的催化作用下，既发生复合反应又发生分解反应。复合反应是葡萄糖分子通过α-1,6-糖苷键结合生成异麦芽糖、龙胆二糖和其他具有α-1,6-糖苷键的低聚糖类。复合糖可再次经水解转变成葡萄糖，此反应是可逆的。分解反应是葡萄糖分解成5′-羟甲基糠醛、有机酸和有色物质等。

在糖化过程中，水解、复合和分解三种化学反应同时发生，水解反应是主要的，而复合与分解反应是次要的，且对糖浆生产不利，可降低产品的得率，增加糖液精制的困难，所以要尽可能地降低复合反应和分解反应。

2. 淀粉的酶法水解

酶解法是用专一性很强的淀粉酶将淀粉水解成相应的糖。在葡萄糖及淀粉糖浆生产时应用α-淀粉酶与糖化酶（葡萄糖淀粉酶）的协同作用，前者将高分子的淀粉割断为短链糊精，后者把短链糊精水解成葡萄糖。

（1）α-淀粉酶　α-淀粉酶属内切型淀粉酶。其作用于直链淀粉时，可分为两个阶段。第一阶段速度较快，可迅速割断淀粉长链中的α-1,4-糖苷键，生成麦芽糖、麦芽三糖及直链麦芽低聚糖，遇碘液不呈色，黏度迅速下降，工业上称为液化。第二阶段速度很慢，如酶量充分，可最终将麦芽三糖和麦芽低聚糖水解为麦芽糖和葡萄糖。

① 酶的作用形式：α-淀粉酶作用于淀粉时，是从淀粉分子内部以随机的方式切断α-1,4-糖苷键，但水解位于分子中间的α-1,4-糖苷键的概率高于水解位于分子末端的α-1,4-糖苷键的概率。α-淀粉酶不能水解支链淀粉中的α-1,6-糖苷键，也不能水解相邻分支点的α-1,4-糖苷键；但可越过分支点继续水解α-1,4-糖苷键，最终水解产物中除葡萄糖、麦芽糖外还有一系列带有α-1,6-糖苷键的极限糊精。α-淀粉酶普遍存在于动物体，大麦发芽后产生较多，细菌中的枯草杆菌、地衣芽孢杆菌等含量也较多。不同来源的α-淀粉酶生成的极限糊精结构和大小不尽相同。α-淀粉酶不能水解麦芽糖，但可水解麦芽三糖及以上的含α-1,4-糖苷键的麦芽低聚糖。

② α-淀粉酶的性质

a. 热稳定性和最适反应温度：依α-淀粉酶的热稳定性不同分为两类，即耐热性α-淀粉酶，包括地衣芽孢杆菌α-淀粉酶，液化最适温度92℃；非耐热性α-淀粉酶，主要是米曲霉α-淀粉酶，最适反应温度只有50～55℃。

b. pH影响：不同来源酶的pH活力曲线和最适pH均有不同，多数α-淀粉酶都不耐酸，酶活力相对稳定的范围在pH5.5～8.0范围内，最适反应pH6～6.5左右。

c. Ca^{2+}的影响：α-淀粉酶是金属酶，一分子解淀粉液化芽孢杆菌α-淀粉酶中含有一个原子钙，钙的作用是使酶分子保持适当构型，处于结构稳定并具有最高活性的状态。钙与酶蛋白结合紧密，只有在低pH下，用螯合剂EDTA才能将它剥离。钙被除掉后，酶活力完全丧失；重新补充钙，则活力可完全恢复。酶与钙的结合牢固程度依次是霉菌＞地衣芽孢杆菌＞解淀粉液化芽孢杆菌。

d. 淀粉浓度的影响：淀粉和淀粉水解物糊精都对酶活力的稳定性有直接影响，随其浓度提高，酶活力稳定性加强。以解淀粉液化芽孢杆菌淀粉酶为例，没有淀粉，80℃加热1h，活力残余约24%；10%淀粉浓度，同样条件下，活力残余约94%，提高约4倍。浓度在25%～30%时，煮沸后酶活力也不致全部丧失。

(2) β-淀粉酶　β-淀粉酶以大麦芽及麸皮中含量较丰富。大麦芽中含β-淀粉酶2300～2900 IU/g，麸皮中含量为2400～2970 IU/g，故大麦芽或麸皮用作饴糖生产时的糖化剂。

① 水解方式：β-淀粉酶是一种外切型淀粉酶，作用于淀粉时，是从非还原性末端依次切开相隔的α-1,4-糖苷键，顺次将它分解为两个葡萄糖基，最终产物均为β-麦芽糖，所以也称麦芽糖酶。β-淀粉酶能将直链淀粉全部分解，如淀粉分子由偶数个葡萄糖单位组成，最终水解产物全部为麦芽糖；如淀粉分子由奇数个葡萄糖单位组成，则最终水解产物除麦芽糖外，还有少量葡萄糖。但β-淀粉酶不能水解支链淀粉的α-1,6-糖苷键，也不能跨过分支点继续水解，故水解支链淀粉是不完全的，残留下β-极限糊精。β-淀粉酶水解淀粉时，由于从分子末端开始，总有大分子存在，因此黏度下降慢，不能作为糖化酶使用；而β-淀粉酶水解淀粉水解产物如麦芽糖、麦芽低聚糖时，水解速度很快，可作为糖化酶使用。

② β-淀粉酶的性质：β-淀粉酶活性中心含有巯基（—HS），因此，一些氧化剂、重金属离子以及巯基试剂均可使其失活，而还原性的谷胱甘肽、半胱氨酸对其则有保护作用。

β-淀粉酶作用的最适pH为5.0～5.4，最适温度60℃左右。大豆β-淀粉酶最适作用温度为60℃左右，大麦β-淀粉酶最适作用温度为50～55℃，而细菌β-淀粉酶最适作用温度一般低于50℃。

(3) 糖化酶（葡萄糖淀粉酶）

① 糖化酶的水解方式：糖化酶对淀粉的水解作用是从淀粉的非还原性末端开始，依次水解α-1,4-糖苷键，顺次切下每个葡萄糖单位，生成葡萄糖。因此糖化酶广泛作为葡萄糖生产用糖化剂，主要存在于曲霉中。

葡萄糖淀粉酶专一性差，除水解α-1,4-糖苷键外，还能水解α-1,6-糖苷键和α-1,3-糖苷键，但对后两种键的水解速度较慢。由于该酶作用于淀粉糊时，糖液黏度下降较慢，还原能力上升很快，所以又称糖化酶，不同微生物来源的糖化酶对淀粉的水解能力也有较大区别。

② 糖化酶的性质：影响葡萄糖淀粉酶作用的主要因素是pH和温度，不同来源的葡萄糖淀粉酶在糖化的适宜温度和pH上有一定差异。曲霉为55～60℃，pH3.5～5.0；根霉为50～55℃，pH4.5～5.5。糖化时间一般为几十个小时，55℃温度下长时间水解，易感染杂菌，糖化在60℃进行，则可以避免杂菌生长。低pH下糖化，有色物质生成少，颜色浅，易于脱色。

另一个影响因素是淀粉浓度，淀粉浓度高，由于复合反应，会降低葡萄糖产值；浓度低，复合反应程度低，葡萄糖产率高，但蒸发费用高，影响成本。要做到两者兼顾，一般将淀粉浓度控制在30%左右。酶用量范围一般是每克底物有0.14～0.28个葡萄糖淀粉酶单位，固然用量高，可缩短糖化时间，可是使用过量，也会导致逆反应速度比正反应速度还快的现象发生。使用葡萄糖淀粉酶时，还要注意到大部分重金属如铜、汞、银、铅等的抑制作用。

淀粉酶法水解制糖一般在中性环境下，不需高温、高压，作用温和，无副反应，糖化液色泽浅，糖化结束后不需要中和，糖化液中无机盐含量低，纯度高，且不腐蚀设备，因此这是淀粉制糖广泛应用的方法。

（4）脱支酶　脱支酶是水解淀粉和糖原分子中的α-1,6-糖苷键的酶，又分为支链淀粉酶和异淀粉酶两种。

① 支链淀粉酶：编号 EC3.2.1.41，普鲁蓝 6-葡聚糖水解酶，简称普鲁蓝酶。来自植物的支链淀粉酶称为 R 酶。它能水解支叉结构的 α-1,6-糖苷键，还能水解线性直链分子中的 α-1,6-糖苷键。普鲁蓝糖是由麦芽三糖通过 α-1,6-糖苷键连接而成的多聚麦芽三糖，能被该酶水解，故有普鲁蓝酶之称。但这个酶不能水解潘糖、异麦芽糖以及只含 α-1,6-糖苷键的多糖，说明它切开的 α-1,6-糖苷键的两头至少要有两个以上的 α-1,4-糖苷键。工业上使用的支链淀粉酶主要由微生物制取，我国生产的支链淀粉酶由产气杆菌中获得。酶是一种糖蛋白，最适 pH5.3～6.0，反应温度 50℃。

② 异淀粉酶：编号 EC3.2.1.68，相对分子质量 90000。它与支链淀粉酶一样，能使支链淀粉和糖原分子中处于支叉地位的 α-1,6-糖苷键水解，使得支叉结构断裂。它能水解糖原，支链淀粉酶却不能。异淀粉酶不能像支链淀粉酶那样水解直链结构的 α-1,6-糖苷键。这种酶主要来自假单胞杆菌、蜡状芽孢杆菌和酵母等。

脱支酶在淀粉制糖工业上的主要应用是与 β-淀粉酶或糖化酶协同糖化，提高淀粉转化率，提高麦芽糖或葡萄糖得率。

二、麦芽糊精加工

麦芽糊精又称水溶性糊精、酶法糊精，它是一种淀粉经低程度水解、控制水解 DE 值在 20%以下的产品，为不同聚合度低聚糖和糊精的混合物。DE 值用于表示淀粉水解的程度或糖化程度。糖化液中还原性糖以葡萄糖计，占干物质的百分率称葡萄糖值（dextrose equivalent value），即 DE 值。麦芽糊精具有独特的理化性质、低廉的生产成本及广阔的应用前景，已成为淀粉糖中生产规模发展较快的产品。

麦芽糊精的加工有酸法、酶法和酸酶结合法三种。酸法工艺产品，DP1～6 在水解液中所占的比例低，含有一部分分子链较长的糊精，易发生浑浊和凝结，产品溶解性能不好，透明度低，过滤困难，工业上生产一般已不采用此法。酶法工艺产品，DP1～6 在水解液中所占的比例高，产品透明度好，溶解性强，室温储存不变浑浊，是当前主要的使用方法。酶法生产麦芽糊精 DE 值在 5%～20%之间，当生产 DE 值在 15%～20%的麦芽糊精时，也可采用酸酶结合法，先用酸转化淀粉到 DE 值为 5%～15%，再用 α-淀粉酶转化到 DE 值为 10%～20%，产品特性与酶法相似，但灰分较酶法稍高。

麦芽糊精的生产工艺可分一步法和二步法进行，较好的工艺是分两步进行。二步法包括：第一步高温糊化（>105℃），通过酸或酶液化到 DE 值小于 3%，这步在酶法中常由喷射液化完成，然后调整 pH，降温到 82～105℃由 α-淀粉酶进行第二步转化，达到理想 DE 值后灭酶终止水解，水解物经过脱色过滤、浓缩、喷雾干燥得粉末状产品，若浓缩后不再喷雾干燥，则为浓缩浆状产品。

下面以大米（碎米）为原料介绍酶法生产工艺。

1. 麦芽糊精的酶法生产工艺流程

原料(碎米) → 浸泡清洗 → 磨浆 → 调浆 → 喷射液化 → 过滤除渣 → 脱色 → 真空浓缩 → 喷雾干燥 → 成品

2. 酶法生产麦芽糊精加工技术要求

（1）原料预处理　以碎大米为原料，用水浸泡1～2h，水温45℃以下，用砂盘淀粉磨湿法磨粉，粉浆细度应80%达60目。磨后所得粉浆，调浆至浓度为20～23°Bé，此时糖化液中固形物含量不低于28%。

（2）喷射液化　采用耐高温α-淀粉酶，用量为10～20U/g，米粉浆质量分数为30%～35%，pH在6.2左右。一次喷射入口温度控制在105℃，并于层流罐中保温30min。而二次喷射出口温度控制在130～135℃，液化最终DE值控制在10%～20%。

（3）喷雾干燥　由于麦芽糊精产品一般以固体粉末形式应用，因此必须具备较好的溶解性，通常采用喷雾干燥的方式进行干燥。其主要参数为：进料质量分数40%～50%，进料温度60～80℃，进风温度130～160℃，出风温度70～80℃，产品水分≤5%。

3. 麦芽糊精的应用

麦芽糊精是食品生产的基础原料之一，它在固体饮料、糖果、果脯蜜饯、饼干、啤酒、婴儿食品、运动员饮料及水果保鲜中均有应用。麦芽糊精另一个比较重要的应用领域是医药工业。

通常在采用喷雾干燥工艺生产干调味品（如香料油粉末）时，麦芽糊精可作为风味助剂进行风味包裹，可以防止干燥中风味散失以及产生氧化，并延长货架期，储存和使用更方便；利用麦芽糊精遇水生成凝胶的口感与脂肪相似，可作为脂肪替代品；在糖果生产中，利用麦芽糊精代替蔗糖制糖果，可降低糖果甜度，改变口感，改善组织结构，增加糖果的韧性，防止糖果“返砂”和“烊化”；在食品和医药工业中，利用麦芽糊精具有较高的溶解度和一定的黏合度，可作为片剂或冲剂药品的赋形剂、填充剂以及饮料、方便食品的填充剂。

三、麦芽糖浆（饴糖）加工

生产麦芽糖浆是利用α-淀粉酶与β-淀粉酶相配合，首先α-淀粉酶水解淀粉分子中的α-1,4-糖苷键，将淀粉任意切断成为长短不一的短链糊精及少量的低分子糖类，然后β-淀粉酶逐步从短链糊精分子的非还原性末端切开α-1,4-糖苷键，生成麦芽糖。

麦芽糖由两个葡萄糖单位经α-1,4-糖苷键连接而成，为麦芽二糖，习惯上简称麦芽糖。工业上生产的麦芽糖浆产品种类很多，含麦芽糖量差别也大，但对产品分类尚没有一个明确的统一标准，一般分类法是把麦芽糖浆分为普通麦芽糖浆、高麦芽糖浆和超高麦芽糖浆。三种麦芽糖浆的组成情况见表7-5。

表7-5　麦芽糖浆的主要组成成分　单位：%

类　别	DE值	葡萄糖	麦芽糖	麦芽三糖	其　他
普通麦芽糖浆	35～50	＜10	40～60	10～20	30～40
高麦芽糖浆	35～50	＜3	45～70	15～35	—
超高麦芽糖浆	45～60	1.5～2	70～85	8～21	—

1. 普通麦芽糖浆加工

普通麦芽糖浆系指饴糖浆。这是一种传统的糖品，为降低生产成本一般不用淀粉为原料，而是直接使用大米、玉米和甘薯粉作原料。现分别介绍以大米和玉米粉为原料的饴糖加工技术。

（1）以大米为原料的饴糖加工技术

①工艺流程

原料(大米) → 清洗 → 浸渍 → 磨浆 → 液化 → 冷却 → 糖化 → 加热 → 过滤 → 浓缩 → 成品

② 加工技术要求

a. 原料处理：以碎大米为原料，用水浸泡、湿法磨粉，粉浆细度应80%达60目。磨后所得粉浆，调浆至浓度为20～23°Bé，此时糖化液中固形物含量不低于28%。

b. 液化：液化有四种方法，即升温法、间歇法、连续法和喷射法。升温法是将粉浆置于液化罐中，添加α-淀粉酶，在搅拌下喷入蒸汽升温至85℃，直至碘反应呈粉红色时，加热至100℃以终止酶反应，冷却至室温。为防止酶失活，常添加0.1%～0.3%的氯化钙。如果用耐热性α-淀粉酶，可在90℃下液化，免加氯化钙。升温液化法因在升温糊化过程中物料黏度上升，导致搅拌不均匀，物料受热不一致，液化不完全，为此常用间歇液化法。即在液化罐中先加一部分水，由底部喷入蒸汽加热到90℃，再在搅拌下连续注入已添加α-淀粉酶和氯化钙的粉浆，同时保持温度为90℃，粉浆注满后停止进料，反应完成后，加热到100℃终止反应。

连续液化法开始时与间歇法相同，当粉浆注满液化罐后，90℃保温20min，再从底部喷蒸汽升温到97℃以上，在搅拌和加热作用下，分别从顶部进料和底部出料，保持液面不变。操作中液化罐内上部物料温度为90～92℃，下部物料温度为98～100℃，粉浆在罐中滞留时间只有2min，即可达到完全的糊化和液化。

喷射液化法是用喷射器进行糖浆的液化和糊化，适用于耐热性α-淀粉酶使用，设备体积小，操作连续化，液化完全，蛋白质易于凝聚，容易过滤，已在淀粉糖行业中推广使用。

c. 糖化：糖浆液化后由泵注入糖化罐冷却至62℃左右，添加1%～4%麦芽浆，搅拌下60℃保温2～4h，可使DE值从15%升至40%左右，随后升温至75℃，保持30min，然后升温至90℃保持20min，使酶完全失活。此时麦芽糖生成量在40%～50%左右。增加麦芽用量或延长糖化时间可增加麦芽糖生成量，但由于β-淀粉酶不能水解支链淀粉α-1,6-糖苷键缘故，其麦芽糖生成量最高不超过65%。

d. 过滤与浓缩：用板框压滤机趁热过滤，滤清的糖液应立即浓缩，以防由微生物繁殖等引起的酸败，糖液浓缩一般采用常压和真空蒸发相结合的方法进行。先在敞口蒸发器中浓缩到一定程度，然后在真空度不低于80kPa下蒸发浓缩到固形物含量为75%～80%。

(2) 以玉米为原料的饴糖加工

① 工艺流程

水、氯化钙、α-淀粉酶
↓
玉米粉 → 调浆 → 液化 → 冷却 → 糖化 → 过滤 → 真空浓缩 → 成品

② 加工技术要求

a. 调浆：先把水放入调料罐，在搅拌状态下以玉米粉和水质量比1∶1.25加入玉米粉，然后加入已溶解好的0.3%的氯化钙，按投料数准确加入10U/g的α-淀粉酶，充分搅拌后利用位差压力流入液化罐。

b. 液化：调制好的浆料进入液化罐后，调节温度至92～94℃，pH控制在6.2～6.4，保持20min，然后打开上部进料阀门和底部出料阀门进行连续液化操作，液化的一般蒸汽压力在0.2MPa以下，1000kg料液约需90min，所得液化液用碘色反应为棕黄色，还原糖值(DE)在15%～20%之间。

c. 冷却、糖化：液化液泵入糖化罐，开动搅拌器，从冷却管里通入自来水冷却，温度下降到62℃时加入已粉碎好的大麦芽，按液化液的质量加入量为1.5%～2.0%，搅拌均匀后60℃糖化3h，还原糖值达38%～40%。

d. 过滤和浓缩：糖化液在搅拌状态下使温度升到80℃终止糖化，用过滤机过滤，在过滤液中加入2%活性炭，再次通过过滤机过滤。利用盘管加热式真空浓缩器将糖液浓缩到规定浓度。

2. 高麦芽糖浆加工

高麦芽糖浆是在普通麦芽糖浆的基础上，经除杂、脱色、离子交换和减压浓缩而成。精制过的糖浆，其蛋白质和灰分含量大大降低，溶液清亮，糖浆熬煮温度远高于饴糖，麦芽糖含量一般在50%以上。

生产高麦芽糖浆要求液化液DE值低一些为好，酸法液化DE值应在18%以上，酶法液化DE值只要在12%左右就可以满足要求。虽然生产高麦芽糖浆一般来说不必在液化结束后杀灭残留的α-淀粉酶，而可以直接进入糖化阶段，但如果工艺中要求葡萄糖含量尽量低，则最好要使液化液经过灭酶阶段。在葡萄糖生产中通常采用高温α-淀粉酶一次液化法，但在高麦芽糖浆生产中，两次加酶法可以克服过滤困难的问题。

生产高麦芽糖浆常用两类淀粉酶系统或单独使用真菌α-淀粉酶，或合并使用β-淀粉酶和脱支酶。当脱支酶与β-淀粉酶协同水解淀粉液化液时，脱支酶将支链糊精切成直链，而β-淀粉酶可进一步将直链糊精水解成麦芽糖。

(1) 制造高麦芽糖浆的脱色、精制过程　将糖化液升温压滤，用盐酸调节pH至4.8，加0.5%～1.0%糖用活性炭，加热至80℃，搅拌30min后压滤，如脱色效果不好，则需进行二次脱色。脱色后的糖液送入离子交换柱以去除残留的蛋白质、氨基酸、有色物质和灰分。离子交换柱可按阳-阴-阳-阴串联。离子交换处理后的糖液在真空浓缩罐中，用真空度80kPa以下条件浓缩固形物浓度达76%～85%即为成品。

用真菌α-淀粉酶生产高麦芽糖浆，一般不必杀死液化液带入的残余的α-淀粉酶活力，糖化结束时，除了常规的活性炭脱色和离子交换精制外，也不必专门采取灭酶措施。这样生产的高麦芽糖浆又称为改良高麦芽糖浆，其组成中麦芽糖占50%～60%、麦芽三糖约20%、葡萄糖2%～7%以及其他的低聚糖与糊精等。

(2) 高麦芽糖浆制造工艺实例　干物浓度为30%～40%淀粉乳，在pH6.5时加细菌α-淀粉酶，85℃液化1h，使DE值达10%～20%，将pH调节到5.5，加真菌α-淀粉酶0.4kg/t，60℃糖化24h，可得到其中含麦芽糖55%、麦芽三糖19%、葡萄糖3.8%的生成物，过滤后经活性炭脱色，真空浓缩成制品。如糖化时与脱支酶同用，则麦芽糖生成量可超过65%。

3. 超高麦芽糖浆加工

麦芽糖含量高达75%～85%以上的麦芽糖浆称为超高麦芽糖浆，其中麦芽糖含量超过90%者也称作液体麦芽糖。生产超高麦芽糖浆的要求是获得最高的麦芽糖含量和很低的葡萄糖含量。单用真菌α-淀粉酶不能达到此目的，必须同时使用β-淀粉酶和脱支酶，β-淀粉酶的用量也应提高到高麦芽糖浆用量的2～3倍。糖化底物的低DE值和低浓度都有助于提高终产物中麦芽糖含量。一般都是利用耐热性α-淀粉酶在90～105℃下高温喷射液化，DE值控制在5%～10%之间，甚至在5%以下，但DE值过低，会使液化不完全，影响后续工作的糖化速度及精制过滤。如果DE值偏高，会降低麦芽糖生成，提高葡萄糖生成量，因此，在控制低DE值的同时，必须保证糊化彻底，防止凝沉。液化液浓度也不应过高，工业上控制在30%左右，但过低会显著增大后面的蒸发负担。

利用β-淀粉酶和脱支酶协同作用糖化，麦芽糖生成率可达90%以上。这时淀粉的液化程度应在DE值5%以下，液化液冷却后凝沉性强，黏度大，混入酶有困难，要分步糖化。

先加入两种酶中的一种作用几小时后，黏度降低，再加另一种进行二次糖化。

糖液的精制有多种方法。如用活性炭柱吸附除去糊精和寡糖；用阴离子交换树脂吸附麦芽糖，以除去杂质，再把麦芽糖从柱上洗脱下来；用有机溶剂（如30%～50%丙酮）沉淀糖液中糊精，提高麦芽糖得率；应用膜分离、超滤、反渗透等方法也可以分离麦芽糖。

4. 结晶麦芽糖的加工

结晶麦芽糖的纯度一般要求达到97%，而酶直接作用于淀粉所得超高麦芽糖浆纯度一般只有90%，因此，必须对其进一步加以提纯。现在工业规模生产高纯度麦芽糖一般用阳离子交换树脂色层分离法和超滤膜分离法。如用Dowex Amberlite离子交换树脂分离含麦芽糖67.6%的高麦芽糖浆，分离后麦芽糖含量可提高到97.5%，三糖和三糖以上组分由31.1%降到1.5%。

液体的麦芽糖能经喷雾干燥成粉末产品，水分含量为1%～3%，这种产品呈粉末状，不是晶体，视密度很低，储存期间易吸潮，以即行包装为宜。

5. 麦芽糖的性质与应用

(1) 性质　麦芽糖甜度为蔗糖的40%，常温下溶解度低于蔗糖和葡萄糖，但在90～100℃，溶解度可达90%以上，大于以上两者。糖液中混有低聚糖时，麦芽糖溶解度大大增加。

麦芽糖吸湿性低，当其吸收6%～12%水分后，就不再吸水也不释放水分。这种吸湿稳定性有助于抑制食品脱水和防止淀粉食品老化，可延长商品的货架期。

麦芽糖具热稳定性，加热时也不易发生美拉德反应，不致产生有色物质。

(2) 应用　麦芽糖主要用于食品工业，尤其是糖果业。麦芽糖甜度低于蔗糖，具有入口不留后味、良好的防腐性和热稳定性、吸湿性低、水中溶解度小的性质，且在人体内具有特殊生理功能。用高麦芽糖浆代替酸水解生产的淀粉糖浆制造的硬糖，不仅甜度柔和，且产品不易着色，透明度高，具有较好的抗砂和抗烊性。用高麦芽糖浆代替部分蔗糖制造香口胶、泡泡糖等，可明显改善产品的适口性和香味稳定性。高麦芽糖浆因极少含有蛋白质、氨基酸等可与糖类发生美拉德反应的物质，热稳定性好，制造糖果时适合于用真空薄膜法熬糖和浇铸法成型。

利用麦芽糖浆的抗结晶性，在制造果酱、果冻时可防止蔗糖结晶析出。利用高麦芽糖浆的低吸湿性和甜味温和的特性制成的饼干和麦乳精，可延长产品货架期，而且容易保持松脆。除此之外，高麦芽糖浆也用于颜色稳定剂、油脂吸收剂，在啤酒酿制、面包烘烤、软饮料生产中作为加工改进剂使用。

四、果葡糖浆加工

果葡糖浆（高果糖浆）是淀粉经α-淀粉酶液化以及葡萄糖淀粉酶糖化得到的葡萄糖液，再利用葡萄糖异构酶进行转化，将一部分葡萄糖转变成含有一定数量果糖的糖浆，其浓度为71%，糖分组成为果糖42%、葡萄糖52%、低聚糖6%，甜度与蔗糖相等，称第一代产品，又称42型高果糖。42型高果糖是20世纪60年代末国外生产的一种新型甜味料，是淀粉制糖工业一大突破。

利用葡萄糖异构酶将葡萄糖转化成果糖的量达平衡状态时为42%，为了提高果糖的含量，20世纪70年代末国外研究将42型高果糖浆通过液体色层分离法分离出果糖与葡萄糖，其果糖含量达到90%，称90型高果糖。将此90型高果糖与42型高果糖按比例配制成含果糖55%，称55型高果糖。液体色层分离出的葡萄糖部分再返回至异构化工序制造42型高果糖。液体色层分离法所用的吸附剂，主要为钙型阳离子树脂，近年来国外利用石油化学工业分离碳氢化合物异构体的无机吸附剂能分离出果糖，其果糖收回率达 91.5%，纯度达 94.3%。55 型与 90 型称为第二代、第三代产品，其甜度分别比蔗糖甜 10%和 40%。果糖在水中的溶解度大，因此，制造结晶果糖非常困难。

1. 果葡糖浆的加工原理

葡萄糖和果糖都是单糖，但葡萄糖为己醛糖，果糖为己酮糖，两者为同分异构体，通过异构化反应能相互转化。葡萄糖和果糖分子结构差别在 C1、C2 碳原子上，葡萄糖的 C1 碳原子为醛基，果糖的 C2 碳原子为酮基，异构化反应是葡萄糖分子 C2 碳原子上的氢原子转移到 C1 碳原子上转化为果糖。这种反应是可逆的，在碱性条件下，果糖分子的 C1 氢原子也能转移到 C2 的碳原子上成为葡萄糖。葡萄糖异构酶为专一性酶，仅能使葡萄糖转化为果糖。

2. 果葡糖浆加工技术

(1) 果葡糖浆加工工艺流程

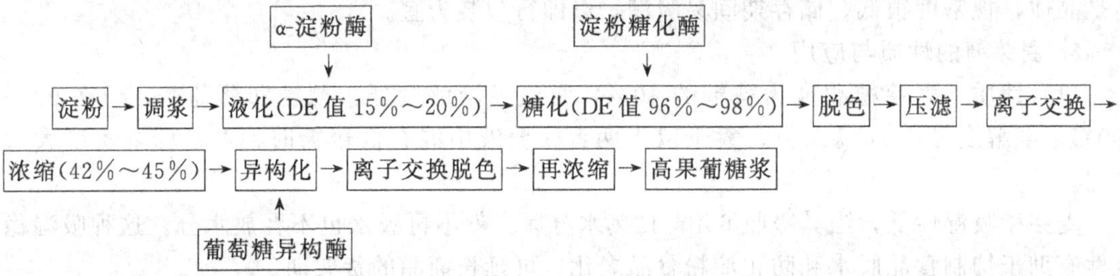

(2) 果葡糖浆加工技术要求

① 淀粉液化和糖化

a. 调浆与液化：将淀粉用水调制成干物质含量为 30%～35%的淀粉乳，用盐酸调整 pH6.0～6.5，加入 α-淀粉酶，用量为 6～10U/g 淀粉，加入氯化钙调节钙离子（Ca^{2+}）浓度达 0.01mol/L。粉浆泵入喷射液化器，瞬时升温至 105～110℃，于管道内液化反应 10～15min，将料液输送至液化罐，在 95～97℃温度下，两次加入淀粉酶，继续液化反应 40～60min，碘色反应合格即可。

b. 糖化：淀粉液化液引入糖化罐，降温至 60℃，调整 pH 至 4.5，加入 80U/g 淀粉糖化酶，间隙搅拌下，60℃保温 40～50h，糖化至 DE 值大于 95%以上，加温至 90℃，将糖化酶破坏，使糖化反应中止。

c. 糖化液精制：采用硅藻土预涂转鼓过滤机连续过滤，清除糖化液中非可溶性的杂质及胶状物，随后用活性炭脱色。用离子交换树脂除去糖液中的无机盐和有机杂质，进一步提高纯度。糖液呈无色或淡黄色，含糖浓度为 24%，电导率小于 5S/m，pH4.5～5.0。真空蒸发浓缩至透光率 90%以上，DE 值 96%～97%，糖液浓度为异构酶所要求的最佳浓度的 42%～45%。

② 葡萄糖异构化：异构化生产果葡糖浆工艺有分批法、连续搅拌法、酶层过滤法和固定化酶床反应器法，现在普遍采用的是固定化酶床反应器法。

为了提高酶的使用效率，酶对底物葡萄糖液有一定的要求。既需要葡萄糖浓度（干物）为 42%～45%，电导率低于 4×10^{-3}S/m，Ca^{2+} 浓度低于 1.5mg/kg，又因无需溶解氧，需进行脱氧工序处理。为了活化酶，避免氧失活，在异构化酶作用时，糖液应保持 Mg^{2+} 浓度 1.5mmol/L、HSO_3^- 浓度 2mmol/L，pH7.6～7.8，反应温度在 60℃左右。

固定化酶法是将纯的异构酶或细胞固化于载体上，装于直立的保温反应柱中，经精制、脱氧的葡萄糖液由柱顶流经酶柱，发生异构化反应，由柱底流出异构化糖浆，整个生产过程连续操作。一般糖液是经过塑料喷头均匀而稳定地由上至下通过柱子，使糖液在酶的作用下进行均匀地异构化。流量控制是关键，太快会使果糖含量降低，太慢会影响产量。在连续反应过程中，异构酶的催化活力高，开始使用时糖的进料量大，但随着使用时间延长，酶活力逐渐降低，此时需减慢进料量，以保持产品的转化率恒定，流出糖浆果糖含量能维持在 42%。若是只用一个酶柱筒，则进料量变化大，为避免这种缺点，一般使用几个酶柱筒，使用 8 个酶柱筒则能保持糖液流量变化在平均值的 10%以内。这些酶柱平行或连续排列。

连续排列的酶柱之间的连接较复杂，每个酶柱筒高 3m、直径 1m，42 型果葡糖浆以干物质计能达到 100t/d，糖化液在酶柱时间一般为 4h 以下。异构酶的催化活力在使用期间不断呈直线关系下降，新酶活力为 100，下降 50 为第一个半衰期，再下降到 25 为第二个半衰期，再下降到 12.5 为第三个半衰期，使用 2～3 个半衰期后应换新酶。以连续使用 60d 为例，运行过程中转化液温度及流量控制为：最初 20 天的转化液控制温度在 60～62℃，中期 20 天控制温度在 62～64℃，后 20 天控制温度在 64～66℃，这是因为温度在一定范围内与转化速率成正比，与酶活力成反比。后期酶活力降低，转化液温度应适当提高。流量控制按串联的酶柱数多少而不同，单柱运行，控制流量 175L/h，双柱运行，控制流量 260L/h，三柱运行，控制流量 350L/h。

经异构化反应后的果葡糖液仍含有部分杂质，色泽加深，需再次进行离子交换处理，以除去离子杂质。用柠檬酸溶液调 pH 为 4.5～5.0，使溶液中的果糖保持稳定，在浓缩过程中糖液不会再增加色泽。然后采用升膜（或其他类型）连续蒸发器进行蒸发，真空度为 0.085MPa 以上，蒸发到糖浓度为 70%～72%（质量分数，25℃为标准），即为 42 型果葡糖浆成品。

③ 果糖与葡萄糖分离：从含 42%果糖的果葡糖浆中，将果糖分离得到含果糖达 90%以上的果葡糖浆，再按 1∶(2～3) 的比例将其与 42%果葡糖浆混合，便可以得到 50%～60%的果葡糖浆。从普通果葡糖浆中分离果糖是制造 55%以上高果糖浆的先决条件。

果糖与葡萄糖的分离方法很多，经过比较，被认可的是色谱分离法（图 7-6）。这种方法

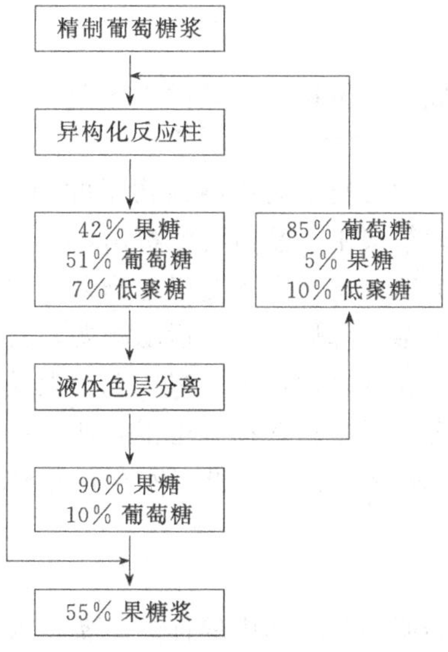

图 7-6　二代果葡糖浆色谱分离法生产工艺流程

是利用对果糖有较强吸附能力的钙型强酸性阳离子交换树脂为吸附剂，将 42 型果葡糖浆引入吸附柱，其中果糖和葡萄糖都被吸收，再用无离子水洗脱，洗出液开始部分含葡萄糖多，中间部分含两种糖，后面部分含果糖多。收回不同部分洗出液，其具有不同的果糖和葡萄糖量，于是两种糖分离开来。第一部分含葡萄糖多，可回流为异构糖进料，再被异构化。中间部分含有果糖和葡萄糖，回流到色谱分离柱再分离，第三部分含果糖多，能达 95%以上，可生产果葡糖浆，这部分所分离得到的高果糖浆中固形物浓度达 18%～24%。

④ 果葡糖浆的混合：将 100 份 90 型糖浆与 269.2 份 42 型混合，得到 369.2 份重 55 型产品，主要用于饮料工业。

3. 果葡糖浆的性质与应用

果葡糖浆是淀粉糖中甜度最高的糖品，其具有许多优良特性，如味纯、清爽、甜度大、渗透压高、不易结晶等，可广泛应用于糖果、糕点、饮料、罐头以及焙烤食品等中。

果葡糖浆的组成取决于所用原料淀粉糖化液的组成和异构化反应的程度。其组成主要为葡萄糖和果糖，分子量较低，具有较高的渗透压，不利于微生物生长，具有较高的防腐能力，有较好的食品保藏效果。这种性质有利于蜜饯、果酱类食品的应用，保藏性质好，不易发霉；且由于具有较高的渗透压，能较快地透过水果细胞组织内部，加快渗糖过程。

果葡糖浆的甜度与异构化转化率、浓度和温度有关。一般随异构化转化率的升高而增加，在浓度为 15%、温度为 20℃时，42 型果葡糖浆甜度与蔗糖相同，55 型果葡糖浆甜度为蔗糖的 1.1 倍，90%的果葡糖浆甜度为蔗糖的 1.4 倍。一般果葡糖浆的甜度随浓度的增加而提高。此外，果糖在低温下甜度增加，在 40℃下，温度越低，果糖的甜度越高；反之，在 40℃以上，温度越高，果糖的甜度越低，可见，果葡糖浆很适合于冷饮食品。

果葡糖浆吸湿性较强，利用果葡糖浆作为甜味剂的糕点，质地松软，储存不易变干，保鲜性能较好。果葡糖浆的发酵性高、热稳定性低，尤其适合于面包等发酵和焙烤类食品，可使产品多孔、松软可口。其中的果糖热稳定性较低，受热易分解，易与氨基酸起反应，生成有色物质具有特殊的风味，因此，它可使产品容易获得金黄色外表并具有浓郁的焦香风味。

第三节 粉丝加工

一、粉丝加工原理

粉丝是一种由淀粉糊化、成型，再在一定条件下老化，干燥而成致密凝胶结构的固体。其加工原理就是利用淀粉糊化-老化的性质。

淀粉糊在低温静置条件下，均有转变为不溶性物质的趋向，其浑浊度和黏度都会增加，最后形成硬的凝胶块。在稀淀粉溶液中有晶体沉淀析出，这种现象称为淀粉糊的“老化”或“回生”。老化的本质是糊化的淀粉分子又自动有序地排列，并由氢键结合成束状结构，使溶解度降低。在老化过程中，由于温度降低，分子运动减弱，直链分子和支链分子的分支均趋向于平行排列，通过氢键结合，相互靠拢，重新组成混合微晶束，使淀粉糊具有硬的整体结构。老化后的直链淀粉非常稳定，就是加热加压也很难使它再溶解。如果有支链淀粉分子混合在一起，则仍然有加热恢复成糊的可能。因此，在生产粉丝时，要求原料淀粉中含有多量的直链淀粉。

二、绿豆粉丝加工

绿豆粉丝细滑强韧，光亮透明，为粉丝中的佳品，备受人们青睐。其中以山东的“龙口粉丝”最为著名。

1. 加工工艺流程

绿豆→浸泡→磨浆→调糊→压丝→漂晒→成品

2. 加工技术要求

（1）浸泡　将绿豆洗净，分两次浸泡。第一次按 100kg 原料加水 120kg，夏季用 60℃温水，冬季用 100℃开水，浸泡时间为 4h 左右。待水被豆吸干后，冲去泥砂、杂质，然后进入第二次浸泡（室温即可），浸泡时间夏天为 6h，冬天为 16h，一定要浸透。

（2）磨浆　磨浆时每 100kg 原料绿豆加水 400～500kg，磨成浆后，用 80 目筛网过滤，除去豆渣。经 12～16h 沉淀后，倒掉粉面水和微黄的清液。也可采用酸浆法沉淀，即在浆内加入酸浆水，夏天加 7%酸浆水，冬天加 10%左右，15min 即可沉淀，撇去粉面清水。为使粉丝洁白，可采用二次沉淀。最后把沉淀的淀粉铲出，装入袋内，经 12h 沥干水分，即得湿淀粉。

（3）调糊　每 100kg 湿淀粉加 55℃温水 10kg，拌匀调和。再用 18kg 沸水向调和的稀糊粉中急冲，并迅速用竹竿用力搅拌至浆糊起泡为止，即为黄粉。将黄粉按每 100kg 加入 400～500g 明矾，明矾先用水溶解后再拌入淀粉内，调和均匀。

（4）压丝　先在锅上安好漏粉瓢，锅内水温保持在 97～98℃。瓢底离锅水的距离可根据粉丝粗细要求和粉团质量而定，粗粉丝距离小些，细粉丝距离大些。瓢底孔眼直径一般为 1mm。操作时，将粉团陆续放入粉瓢内，粉团通过瓢眼压成细长的粉条，直落锅内水中，当凝固成粉丝浮于锅中水面上时，即可把粉丝捞起。

（5）漂晒　粉丝起锅后，放入冷水缸中降温，然后把清漂的粉丝挂于竹竿上，放在冷水池或缸内泡 1h 左右，待粉丝较为疏松、不结块时捞出晒干。晾晒前还要用冷水打湿粉丝，再轻轻搓洗，使之不粘拢，最后晒至干透，取下捆扎成把，即为粉丝产品。

3. 质量要求

色白如玉，光亮透明，丝长条匀；一泡就软，吃起来润滑爽口，有咬劲；70%的粉丝长度不少于 60cm。

三、薯类粉丝加工

1. 加工工艺流程

原料处理→打芡→和面→粉丝成型→冷冻→晾晒

2. 加工技术要求

（1）原料处理　选择无霉烂变质的新鲜薯类用水洗净，去皮，送入钢磨或搓粉机中粉碎。将粉碎料用近 3 倍的水通过 2 次过筛，第一次筛孔 70～80 目，第二次 120 目，采用酸浆沉淀法经两次沉淀，每次 3～12h。再取出中间层的淀粉放进吊包脱水 2～3h，到沉淀含水 45%～50%，取出晾干至含水量 15%～20%。

（2）打芡　在 50kg 淀粉（含水 45%左右）中取出 2kg 加适量 50～60℃温水调成糊状，然后迅速倒入 1.5～2kg 沸水中，并不断向一个方向搅拌成糊。

（3）和面　待芡放冷后，将 50～150g 明矾连同余下的淀粉一起倒入调粉机里混合，调至面团柔软发光，温度保持在 30℃左右，和成的面含水率在 48%～50%。

（4）粉丝成型　将面团送入真空调粉机，在大于 6666.1kPa 的真空中脱出所含气泡，即可直接进行漏粉。粉团的温度保持在 33～42℃之间，漏瓢孔径 7.5mm，粉丝细度应在 0.6～0.8mm，漏瓢距开水锅 55～65cm，粉丝漏到沸水中，遇热凝固成丝，应及时摇动，防止粉丝黏结在锅底。粉丝容易煮烂，最好用文火，水温 97～98℃为宜。锅内水量要适中，保持与出粉口平行，便于拨粉。待粉丝在水中漂起，用竹竿挑起放在冷水缸中冷却，以增加粉丝的弹性。冷缸的水温越低越好。然后将冷却的粉丝用清水稍洗，用竹竿绕成捆，放在闷缸中，点燃硫黄熏蒸2h，使粉丝洁白，再于0～15℃室温下阴晾。

(5) 冷冻　薯类粉丝黏结性强，韧性差，因此需要冷冻。冷冻温度在－10～－8℃，达到全部结冰为止。

(6) 晾晒　将冷冻好的粉丝放在30～40℃水中溶化，用手拉搓，待粉丝全部成单丝散开，放在架上晾晒，晒至快干时（含水量10%～13%）放入阴凉库中，包装出厂。

【复习题】

1. 玉米淀粉生产过程中，浸泡的作用是什么？
2. 玉米逆流浸泡的优点有哪些？
3. 利用曲筛筛洗皮渣的优点有哪些？
4. 淀粉的脱水为什么采用气流干燥法？
5. 薯类淀粉的提取工艺为什么不同于玉米淀粉？
6. 简述果葡糖浆的性质及应用。
7. 简述麦芽糊精的制作工艺。
8. 简述α-淀粉酶的性质。
9. 简述普通麦芽糖浆的制作工艺。
10. 简述龙口粉丝、薯类粉丝的制作方法。

【实验实训十四】 麦芽糖浆（饴糖）加工（普通麦芽糖浆）

课前预习

1. 普通麦芽糖浆加工的原理、工艺流程、操作步骤与方法。

2. 按要求撰写出实验实训报告提纲。

一、能力要求

1. 掌握普通麦芽糖浆工艺条件要求。

2. 学会麦芽糖浆加工中的液化、糖化、过滤和浓缩等的基本操作技能。

二、原辅材料及参考配方

玉米粉10kg，α-淀粉酶100000U；氯化钙135g，碘液少许，大麦芽0.45kg，活性炭0.45kg。

三、操作步骤与方法

(1) 调浆　先把水放入调料罐，在搅拌状态下以玉米粉和水质量比为1∶1.25加入玉米粉，然后加入已溶解好的0.3%的氯化钙，按投料数准确加入10U/g的α-淀粉酶，充分搅拌后利用位差压力流入液化罐。

(2) 液化　调制好浆料进入液化罐后，调节温度至92～94℃，pH控制在6.2～6.4，保持20min，然后打开上部进料阀门和底部出料阀门进行连续液化操作，液化的一般蒸汽压力在0.2MPa以下，1000kg料液约需90min，所得液化液用碘色反应为棕黄色，还原糖值在15%～20%之间。

(3) 糖化　液化液泵入糖化罐，开动搅拌器，从冷却管里通入自来水冷却，温度下降到62℃时加入已粉碎好的大麦芽，按液化液的质量加入量为1.5%～2.0%，搅拌均匀后60℃糖化3h，还原糖值达38%～40%。

(4) 过滤和浓缩 糖化液在搅拌状态下使温度升到80℃终止糖化，用过滤机过滤，在过滤液中加入2%活性炭，再次通过过滤机过滤。利用盘管加热式真空浓缩器将糖液浓缩到规定浓度。

四、注意事项

① 液化时，一定要调节好温度，不要过高，也不要太低，要保持在92～94℃范围。要控制好液化速度，保证还原糖在15%～20%之间。

② 压滤初期推力宜小，待滤布上形成一层滤饼后，再逐步加大压力。

五、产品感官质量标准

(1) 色泽 呈黏稠状透明液体，无肉眼可见杂质。无色或微黄色或棕黄色。

(2) 香气 具有麦芽糖浆正常香气。

(3) 滋味 甜味温和、纯正、无异味。

六、学生实训

1. 用具与设备准备

粉碎机，液化罐，糖化罐，过滤机，加热式真空浓缩器，台秤，天平，温度计，pH计，烧杯，三角瓶。

2. 原料准备

玉米粉10kg，α-淀粉酶100000U；氯化钙135g，碘液少许，大麦芽0.45kg，活性炭0.45kg。

3. 学生练习

指导老师对设备操作进行演示。学生分组按照产品操作步骤与方法进行练习。

七、产品评价

指标 分数	制作时间	色泽	组织状态	气味、滋味	杂质	卫生	合计
标准分	5	20	20	25	25	5	100
扣分							
实际得分							

八、产品质量缺陷与分析

① 根据操作过程中出现的问题，找出解决办法。

② 根据产品质量缺陷，分析原因并找出解决办法。

【实验实训十五】 马铃薯粉丝加工

课前预习

1. 马铃薯粉丝加工的原理、工艺流程、操作步骤与方法。

2. 按要求撰写出实验实训报告提纲。

一、能力要求

1. 掌握马铃薯粉丝的工艺条件。

2. 学会马铃薯粉丝加工中的粉碎、打芡、和面、漏丝、晾晒等的基本操作技能。

二、原辅材料及参考配方

马铃薯50kg，明矾、硫黄少量。

三、操作步骤与方法

按照本章第三节“薯类粉丝”加工技术要求制作。

四、注意事项

① 粉丝成型时，锅中的水温要保持在97～98℃为宜，如水温太高，易造成粉丝表面发黏；如水温太低，会影响粉丝的成型质量。

② 在冷冻工序中，粉丝必须彻底冻结，否则粉丝会发黏。

五、产品感官质量标准

(1) 色泽　白亮或应有的色泽。

(2) 组织形态　丝条粗细均匀，无并丝，无碎丝，手感柔韧，弹性良好，呈半透明状态。

(3) 气味、滋味　具有马铃薯淀粉应有的滋味、气味，无异味。

(4) 杂质　无肉眼可见外来杂质。

六、学生实训

1. 用具与设备准备

钢磨，调粉机，真空调粉机，筛子，吊包，漏瓢，锅，闷缸，冰柜，竹竿。

2. 原料准备

马铃薯50kg，明矾、硫黄少量。

3. 学生练习

指导老师对设备操作进行演示。学生分组按照产品操作步骤与方法进行练习。

七、产品评价

指标 分数	制作时间	色泽	组织状态	气味、滋味	杂质	卫生	合计
标准分	5	20	20	25	25	5	100
扣分							
实际得分							

八、产品质量缺陷与分析

根据操作过程中出现的问题，找出解决办法。

第八章 粮油休闲食品加工

学习目标

了解玉米、薯类、花生的种类；熟悉玉米的加工方法和加工特性以及薯类、花生的营养特性；掌握常见的玉米、薯类以及花生方便小食品的加工工艺及加工过程与方法。

第一节 玉米休闲食品加工

一、玉米的种类及工艺特性

1. 玉米的种类

(1) 按籽粒形态与结构分类 根据籽粒有无稃壳、籽粒形状及胚乳性质，可将玉米分成以下九个类型。

① 硬粒型：又称燧石型，适应性强，耐瘠、早熟。果穗多呈锥形，籽粒顶部呈圆形，由于胚乳外周是角质淀粉，故籽粒外表透明，外皮具光泽且坚硬，多为黄色。食味品质优良，产量较低。

② 马齿型：植株高大，耐肥水，产量高，成熟较迟。果穗呈筒形，籽粒长大扁平，籽粒的两侧为角质淀粉，中央和顶部为粉质淀粉，成熟时顶部粉质淀粉失水干燥较快，籽粒顶端凹陷呈马齿状，故而得名。凹陷的程度取决于淀粉含量。食味品质不如硬粒型。

③ 粉质型：又名软粒型，果穗及籽粒形状与硬粒型相似，但胚乳均由粉质淀粉组成，籽粒乳白色、无光泽，是制造淀粉和酿造的优良原料。

④ 甜质型：又称甜玉米，植株矮小，果穗小。胚乳中含有较多的糖分及水分，成熟时因水分蒸散而种子皱缩，多为角质胚乳，坚硬呈半透明状，多作蔬菜或制罐头用。

⑤ 甜粉型：籽粒上部为甜质型角质胚乳，下部为粉质胚乳，较为罕见。

⑥ 爆裂型：又名玉米麦，每株结穗较多，但果穗与籽粒都小，籽粒圆形，顶端突出，淀粉类型几乎全为角质。遇热时淀粉内的水分形成蒸汽而爆裂。

⑦ 蜡质型：又名糯质型。原产我国，果穗较小，籽粒中胚乳几乎全由支链淀粉构成，不透明，无光泽如蜡状。支链淀粉遇碘液呈红色反应。食用时黏性较大，故又称黏玉米。

⑧ 有稃型：籽粒为较长的稃壳所包被。稃壳顶端有时有芒，籽粒坚硬，脱粒困难。

⑨ 半马齿型：介于硬粒型与马齿型之间，籽粒顶端凹陷深度比马齿型浅，角质胚乳较多。种皮较厚，产量较高。

(2) 按用途与籽粒组成成分分类 根据籽粒的组成成分及特殊用途，可将玉米分为特用玉米和普通玉米两大类。

特用玉米是指具有较高经济价值、营养价值或加工利用价值的玉米，这些玉米类型具有各自的内在遗传组成，表现出各具特色的籽粒构造、营养成分、加工品质以及食用风味等特征，因而有着各自特殊的用途以及加工要求。特用玉米以外的玉米类型即为普通玉米。常见的特用玉米有以下几种。

① 甜玉米：又称蔬菜玉米，既可以煮熟食，又可以制成各种风味的罐头、加工食品和冷冻食品。甜玉米所以甜，是因为玉米食糖含量高。其籽粒含糖量还因不同时期而变化，在适宜采收期内，蔗糖含量是普通玉米的 2～10 倍。

② 糯玉米：又称黏玉米，其胚乳淀粉几乎全由支链淀粉组成。糯玉米具有较高的黏滞性及适口性，可以鲜食或制罐头，我国还有用糯玉米代替黏米制作糕点的习惯。在工业方面，糯玉米淀粉是食品工业的基础原料，可作为增稠剂使用。

③ 高油玉米：是指籽粒含油量超过 8%的玉米类型，由于玉米油主要存在于胚内，直观上看高油玉米都有较大的胚。玉米油的主要成分是脂肪酸，尤其是油酸、亚油酸的含量较高，是人体维持健康所必需的。玉米油富含维生素 A、维生素 E 和卵磷脂，经常食用可减少人体胆固醇含量，增强肌肉和心血管的机能，增强人体肌肉代谢，提高对传染病的抵抗能力。因此，人们称之为健康营养油。

④ 高赖氨酸玉米：也称优质蛋白玉米，即玉米籽粒中赖氨酸含量在 0.4%以上，普通玉米的赖氨酸含量一般在 0.2%左右。赖氨酸是人体所必需的氨基酸，在食品中欠缺这些氨基酸则会因营养缺乏而造成严重后果。高赖氨酸玉米食用的营养价值很高，相当于脱脂奶。因此，高赖氨酸玉米发展前景极为广阔。

⑤ 爆裂玉米：即前述的爆裂玉米类型，其突出特点是角质胚乳含量高，淀粉粒内的水分遇高温而爆裂。一般作为风味食品在大中城市流行。

此外，按照我国玉米质量的国家标准，根据玉米的粒色和粒质可分为黄玉米、白玉米、糯玉米和杂玉米四类。根据生育期的长短，可分为早熟、中熟、晚熟类型。

2. 玉米的工艺特性

(1) 衡量玉米质量的物理特性

① 粒形与大小：粒形是指玉米粒的形状，大小是指玉米籽粒的长度、宽度和厚度的尺寸。玉米的形状和大小因品种不同而有所不同。一般玉米粒长度为 8～12mm，宽度为 7～10mm，厚度为 3～7mm。

② 相对密度：玉米籽粒相对密度的大小取决于籽粒的化学成分和结构。一般情况下，凡发育正常、成熟充分、粒大而饱满的玉米籽粒，其相对密度较发育不良、成熟度差、粒小而不饱满的籽粒为大。相对密度也是评定玉米品质的一项指标。玉米相对密度一般为 1.15～1.35。

③ 容重：容重是指单位体积内玉米的质量，单位用 kg/m^3 表示。容重的大小是由籽粒的饱满程度即成熟程度来决定的。容重的高低是衡量玉米品质好坏的指标。一般来说，容重高的玉米成熟好、皮层薄、角质率高、破碎率低；容重低的玉米则相反。玉米的容重一般为 $705～770kg/m^3$。

④ 千粒重：千粒重是指一千粒玉米的质量，常以 g 表示。一般千粒重都是指风干状态的玉米籽粒而言，千粒重的大小和容重一样，也是衡量玉米品质好坏的一项指标。千粒重大的表明颗粒大，角质胚乳多，其出品率就高。玉米的千粒重在 150～600g，平均为 350g。

⑤ 散落性：玉米籽粒自然下落至平面时，有向四周流散、并形成一圆锥体的性质，这称为玉米的散落性。玉米散落性的大小通常用静止角来表示。所谓静止角，就是玉米自然流散形成一个锥体，圆锥体的侧面母线与水平面的夹角。玉米散落性的大小与玉米的水分、形状、大小、表面状态和杂质的特性及含量有关。

玉米在某种材料上能自动滑下的最小角度，称为玉米粒对该材料的自流角。自流角与散落性有直接关系。一般玉米对木材的自流角为24°～28°，对钢板的自流角为20°～24°。

⑥ 悬浮速度：悬浮速度是指玉米自由下落时在相反方向流动的空气作用下，既不被空气带走，又不向下降落，其悬浮状态时的风速。悬浮速度的高低与玉米的形状、大小、相对密度、质量有直接关系，颗粒大的、质量重的，悬浮速度就大；反之就小。玉米的悬浮速度为11～14m/s；玉米胚的悬浮速度为7～8m/s；玉米皮的悬浮速度为2～4m/s。

（2）玉米的化学特性

① 水分：水分是玉米中的重要化学成分，它不仅对玉米的生理有很大影响，而且与玉米的加工、储藏的关系也很密切。水分在玉米籽粒中有两种不同的存在状态，即游离水和结合水。游离水是存在于细胞间隙中的水分，一般化验水分结果为游离水。结合水是与细胞中的蛋白质、糖类等亲水物质相结合，比较牢固。结合水性质稳定，不易散失，不能用作溶剂，0℃时也不会结冰，使用一般干燥方法（晾晒或通风等）不能将其去除。游离水则具有普通水的性质，能用作溶剂，0℃时也能结冰，籽粒中这部分水的含量可随外界空气相对湿度而改变，所以这部分水分含量高时，可用普通的干燥方法使其降低。

② 蛋白质：玉米中粗蛋白含量为8%～14%，平均为9.9%。其中白蛋白0.8%，球蛋白0.3%，醇溶蛋白3.8%，谷蛋白4.1%，非蛋白氮0.9%。醇溶蛋白是非全价蛋白，因为它基本不含有像赖氨酸和色氨酸这样的人体必需氨基酸；白蛋白、球蛋白和谷蛋白为全价蛋白。蛋白质在玉米籽粒各部位的分布是不均匀的。籽粒中球蛋白的70%左右在胚芽中，籽粒的其他部位主要是醇溶蛋白、谷蛋白。麸质是湿法加工玉米时提取的不溶性蛋白质的商品名称，也叫蛋白粉或黄粉，它含蛋白质50%～70%，质量也较好，但因为损失了有价值的人体必需氨基酸，所以一般多用于动物饲料的配制。

蛋白质变性的性质对加工有有利的一面，也有不利的一面。由于蛋白质抗高温能力较差，因此在加工玉米时，一般温度不要超过60℃，但在榨玉米胚油时，则必须使蛋白质变性才能多出油。

③ 碳水化合物：玉米一般含淀粉64%～78%，平均为71.3%。淀粉主要存在于胚乳中，胚芽、表皮的淀粉含量较少。

纤维素主要存在于玉米的皮层。由玉米生产淀粉时，纤维素是构成粗渣和细渣的主要成分。粗细渣皮是生产饲料的主要原料。玉米中总纤维素含量为8.3%～11.9%，平均为9.5%。

玉米中可溶性糖总含量为1.0%～3.0%，平均为2.58%；其中蔗糖为2.0%，棉籽糖为0.19%，葡萄糖为0.10%，果糖为0.07%。

④ 脂肪：玉米中脂肪含量为1.2%～18.8%，平均为5.3%，主要存在于胚芽中，其次在糊粉层，而胚乳和种皮中含脂肪量很低，只有0.64%～1.06%。胚的脂肪含量占玉米籽粒的80%。所以在加工玉米的过程中，如何将胚全部提取出来，提高经济效益，就成为玉米加工的主要任务。

⑤ 矿物质：矿物质在玉米籽粒中的分布是不均匀的，皮层、胚芽中含量较高，胚乳中含量很低。矿物质主要由钙盐、钠盐、钾盐、镁盐、铁盐等成分组成，是玉米灰分的主要组成。

⑥ 维生素：玉米中维生素含量非常丰富，主要有维生素A、维生素E、维生素B、泛酸、叶酸、胆碱、烟酸、维生素H等。

二、玉米的加工方法

1. 普通玉米的加工方法

玉米淀粉及玉米淀粉深加工产品在第七章已作详细介绍，在此不再赘述。

(1) 副产品综合利用　玉米淀粉的生产只利用了籽粒的49%，为了提高玉米加工的收益，就必须解决副产品的综合利用问题。目前综合利用方面需要解决的有以下几个问题。

① 玉米浸泡液的利用：由于玉米籽粒中的大部分可溶性成分在浸泡工序中都溶解于浸泡液中，一般浸泡液中含干物质6.7%，其中包括可溶性多糖、可溶性蛋白质、氨基酸等。

② 蛋白粉的利用：利用从淀粉乳中分离蛋白质时得到的黄浆水可生产出蛋白粉，玉米蛋白粉可当作饲料，也可用作其他用途，主要有提取醇溶蛋白、玉米黄色素、氨基酸、玉米蛋白粉制食品等。

③ 玉米皮渣的利用：玉米渣主要是用作饲料，可以直接利用湿皮渣作饲料，也可以干燥后生产混合饲料等。

④ 其他方面的利用：玉米淀粉副产品深加工的产品除以上几种外，还可以加工食用氢化油、玉米蛋白酱等。

(2) 玉米方便食品加工　由于玉米含有特殊抗癌因子——谷胱甘肽以及丰富的胡萝卜素和膳食纤维等，因此利用现代食品工程技术生产多种多样的玉米食品显得尤为重要，展示了广阔的开发前景。

① 玉米片类食品：这类食品是经原料混合、挤压膨化、风送、压片、烘烤、配料等工艺生产的营养丰富的方便食品。产品具有口感滑爽、酥脆，吸水性强，可开水煮食，也可用豆浆、牛奶冲调，以及营养极其丰富的特点。

② 玉米膨化食品：这类食品是以玉米为原料，利用油炸、挤压、砂炒、焙烤、微波等技术作为熟化工艺，在熟化工艺前后，体积有明显增加的食品。主要产品有玉米花沾、爆玉米花、膨香酥、玉米米花糕、玉米海带果仁即食糊、魔芋玉米方便粥、玉米绿豆糕、膨化玉米粉面点、玉米膨化粉压缩饼干等。

③ 玉米面条类食品：采用湿法磨粉与挤压自熟的有效配合，可直接生产碗装或袋装的不需要油炸的玉米方便面，产品复水性好，口感好，面条韧滑且带有玉米特殊的口味，是极具市场潜力的方便食品。

④ 玉米饮料食品：玉米胚是玉米中营养价值比较全面的部分，集中了84%的脂肪、83%的矿物质、22%的蛋白质和65%的低聚糖。以玉米胚为原料加工的玉米饮料营养丰富，酸甜可口，具有特殊玉米清香。

⑤ 玉米罐头食品：此类产品是以优质玉米为主要原料，经预煮、油炸、拌盐等工序制成色泽宜人、风味独特的罐头制品。主要有玉米笋罐头、玉米笋羹罐头等。

2. 专用玉米的加工方法

(1) 甜玉米的加工　甜玉米的加工主要有嫩穗加工、切粒加工两种途径，其主要产品有四种。

① 真空软包装整穗甜玉米加工：采用复合蒸煮袋生产真空软包装整穗甜玉米。

② 甜玉米羹罐头加工：即经剥皮去须、洗净、切粒磨浆、调配加热、混合搅拌、装罐密封、杀菌、冷却工艺加工而成。

③ 甜玉米粒罐头加工：将果粒切成近乎球形，加入一定数量甜味液，然后经杀菌、装罐、密封工艺加工而成。它能保持与新鲜玉米相近的形态和风味。

④ 速冻甜玉米粒和甜玉米穗

(2) 爆炸型玉米的加工　爆炸型玉米在加热时可自动爆炸，爆炸性玉米花如同雪花一样，无渣，遇液体极易溶解，是一种高纤维、低热量的休闲食品。

(3) 糯玉米的加工 糯玉米的加工与甜玉米一样既可整穗加工利用，也适用于切粒后加工食用。

(4) 赖氨酸玉米的加工 赖氨酸玉米的加工弥补了普通玉米的营养缺陷，可以起到保健作用，对青少年的成长有很好的助长作用，主要产品有玉米片、玉米米等产品形式。

(5) 高油玉米的加工 高油玉米油脂含量比一般玉米高，一般在8.2%以上，且含有61.9%的亚油酸，对消除体内自由基、预防一部分疾病有良好疗效。其主要产品玉米油在国际上被称为保健油。

三、玉米休闲食品加工工艺

1. 玉米酥片加工

(1) 工艺流程

原料选择→剥皮、提胚→浸泡→蒸煮→压片→干燥→包装→成品

(2) 加工过程与方法

① 原料选择：选择无霉变、无虫蚀、色泽气味正常、发芽率不低于85%的黄玉米为原料。

② 剥皮、提胚：将原料玉米筛选除杂后，放入90℃热水内浸泡3～15min，利于脱皮。经剥皮提胚后，将混合物中的皮、粉和胚芽除去，得到纯净的玉米渣。

③ 浸泡：将玉米渣放入沸水锅内，同时放入用纱布包扎的食盐、花椒、八角。玉米渣/食盐/花椒/八角配比为：150∶750∶40∶35（质量比）。锅内温度为98～100℃，浸泡40～50min。当玉米渣水分含量达35%～45%时捞出。

④ 蒸煮：将玉米渣放入蒸煮锅中，在压力为0.137MPa下蒸煮90min，使玉米呈现半透明状，淀粉达到糊化、明胶化。

⑤ 压片：压片前先将玉米渣风冷，使其呈现散粒状，水分含量为25%～30%。采用卧式辊压片机，把蒸煮过的玉米渣压成0.2～0.4mm的玉米片。

⑥ 干燥：将玉米片输送到烤炉，进口温度为120℃，中间温度为160℃，出口温度为200℃。经8min的烘烤，使玉米片水分含量降至10%以下。出炉后的玉米片迅速冷却至室温。

⑦ 包装：干燥冷却后的玉米片，直接装入食品塑料袋，严密封口，即可成品入库或出售。

2. 油炸玉米片加工

(1) 工艺流程

玉米原料→清选→酸泡→碱中和→水洗→沥干→磨碎→挤压成型→烘烤→过筛→油炸→调味→包装→成品

(2) 加工过程与方法

① 原料处理：选用无污染、无霉变、无虫蛀、籽粒饱满的玉米为原料。在酸泡工序前应除去玉米中的石子、铁丝、土块等杂质。

② 酸泡：用0.2%～0.3%的亚硫酸溶液浸泡玉米籽粒16～18h，其间搅拌3次。溶液的液面高于玉米籽粒10cm。

③ 碱中和：将酸液浸泡过的玉米立即用石灰水中和，石灰的用量为玉米质量的0.8%。中和的时间为2～3h，并不时搅拌。

④ 水洗、沥干：中和后的玉米籽粒立即用清水冲洗3次，然后沥干水分。

⑤ 磨碎：将沥干的玉米籽粒放入平轴式金刚砂轮磨磨碎成细渣。

⑥ 挤压成型：湿细渣马上进入挤压成型机，压平成型为三角或菱形片状，每边长度3cm左右，厚度约2mm。在挤压过程中，玉米淀粉已糊化，但未达到膨化的程度。

⑦ 烘烤：成型的玉米片立即送入烤箱内烘烤。烤箱内的温度不应高于160℃，而且温度要逐渐上升，否则玉米片容易卷曲变形。烘烤后玉米片的水分应控制在13%左右，水分过高，油炸后玉米片的表面容易起泡。

⑧ 过筛：烘烤后的玉米片中有细碎屑，应筛去。

⑨ 油炸：使用精炼豆油或玉米油，油温190℃左右，油炸时间1min左右，捞出后沥干油。最终油炸后产品的含水量应在2%以下，含油量在20%～25%。

⑩ 调味：把炸好的玉米片放进倾斜放置的可旋转圆筒内，趁玉米片温度较高时添加各种调料，一边添加调料一边转动圆筒，使调料均匀地黏附在玉米片上。添加的调料主要有奶油、脱脂奶粉、维生素和钙、锌、铁等矿质元素以及糖、食盐等调味品。

⑪ 包装：待玉米片冷却后，定量装入塑料袋密封包装。

(3) 产品质量标准

① 感官指标

a. 色泽：呈浅褐色，无焦生现象。

b. 滋味与香味：具有玉米的特殊香味和调味品的正常滋味和香味，无霉味、哈喇味及其他异味。

c. 状态、杂质：呈片状，无杂质。

② 理化指标：水分≤5%，铅（以Pb计）≤0.2mg/kg，砷（以As计）≤0.2mg/kg。

③ 卫生指标：细菌总数≤1000个/g，大肠杆菌群≤30MPN/100g，致病菌不得检出。

3. 玉米锅巴加工

(1) 工艺流程

玉米原料→破碎→浸泡→水洗→蒸煮→配料→压片→切片→油炸→烘烤→冷却→包装→成品

(2) 加工过程与方法

① 玉米原料的处理：去除有霉变、虫蛀的玉米粒和杂质。

② 破碎：先进行润水处理，然后用卧式脱胚机将玉米破碎，每个玉米粒破碎成3～4瓣。除去玉米皮和玉米胚，得到玉米渣。

③ 浸泡：将玉米渣放入石灰水中，石灰的用量为每千克玉米渣25g，玉米渣与石灰水的比例为2∶1，浸泡温度为25℃，时间为10h。

④ 水洗、蒸煮：将浸泡好的玉米渣用纯净水清洗4次，然后放入锅内蒸熟。

⑤ 配料：将大豆面、芝麻粉、奶粉、泡打粉与蒸熟的玉米渣混合均匀，然后静置20min。

⑥ 压片：将混合好的物料加入压片机中压片，片的厚度为1mm左右。压片要分3～4次进行，先压成厚片，然后逐次变薄，最后一次压成所需厚度。

⑦ 切片：将玉米片进行切片，片的大小为2cm见方。

⑧ 油炸：将棕榈油预热到180℃，然后放入玉米片炸3min左右，待玉米片呈金黄色时捞出。

⑨ 烘烤：将炸好的玉米锅巴放入烤箱中烘烤，烘烤温度为220℃，时间为3min。

⑩ 调味：根据需要加入盐、味精、孜然粉、辣椒粉等调料。加调料一定要在烘烤后的锅巴刚出烘箱后趁热进行，以利于调料黏附在锅巴上。

⑪ 冷却、包装：锅巴冷却至室温后进行包装。

(3) 质量标准

① 感官指标

a. 色泽：呈浅褐色，无焦生现象。

b. 滋味与香味：具有玉米的特殊香味和调味品的正常滋味和香味，无霉味、哈喇味及其他异味。

c. 状态、杂质：呈片状，包装袋内允许有少量的调味品碎屑，无其他杂质。

② 理化指标：水分≤5%，铅（以Pb计）≤0.2mg/kg，砷（以As计）≤0.2mg/kg。

③ 卫生指标：细菌总数≤1000个/g，大肠杆菌群≤30MPN/100g，致病菌不得检出。

4. 玉米蔬菜片加工

(1) 工艺流程

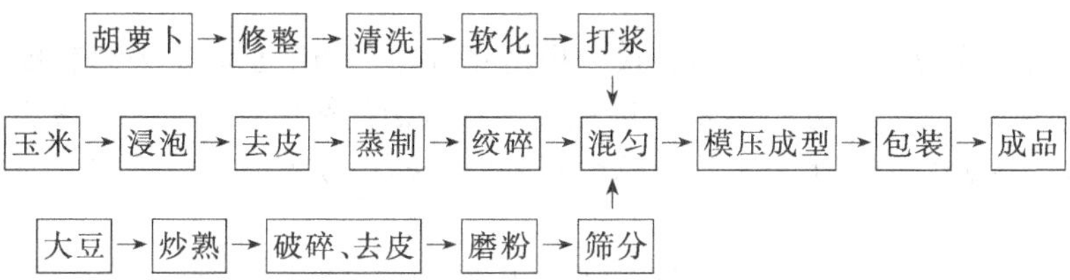

(2) 加工过程与方法

① 玉米泥的制备：选用优质玉米为原料，经清选后用氢氧化钠溶液浸泡。玉米与溶液的比例为1∶2，氢氧化钠溶液的浓度为1.5%，温度为85℃，搅拌8～10min后取出。充分搅拌，用水漂洗去玉米皮，至少漂洗3次，以除去玉米粒上的氢氧化钠。

去皮的玉米粒在高压罐内蒸煮1.5～2h，自然冷却至室温。用绞碎机将玉米粒绞碎成玉米泥。

② 胡萝卜泥的制备：选用含纤维少的优质胡萝卜品种。削去胡萝卜皮、青头，然后清洗干净。按胡萝卜与水1∶2的比例，将清洗干净的胡萝卜在开水中煮30min进行软化。软化好的胡萝卜在打浆机中打成胡萝卜泥。

③ 大豆粉的制备：大豆经去杂清洗后，用小火在锅中炒熟、炒香。炒熟的大豆在钢磨中磨粉，过60目筛，同时筛去豆皮，得到大豆粉。

④ 其他辅料的制备：白砂糖、精盐粉碎过60目筛。葱洗净，切成碎末。

⑤ 混匀：将玉米泥、胡萝卜泥、大豆粉、白砂糖、精盐、胡椒粉、葱末放进搅拌机拌匀，形成面团。

⑥ 模压成型：将混匀的面团放进模压成型机，温度为200℃左右，时间1min左右。模具的厚度约1cm、长5cm左右、宽3cm左右。

⑦ 包装：出模，待冷却后，即可包装为成品。

第二节 薯类休闲食品加工

薯类主要是指马铃薯、甘薯和木薯，它们富含淀粉及人体所需要的维生素和微量元素，兼有粮食和蔬菜的双重特点，在我国各地有大面积种植。

马铃薯又名土豆。块茎可供食用，是重要的粮食、蔬菜兼用作物，因其营养丰富，有“地下苹果”之称。马铃薯是世界上仅次于小麦、水稻、玉米之后的第四大粮食作物。我国马铃薯的主产区是西南山区、西北、内蒙古和东北地区。马铃薯的块茎含有碳水化合物、蛋白质、纤维素、脂肪、多种维生素和无机盐等，其营养十分丰富，欧美一些国家食用马铃薯与面包并重。

甘薯又名红薯、地瓜等，在我国的种植面积居世界首位。甘薯中的胡萝卜素、维生素 B_1、维生素 B_2、维生素 C 以及铁、钙等矿物质的含量都高于大米和小麦粉。非洲、亚洲的部分国家以此作主食；此外还可制作粉丝、糕点、果酱等食品。工业加工以鲜薯或薯干提取淀粉。甘薯淀粉的水解产品有糊精、饴糖、果糖、葡萄糖等。酿造工业用曲霉菌发酵使淀粉糖化，生产酒精、白酒、柠檬酸、味精等。

一、马铃薯香脆片加工

1. 工艺流程

原料处理→水烫→渍制→油炸→冷却→包装→成品

2. 加工过程与方法

(1) 原料处理　选大小均匀、无病虫害的薯块，用清水洗净，沥干水后，去掉表皮，将薯块切成 1～2mm 厚的薄片，投入清水中浸泡，以洗去薯片表面的淀粉，避免变质发霉。

(2) 水烫　在沸水中将薯片烫至半透明状、熟而不软时，捞出放入凉水中冷却，沥干表面水分后备用。

(3) 渍制　将八角、花椒、桂皮、小茴香等调料放入布包中水煮 30～40min，待凉后加适量的白砂糖、食盐，把薯片投入其中浸泡 2h 左右，捞出后晒干。

(4) 油炸　先将食用植物油入锅煮沸，再放入干薯片，边炸边翻动，当炸至薯片膨胀且色呈微黄时即可出锅，冷却后包装，即为成品。

二、红薯脆片加工

1. 工艺流程

原料选择→清洗→切片→护色→脱水→真空油炸→脱油→冷却→包装

2. 加工过程与方法

(1) 原料选择　选择新鲜饱满、肉质紧密、无霉烂、无病虫害和机械伤的椭圆形红薯。

(2) 清洗　先将红薯在清水中浸泡 1～2h，然后用手工或清洗机除去薯块上的泥砂及夹杂物，然后除去红薯的表皮层，迅速浸入清水中。

(3) 切片、护色　由于红薯富含淀粉，固形物含量高，其切片厚度不宜超过 2mm。切片后的红薯片其表面很快有淀粉溢出，在空气中放置长久可发生褐变，所以应将其立即投入沸水中处理 2～3min，然后捞出并放入水中冷却。热处理主要有以下作用：破坏酶的活性，稳定色泽；除去组织切片后暴露于表面的淀粉，防止在油炸过程中部分淀粉浸入食油而影响油的质量；防止油炸时切片的相互粘连；热处理是淀粉的糊化过程，可防止在油炸时由于油温的逐渐加热淀粉糊化形成胶体隔离层，影响内部组织的脱水，降低脱水速率。不经此工序处理的油炸红薯脆片硬度大，口感较差。

(4) 脱水　油炸前需对红薯片进行脱水处理，以除去薯片表面水分。可采用的设备有冲孔旋转滚筒、橡胶海绵挤压辊、振动网形输送带及离心分离机等。

(5) 真空油炸　真空油炸技术克服了高温油炸的缺点，能较好地保持红薯片的营养成分和色泽，使之口感香脆、酥而不腻。真空油炸时，先往储油罐内注入 1/3 容积的食用油，加热升温至95℃；把盛有红薯片的筛网吊篮放入油炸罐内，锁紧罐盖。在关闭储油罐真空阀后，对油炸罐抽真空，开启两罐间的油路连通阀，油从储罐内被压至油炸罐内；关闭油路连通阀，加热，使油温保持在90℃，在5min内将真空度提高至86.7MPa，并在10min内将真空度提至93.3MPa。在此过程中可看到有大量的泡沫产生，薯片上浮，可根据实际情况控制真空度以不产生暴沸为限。待泡沫基本消失，油温开始上升，即可停止加热。随后在维持油炸真空度的条件下，开启油路连通阀，油炸罐内的油在重力作用下，全部流回储罐内。然后关闭各罐体的真空阀，再关真空泵，最后缓慢开启油炸罐连接大气的阀门，使罐内压力与大气压力一致。

（6）脱油、冷却　趁热将红薯片置于离心机中，以1200r/min的速度离心脱油6min，然后摊晾使之冷却。

（7）分级包装　将产品按形态、色泽条件袋装封口。最好采用真空充氮包装，保持成品含水量在3%左右，以保证成品质量。

三、特色甘薯脯（条）加工

1. 工艺流程

甘薯挑选→清洗→去皮→切条、护色→漂洗→预煮硬化→糖煮→烘烤→回软→包装

2. 加工过程与方法

（1）原料选择　用于甘薯脯加工的甘薯品种一般要求为红心甘薯、黄心甘薯，近年又出现了紫色甘薯，这三种甘薯生产的薯脯色泽美观，但要注意尽量不选用高纤维品种。

（2）削皮　用不锈钢刀在水中削皮或随削随丢入水中淹没，以防氧化变色。

（3）切条、护色　用不锈钢刀将削皮后的薯块切成0.6cm×0.6cm×6cm或1.5cm×1.5cm×4cm的细条，切口要光滑，无污物杂质，将细条立即投入0.2%氯化钙和0.4%亚硫酸氢钠混合液中浸泡1h进行护色。

（4）漂洗　经过护色处理后的原料，反复漂洗干净，至无钙味。然后将护色漂洗后的薯条沥干水分后，放入沸水锅中在90℃温水中预煮10min，捞起再漂洗。为了防止甘薯条在糖煮过程中发生软烂，可采用0.2%氯化钙和氢氧化钙液进行硬化处理。

（5）糖煮　称取占细条质量10%～15%的糖与细条拌匀，糖渍1d，次日捞出滤去糖液，再取细条重10%的糖与细条用100～105℃的开水煮，并不断搅拌，煮至无生味，迅速同糖液一起入缸，糖渍1d，滤去糖液，用凉开水冲净细条表面糖液。

（6）烘烤　将细条铺在烤盘上送至烘房，烘烤温度55～60℃，烘至甘薯失水65%～70%左右，薯条表面不粘手即可，一般烘烤时间为10h左右。

（7）回软　将薯条降至室温，装入缸内、箱内或堆在板上，堆厚40～50cm，用塑料薄膜覆盖，经过4～5d，甘薯条回软后，内部可溶性物质向外渗出，取出在通风阴凉处摊开，吹干表面。

（8）包装　用聚乙烯薄膜袋将产品按要求定量装入，也可散装出售。

第三节　花生休闲食品加工

花生是优质食用油的主要油料品种之一，又名落花生、长生果。花生的果实为荚果，通常分为大、中、小三种，形状有蚕茧形、串珠形和曲棍形。花生果壳内的种子通称为花生米或花生仁，由种皮、子叶和胚三部分组成。种皮的颜色为淡褐色或浅红色。种皮内为两片子

叶，呈乳白色或象牙色。

花生果具有很高的营养价值，内含丰富的脂肪和蛋白质。据测定花生果内脂肪含量为44%～45%，蛋白质含量为24%～36%，含糖量为20%左右。花生中还含有维生素A、维生素B、维生素E、维生素K等各种维生素，以及卵磷脂、氨基酸、胆碱和油酸、落花生酸、脂肪酸、棕榈酸等，矿物质含量也很丰富。

目前我国花生仍是以榨油为主，同时也广泛用于生产花生休闲食品、花生饮料、花生蛋白粉等。

一、五香花生米加工

1. 工艺流程

原料挑选→浸泡→捞出加辅料搅匀→静置→筛去盐及五香粉→炒制→过筛→成品

2. 加工过程与方法

(1) 浸泡　在水温50～60℃下浸泡2～3min，捞出。

(2) 静置　以24h为宜。

(3) 炒制　每次取10kg花生米炒制。先将相当于花生米体积80%以上的白胶泥土粉或白砂用旺火炒至开锅状，再放花生米不断翻炒，大约炒10min，花生米稍变黄即已炒熟，然后筛去白胶泥土粉，即成。

二、鱼皮花生加工

1. 工艺流程

原料→焙烤→冷却→涂衣(黏附糖浆→黏附糖衣混合粉→干燥)→多层涂衣→焙烤→冷却→包装→成品

2. 加工过程与方法

(1) 糖浆的配制　将清水和砂糖按1∶5的比例混合溶解，加热熬成糖浆，冷却至室温待用。也可加入适量的环状糊精，以增加糖浆的黏着性。

(2) 涂衣混合粉的配制　将标准粉48%、精米粉48%以及调味料（精盐、味精等）4%混合均匀，干燥。如果添加适量的变性糯玉米淀粉，可增加涂衣的膨胀性。

(3) 焙烤　花生仁置于140～150℃烤炉中烤熟。

(4) 涂衣　冷却后放入翻滚的糖衣锅中，倒入适量糖浆，均匀地涂在花生仁表面，再撒入适量的涂衣混合粉，让花生仁以翻滚形式均匀地黏上一层涂衣，开启热风，使其干燥。此涂衣过程重复7～8次。

(5) 二次焙烤　将多层涂衣的花生放入带振动筛的烤炉中，温度控制在150～160℃，直至花生涂层的颜色为浅棕色。

三、霜打花生仁加工

1. 工艺流程

原料→油炸→沥油→溶糖→混合搅拌→冷却→成品

2. 加工过程与方法

(1) 原料配比　花生米350g，花生油400g，白砂糖200g。

(2) 油炸　将炒锅放于小火上，倒入花生油和花生米，逐渐加热升温，待花生米炸熟后，捞出沥油。

(3) 溶糖　将炒锅内油倒出，放入白砂糖，加少量清水，加温使白砂糖溶化。

(4) 混合搅拌　用小火炒制白砂糖，待糖液变稠、起大泡时，倒入炸好的花生米。将炒锅离火，翻拌花生米，使糖液包匀花生米，拌至花生米外面呈现一层白色糖霜时，即可出锅。

四、巧克力花生豆加工

1. 工艺流程

选料 → 葡萄糖水溶液浸泡 → 热烫 → 挂粉 → 油炸 → 盐水喷洒 → 浸泡在巧克力糖浆中 → 捞出 → 干燥 → 晾凉 → 包装 → 成品

2. 加工过程与方法

(1) 浸泡　在浓度为0.02%～0.1%葡萄糖（或饴糖）水溶液中倒入花生米，加热至90～100℃，热烫2～4min，捞出沥干。

(2) 挂粉　用60%精制淀粉、40%精粉制成稀稠适中的粉浆，将热烫过的花生米放入粉浆中挂粉，捞出沥干。

(3) 油炸　将植物油先加热至177～193℃，再将挂粉的花生米放入，油炸2～8min，使表面呈棕黄色，捞出稍凉，用2%的盐水喷洒均匀，使之微咸。

(4) 挂巧克力糖浆　将可可粉4kg、可可脂1.6kg、糖粉1.5kg共同搅拌均匀加热，并加酒精0.5kg混匀。然后将油炸好的花生米浸没在事先配制好的巧克力糖浆中，立即捞出。干燥、晾凉后包装，即为成品。

【复习题】

1. 我国对玉米是如何分类的？
2. 玉米的物理特性和化学特性包括哪些方面？
3. 常见的玉米食品有哪些？
4. 对于普通玉米，常见的加工方法有哪些？
5. 对于专用玉米，常见的加工方法有哪些？
6. 常见的薯类食品有哪些？其加工工艺流程如何？
7. 简述常见的花生休闲食品的加工工艺流程。

【实验实训十六】　玉米片加工

课前预习

1. 玉米片加工的工艺流程及加工过程与方法。

2. 按要求撰写出实验实训报告提纲。

一、能力要求

1. 熟悉玉米片加工的工艺流程及加工过程与方法。

2. 能够进行产品质量分析，即发现产品质量缺陷，分析原因并找出解决途径。

二、原辅材料及参考配方

玉米渣300g　食盐800g　花椒50g　八角40g。

三、操作步骤与方法

① 选用无病害、无虫害玉米，过筛，清除杂质。

② 把清理好的玉米放入热水锅中泡5min，有利于脱皮。

③ 用碾米机磨碾脱皮略碎，经吸风机分离过筛，去掉皮、胚芽和玉米粉，剩纯玉米渣。

④ 将玉米渣放入开水中，加入食盐、花椒、八角等调味品，泡50min左右，捞出。

⑤ 用高压灭菌器蒸煮90min，使玉米渣达到糊化、明胶化的程度。

⑥ 把结块状的玉米渣碾成散粒状，以备压片。然后再用压片机压成厚度为0.2～0.4mm的玉米片。

⑦ 使用远红外线恒温食品烤炉，入口温度为120℃、中间温度160℃、出口温度200℃，烘烤2min，使其水分降到10%以下。

⑧ 干燥冷却后的玉米片，可直接装袋密封入库。

四、注意事项

① 严格挑选玉米原料，避免有病虫害的玉米混入其中。

② 调味料配比要合理，使玉米片的味道达到最好。

③ 蒸煮与食品烤炉的时间和温度要严格控制好。

④ 压片要均匀。

五、产品质量标准

(1) 感官指标　色泽呈浅褐色，具有玉米的特殊香味，无异味，呈片状，无杂质。

(2) 理化指标　水分≤7%，铅（以Pb计）≤1.0mg/kg，砷（以As计）≤0.5mg/kg。

(3) 卫生指标　细菌总数≤3000个/g，大肠杆菌群≤30MPN/100g，致病菌不得检出。

六、学生实训

1. 用具与设备准备

碾米机，高压消毒器，远红外线自动恒温食品烤炉，压片机，封口机，锅，盆，台秤，烤盘。

2. 原料准备

玉米渣1000g　食盐2500g　大料300g　花椒150g。

3. 学生练习

指导老师对设备操作和压片等基本操作技能进行演示。学生分组按照玉米片加工操作步骤与方法进行练习。

七、产品评价

指标 / 分数	操作时间	色泽	厚度	口感	均匀度	卫生	成本	合计
标准分	20	20	20	15	15	5	5	100
扣分								
实际得分								

八、产品质量缺陷与分析

1. 根据操作过程中出现的问题，找出解决办法。

2. 根据产品质量缺陷，分析原因并找出解决办法。

【实验实训十七】 马铃薯膨化食品的加工

课前预习

1. 马铃薯膨化食品加工的工艺流程、加工过程与方法。

2. 按要求撰写出实验实训报告提纲。

一、能力要求

1. 熟悉马铃薯膨化食品加工的工艺流程及加工过程与方法。

2. 学会使用拌粉机、膨化机、冷却输送机、切断机。

3. 能够进行产品质量分析，即发现产品质量缺陷，分析原因并找出解决途径。

二、原辅材料及参考配方

脱水马铃薯片 1000g　精盐 100g　味精 5g　水适量。

三、操作步骤与方法

(1) 脱水马铃薯片的处理　人工干燥或自然干燥的原料均可以使用，要求色泽正常，无异味，经粉碎加工成粉状。粉碎程度要求过孔径 0.6～0.8mm 的筛网。

(2) 拌料　在拌粉机中加水拌匀，一般加水量控制在 20%左右。

(3) 挤压膨化　配好的物料通过喂料机均匀进入膨化机中。膨化温度控制在 170℃左右，膨化压力 3.92～4.90MPa。

(4) 成型　挤出的物料经冷却输送机送入切断机切成片状，厚薄视要求而定。

(5) 油炸　棕榈油及色拉油按一定比例混合后成为油炸用油。油炸温度控制在 180℃左右，要求油炸后冷却的产品酥脆，不能出现焦苦味及未炸透等现象。

(6) 调味　配成的调味料经粉碎后放入带搅拌的调料桶中，调味料要求均匀地撒在油炸物的表面。

(7) 包装　为保证产品的酥脆性，要求产品立即包装，包装材料宜采用铝塑复合袋。

四、注意事项

① 要控制好脱水马铃薯片的粉碎程度，如粉碎颗粒大，膨化时产生的摩擦力也大，同时物料在机腔内搅拌揉和不匀，故膨化制品粗糙，口感欠佳；如颗粒过细，物料在机腔内易产生滑脱现象，影响膨化。

② 在拌料过程中要控制好加水量，加水量大，则机腔内湿度大，压力降低，虽出料顺利，但挤出的物料含水量高，容易出现粘连现象；如加水量少，则机腔内压力大，物料喷射困难，产品易出现焦苦味。

③ 要控制好膨化温度和压力。

④ 油炸温度应严格控制好，避免出现炸得过狠而出现焦苦味或炸不透现象。

⑤ 切片大小要均匀，厚薄要一致。

五、产品质量标准

(1) 色泽　浅黄色，外观具有油炸和调味料的色泽。

(2) 口感　具有香、酥、脆等特点，有马铃薯特有的风味。

(3) 组织形态　产品断面组织疏松均匀，片薄。

(4) 形状　圆形或长方形，大小均匀一致。

六、学生实训

1. 用具与设备准备

拌粉机，喂料机，膨化机，冷却输送机，切断机，油炸设备，自动包装机，台秤，筛子，调料桶。

2. 原料准备

脱水马铃薯片 1000g　精盐 100g　味精 5g　水适量。

3. 学生练习

指导老师对设备操作等基本操作技能进行演示。学生分组按照马铃薯膨化食品的加工操作步骤与方法进行练习。

七、产品评价

指标 分数	操作时间	色泽	形态	口感	均匀度	卫生	成本	合计
标准分	20	20	20	15	15	5	5	100
扣分								
实际得分								

八、产品质量缺陷与分析

① 根据操作过程中出现的问题，找出解决办法。

② 根据产品质量缺陷，分析原因并找出解决办法。

第九章　功能性粮油食品加工

学习目标

了解功能性粮油食品的概念、分类、功效成分和发展趋势，掌握膳食纤维、功能性低聚糖、大豆肽、木糖醇、大豆磷脂加工工艺和技术要点及在食品中的应用。

第一节　概　　述

我国粮油资源十分丰富，但长期以来一直只能进行初加工，经济效益差。粮油资源中蕴含着丰富的具有各种生理功效的活性物质，其中大部分是粮油食品加工中的副产品，如果将其加以分离提纯，可作为很好的功效成分应用到功能性食品中，这对提高粮油产品的附加值和综合利用率具有十分重要的意义。

一、功能性粮油食品的概念

功能性粮油食品是一类功效明确的第三代保健食品，它是以粮油或粮油生物活性物质为主体成分的功能性食品。首先，它是一类食品，具有食品的基本形态。其次，除提供正常的营养功能之外，它还可起到改善或影响机体功能的效果。

功能性粮油食品有别于一般的粮油食品。譬如，它所含有的一种或多种生物活性物质的含量要比一般粮油食品要高，应能保证在正常摄食范围内体现出一定的健康效果。当然，有些富含活性物质的粮油食品本身就是功能性粮油食品，譬如大豆胚芽、燕麦等。

二、功能性粮油食品的种类

功能性粮油食品可分为两大类。

（1）直接的功能性粮油食品　这类功能性食品是指富含功能性因子或生物活性物质的粮油食品原料或相关产品。

（2）间接的功能性粮油食品　很多粮油食品原料富含有功效明确的生物活性物质，但含量不足以使之产生一定的健康效果，只有功效成分进行分离重组，才可以生产出符合要求的功能性食品。这类功能性食品生产的关键就是功能性因子的分离纯化技术。因而，功能性食品偏重于一种新概念，而不是具体的粮油食品原料或制品形态。可见，功能性粮油食品的产品主要以第二类产品为主。

三、功能性粮油食品的功效成分

功能性食品中真正起生理作用的成分称为功效成分，或称活性成分、功能因子。富含这些成分的配料，称为功能性食品基料，或活性配料、活性物质。显然，功效成分是功能性食品的关键。

随着科学研究的不断深入，粮油食品中更多更好的功效成分将会不断被发现。目前，已确认的功效成分，主要包括以下八类。

（1）功能性碳水化合物　例如活性多糖、功能性低聚糖等。

（2）功能性脂类　例如 ω-3 多不饱和脂肪酸、ω-6 多不饱和脂肪酸、磷脂等。

（3）氨基酸、肽与蛋白质　例如牛磺酸、大豆肽、乳铁蛋白、免疫球蛋白、酶蛋白等。

（4）维生素和维生素类似物　包括水溶性维生素、油溶性维生素、生物类黄酮等。

（5）矿质元素　包括常量元素、微量元素等。

（6）植物活性成分　例如皂苷、生物碱、萜类化合物、有机硫化合物等。

（7）低能量食品成分　包括蔗糖替代品、脂肪替代品等。

四、我国功能性食品产业的发展方向

① 随着消费者的健康意识及知识不断增强，功能性食品市场将大幅度增长，对功能性食品的要求将更高。

② 发展功能因子明确的功能性食品或其他相关制品将是必然趋势，特别是膳食来源的诸多粮油生物活性物质必将成为制造功能性食品的主要基料。

③ 功能性食品将不再限于特定人群，可以是大多数人群，同时也会有一些针对某些人群（如老年人、儿童）的功能性食品，也就是说，功能性食品将日趋完善，功能及市场将进一步细化。

④ 积极实施品牌战略，组建大中型功能性食品企业集团，是我国功能性食品行业的一个重要趋势。

第二节　功能性粮油食品加工实例

一、膳食纤维的加工及应用

膳食纤维具有降低机体胆固醇水平，防治动脉粥样硬化和冠心病；降低血糖含量，预防糖尿病；促进排便，改善肠道功能，调节肠道菌群，防治便秘和结肠癌；增加饱腹感，减少摄食量，预防肥胖症；预防胆结石等重要生理功能。现代医学和营养学确认了食物膳食纤维的营养作用同蛋白质、碳水化合物、脂肪、维生素、矿物质、水等，并称之为“第七营养素”。联合国粮农组织和我国近年颁布的《中国食物结构改革与发展纲要》，也确认了食物膳食纤维是平衡膳食结构的必要营养素之一。

1. 豆渣膳食纤维的加工

豆渣膳食纤维是以大豆湿加工所剩新鲜不溶性残渣为原料，经特殊的热处理后，再干燥粉碎而成，外观呈乳白色，粒度相似于面粉。

（1）生产工艺流程

湿豆渣 → 加碱 → 脱腥 → 脱色 → 还原 → 脱水干燥 → 粉碎 → 过筛 → 挤压 → 冷却 → 粉碎 → 功能活化 → 包装

（2）加工技术要求

① 脱腥、脱色：采用加碱蒸煮脱腥法，可以使用的碱包括氢氧化钠、氢氧化钾、氢氧化钙、碳酸钠、碳酸氢钠等。碱液质量浓度为 0.85%，蒸煮温度为 110℃，时间为 15min，豆腥味需脱除彻底。脱腥后的豆渣加入 1.5%的 H_2O_2 溶液，在 40℃下处理 1.5h 进行脱色处理。

② 还原、洗涤、干燥、粉碎、过筛：为除去豆渣中残留的 H_2O_2，加入亚硫酸进行还原，然后用水洗 3～5 次。将除去 H_2O_2 的豆渣进行脱水干燥、粉碎后过 80 目网筛。

③ 挤压：挤压的作用是为了提高可溶性膳食纤维的含量，改善膳食纤维的色泽、风味

和产品品质。粉碎过筛后的物料调整水分至16.8%，然后送入挤压蒸煮设备，在压力为0.8～1MPa、温度180℃左右条件下进行挤压、剪切、蒸煮处理。

④ 冷却、粉碎：经冷却、粉碎后的膳食纤维，其外观为乳白色，无豆腥味，粒度为100～200目，膳食纤维含量为60%，大豆蛋白质含量为18%～25%。

⑤ 功能活化：由于膳食纤维表面带有羟基基团等活泼基团，会与某些矿质元素结合从而可能影响机体内矿物质的代谢，一般使用亲水性胶体（如卡拉胶）和甘油调制而成的水溶液作为壁材，通过喷雾干燥法制成纤维微胶囊产品，以解决此问题，完成功能活化。所得产品入口后能给人一种柔滑适宜的感觉，提高了食用性。此外，还可对多功能大豆纤维粉进行矿质元素的强化。

2. 膳食纤维在食品中的应用

膳食纤维作为一种纯天然产品，在食品生产加工业中应用极为广泛。它可以添加到面包、饼干、面条、糕点、饮料、糖果及各种小食品中。膳食纤维除作为食品添加剂外，还可作为特殊群体的保健食品。

在生产面包、饼干、馒头、蛋糕、桃酥等面制食品中添加面粉质量5%～10%的膳食纤维，可有效提高面制食品的保水性，增加食品的柔软性和疏松性，防止在储存期变硬；挤压膨化食品和休闲食品添加膳食纤维，可以改变小食品的持油保水性，增加其蛋白质和纤维的含量，提高其保健性能；肉类罐头中添加膳食纤维，可改变肉制品加工特性，同时增加蛋白质含量和纤维的保健性能；原味酸奶添加膳食纤维后，可引起酸化速度加快，同时酸奶的黏度明显增加。

二、功能性低聚糖的加工及应用

功能性低聚糖具有不被人体消化吸收而直接进入大肠并优先为双歧杆菌所利用的特点，它是双歧杆菌的有效增殖因子；同时能够抑制病原菌和腹泻、防止便秘、保护肝脏等功能、降低血清胆固醇、降血压和增强机体免疫力等多方面生理功效，是一种重要的功能性食品基料。粮油资源中的功能性低聚糖主要包括大豆低聚糖、低聚异麦芽糖、棉籽糖、低聚木糖和低聚龙胆糖等。下面以大豆低聚糖加工为例介绍功能性低聚糖的加工工艺。

1. 大豆低聚糖加工

大豆低聚糖的原料是生产浓缩或分离大豆蛋白时的副产物——大豆乳清。大豆乳清根据其来源分为两类，一类是将盐酸和磷酸加入脱脂大豆粉中，利用蛋白质的等电点生产大豆蛋白的副产品，这种乳清中低聚糖含量很低，不适于生产大豆低聚糖；另一种是利用大豆蛋白醇沉淀所得到的乳清，大豆低聚糖含量较高，适于生产大豆低聚糖。由于大豆乳清中含低聚糖约72%（以干基计），以及少量大豆乳清蛋白和Na^+、Cl^-等离子成分，因此，应先经一定方法处理除去残留大豆蛋白以及进行脱色与脱盐，接着真空浓缩至含水24%左右即得透明状糖浆产品。也可进一步加入赋形剂混匀后造粒，再干燥得到颗粒状产品。

（1）大豆低聚糖加工工艺流程

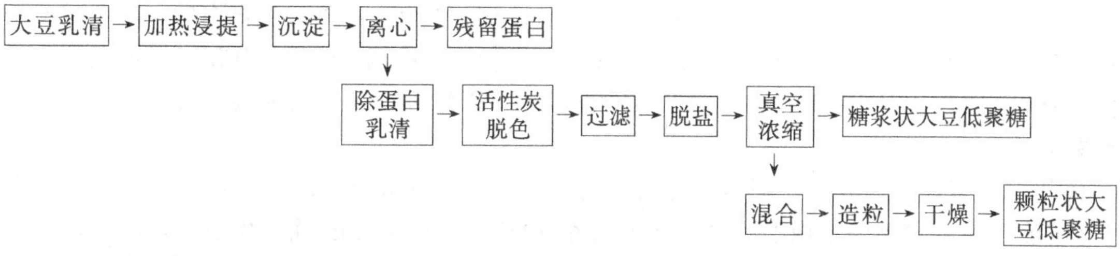

（2）大豆低聚糖的加工技术要求

① 大豆低聚糖的浸提：我国对大豆低聚糖的提取主要是以乙醇溶液为提取剂。温度对大豆低聚糖提取的影响很大：温度较高时，低聚糖的浸出速度快，浸出糖量增加；但温度高于60℃时，总糖的增加并不显著。碱性溶剂能使大豆自身酶钝化，抑制低聚糖水解，且碱性溶剂能使细胞壁溶胀有利于糖分浸出。因此，提取时，应调整提取液温度至60℃，pH为10～12，浸提1.5h左右。

② 沉淀、离心分离：浸提后浸提液经沉淀、离心分离除去残留大豆蛋白。

③ 脱色：去除蛋白的大豆低聚糖浸出液通常采用活性炭脱色。脱色时应调整除蛋白乳清液的温度为40℃，pH3～4，加入1%（对固形物）的活性炭，吸附40min左右。

④ 离子交换脱盐：活性炭脱色后的糖液中仍然残留有色素和盐类物质，这就需要用离子交换树脂去除这类杂质。一般选用732型阳离子交换树脂和717型阴离子交换树脂进行脱盐。由于柱的脱盐效果随柱温度的增加而增加，但超过50℃时变化平稳；当糖液流速达到或超过35m^3 糖液/(m^3 树脂·h) 时，其电导率趋于稳定，因此，树脂处理时的温度控制在50～60℃，流速为35m^3 糖液/(m^3 树脂·h)。

⑤ 浓缩：将提纯后的糖液真空浓缩到70%（干物质）左右，即可得到糖浆状的大豆低聚糖。浓缩过程糖液沸点控制在70℃左右。

如进行喷雾干燥则可获得粉状大豆低聚糖，经造粒可得到颗粒状产品。

2. 功能性低聚糖在食品中的应用

功能性低聚糖作为一种功能性甜味剂，已部分替代蔗糖应用于清凉饮料、酸奶、乳酸菌饮料、冰激凌、面包、糕点、糖果和巧克力等食品中。它不能被人体消化利用，不产生能量，可避免发胖以及降低患龋齿的发病率，还可刺激体内双歧杆菌的生长和繁殖。在面包发酵过程中，大豆低聚糖中具有生理活性的三糖和四糖可完整保留，同时还可延缓淀粉的老化而延长产品的货架寿命。在挂面中加入大豆低聚糖，将增加人们对大豆低聚糖的有效摄入量，从而满足人们对大豆低聚糖的需求，起到保健作用。大豆低聚糖微甜，加入量少将不会影响挂面的风味，经研究得出大豆低聚糖在挂面中的添加量在2%～4%之间是可行的。此外，将酸奶与大豆低聚糖结合起来的产品也很受欢迎。

三、大豆肽的加工及应用

大豆肽是大豆蛋白的酶水解产品，通常是由3～6个氨基酸组成的低肽混合物。大豆肽的氨基酸组成与大豆球蛋白十分相似，必需氨基酸平衡良好。

1. 大豆肽加工

（1）大豆肽的加工工艺流程

脱脂大豆粕 → 水提取 → 酸浸提 → 碱中和 → 蛋白酶水解 → 分离 → 精制 → 干燥 → 成品

（2）大豆肽的加工技术要求

① 水提取、酸浸提、碱中和：采用65℃的温水浸泡脱脂大豆粕30min，然后进行浆渣分离。在提取液中加入1mol/L的HCl溶液精确控制pH为4.5以沉淀蛋白质，再用无离子水洗脱大豆蛋白质，使用离心机在3000r/min下分离8min。接着用碱中和，调整大豆分离蛋白液的pH为8.0。最后在85～90℃加热10min，以促进下一步水解的有效进行，提高酶解速率。

② 蛋白酶水解、分离：添入2%蛋白酶，经45℃、pH8.0水解4h后，加酸调pH至4.3沉淀除去未水解的蛋白质。再加热升温至70℃，维持15min钝化蛋白酶，即可得到大豆蛋白水解液。

③ 精制：主要包括脱苦、脱盐等一系列工序。

a. 脱苦：在大豆蛋白水解液的精制过程中，脱苦是影响产品最终质量的关键一环。利用疏水性吸附剂将苦味肽选择性地分离出去，是蛋白水解物常用的脱苦方法，其中，最传统也最有效的吸附剂是活性炭，其他有效的分离剂包括苯甲醛树脂、玻璃纤维等。同时利用某些物质如谷氨酸二肽、游离甘氨酸、苹果酸、果胶、环糊精等，具有覆盖和包埋苦味的作用，选用适当的包埋剂品种和数量，也可有效降低大豆蛋白水解物的苦味。

b. 离子交换处理脱盐：脱除离子主要是 Na^+ 和 Cl^-。将酶解液以每小时 10 倍于柱体积的流速分别流经 H^+ 型阳离子交换树脂和 OH^- 型阴离子交换树脂来脱除 Na^+ 和 Cl^-，脱除率在 85%以上。

④ 干燥：先经过 135℃、5s 的超高温瞬时灭菌，然后在 89kPa 的真空度下进行真空浓缩，高压均质，得到固形物含量在 25%～40%的大豆肽浓缩液，最后在进口温度 125～130℃、塔内温度 75～78℃、排风口温度 80～85℃的条件下进行喷雾干燥，即可得到粉末大豆肽。

2. 大豆肽在食品中的应用

大豆肽的营养生理功能已逐渐得到了证明，在营养上其具有与蛋白质和氨基酸不同的许多优点，利用这些独特的功能在食品工业上能得到多方面的应用。

在普通食品加工中，利用大豆肽吸湿性能和保湿性能好，可用来生产各种豆制品，可使产品品质和风味更佳，且营养丰富，易于吸收消化；加入到鱼、肉制品中，可明显突出肉类风味，使制品具有弹性、柔软的质地；在发酵工业中，利用大豆肽能够促进微生物生长发育和代谢的功能，可以达到提高发酵工业生产效率、稳定品质以及增强风味等效果；用于面包中，可增加面团的黏弹性，减少面包失水，使面包质地柔软、新鲜、体积增大、香气增加；用于糕点中，可改善口味品质，降低成本，延长保质期，提高产品得率；此外还可用于老年食品和减肥食品中。

作为功能性食品基料，由于大豆肽易消化吸收，且吸收速度快，可以将其作为特殊病人的营养剂，特别是消化系统中的肠道营养剂，可应用于康复期病人、消化功能衰退的老年人以及消化功能未成熟的婴幼儿；由于大豆肽能与人体体内胆酸结合，具有降低人体血清胆固醇、降血压和减肥等功能，可用于生产降胆固醇、降血压、防心血管系统疾病等方面的功能性保健食品；由于大豆肽比蛋白质更容易被吸收，能迅速恢复和增强体力，可用于制备运动员食品等。

四、木糖醇的加工及应用

木糖醇是一种最常见的多元糖醇，它是人体内葡萄糖代谢过程中的正常中间产物，在水果、蔬菜中有少量的存在。人体对木糖醇的吸收较慢，如果一次性摄入过量，会引起肠胃不适或腹泻，因此必须控制每天的食用量，最大允许食用量为 200～300g/d。

多元糖醇是由相应的糖经镍催化加氢制得的，主要产品有赤藓糖醇、木糖醇、山梨醇、甘露醇、乳糖醇、异麦芽糖醇和氢化淀粉水解物等，都属于功能性甜味剂。

1. 木糖醇的加工

商业化木糖醇生产工艺一般包括 4 个重要步骤。下面以玉米芯制取木糖醇为例，具体介绍其生产工艺。

(1) 提取木聚糖并水解成木糖

① 原料的水法预处理：玉米芯采用 4 倍体积的 120～130℃高压热水处理 2～3h，这样能够有效地将玉米芯中的水溶性杂质充分溶出。

② 玉米芯的常压稀酸法水解：将预处理好的玉米芯投入水解罐中，加 3 倍体积的 2%硫酸溶液搅拌均匀，由罐底通入蒸汽加热至沸腾，持续水解 2.5h 后趁热过滤，冷却滤液至 80℃。滤渣用清水洗涤 4 次，洗液返回用于配制 2%硫酸溶液。

(2) 从水解液中分离木糖

① 中和：目的在于除去水解液中的硫酸，同时伴随着中和过滤过程，除去一部分胶体及悬浮物质。中和温度控制在 70～80℃。在水解液达到这一温度以后，停止加热，均匀地加入碳酸钙，继续搅拌，并继续保温 40～60min。中和终点控制无机酸在 0.03%～0.08%，防止乙酸钙的生成。

② 脱色：中和之后的水解液用活性炭进行脱色。往水解液中加入 3%活性炭，在 75℃下低速搅拌保持 45min，趁热过滤。

③ 浓缩：目前采用双效蒸发工艺。第一效真空度 16～20kPa，分离室液温 95～98℃，溶液浓度 10%～12%；第二效真空度 80～93kPa，分离室液温65～70℃，蒸发浓缩终点控制浓度 35%左右。蒸发所得木糖浆纯度仅达 85%左右，

④ 精制：利用阴离子交换树脂、阳离子交换树脂（体积比 1.5∶1）进行净化处理，这样流出液的木糖纯度可提高至 96%以上，接近于无色、透明，并呈中性。

(3) 在镍催化下氢化木糖成木糖醇　向含木糖 12%～15%的木糖液中添加 NaOH 调整 pH 至 8，用 7MPa 高压进料泵将混合物料通入预热器，升温至 90℃，再送到 6～7MPa 反应器，在 115～130℃进行氢化反应。所得氢化液流进冷却器中，降温至 30℃，再送进高压分离器中，分离出的剩余氢气经滴液分离器，靠循环压缩机再送入反应器中。分离出的氢化液经常压分离器进一步驱除剩余的氢后得氢化液。

(4) 木糖醇的结晶析出

① 脱色、浓缩：向木糖醇溶液中添加 3%活性炭，在 80℃下脱色处理 30min。经阳离子交换树脂脱镍精制后，进行预浓缩使木糖醇浓度增至 50%左右，再进行二次浓缩进一步提高浓度至 88%以上，此时的产品称木糖醇膏。

② 结晶、析出：采用逐渐降温的办法，使木糖醇结晶析出，降温速率掌握在 1℃/h。经过 40h 左右的结晶过程，木糖醇膏由原来的透明状转变成不透明状的糊状物，温度降至 25～30℃，借助于离心作用分离出成品木糖醇。

2. 木糖醇在食品中的应用

由于木糖醇在人体中的代谢途径与胰岛素无关，人体摄入后不会引起血液葡萄糖与胰岛素水平的波动，可用于糖尿病人专用食品；由于它们不是口腔微生物的适宜作用底物，长期摄入不会引起牙齿龋变；能量值较低，可应用于低热量食品中。但由于不参与美拉德反应，应用于焙烤食品需与其他甜味剂共同添加。

五、大豆磷脂的加工及应用

磷脂是含有磷酸根的类脂化合物，普遍存在于动植物细胞的原生质和生物膜中。磷脂的存在可重新修复被损伤的生物膜，起到延缓衰老的作用；可促进大脑组织和神经系统的健康完善，提高记忆力，增强智力；可促进脂肪代谢，防止出现脂肪肝；可降低血清胆固醇、改善血液循环、预防心血管疾病等。

磷脂还是一种很好的两性表面活性剂，具有乳化特性。通常磷脂添加量达水油混合液的 0.05%～0.1%时，便具有显著的乳化效果。

磷脂一般是自植物油精炼中分离出来的，是制油工业重要的高附加值副产品，我国大部分地区都生产大豆油，大豆含有 1.2%～3.2%磷脂，大豆毛油水化脱胶时分离出的油脚经

进一步精制处理可得不同品种的大豆磷脂产品。目前，有工业化生产的磷脂产品主要有浓缩磷脂、流质磷脂、精制磷脂等品种。

1. 浓缩大豆磷脂的加工

浓缩大豆磷脂由于含有油、糖脂、固醇、碳水化合物和水等物质，有异味，通常作为乳化剂，在食品中的添加量较少。

大豆磷脂的加工通常采用水化脱胶方法。水化脱胶可分为连续式水化脱胶法和间歇式水化脱胶法两种。我国多采用间歇式水化脱胶法。

（1）间歇式水化脱胶法加工浓缩磷脂

① 水化：将大豆毛油用间接蒸汽加热至60～65℃，然后泵入水化锅中，再加入0.2%～0.8%无水乙酸搅拌5min。在转速80r/min搅拌器的搅拌下，均匀加入油重7%～10%的65～100℃的热水，继续搅拌40min，使磷脂充分水化。

② 分离：待大片絮状沉淀生成时，降低转速再搅拌20min，然后静置5h左右。此时，水化磷脂已全部沉入锅底，可从底部放出含磷脂的油脚。也可不经静置沉淀，直接离心分离油脚。

③ 真空浓缩：首先开动热水泵循环至浓缩锅，当夹套热水温度达到70℃以上时开启真空泵，当真空度达到83.3kPa以上时开启阀门由进料管吸入油脚，同时启动搅拌器搅拌，加料完毕后关闭进料管阀门即可开始浓缩。浓缩时，保持夹套温度为80～90℃、真空度为90.6kPa，浓缩10～14h。符合要求后，停止加热并通入冷水冷却至70℃以下放出。这样生产的浓缩磷脂为棕色半固体，水分5%以下。

④ 脱色：若需要浅色浓缩磷脂，一般用磷脂质量2%～4%的过氧化氢处理浓缩物1h，然后加热蒸去多余的过氧化氢即可。为了得到更淡色泽的磷脂，还可在水化脱胶和浓缩脱水过程中加入漂白剂。

（2）连续式水化脱胶法加工浓缩磷脂　首先将大豆毛油过滤并升温至80～85℃，水加热到80℃，然后按油水比51∶1由泵将油、水加入水化罐中，在搅拌下进行水化沉淀，再离心分离出磷脂沉淀物。在磷脂沉淀物中加入漂白剂脱色后，泵入转子薄膜蒸发器，在真空度96kPa以上、温度100～110℃下进行浓缩处理，即可得到浓缩大豆磷脂产品。

2. 精制大豆磷脂的加工

作为功能性食品基料的磷脂产品要求纯度较高，而浓缩磷脂因纯度较低，在功能性食品中的使用量受到限制。因此必须经过精制纯化处理。

（1）乙酸乙酯纯化法　将粗磷脂溶于乙酸乙酯中并冷却至−10℃，离心分离后即为高纯度的磷脂，其中磷脂含量为50.8%。由于乙酸乙酯安全性高，用该方法纯化的产品可用于食品和医药。

（2）溶剂纯化法　在浓缩磷脂中加入1～1.5倍的己烷溶剂，在温度50℃下，以200～300r/min的搅拌速度充分搅拌、混匀。然后离心分离出溶有磷脂的溶剂相，再经80℃常压蒸馏回收有机溶剂。加入占磷脂质量1.5%～2%的过氧化氢溶液进行脱色处理，调节pH至4左右，2～3h后加热除去过量的过氧化氢。在脱色后的磷脂半成品中加入等量的乙醚溶解残留的油脂，然后搅拌加入丙酮。丙酮加到一定量时即有沉淀物析出，继续加入丙酮直至上清液无浑浊出现为止。静置1h后除去上层乙醚、丙酮和油脂混合液，将沉淀的丙酮不溶物通过减压蒸馏去除残留的有机溶剂，经脱水干燥后即得纯度较高、无异味的精制磷脂产品。

（3）$ZnCl_2$法　先加入$ZnCl_2$使之与卵磷脂生成复合物，然后用丙酮沉淀，即可提纯得到精制磷脂。例如，使用95%乙醇与100g粗磷脂（纯度45%）混合后，加入4.5g $ZnCl_2$使之沉淀，离心分离，收集$ZnCl_2$-磷脂复合物，最后加入丙酮250mL搅拌、过滤后蒸去溶剂，可得到纯度99.6%的磷脂。

(4) CO_2纯化法　将磷脂先用丙酮处理除去脂肪等，这样制得的磷脂约含2.5%的丙酮，在20℃、5.679～6.1MPa压力下用CO_2除去残余的丙酮，可得到纯度很高的磷脂。这种产品中丙酮的残余量不超过2.5mg/kg。

3. 大豆磷脂在食品中的应用

大豆磷脂作为一种天然乳化剂，已在糖果、巧克力、乳品、冰激凌、人造奶油、焙烤食品、面条制品等领域中得到广泛应用，其添加量一般不超过1%。

作为功能性食品基料，大豆磷脂常与维生素E或小麦胚芽油配合使用。既可防止磷脂中多不饱和脂肪酸的氧化，又增添了维生素E的生理活性。

【复习题】

1. 什么是功能性粮油食品？功能性粮油食品是如何分类的？
2. 功能性粮油食品有哪些常见的功效成分？
3. 膳食纤维、功能性低聚糖、大豆肽、木糖醇、大豆磷脂各有哪些生理功能？
4. 简述膳食纤维、功能性低聚糖、大豆磷脂加工方法及其在食品中的应用。

参 考 文 献

[1] 刘亚伟. 玉米淀粉生产及转化技术. 北京：化学工业出版社，2003.
[2] 王丽琼. 粮油食品加工技术. 北京：化学工业出版社，2007.
[3] 马传国. 油脂加工工艺与设备. 北京：化学工业出版社，2004.
[4] 叶敏. 米面制品加工技术. 北京：化学工业出版社，2006.
[5] 张文叶. 冷冻方便食品加工技术与检验. 北京：化学工业出版社，2005.
[6] 李晓东. 功能性大豆食品. 北京：化学工业出版社，2006.
[7] 唐传核. 植物功能性食品. 北京：化学工业出版社，2003.
[8] 张慧芬. 我国粮油食品科技发展走向. 农产品加工，2006：12.
[9] 何丽梅. 休闲食品配方与制作. 北京：中国轻工业出版社，2000.
[10] 许克勇，冯卫华. 薯类制品加工工艺与配方. 北京：科学技术文献出版社，2001.
[11] 葛文光. 新版方便食品配方. 北京：中国轻工业出版社，2002.
[12] 陆启玉. 方便食品加工工艺与配方. 北京：科学技术文献出版社，2002.
[13] 刘天印，陈存社. 挤压膨化食品生产工艺与配方. 北京：中国轻工业出版社，1999.
[14] 高福成. 方便食品. 北京：中国轻工业出版社，2000.
[15] 沈建福. 粮油食品工艺学. 北京：中国轻工业出版社，2001.
[16] 彭建恩. 制粉工艺与设备. 北京：中国财政经济出版社，2004.
[17] 朱永义. 谷物加工工艺及设备. 北京：科学出版社，2002.
[18] 姚惠源. 谷物加工工艺学. 北京：中国财政经济出版社，1999.
[19] 郑邦山，邓本章，周乐志等. 农副产品储藏与加工. 郑州：中原农民出版社，2003.
[20] 刘玉兰. 植物油脂生产与综合利用. 北京：中国轻工业出版社，2000.
[21] 李文忠. 油脂制取工艺与设备. 北京：中国财政经济出版社，1999.
[22] 苏望懿. 油脂加工工艺学. 武汉：湖北科学技术出版社，1997.
[23] 陆启玉. 粮油食品加工工艺学. 北京：中国轻工业出版社，2005.
[24] 郑建仙. 现代功能性粮油制品开发. 北京：科学技术文献出版社，2004.
[25] 石彦国，任莉编著. 大豆制品工艺学. 北京：中国轻工业出版社，1996.
[26] 吴加根. 谷物与大豆食品工艺学. 北京：中国轻工业出版社，1997.
[27] 王瑞芝，杜晓湘. 中国腐乳酿造. 北京：中国轻工业出版社，1998.
[28] 王尔惠. 大豆蛋白质生产新技术. 北京：中国轻工业出版社，1999.
[29] 朱珠，梁传伟. 焙烤食品加工技术. 北京：中国轻工业出版社，2006.